AF670170

EUL VERLAG

Advanced Manufacturing Analytics
Datengetriebene Optimierung von Fertigungsprozessen

Von der Graduiertenschule GSaME Graduate School of Excellence
advanced Manufacturing Engineering der Universität Stuttgart
zur Erlangung der Würde eines Doktor-Ingenieurs (Dr.-Ing.)
genehmigte Abhandlung

Vorgelegt von

Christoph Gröger

aus Göppingen

Hauptberichter:	Prof. Dr.-Ing. habil. Bernhard Mitschang
1. Mitberichter:	Prof. Dr. Daniela Nicklas
2. Mitberichter:	Prof. Dr.-Ing. Prof. E. h. Dr.-Ing. E. h. Dr. h. c. mult. Engelbert Westkämper

Tag der mündlichen Prüfung: 28. Juli 2015

Institut für Parallele und Verteilte Systeme (IPVS)
Abteilung Anwendersoftware
Universität Stuttgart

2015

Dr. Christoph Gröger

Advanced Manufacturing Analytics

Datengetriebene Optimierung von Fertigungsprozessen

Mit einem Geleitwort von Prof. Dr. Bernhard Mitschang, Universität Stuttgart

EUL VERLAG

Bibliografische Information der Deutschen Nationalbibliothek

Die Deutsche Nationalbibliothek verzeichnet diese Publikation in der Deutschen Nationalbibliografie; detaillierte bibliografische Daten sind im Internet über <http://dnb.d-nb.de> abrufbar.

Dissertation, Universität Stuttgart, 2015

D 93

ISBN 978-3-8441-0420-2
1. Auflage September 2015

© JOSEF EUL VERLAG GmbH, Lohmar – Köln, 2015
Alle Rechte vorbehalten

JOSEF EUL VERLAG GmbH
Brandsberg 6
53797 Lohmar
Tel.: 0 22 05 / 90 10 6-6
Fax: 0 22 05 / 90 10 6-88
E-Mail: info@eul-verlag.de
http://www.eul-verlag.de

Bei der Herstellung unserer Bücher möchten wir die Umwelt schonen. Dieses Buch ist daher auf säurefreiem, 100% chlorfrei gebleichtem, alterungsbeständigem Papier nach DIN 6738 gedruckt.

Geleitwort

Die permanente Optimierung der Fertigungsprozesse ist für Industrieunternehmen im globalen Wettbewerb unverzichtbar. Zu den traditionellen eher management- oder erfahrungsgetriebenen Ansätzen der Fertigungsprozessoptimierung kommen nun sogenannte datengetriebene Techniken hinzu. Diese werden durch die fortschreitende Digitalisierung des Fertigungsmanagements sowie durch den vermehrten Einsatz cyber-physischer Systeme ermöglicht, da damit zum ersten Mal ein umfassend digitales und ausreichend genaues Abbild der Fertigung entsteht. Datengetriebene Optimierungstechniken analysieren die großen Datenmengen hinter diesen digitalen Abbildern, um systematisch neues Wissen zur Prozessoptimierung zu gewinnen.

Einzelfallbezogene, auf spezifische Datenabschnitte zugeschnittene und rein deskriptiv orientierte Lösungskonzepte zur Analyse von Kennzahlen greifen hier deutlich zu kurz, da das Potential der großen Datenmengen damit nicht ausgeschöpft wird und der erforderliche IT-Aufwand mindestens linear mit der Anzahl der Einzelfallanalysen steigt, um nur zwei wichtige Argumente zu nennen. Gesucht ist also eine umfassende und übertragbare Lösung.

Mit dieser Frage hat sich Christoph Gröger in seiner Forschungsarbeit intensiv befasst und mit der sogenannten Advanced-Manufacturing-Analytics-Plattform (AdMA-Plattform) einen ersten umfassenden Lösungsansatz nebst IT-Architektur und prototypischer Implementierung sowie Evaluation erstellt.

Die AdMA-Plattform realisiert einen ganzheitlichen, datengetriebenen Optimierungsansatz für Fertigungsprozesse auf Basis einer allgemeinen Architektur und generisch entwickelter Komponenten zur Datenbereitstellung, Prozessanalyse und Prozessoptimierung, die allesamt einzelfallübergreifend und für unterschiedliche Fertigungsprozesse konzipiert sind. Im Zentrum stehen innovative prädiktive und präskriptive Analyseverfahren unter Verwendung von Data-Mining-Techniken auf der Grundlage einer prozessübergreifenden Datenintegration.

Nicht nur die rein wissenschaftlichen und technischen Ergebnisse, sondern auch die ersten Rückmeldungen von Praxispartnern verdeutlichen das enorme Potential des von Christoph Gröger entwickelten Lösungsansatzes. Dieser stellt einen ausgezeichneten Einstieg in ein neues, spannendes und gewinnbringendes Kapitel zur Optimierung von Fertigungsprozessen dar.

Maui Hawaii, im August 2015 Prof. Dr.-Ing. habil. Bernhard Mitschang

Vorwort

Diese Dissertation entstand an der Universität Stuttgart im Rahmen der Graduiertenschule GSaME (Graduate School of Excellence advanced Manufacturing Engineering) in Kooperation mit der Abteilung Anwendersoftware des Instituts für Parallele und Verteilte Systeme. Die Graduiertenschule GSaME bietet ein interdisziplinäres Promotionsprogramm für Forschung und Qualifizierung auf dem Gebiet des advanced Manufacturing Engineering, wobei insbesondere Aspekte der Betriebswirtschaft, der Informatik und des Ingenieurwesens integriert untersucht werden.

Mein Dank gilt zuallererst meinem Doktorvater Prof. Dr.-Ing. habil. Bernhard Mitschang, der meine Forschungsarbeiten kontinuierlich und mit großem Engagement förderte und mir viele Freiheiten zur Gestaltung meiner Forschung ließ. Er hatte jederzeit ein offenes Ohr für Fragen und Anregungen und gab mir vielfach die Möglichkeit, mich in Kooperationen mit Industriepartnern zu engagieren und damit meine Forschung praxisnah zu gestalten. Außerdem möchte ich mich bei Prof. Dr.-Ing. Prof. E. h. Dr.-Ing. E. h. Dr. h. c. mult. Engelbert Westkämper als aktivem Mitglied meines Betreuer-Komitees und als Mitberichter bedanken, der meine Arbeit durch inspirierende Visionen und Anregungen aus der Perspektive der Fertigung bereicherte. Ebenso danke ich Prof. Dr. Daniela Nicklas für ihre Tätigkeiten als Mitberichterin.

Außerdem gilt mein Dank meinen Kollegen der Abteilung Anwendersoftware des Instituts für Parallele und Verteilte Systeme. Hervorheben möchte ich insbesondere Dr. Holger Schwarz, Florian Niedermann und Christoph Stach, die die Qualität meiner Forschung durch zahlreiche Detaildiskussionen, Ratschläge und konstruktive Kritik förderten.

Bedanken möchte ich mich auch für die spannenden Freundschaften, die aus der GSaME entstanden, speziell mit Max Monauni, Eva Hoos, Tobias Tauterat und Nils Schmeinck. Besonders bedanke ich mich bei Max Monauni für die vielen wertvollen Gespräche, die Metaebenen und die sportlichen Events.

Schließlich möchte ich ganz persönlich meinen Eltern Heide und Horst und meinem Bruder Carsten für ihre bedingungslose Unterstützung, ihr Verständnis und ihre Geduld auf meinem Weg zur Promotion danken. Dieser Weg war fachlich und persönlich für mich sehr bereichernd.

Stuttgart, im Juli 2015 — Christoph Gröger

Inhaltsverzeichnis

Abbildungsverzeichnis

Tabellenverzeichnis

Abkürzungsverzeichnis

AdMA	Advanced Manufacturing Analytics
API	Application Programming Interface
B2MML	Business To Manufacturing Markup Language
BLOB	Binary Large Object
BPEL	Business Process Execution Language
BPMN	Business Process Model and Notation
CAD	Computer Aided Design
CAM	Computer Aided Manufacturing
CAP	Computer Aided Planning
CAQ	Computer Aided Quality Management
CMIS	Content Management Interoperability Services
CMS	Content-Management-System
CNC	Computerized Numerical Control
CPU	Central Processing Unit
CRM	Customer Relationship Management
DWH	Data Warehouse
ERP	Enterprise Resource Planning
ETL	Extraktion, Transformation, Laden
GPS	Global Position System
HD	Heavy Duty
HTTP	Hypertext Transfer Protocol
IT	Informationstechnologie
MES	Manufacturing Execution System
NFC	Near Field Communication
OEE	Overall Equipment Effectiveness

OEM	Original Equipment Manufacturer
OLAP	Online Analytical Processing
PDF	Portable-Document-Format
PLM	Product Lifecycle Management
PMML	Predictive Model Markup Language
PPS	Produktionsplanung und -steuerung
QR	Quick Response
RDF	Resource Description Framework
RFID	Radio-Frequenz-Identifikation
SQL	Structured Query Language
UML	Unified Modeling Language
URI	Uniform Resource Identifier
WLAN	Wireless Local Area Network
XBRL	Extensible Business Reporting Language
XML	Extensible Markup Language

Zusammenfassung

Industrieunternehmen befinden sich heute in einem *globalen Verdrängungswettbewerb*, der durch einen enormen Preis- und Kostendruck, eine hohe Komplexität und ein turbulentes Umfeld geprägt ist. *Transparente, agile und kontinuierlich verbesserte Fertigungsprozesse* stellen hierbei einen zentralen Erfolgsfaktor dar.

Traditionelle Ansätze zur Optimierung von Fertigungsprozessen, wie z.B. Lean Production und Total Quality Management, sind *managementgetrieben und erfahrungsbasiert.* Der zunehmende Einsatz cyber-physischer Systeme sowie die Digitalisierung des Fertigungsmanagements durch Manufacturing Execution Systems (MES) führen zu enormen Mengen an strukturierten und unstrukturierten Daten in der Fertigung, die das Potential für neuartige *datengetriebene Optimierungsansätze* bieten. Es geht darum, systematisch neues Wissen zur kontinuierlichen Prozessverbesserung aus den Daten zu gewinnen.

Existierende Datenanalyse- bzw. Business-Intelligence-Anwendungen in der industriellen Praxis, wie z.B. MES und Online-Analytical-Processing-Systeme (OLAP-Systeme), sind durch vier wesentliche technische *Schwachstellen* geprägt, die eine umfassende Extraktion des in den Daten enthaltenen Wissens verhindern: (1) Die Ansätze verwenden nur einen *kleinen Ausschnitt der vorhandenen Daten* ohne eine ganzheitliche Sicht. (2) Sie sind meist rein *deskriptiv und reaktiv* konzipiert, ohne eine Erkennung komplexer Muster in den Daten zu unterstützen. (3) Die Analyseergebnisse sind typischerweise *nur auf das leitende Personal ausgerichtet*, ohne die Fertigungsebene selbst einzubeziehen. (4) Die *Realisierung der Ansätze erfolgt einzelfallbezogen*, d.h. es mangelt an generischen Business-Intelligence-Architekturen für die Fertigung.

Im Zentrum der vorliegenden Arbeit stehen die Konzeption, prototypische Implementierung und Evaluation einer Business-Intelligence-Plattform, der sogenannten *Advanced-Manufacturing-Analytics-Plattform (AdMA-Plattform),* zur datengetriebenen Optimierung von Fertigungsprozessen. Die AdMA-Plattform adressiert die aufgeführten Schwachstellen existierender Ansätze, um eine ganzheitliche datengetriebene Optimierung von Fertigungsprozessen zu ermöglichen. Die Basis der Arbeit stellt eine umfassende konzeptionelle Strukturierung von *Prozessen und IT-Systemen in der Fertigung* dar. In Ergänzung dazu werden grundlegende *IT-Konzepte zur datengetriebenen Optimierung* aus dem Bereich Business Intelligence dargestellt. Davon ausgehend erfolgt eine fundierte *Schwachstellenanalyse existierender Business-Intelligence-Anwendungen* für die Fertigung, wobei insbesondere MES sowie existierende Data-Mining-Ansätze betrachtet werden. Zusätzlich wird ein *Praxisbeispiel aus der Automobilindustrie* in Kooperation mit einem

Industriepartner dargestellt. Es umfasst einen Fertigungsprozess zur Herstellung von Nockenwellen und dient der Untersuchung spezifischer Herausforderungen der datengetriebenen Prozessoptimierung für eine real vorliegende Produktqualitätsproblematik.

Die *konzeptionelle Architektur* der auf dieser Grundlage entwickelten AdMA-Plattform (Gröger et al. 2012b, Gröger und Stach 2014) umfasst drei Schichten zur *Datenbereitstellung*, *Prozessanalyse* sowie zur *Prozessoptimierung* und integriert sämtliche technischen Komponenten zur datengetriebenen Optimierung von Fertigungsprozessen in einem Gesamtansatz. Hierbei sind die Architektur und ihre Komponenten generisch, d.h. einzelfallübergreifend für unterschiedliche Fertigungsprozesse, konzipiert.

Den Kern der *Datenbereitstellungsschicht* bildet das *Wissensrepository für die Fertigung* (Gröger et al. 2012c, Gröger et al. 2014b, Gröger et al. 2014c). Es dient der Integration strukturierter und unstrukturierter Daten über den gesamten Fertigungsprozess mit sämtlichen Prozessschritten und Ressourcen und unterstützt die prozessorientierte Verwaltung von Wissen im Sinne von aus den Daten gewonnenen Analyseergebnissen, wie z.B. Data-Mining-Modellen. Hierfür wird ein Process-Warehouse-Ansatz auf der Basis eines generischen multidimensionalen Datenmodells für Fertigungsprozesse mit einer Repository-basierten Verwaltung von unstrukturierten Daten kombiniert. Zur technischen Umsetzung wird außerdem eine linkbasierte Integrationsarchitektur vorgestellt, die eine flexible Ad-hoc-Integration strukturierter und unstrukturierter Daten ermöglicht.

Die *Prozessanalyseschicht* umfasst generische Analysedienste, die neben klassischen deskriptiven Analyseverfahren auch prädiktive und präskriptive Verfahren auf der Grundlage des Wissensrepository realisieren. Die *prädiktive Fertigungsprozess-Analyse* (Gröger et al. 2012a) bezieht sich auf Data-Mining-basierte Analyseverfahren für datengetriebene Ursachenanalysen und Prognosen über den gesamten Fertigungsprozess, um z.B. systematisch die Einflussfaktoren für eine Verschlechterung der Fertigungsqualität zu identifizieren. Die *präskriptive Fertigungsprozess-Analyse* (Gröger et al. 2014a) stellt ein Data-Mining-basiertes Analyseverfahren zur proaktiven Optimierung eines Fertigungsprozesses dar. Es ermöglicht die datengetriebene Generierung konkreter Handlungsempfehlungen zur Vermeidung einer prognostizierten Kennzahlenabweichung während der Prozessausführung.

Gegenstand der *Prozessoptimierungsschicht* ist der Benutzerzugriff auf die Analysedienste. Hierfür wird das *mobile Prozess-Dashboard* (Gröger et al. 2013a, Gröger et al. 2013b, Gröger und Stach 2014) vorgestellt. Es ermöglicht die mobile und personalisierte Bereitstellung von

Analyseergebnissen und ergänzenden Informationen für Fertigungsleiter und insbesondere Werker unter Verwendung mobiler Endgeräte, wie z.B. Tablet-PCs, um eine Integration mit der Fertigungsebene zu realisieren.

Auf der Grundlage einer *prototypischen Implementierung* der AdMA-Plattform erfolgt eine *experimentelle Evaluation*, welche die Anwendung des Prototyps im Praxisbeispiel der Nockenwellenherstellung umfasst. Diese ergibt, dass die AdMA-Plattform sowohl die datengetriebene Ursachenanalyse der Einflussfaktoren der Qualitätsproblematik über den gesamten Fertigungsprozess als auch die datengetriebene Generierung konkreter Handlungsempfehlungen zur proaktiven Vermeidung der Qualitätsproblematik während der Prozessausführung ermöglicht. Zusätzlich wird im Rahmen einer *komparativen Evaluation* eine kriterienorientierte Bewertung und ein Vergleich der AdMA-Plattform mit existierenden Business-Intelligence-Anwendungen für die Fertigung vorgenommen.

Summa summarum ermöglicht die AdMA-Plattform mit ihren prädiktiven und präskriptiven Analyseverfahren sowie einer gezielten Informationsbereitstellung auf der Grundlage einer ganzheitlichen Datenbasis die systematische Nutzung der enormen Datenmengen in der Fertigung zur Prozessoptimierung und bietet damit neue Potentiale zur Erhaltung und Steigerung der Wettbewerbsfähigkeit von Industrieunternehmen.

Abstract

Nowadays, *manufacturing companies* are faced with *strong global competition*, which is characterized by high pressure on prices and costs, high complexity and a turbulent environment. In this context, *transparent, agile and continuously improved manufacturing processes* have become a critical success factor.

Traditional concepts for manufacturing process optimization, e.g., Lean Production and Total Quality Management, represent *management-driven and experience-based approaches*. The increasing use of cyber-physical systems as well as the digitalization of manufacturing operations management by manufacturing execution systems (MES) lead to enormous amounts of structured and unstructured manufacturing data. These data offer great potential for novel *data-driven approaches for manufacturing process optimization* by systematically extracting new knowledge for continuous process improvement.

Existing approaches for data analytics and business intelligence in manufacturing, such as, MES and online analytical processing (OALP) systems, suffer from four major *technical weaknesses* that prevent comprehensive knowledge extraction: (1) The approaches are based on *isolated data extracts* not taking a holistic view on the process. (2) They focus on *descriptive and reactive analysis* of metrics without supporting pattern recognition in data. (3) Analysis results are provided *primarily for managerial personnel* without addressing the shop floor level. (4) The *implementation is done case-by-case* in absence of generic business intelligence architectures for manufacturing.

This thesis is about the development and evaluation of a business intelligence platform for continuous data-driven manufacturing process optimization, the so called *Advanced Manufacturing Analytics Platform (AdMA-Platform)*, addressing the above weaknesses. The conceptual foundation of the thesis is comprised of a comprehensive presentation of *processes and IT systems in manufacturing* as well as of central *concepts for data-driven optimization* from the field of business intelligence. Following this, an extensive *analysis of weak points of existing business intelligence applications* for manufacturing including MES and existing data mining approaches is conducted. In addition, a *real-world case example* from the automotive industry is presented comprising the manufacturing of camshafts. At this, technical challenges for data-driven process optimization considering a concrete manufacturing quality problem are investigated. This provides the basis for the development of the AdMA-Platform.

The *conceptual architecture* of the AdMA-Platform (Gröger et al. 2012b, Gröger und Stach 2014) is comprised of three layers for *data integration, process analytics* and *process optimization*. It integrates all technical components necessary for data-driven manufacturing process optimization in a holistic approach. At this, the architecture and the components are generic in order to be applicable for different manufacturing processes independent of an individual case.

The *Manufacturing Knowledge Repository* (Gröger et al. 2012c, Gröger et al. 2014b, Gröger et al. 2014c) is at the core of the *data integration layer*. It integrates structured and unstructured data across the entire manufacturing process and additionally supports a process-oriented management of analysis results, e.g., data mining models. For this purpose, it combines a process warehouse approach based on a generic multidimensional data model for manufacturing processes with a repository-based storage of unstructured data. To implement this approach, a link-based integration architecture is presented enabling the flexible ad-hoc integration of structured and unstructured data using information-rich links.

The *process analytics layer* comprises generic analytics services realizing not only traditional descriptive analytics but predictive analytics and prescriptive analytics on top of the Manufacturing Knowledge Repository. *Predictive Manufacturing Analytics* (Gröger et al. 2012a) encompasses data-mining-based analytics for data-driven root cause analyses and predictions across the entire manufacturing process, e.g., to systematically identify influence factors for deteriorating manufacturing quality. *Prescriptive Manufacturing Analytics* (Gröger et al. 2014a) refers to a novel data-mining-based approach for proactive process optimization during process run time. It enables the data-driven generation of concrete action recommendations in order to avoid a predicted metric deviation.

The *process optimization layer* mainly focuses on user access. For this purpose, the *Mobile Manufacturing Dashboard* (Gröger et al. 2013a, Gröger et al. 2013b, Gröger und Stach 2014) is presented. It supports mobile and personalized information provisioning not only for production managers but for workers using mobile devices, such as, tablet pcs, in order to integrate the AdMA-Platform with the shop floor level.

On the basis of a *prototypical implementation* of the entire AdMA-Platform, an *experimental evaluation* is described in the thesis focusing on the application of the prototype in the case example of camshaft manufacturing. This investigation demonstrates that the AdMA-Platform enables both the data-driven identification of root causes for the quality problem across the entire manufacturing process and the data-driven generation of concrete action recommendations to proactively avoid the quality problem at process runtime. In addition to that, a *comparative evaluation* is conducted referring to a criteria-based assessment and comparison of the AdMA-Platform with existing business intelligence applications in manufacturing.

All in all, the AdMA-Platform systematically exploits the huge amounts of manufacturing data for continuous manufacturing process improvement using novel predictive analytics and prescriptive analytics in combination with targeted information provisioning on top of a holistic data basis. In this way, the AdMA-Platform offers new potentials for enhancing the competitiveness of manufacturing companies.

1 Einleitung

Im Zentrum der vorliegenden Arbeit steht die Entwicklung und Erprobung einer Business-Intelligence-Plattform zur datengetriebenen Optimierung von Fertigungsprozessen, die sogenannte Advanced-Manufacturing-Analytics-Plattform. In diesem einleitenden Kapitel wird in Abschnitt 1.1 die Motivation der Arbeit beschrieben und in Abschnitt 1.2 ein Praxisbeispiel dargestellt, welches einen konkreten Fertigungsprozess zur Herstellung von Nockenwellen und spezifische Probleme der Prozessoptimierung umfasst. Die in dieser Arbeit adressierten technischen Herausforderungen werden in Abschnitt 1.3 aufgeführt, um auf dieser Grundlage die Zielsetzung und die Forschungsziele in Abschnitt 1.4 abzuleiten. Die erzielten Forschungsbeiträge und Publikationen sind Gegenstand des Abschnitts 1.5. Das Kapitel schließt mit einer Beschreibung des Aufbaus der Arbeit in Abschnitt 1.6.

1.1 Motivation

Industrieunternehmen befinden sich heute in einem globalen Verdrängungswettbewerb. Die erheblichen Lohnkostenvorteile von Entwicklungs- und Schwellenländern führen zu einem enormen Preis- und Kostendruck in Hochlohnländern wie Deutschland und den USA. Gleichzeitig steigt die Komplexität durch globale Produktionsnetzwerke, eine Individualisierung der Nachfrage und einen rasanten technologischen Wandel, speziell der Informationstechnologie (IT). Immer kürzere Produktlebenszyklen bei steigender Variantenvielfalt sowie volatile Marktstrukturen prägen das turbulente Umfeld von Industrieunternehmen und erfordern Wandlungsfähigkeit (Westkämper 2009, Westkämper 2013b).

Entscheidende Eckpunkte der Wettbewerbsfähigkeit sind folglich eine schnelle Reaktion auf veränderte Umweltbedingungen und Kundenwünsche sowie kurze Durchlauf- und Lieferzeiten bei einer gleichbleibend hohen Produktqualität und kosteneffizienten Unternehmensabläufen. Transparente, agile und wirtschaftliche Fertigungsprozesse, eingebettet in ein System der kontinuierlichen Verbesserung, stellen hierbei einen zentralen Erfolgsfaktor für produzierende Unternehmen dar (Kletti und Schumacher 2011). Bei der Prozessoptimierung geht es heute nicht mehr nur darum, die Prozessleistung ex post historisch zu analysieren und reaktiv Verbesserungsmaßnahmen abzuleiten, sondern bereits vor oder während der Prozessausführung Prozessanomalien zu prognostizieren und proaktiv Gegenmaßnahmen einzuleiten (Muehlen und Shapiro 2010, Konrad et al. 2013).

Traditionelle Philosophien und Ansätze zur Optimierung von Fertigungsprozessen, wie Lean Production, Total Quality Management und Six Sigma, sind managementgetrieben und erfahrungsbasiert (Becker 2008). Sie bieten Managementmethoden und Vorgehensweisen, z.B. zur systematischen Fehleranalyse, kombiniert mit aus der Erfahrung gewonnenen Best Practices. Die Identifikation und Realisierung konkreter Verbesserungspotentiale hängen hierbei stark vom Fachwissen und den analytischen Fähigkeiten des jeweiligen Experten im Einzelfall ab.

Der zunehmende Einsatz cyber-physischer Systeme, die Einbettung von Sensoren in Maschinen und Anlagen sowie die Digitalisierung des Fertigungsmanagements durch Manufacturing Execution Systems (MES) führen zu enormen Mengen an strukturierten und unstrukturierten Daten in der Fertigung, die das Potential für neuartige datengetriebene Optimierungsansätze bieten. Es geht um eine umfassende Analyse der Daten, um systematisch neues Wissen, d.h. handlungsrelevante Erkenntnisse, zur kontinuierlichen Verbesserung von Fertigungsprozessen aus den Daten zu gewinnen (Kemper et al. 2013, Schöning und Dorchain 2014).

Existierende Datenanalyse- bzw. Business-Intelligence-Anwendungen in der industriellen Praxis basieren auf der manuellen, kennzahlenorientierten Analyse einzelner Fertigungsdaten, z.B. in Form von MES-Kennzahlenberichten für die Fertigungsleitung und das Unternehmensmanagement (Kletti 2006). Diese Ansätze haben vier wesentliche Schwachstellen, die eine umfassende Extraktion und Nutzung des in den Daten enthaltenen Wissens verhindern: (1) Die Ansätze verwenden nur einen *kleinen Ausschnitt der vorhandenen Daten* ohne eine ganzheitliche Sicht auf den Fertigungsprozess einzunehmen. (2) Sie sind meist *rein deskriptiv und reaktiv* konzipiert und bieten keine Unterstützung, um komplexe Muster in den Daten zu identifizieren und daraus systemgestützt Prognosen und Handlungsempfehlungen abzuleiten. (3) Die Analyseergebnisse sind typischerweise *nur auf das leitende Personal ausgerichtet*, eine Rückkopplung und Integration der Ergebnisse mit der Fertigungsebene stehen nicht im Fokus. (4) Die *Realisierung der Ansätze erfolgt einzelfallbezogen*, es mangelt an generischen Business-Intelligence-Architekturen und -Modellen für die Fertigung. Infolge dieser Unzulänglichkeiten dienen existierende Datenanalyseanwendungen in der Praxis meist nur der Herstellung einer kennzahlenorientierten Prozesstransparenz sowie als Datenlieferant für traditionelle Optimierungsansätze, z.B. zur Kennzahlenberechnung im Wertstromdesign (Erlach 2010).

Das Ziel dieser Arbeit ist die Konzeption, prototypische Implementierung und Evaluation einer integrierten, generischen Business-Intelligence-Plattform zur kontinuierlichen datengetriebenen Optimierung von Fertigungsprozessen, der sogenannten *Advanced-Manufacturing-Analytics-Plattform (AdMA-Plattform)*. Die AdMA-Plattform adressiert die aufgeführten Schwachstellen, um das Potential der enormen Datenmengen in der Fertigung für die Prozessoptimierung nutzbar zu machen. Dabei liegt der Fokus auf einer ganzheitlichen Optimierung des Fertigungsprozesses unter Einbeziehung aller Prozessschritte und Ressourcen. Die Grundlage der AdMA-Plattform ist eine ganzheitliche Datenhaltung, das *Wissensrepository für die Fertigung*. Es integriert strukturierte und unstrukturierte Daten und ermöglicht darüber hinaus die Verwaltung von Wissen im Sinne von aus den Daten gewonnenen Analyseergebnissen. Auf dieser Basis werden Data-Mining-basierte Analyseverfahren für die *prädiktive und präskriptive Fertigungsprozess-Analyse* umgesetzt, die Ursachenanalysen und Prognosen der Prozessleistung sowie die proaktive Generierung konkreter Handlungsempfehlungen unterstützen. Die Analyseergebnisse werden schließlich mittels des *mobilen Prozess-Dashboard* Werkern und Fertigungsleitern mobil und personalisiert zur Verfügung gestellt.

1.2 Praxisbeispiel

Im Rahmen der vorliegenden Arbeit wurde ein Praxisbeispiel bei einem Industriepartner in der Automobilindustrie untersucht, um einen konkreten Fertigungsprozess, nämlich die Herstellung von Nockenwellen, und spezifische Herausforderungen der Prozessoptimierung für eine real vorliegende Problemstellung bei diesem Fertigungsprozess zu analysieren. Das Praxisbeispiel dient als fortlaufendes Beispiel in dieser Arbeit zur Illustration der entwickelten Konzepte und stellt darüber hinaus die Grundlage für die Anforderungsermittlung und Evaluation dar. Im Folgenden werden das Unternehmen und die grundlegenden IT-Systeme überblicksartig dargestellt, um dann auf den Fertigungsprozess sowie die Herausforderungen bei der Prozessoptimierung einzugehen. Es ist anzumerken, dass bestimmte Sachverhalte des Praxisbeispiels aus Geheimhaltungs- und Verständlichkeitsgründen im Vergleich zur Realität angepasst und verallgemeinert sind, wobei die konstituierenden Charakteristika gewahrt werden.

Unternehmen und IT-Systeme

Im Zentrum des Praxisbeispiels steht ein Komponentenfertiger aus der Automobilindustrie, die Motoren AG (fiktiver Name aus Geheimhaltungsgründen). Die Motoren AG ist ein westeuropäisches Großunternehmen, das verschiedene Komponenten für Motoren von Nutzfahrzeugen, insbesondere Bussen und LKWs, herstellt. Das Produktspektrum umfasst beispielsweise Motorblöcke, Zylinderköpfe, Kolben, Kurbelwellen und Nockenwellen für Nutzfahrzeugmotoren mit unterschiedlichen Hubraumgrößen und Abgasnormen (siehe zu Motoren (Basshuysen und Schäfer 2015)). Die Kunden der Motoren AG sind Nutzfahrzeughersteller weltweit, die als Original Equipment Manufacturers (OEMs) (Wallentowitz et al. 2009) selbstgefertigte oder bezogene

Komponenten zu kompletten Nutzfahrzeugen kombinieren und am Markt anbieten. Die Motoren AG ist dementsprechend als Zulieferer für OEMs der Nutzfahrzeugbranche tätig.

Die Situation in der Nutzfahrzeugbranche ist durch einen starken globalen Wettbewerb sowohl auf der Ebene der OEMs als auch der Zulieferer geprägt. Das Wachstum traditioneller Märkte für Nutzfahrzeuge in den USA und Westeuropa stagniert, Wachstumsimpulse kommen im Wesentlichen aus Schwellenländern, wobei die weltweite Nachfrage zyklisch verläuft und aufgrund infrastruktureller und regulatorischer Unterschiede sehr regional geprägt ist. Dies führt zu einer großen Vielfalt an Produktvarianten, die eine hohe Komplexität von Fertigungsprozessen mit sich bringt (Lehmann und Grzegorski 2008). Im Gegensatz zu PKWs im privaten Umfeld stellen Nutzfahrzeuge Investitionsgüter dar, so dass neben dem Kaufpreis auch die Fahrleistung und die Höhe der laufenden Kosten wesentliche Kaufkriterien sind (Epker 2014). Diese Rahmenbedingungen führen zu hohen Anforderungen an die Effektivität, Effizienz und Wandelbarkeit der Fertigungsprozesse in der Nutzfahrzeugbranche, um hochqualitative Produkte in einem definierten Kosten- und Zeitrahmen herzustellen. Die Minimierung von Durchlaufzeiten sowie die Maximierung der Ausbringungsmengen im Rahmen einer kontinuierlichen Verbesserung der Fertigungsprozesse stellen folglich zentrale Erfolgsfaktoren für die Fertigung der Motoren AG dar.

Die System-Landschaft der Motoren AG umfasst eine Vielzahl an historisch gewachsenen IT-Systemen für die digitale Produktion (Westkämper 2013a), d.h. zur digitalen Unterstützung und Automatisierung von Geschäfts- und Fertigungsprozessen. Neben Computer-Aided-Design- und Computer-Aided-Planning-Systemen (CAD- und CAP-Systemen) zur digitalen Produkt- und Produktionssystementwicklung wird insbesondere ein Enterprise-Resource-Planning-System (ERP-System) eingesetzt, das die Produktionsplanung und -steuerung, die Abwicklung administrativer Prozesse sowie die Stammdatenverwaltung unterstützt. Im Rahmen des Fertigungsmanagements findet außerdem ein MES Anwendung, das insbesondere der Betriebsdatenerfassung und -auswertung dient, um die Durchführung der Fertigungsprozesse zu überwachen und die Prozessleistung anhand von Kennzahlen zu analysieren (siehe zu IT-Systemen Abschnitt 2.1).

Fertigungsprozess zur Nockenwellenherstellung

Ein zentraler Fertigungsprozess der Motoren AG umfasst die Großserienfertigung unterschiedlicher Varianten von Nockenwellen für Heavy-Duty-Motoren, d.h. für Dieselmotoren schwerer Nutzfahrzeuge. Die wesentliche Aufgabe einer Nockenwelle als Motorenkomponente ist das Öffnen und Schließen der Ein- und Auslassventile an den Zylindern des Motors. Im Folgenden geht es um die Heavy-Duty-Nockenwelle (HD-Nockenwelle), die ein neues Zulieferprodukt der

Motoren AG für Bus- und LKW-OEMs darstellt. Die HD-Nockenwelle ist eine gebaute Nockenwelle (siehe Abbildung 1), die aus einem Stahlrohr, darauf gefügten Nocken und einem Antriebsrad besteht. Hierbei wird in dieser Arbeit aus Vereinfachungsgründen von unterschiedlichen Typen von Nocken abstrahiert (siehe zu Nockenwellen (Hoffmann et al. 2015)).

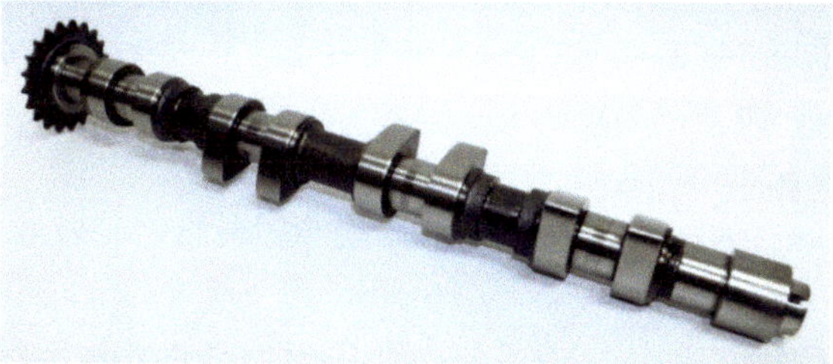

Abbildung 1: Beispiel einer Nockenwelle (Autewo 2015)

Der Fertigungsprozess zur Herstellung der HD-Nockenwelle besteht aus acht automatisierten Prozessschritten (siehe Abbildung 2), die in Anlehnung an eine Fließfertigung organisiert sind. Dieser Prozess beginnt mit dem Härten, dem Planschleifen sowie dem Drehen und Schleifen der Nocken. Anschließend werden die bearbeiteten Nocken auf das Rohr gefügt, um die Nockenwelle als Gesamtbauteil zu schleifen sowie zu entgraten und zu waschen. Am Ende des Fertigungsprozesses erfolgt eine umfassende Qualitätsprüfung der Nockenwelle. Logistische Aspekte, wie z.B. Transportschritte, werden hier nicht betrachtet, da sie für die zu analysierende Problemstellung nicht relevant sind.

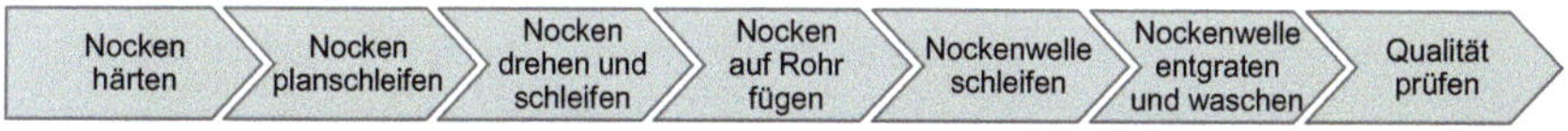

Abbildung 2: Fertigungsprozess der Motoren AG zur Nockenwellenherstellung

Die Prozessschritte werden im Folgenden anhand der wesentlichen Fertigungsverfahren, Maschinen, Werkzeuge und Materialien kurz beschrieben. Eine weitergehende allgemeine Darstellung der Nockenwellenherstellung findet sich in (Hagedorn 2006, Köhler und Flierl 2012). Für Details zu den einzelnen Fertigungsverfahren sei auf (Westkämper und Warnecke 2010) verwiesen.

- Das *Härten der Nocken* umfasst das Erhitzen und Abschrecken der angelieferten Stahlrohlinge der Nocken zur Erhöhung der Widerstandsfähigkeit. Anschließend werden die Nocken angelassen, d.h. erneut erwärmt, um innere Spannungen abzubauen. Hierfür wird eine Härtemaschine zum Induktionshärten eingesetzt. Der Induktorensatz der Härtemaschine stellt das zentrale Werkzeug dar, wobei als Abschreckmittel eine Wasserlösung verwendet wird. Typische Härteparameter sind beispielsweise die Aufheizzeit, die elektrische Spannung sowie die Abschreckzeit.

- Beim *Planschleifen der Nocken* werden die beiden Außenseiten der Nocken mit einer Schleifmaschine geschliffen. Die Güte der Oberflächenbearbeitung hängt hierbei wesentlich von den Eigenschaften der verwendeten Schleifscheibe, z.B. der Körnung, und den Schleifparametern, wie z.B. der Schnittgeschwindigkeit, ab. Darüber hinaus wird ein Kühlschmiermittel zur Wärmeabfuhr eingesetzt.
- Das *Drehen und Schleifen der Nocken* bezieht sich auf die Bearbeitung der Innenseite der Nocken mit einer Nockenbearbeitungsmaschine, die eine Kombination aus Dreh- und Schleifmaschine darstellt. Das Drehen dient einer Grobbearbeitung der Innenseite, die durch anschließendes Schleifen nachbearbeitet wird. Hierbei werden eine Wendeschneidplatte und ein Schleifdorn als Werkzeuge eingesetzt. Relevante Dreh- und Schleifparameter sind z.B. Schnitt- und Vorschubgeschwindigkeit sowie Zustellung.
- Beim *Fügen der Nocken auf das Rohr* werden die einzelnen Nocken mittels eines Fügeroboters auf einem Rohr aufgeschrumpft. Hierfür werden die Nocken erwärmt, an ihre entsprechende Position auf das Rohr geschoben und ausgerichtet, um schließlich mit einem Abschreckmittel abgekühlt und fixiert zu werden und damit einen kraftschlüssigen Verbund herzustellen. Zusätzlich wird das Antriebsrad, das als Vorprodukt eingeht, auf das Rohrende aufgeschrumpft. Der Greifer des Roboters sowie der Induktorensatz stellen die zentralen Werkzeuge beim Fügen dar. Wesentliche Fügeparameter sind Aufwärmzeit und elektrische Spannung sowie Halte- und Sprühzeit für das Fixieren der einzelnen Nocken auf dem Rohr. Durch das Fügen der Nocken auf das Rohr entsteht die Nockenwelle als Gesamtbauteil. Die Rohre gehen in diesem Prozessschritt als Vorprodukte in den Fertigungsprozess ein, sind also bereits geschliffen und gewaschen.
- Beim *Schleifen der Nockenwelle* werden die Lagerstellen zwischen den Nocken auf dem Rohr sowie die äußeren Konturen der Nocken mit einer Schleifmaschine bearbeitet, um eine definierte Oberflächengüte herzustellen. Das wesentliche Werkzeug ist dementsprechend die eingesetzte Schleifscheibe. Typische Schleifparameter in diesem Prozessschritt sind Zustellung, Drehzahl der Nockenwelle und Schnittgeschwindigkeit.
- Das *Entgraten und Waschen der Nockenwelle* dient der Nachbearbeitung, indem in einer Reinigungs- und Entgratanlage die Nockenwelle mittels einer Rundbürste als Werkzeug von Graten befreit und anschließend gewaschen wird. Typische Bearbeitungsparameter sind die Umfangsgeschwindigkeit der Bürste sowie die Drehzahl der Nockenwelle.

- Beim *Prüfen der Qualität* werden mittels einer Nockenwellenprüfmaschine die Positionen und Fügewinkel der einzelnen Nocken gemessen und die Nocken im Rahmen einer Wirbelstromprüfung auf Risse geprüft.

Der gesamte Fertigungsprozess ist hoch automatisiert, um eine geplante Ausbringungsmenge von 300.000 Nockenwellen im Jahr zu erzielen. Die Werker in den einzelnen Prozessschritten sind für die Maschinenüberwachung, das steuernde Eingreifen in Ausnahmesituationen, wie z.B. bei Störungen und Qualitätsproblemen, sowie die Durchführung routinemäßiger Wartungsvorgänge verantwortlich.

Problemstellung und Herausforderungen bei der Prozessoptimierung

Die im Rahmen des Praxisbeispiels betrachtete Fertigung der HD-Nockenwelle befindet sich in der Produktionshochlaufphase, um die geplante Ausbringungsmenge zu erreichen. Hierbei zeigen sich jedoch erhebliche Qualitätsprobleme, da rund 7% der hergestellten Nockenwellen bei der Qualitätsprüfung Risse an bestimmten Nocken aufweisen. Die betroffenen Nockenwellen stellen Ausschuss dar und müssen entsorgt werden. Dies führt zu erheblichen Mehrkosten von rund 300.000 € pro Jahr. Als Sofortmaßnahme wird eine gesonderte Qualitätsprüfung der Nocken direkt nach dem Härten im Fertigungsprozess eingeführt, die jedoch keine Auffälligkeiten zeigt.

Die Unternehmensleitung der Motoren AG veranlasst daraufhin die Durchführung eines Optimierungsprojekts, um systematisch die Ursachen für das Qualitätsproblem zu ermitteln. Das Ziel besteht in einer Reduzierung des Ausschusses auf höchstens 0,5% der Produktionsmenge. Darüber hinaus soll der Fertigungsprozess kontinuierlich verbessert werden, um langfristig eine Null-Fehler-Fertigung (Jeschke 1997) zu erreichen.

Das Optimierungsprojekt umfasst in Anlehnung an die Six-Sigma-Methode (Pyzdek und Keller 2010) insbesondere die Durchführung von Experteninterviews sowie von Fehler-Möglichkeits- und Einfluss-Analysen (Bertsche und Lechner 2004) mit Fachingenieuren des Fertigungsprozesses. Daraus resultieren physikalisch-technische Hypothesen für die Rissbildung. Insbesondere Zugeigenspannungen der Nocken werden als Ursache für Risse betrachtet, wobei eine Vielzahl an Parametern über den gesamten Fertigungsprozess identifiziert wird, die potentielle Einflussfaktoren darstellen. Es geht z.B. um Härteparameter, Eigenschaften der Schleifscheiben beim Planschleifen sowie die Zusammensetzung des Abschreckmittels beim Härten. Darüber hinaus sind Eigenschaften der eingesetzten Materialien, wie z.B. der verwendete Werkstoff, sowie Wartungsdetails wie die Abrichttiefe der Schleifscheiben miteinzubeziehen. Eine erste heuristische

Anpassung ausgewählter Parameter, speziell beim Härten und beim Planschleifen, führt jedoch nur zu geringfügigen Verbesserungen.

Die Motoren AG verfolgt daraufhin das Ziel, die Daten zum Fertigungsprozess ganzheitlich und systematisch zu analysieren, um Zusammenhänge zwischen sämtlichen Parametern über den gesamten Prozess als Ursachen für die Rissbildung zu identifizieren. Das bisher für die Datenanalyse eingesetzte MES ermöglicht jedoch nur eine manuelle Analyse ausgewählter Kennzahlen, wie z.B. Auslastung der Maschinen oder Ausschussmengen, nach vordefinierten Dimensionen. Eine systemgestützte Erkennung komplexer Muster und Trends in den Daten ist nicht möglich. Zudem werden ergänzende Daten zu den Prozesssubjekten, wie z.B. Daten zu Materialien und Werkzeugen, nicht berücksichtigt.

Aus diesen Gründen ist ein ganzheitlicher Datenanalyse- bzw. Business-Intelligence-Ansatz erforderlich, der sämtliche Daten zum Fertigungsprozess – d.h. prozessorientierte Daten aus dem MES sowie operative Daten zu Prozesssubjekten, z.B. aus dem ERP-System – integriert und hinsichtlich komplexer Zusammenhänge und Muster analysiert und damit Wissen extrahiert. Die Analyseergebnisse sind nicht nur reaktiv für die Fertigungsleitebene und die Unternehmensleitebene bereitzustellen, sondern auch proaktiv Werkern auf der Fertigungsebene zur Verfügung zu stellen, um die Entstehung möglicher Störungen und Kennzahlenabweichungen während der Prozessausführung zu vermeiden.

Es geht dementsprechend einerseits um datengetriebene Ursachenanalysen über den gesamten Fertigungsprozess unter Einbeziehung sämtlicher Prozessschritte und Ressourcen, um die relevanten Einflussgrößen für Störungen und Kennzahlenabweichungen zu identifizieren. Andererseits geht es um eine datengetriebene proaktive Optimierung während der Prozessausführung, um konkrete Handlungsempfehlungen zur Vermeidung prognostizierter Prozessanomalien zu generieren. Dieser Gesamtansatz zur datengetriebenen Optimierung des Fertigungsprozesses soll hierbei nicht nur auf den Einzelfall der Nockenwellenherstellung zugeschnitten, sondern auf sämtliche Fertigungsprozesse der Motoren AG übertragbar sein, um das gesamte Produktionssystem des Unternehmens kontinuierlich zu verbessern. Die Realisierung dieses Ansatzes ist jedoch mit den existierenden IT-Systemen der Motoren AG nicht möglich und erfordert die Entwicklung einer neuartigen ganzheitlichen Business-Intelligence-Plattform.

1.3 Herausforderungen

Auf der Basis des Praxisbeispiels sowie einer umfassenden Analyse der Schwachstellen existierender Business-Intelligence-Anwendungen (siehe Abschnitt 2.3) werden vier allgemeine technische Kernherausforderungen für eine datengetriebene Optimierung von Fertigungsprozessen identifiziert. Diese Herausforderungen stellen die Grundlage der in dieser Arbeit adressierten Forschungsziele dar und werden anhand eines generischen Zyklus für die analytische Datenverarbeitung angelehnt an (Niedermann et al. 2010) strukturiert.

Dieser Zyklus besteht aus drei Phasen (siehe Abbildung 3): der Datenbereitstellung, der Analyse sowie der eigentlichen Optimierung, die den Benutzerzugriff miteinschließt. Den Ausgangspunkt bildet die Ausführung eines Prozesses, in deren Rahmen Daten erzeugt werden. Die Hierarchie der Leitebenen in Abbildung 3 verdeutlicht, dass es in dieser Arbeit um Fertigungsprozesse geht und die Daten von IT-Systemen auf unterschiedlichen Leitebenen der Fertigung stammen können (siehe zur Hierarchie der Leitebenen Abschnitt 2.1.3). Die *Datenbereitstellung* dient der Integration der Daten. Die *Analyse* fokussiert auf die Auswertung der Daten mittels unterschiedlicher Analyseverfahren. Die Phase der *Optimierung* bezieht sich auf die Ableitung und Umsetzung konkreter Verbesserungsmaßnahmen auf Basis der Analyseergebnisse, um eine Prozessanpassung zu realisieren. Die Ausführung des angepassten Prozesses bildet die Grundlage für die Generierung neuer Daten und die erneute Durchführung der drei Phasen, um eine kontinuierliche Verbesserung zu erreichen. In Abbildung 3 werden die vier identifizierten Herausforderungen H_i anhand dieses Zyklus strukturiert und im Folgenden beschrieben.

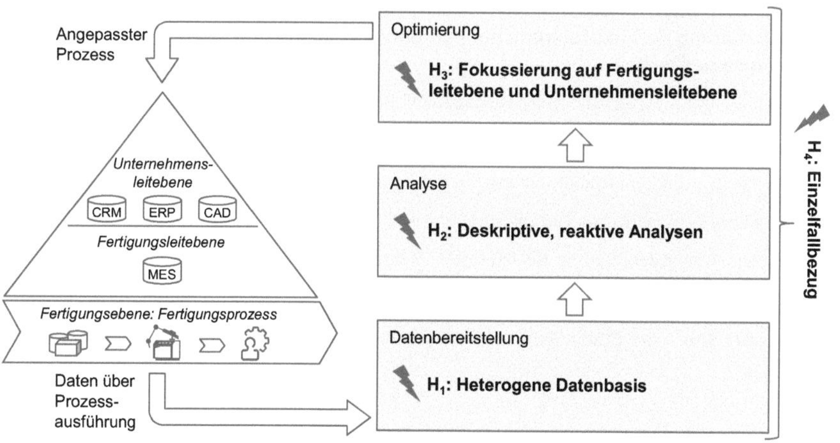

Abbildung 3: Herausforderungen (H_i) der datengetriebenen Optimierung von Fertigungsprozessen

Herausforderung H_1: Heterogene Datenbasis

Die für die Optimierung von Fertigungsprozessen relevanten Daten sind heterogen, d.h. sie sind über verschiedene IT-Systeme verteilt und werden in unterschiedlichen technischen Formaten gespeichert (Kemper et al. 2013). Neben prozessorientierten Daten (Synonym: Prozessdaten) zum Prozessfluss, z.B. Maschineneinstellungen und Messergebnissen, geht es zusätzlich um operative Daten, welche die Prozesssubjekte näher beschreiben, z.B. Wartungsdaten zu Maschinen oder Daten zu den eingesetzten Materialien und deren Lieferanten. Neben diesen strukturierten Daten geht es außerdem um unstrukturierte Daten, z.B. Störungsberichte, Schichtprotokolle oder Fotos von Fertigungsfehlern. Existierende Business-Intelligence-Anwendungen verwenden typischerweise nur isolierte, strukturierte Daten, meistens ausschließlich Prozessdaten. Eine integrierte Betrachtung wird dabei vernachlässigt. Das Erkennen übergreifender Zusammenhänge, z.B. zwischen Eigenschaften der Prozesssubjekte und der Prozessleistung, ist somit deutlich erschwert.

Herausforderung H_2: Deskriptive, reaktive Analysen

Existierende Business-Intelligence-Anwendungen in der Fertigung, speziell MES, basieren meist auf deskriptiven, d.h. rein beschreibenden, Analyseverfahren auf der Grundlage von Kennzahlen und werden meist reaktiv nach dem Eintreten von Abweichungen oder zur reinen Prozessüberwachung eingesetzt (Kletti 2006). Ein Beispiel ist die Generierung von Kennzahlenberichten mit MES. In den Daten enthaltene Muster und Trends bleiben somit meistens unentdeckt, was eine Erkennung von Prozessanomalien und eine proaktive Ableitung von Gegenmaßnahmen verhindert.

Herausforderung H_3: Fokussierung auf Fertigungsleitebene und Unternehmensleitebene

Die Analyseergebnisse existierender Business-Intelligence-Anwendungen fokussieren auf Zielgruppen auf der Fertigungsleitebene und der Unternehmensleitebene, z.B. Fertigungsleiter. Es mangelt an einer direkten Rückkopplung mit der Fertigungsebene (Bracht et al. 2011). Das heißt, es erfolgt kein systematisches Herunterbrechen und Aufbereiten der aus dem Prozessgeschehen gewonnenen Analyseergebnisse für operative Zielgruppen, wie Werker im Fertigungsprozess, abgesehen von einfachen Kennzahlendarstellungen. Dies erschwert prozessintegrierte Optimierungsansätze sowie die Einbindung des Fachwissens operativer Mitarbeiter in den Verbesserungsprozess.

Herausforderung H_4: Einzelfallbezug

Die Heterogenität von Fertigungsprozessen und IT-Systemen in unterschiedlichen Branchen und Unternehmen führt dazu, dass Business-Intelligence-Anwendungen in der Fertigung typischerweise einzelfallspezifisch implementiert werden (Harding et al. 2006). Zudem ist für eine Realisierung eine Vielzahl unterschiedlicher IT-Komponenten zur Datenbereitstellung, Analyse und Optimierung erforderlich, die in einem Gesamtsystem zu integrieren sind. Dies führt zu einer hohen Realisierungskomplexität und einem niedrigen Wiederverwendungsgrad, was die Kosten und das Risiko für die Umsetzung von Business-Intelligence-Anwendungen in der Fertigung erhöht.

1.4 Zielsetzung, Lösungsansatz und Forschungsziele

Das Ziel der vorliegenden Arbeit ist die Konzeption, prototypische Implementierung und Evaluation einer integrierten Business-Intelligence-Plattform zur kontinuierlichen datengetriebenen Optimierung von Fertigungsprozessen, die AdMA-Plattform, welche die beschriebenen Herausforderungen adressiert. Dabei liegt der Fokus auf einer ganzheitlichen Optimierung des Fertigungsprozesses. Das heißt, es werden nicht isolierte Prozessschritte betrachtet, sondern der Gesamtprozess mit allen Schritten und Ressourcen wird hinsichtlich definierter Ziele verbessert. Hierbei geht es nicht um die Verbesserung der Produktionsplanung und -steuerung, sondern um den eigentlichen Fertigungsprozess, wie er im Rahmen des Fertigungsmanagements mittels MES verwaltet wird.

Aufgrund der strukturellen Ähnlichkeit der Zielsetzung und der Herausforderungen orientiert sich diese Arbeit konzeptionell am Deep-Business-Optimization-Rahmenwerk (Niedermann et al. 2010, Niedermann und Schwarz 2011), welches eine Plattform zur präskriptiven Analyse von Geschäftsprozessen auf der Grundlage einer Integration prozessorientierter und operativer Daten definiert. Grundlegende konzeptionelle Unterschiede zwischen Fertigungs- und Geschäftsprozessen – sowohl hinsichtlich der zugrundeliegenden Metamodelle als auch der zugehörigen IT-Unterstützung – verhindern jedoch eine direkte Anwendung des Rahmenwerks im Fertigungskontext und erfordern die Entwicklung einer domänenspezifischen Lösung. Der in der vorliegenden Arbeit verfolgte Lösungsansatz besteht demzufolge in der Definition einer ganzheitlichen Datenbasis über den gesamten Fertigungsprozess, auf der Data-Mining-basierte prädiktive und präskriptive Analyseverfahren angewendet und zielgruppenorientiert bereitgestellt werden. Dieser Lösungsansatz basiert methodisch auf dem Design-Science-Ansatz (Hevner et al. 2004) und dem Grundgedanken der gestaltungsorientierten Wirtschaftsinformatik (Österle et al. 2010).

Es geht dementsprechend um eine systematische und nachvollziehbare Entwicklung generalisierter, für ein bestimmtes Anwendungsproblem relevanter und nutzenstiftender IT-Artefakte und deren systematische Evaluation.

Aus der Zielsetzung sowie den in Abschnitt 1.3 beschriebenen Herausforderungen ergeben sich die nachfolgend beschriebenen Forschungsziele (siehe Abbildung 4). Jede Herausforderung H_i wird auf ein entsprechendes Forschungsziel FZ_i abgebildet, um daraus die zugehörigen Forschungsanforderungen FA_{ij} zur Erreichung des jeweiligen Ziels abzuleiten.

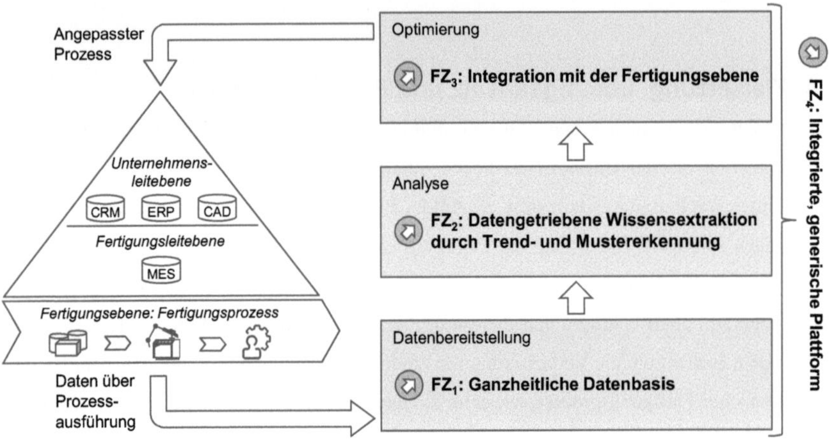

Abbildung 4: Forschungsziele (FZ_i) dieser Arbeit

Forschungsziel FZ_1: Ganzheitliche Datenbasis

Das Ziel ist die Integration heterogener Daten in einer ganzheitlichen Datenbasis als Grundlage für unterschiedliche Analyseverfahren. Diese Datenbasis integriert strukturierte Prozessdaten mit zugehörigen strukturierten operativen Daten über den gesamten Fertigungsprozess (FA_{11}) und ermöglicht zusätzlich eine flexible Integration unstrukturierter Daten (FA_{12}). In diesem Rahmen sind auch Analyseergebnisse, wie Kennzahlenberichte und Data-Mining-Modelle, mit Bezug zum Fertigungsprozess zu integrieren, um sie für eine Wiederverwendung und weitergehende Analysen bereitzustellen (FA_{13}).

Forschungsziel FZ_2: Datengetriebene Wissensextraktion durch Trend- und Mustererkennung

Das Ziel ist es, in der Datenbasis verborgene Muster und Trends über den gesamten Fertigungsprozess zu erkennen, um daraus Wissen zur Prozessoptimierung zu gewinnen. Es geht darum, über rein deskriptive Kennzahlenanalysen hinauszugehen und prädiktiv Ursachenanalysen und

Prognosen der Prozessleistung über den gesamten Prozess durchzuführen (FA_{21}) und präskriptiv Handlungsempfehlungen für eine proaktive Optimierung abzuleiten (FA_{22}).

Forschungsziel FZ_3: Integration mit der Fertigungsebene

Das Ziel ist eine Bereitstellung und Rückkopplung von Analyseergebnissen für und mit Mitarbeitern auf der Fertigungsebene, um eine prozessintegrierte Optimierung zu unterstützen. Es geht darum, Informationen mobil und personalisiert bereitzustellen (FA_{31}) und dabei in einem ganzheitlichen Ansatz unterschiedliche Informationsbedarfe zu adressieren (FA_{32}). Zudem ist das Fachwissen der Mitarbeiter, z.B. in Form von Verbesserungsvorschlägen, zu kodifizieren, um eine Rückkopplung zu unterstützen (FA_{33}).

Forschungsziel FZ_4: Integrierte, generische Plattform

Das Ziel ist die Erstellung einer Business-Intelligence-Plattform, die alle konzeptionell erforderlichen Komponenten für die datengetriebene Optimierung, d.h. für die Datenbereitstellung, Analyse und Optimierung inklusive des Benutzerzugriffs, integriert (FA_{41}) und auf einem generischen, d.h. einzelfallunabhängigen, Ansatz basiert (FA_{42}). Es geht darum, generische Datenstrukturen, Analyseverfahren und Benutzerschnittstellen zu entwickeln, um die Realisierungskomplexität im Einzelfall zu verringern und allgemeingültige Konzepte für die Fertigungsindustrie zu definieren.

1.5 Forschungsbeiträge und eigene Publikationen

Anhand der Forschungsziele werden die Forschungsbeiträge FB_i dieser Arbeit nachfolgend aufgegliedert und die zugehörigen eigenen Publikationen genannt. Hervorzuheben ist, dass die Forschungsbeiträge sowohl auf konzeptioneller Ebene erbracht als auch im Rahmen der Realisierung der AdMA-Plattform prototypisch implementiert und evaluiert werden.

Ganzheitliche Datenbasis (FZ_1):
Wissensrepository für die Fertigung (FB_1) (siehe Kapitel 4, 5)

- *Generisches multidimensionales Datenmodell (FB_{11})*: Entwicklung eines generischen multidimensionalen Datenmodells, das strukturierte operative und prozessorientierte Daten über den Fertigungsprozess integriert und einzelfallunabhängig für unterschiedliche Typen von Fertigungsprozessen anwendbar ist
- *Prozessorientierte Artefaktintegration (FB_{12})*: Entwicklung eines Konzepts zur flexiblen Verknüpfung von Artefakten, d.h. von (unstrukturierten) Dokumenten sowie von Analyseergebnissen, mit prozessorientierten und operativen Daten des multidimensionalen Datenmodells

- *Linkbasierte Architektur (FB_{13})*: Entwicklung einer technischen Architektur zur flexiblen Integration strukturierter und unstrukturierter Daten mithilfe informationsintensiver Links zur Umsetzung der Artefaktintegration bzw. des Wissensrepository für die Fertigung

Publikationen zum Wissensrepository für die Fertigung:

(Gröger et al. 2012c, Gröger et al. 2014b, Gröger et al. 2014c)

Datengetriebene Wissensextraktion durch Trend- und Mustererkennung (FZ_2): Prädiktive und präskriptive Fertigungsprozess-Analyse (FB_2) (siehe Kapitel 3, 6)

- *Ursachenanalyse (FB_{21})*: Entwicklung eines prädiktiven Data-Mining-basierten Analyseverfahrens zur datengetriebenen Identifikation von Ursachen für Kennzahlenabweichungen und Störungen eines Fertigungsprozesses
- *Laufzeitprognostik (FB_{22})*: Entwicklung eines prädiktiven Data-Mining-basierten Analyseverfahrens zur datengetriebenen Vorhersage von möglichen Störungen und Kennzahlenabweichungen während der Prozessausführung
- *Proaktive Empfehlungsgenerierung (FB_{23})*: Entwicklung eines präskriptiven Data-Mining-basierten Analyseverfahrens zur proaktiven datengetriebenen Generierung von Handlungsempfehlungen zur Vermeidung einer prognostizierten Kennzahlenabweichung während der Prozessausführung

Publikationen zur prädiktiven und präskriptiven Fertigungsprozess-Analyse:

(Gröger et al. 2012a, Gröger et al. 2014a)

Integration mit der Fertigungsebene (FZ_3): Mobiles Prozess-Dashboard (FB_3) (siehe Kapitel 7)

- *Personalisierungskonzept (FB_{31})*: Entwicklung eines Konzepts zur mobilen personalisierten Informationsbereitstellung für unterschiedliche Zielgruppen in der Fertigung, insbesondere Werker und Fertigungsleiter
- *Informationsbedarfe (FB_{32})*: Erhebung und Definition prozessorientierter Informationsbedarfe von Werkern zur Realisierung eines ganzheitlichen Informationsangebotes auf der Fertigungsebene
- *Dashboard-Dienste (FB_{33})*: Konzeption funktionaler Dashboard-Dienste zur Adressierung der Informationsbedarfe

Publikationen zum mobilen Prozess-Dashboard:

(Gröger et al. 2013a, Gröger et al. 2013b, Gröger und Stach 2014)

Weiterführende Publikationen: (Hoos et al. 2014a, Hoos et al. 2014b)

Integrierte, generische Plattform (FZ_4):
Advanced-Manufacturing-Analytics-Plattform (FB_4) (siehe Kapitel 3)

- *Integrierte Gesamtarchitektur (FB_{41})*: Entwicklung einer konzeptionellen Plattformarchitektur bestehend aus drei integrierten Schichten für Datenbereitstellung, Analyse und Optimierung
- *Generische Komponenten (FB_{42})*: Konzeption generischer Komponenten zur Datenbereitstellung, Analyse und Optimierung, die eine einzelfallübergreifende Anwendung der Plattform für Unternehmen der Fertigungsindustrie ermöglichen

Publikationen zur AdMA-Plattform als Gesamtansatz:
(Gröger et al. 2012b, Gröger und Stach 2014)

Weiterführende Publikationen: (Kassner et al. 2014)

1.6 Aufbau der Arbeit

Im Folgenden wird der weitere Aufbau der Arbeit anhand einer Übersicht über die Kapitel beschrieben.

Kapitel 2 umfasst die *konzeptionellen Grundlagen* der Arbeit sowohl hinsichtlich der Produktion und Fertigung als auch mit Blick auf IT-Konzepte zur datengetriebenen Optimierung unter dem Begriff Business Intelligence. Davon ausgehend werden *verwandte Arbeiten*, speziell existierende Business-Intelligence-Anwendungen für die Fertigung, analysiert und anhand der identifizierten Schwachstellen für eine datengetriebenen Optimierung von Fertigungsprozessen abgegrenzt.

Kapitel 3 gibt einen *Überblick über die AdMA-Plattform* als integrierte Business-Intelligence-Plattform für die datengetriebene Optimierung von Fertigungsprozessen anhand ihrer konzeptionellen Architektur bestehend aus drei Schichten. Die Datenbereitstellungsschicht umfasst das Wissensrepository für die Fertigung, das die Grundlage für die Analysedienste der Prozessanalyseschicht darstellt. Die Bereitstellung der Analyseergebnisse erfolgt mittels des mobilen Prozess-Dashboard in der Schicht für die Prozessoptimierung und den Benutzerzugriff.

Gegenstand des *Kapitels 4* ist das *Wissensrepository für die Fertigung* als zentrale Datenhaltung der AdMA-Plattform. Es dient der Integration strukturierter und unstrukturierter Daten über den gesamten Fertigungsprozess sowie der Verwaltung von Wissen im Sinne von aus den Daten gewonnenen Analyseergebnissen und basiert auf einem generischen multidimensionalen Datenmodell.

In *Kapitel 5* wird die *linkbasierte Architektur* als eine Architekturvariante zur technischen Umsetzung des Wissensrepository für die Fertigung detailliert. Die linkbasierte Architektur stellt einen generischen Ansatz für die flexible Ad-hoc-Integration von strukturierten Daten eines Data Warehouse mit unstrukturierten Daten im Sinne von Content unter Verwendung informationsintensiver Links dar.

Im Zentrum von *Kapitel 6* steht die *präskriptive Fertigungsprozess-Analyse* als ein Data-Mining-basiertes Analyseverfahren der AdMA-Plattform zur proaktiven Optimierung eines Fertigungsprozesses. Es geht um die datengetriebenen Generierung konkreter Handlungsempfehlungen zur Vermeidung einer prognostizierten Kennzahlenabweichung während der Prozessausführung.

Das *Kapitel 7* fokussiert auf das *mobile Prozess-Dashboard* als eine repräsentative Anwendung für den Benutzerzugriff der AdMA-Plattform. Es ermöglicht die mobile personalisierte Bereitstellung von Analyseergebnissen und ergänzenden Informationen für Werker und Fertigungsleiter unter Verwendung mobiler Endgeräte, wie z.B. Tablet-PCs.

In *Kapitel 8* geht es um die *prototypische Implementierung und Evaluation* der AdMA-Plattform. Die experimentelle Evaluation demonstriert die Anwendung des Prototyps im Praxisbeispiel der Nockenwellenherstellung. Im Rahmen der konzeptionellen Evaluation wird die Erfüllung der Forschungsziele untersucht. Eine kriterienorientierte Bewertung und ein Vergleich der AdMA-Plattform mit verwandten Ansätzen sind schließlich Gegenstand der komparativen Evaluation.

Kapitel 9 beinhaltet das *Fazit* der Arbeit und einen *Ausblick* auf zukünftige Arbeiten, welche die ganzheitliche Analyse strukturierter und unstrukturierter Daten, die Entwicklung einer Methode zur Prozessselektion und -bewertung für die datengetriebene Optimierung sowie die Übertragung der AdMA-Plattform auf weitere Anwendungsbereiche umfassen.

2 Grundlagen und verwandte Arbeiten

In diesem Kapitel werden die konzeptionellen Grundlagen der Arbeit beschrieben, um davon ausgehend verwandte Arbeiten abzugrenzen. In Abschnitt 2.1 wird auf die Grundlagen der Produktion und der Fertigung eingegangen, um den Anwendungsbereich der Arbeit zu konkretisieren. Abschnitt 2.2 beschreibt grundlegende IT-Konzepte zur datengetriebenen Optimierung unter dem Begriff Business Intelligence. In Abschnitt 2.3 werden auf dieser Basis verwandte Arbeiten, insbesondere existierende Business-Intelligence-Anwendungen für die Fertigung, hinsichtlich ihrer Schwachstellen für eine datengetriebene Optimierung von Fertigungsprozessen analysiert und abgegrenzt. Eine abschließende Zusammenfassung dieser Inhalte findet sich in Abschnitt 2.4.

2.1 Produktion und Fertigung

Dieser Abschnitt befasst sich mit den Grundlagen der Produktion und der Fertigung. Aufbauend auf einer Definition von Kernbegriffen in Abschnitt 2.1.1 werden die wesentlichen Geschäftsprozesse sowie die sie unterstützenden IT-Systeme in Industrieunternehmen in Abschnitt 2.1.2 systematisiert. Das Ziel ist, die Abläufe in Industrieunternehmen inhaltlich zu beschreiben und den Zusammenhang zu Fertigungsprozessen darzustellen. Abschnitt 2.1.3 fokussiert anschließend auf die IT-Unterstützung in der Fertigung, die anhand einer Hierarchie von Leitebenen strukturiert wird. Schließlich geht es in Abschnitt 2.1.4 um konzeptionelle Aspekte des Managements und der Optimierung von Fertigungsprozessen. In diesem Rahmen wird der Ansatz der datengetriebenen Optimierung von Fertigungsprozessen abgegrenzt und es werden Anwendungsvarianten definiert.

2.1.1 Kernbegriffe

Zur definitorischen Präzisierung des Anwendungsbereiches der Arbeit werden hier grundlegende Begriffe aus dem Produktions- und Fertigungskontext abgegrenzt.

Produktion und industrielle Fertigung

Der Begriff der *Produktion* in Unternehmen kann funktional und prozessorientiert abgegrenzt werden. Funktional wird die Produktion grobgranular als Phase zwischen der Beschaffung, welche die erforderlichen Einsatz- bzw. Produktionsfaktoren vom Beschaffungsmarkt bereitstellt, und dem Absatz, der die Veräußerung der produzierten Güter am Absatzmarkt umfasst, eingeordnet (Kiener et al. 2009). In einer prozessorientierten Betrachtung wird Produktion im Sinne eines Produktionsprozesses als Transformationsprozess verstanden, *„bei dem Einsatzfaktoren bzw. Inputs in festgelegten Mengenverhältnissen kombiniert und mittels bestimmter Verfahren* *in Produkte bzw. Outputs transformiert werden"* (Steven 2007, S. 16). Bei diesem Transformationsprozess geht es um die gezielte Bildung von Faktorkombinationen mit dem Ziel der Nutzenerhöhung, d.h. der Wertschöpfung (Dyckhoff und Spengler 2010). Zur weiteren Eingrenzung des Produktionsbegriffes werden im Folgenden auf der Basis der drei konzeptionellen Elemente der Produktion – Input, Throughput, Output – die hergestellten Güter bzw. Produkte als Output der Produktion, die Produktionsfaktoren als Input sowie die im Prozess, dem Throughput, angewandten Produktionstechniken näher betrachtet (siehe Abbildung 5).

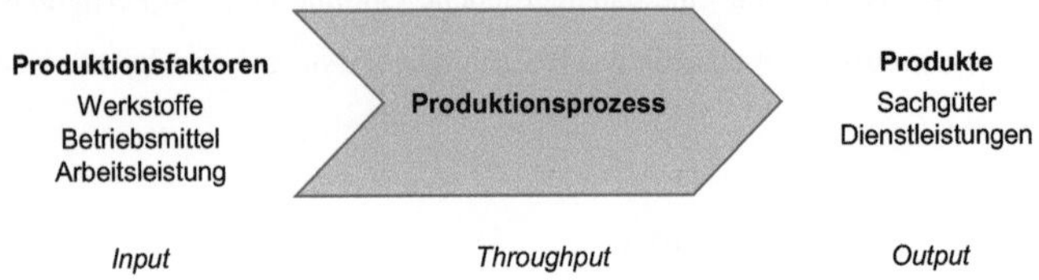

Abbildung 5: Elemente der Produktion (in Anlehnung an (Steven 2007))

Hinsichtlich der *Produkte* liegt der Fokus dieser Arbeit auf der Produktion von *Sachgütern*. Immateriellen Güter, wie *Dienstleistungen*, werden in dieser Arbeit nicht betrachtet, da sich diese im Vergleich zu materiellen Gütern grundlegend in den Produktionsprozessen unterscheiden, z.B. mit Blick auf die Lagerfähigkeit (Steven 2007). Des Weiteren steht die *industrielle Produktion* im Fokus, die durch eine hohe Arbeitsteilung, Automatisierung und Spezialisierung geprägt ist (Dyckhoff und Spengler 2010).

Produktionsfaktoren bezeichnen alle Einsatzmittel zur Durchführung der Produktion. Grundsätzlich werden dispositive Produktionsfaktoren zur Führung und Gestaltung der Produktion sowie elementare Produktionsfaktoren als ausführende Bestandteile der Produktion unterschieden (Gutenberg 1979). Die drei klassischen elementaren Produktionsfaktoren sind *Werkstoffe*, *Betriebsmittel* und menschliche *Arbeitsleistung*. Werkstoffe werden direkt bei der Erzeugung der Produkte eingesetzt und umfassen Vorprodukte sowie Roh-, Hilfs- und Betriebsstoffe. Vorprodukte und Rohstoffe werden in dieser Arbeit unter dem Begriff *Material* zusammengefasst. Betriebsmittel beziehen sich auf die technischen Anlagen zur Durchführung der Produktion wie beispielsweise Maschinen und Werkzeuge. Die menschliche Arbeitsleistung manifestiert sich im Personaleinsatz, also ausführenden Tätigkeiten in der Produktion (Steven 2007). Diese klassischen Produktionsfaktoren wurden im Laufe der Zeit erweitert, wobei speziell der Faktor Information als zusätzlicher Produktionsfaktor für die Planung und Steuerung der Produktion hervorgehoben wird (Krcmar 2010).

Zur Herstellung von Sachgütern werden im Allgemeinen zwei *Produktionstechniken* unterschieden, welche die Strukturen und Organisation der Produktionsprozesse bestimmen, die Verfahrenstechnik und die Fertigungstechnik (Gausemeier und Plass 2014). Bei der *Verfahrenstechnik* geht es um die Herstellung von Stoffen im Sinne von Fließgütern ohne feste Geometrie. Stoffe, wie z.B. Chemikalien, werden im Rahmen chemischer und physikalischer Reaktionen nach Art, Eigenschaft oder Zusammensetzung verändert, wie es beispielsweise für die Lebensmittel- oder Pharmaindustrie typisch ist. Im Zentrum dieser Arbeit steht dagegen die *Fertigungstechnik*, welche auf die Herstellung geometrisch definierter Güter, so genannter Stückgüter, im Rahmen mechanisch geprägter Produktionsprozesse ausgerichtet ist (Vahrenkamp 2008).

Gemäß der DIN-Norm 8580 (DIN 8580) werden die grundlegenden Verfahren der Fertigungstechnik nach Teilefertigung und Montage unterschieden. Bei der Teilefertigung geht es um die Herstellung von Produkten für die Montage oder den Endkunden, wohingegen sich die Montage auf den Zusammenbau von Produkten bezieht (Westkämper 2006).

Der Fokus dieser Arbeit liegt auf der *industriellen Fertigung* als Spezialisierung der industriellen Produktion zur Herstellung von Stückgütern unter Anwendung der Fertigungstechnik. Typische Branchen der Fertigungsindustrie sind die Automobil- und Elektroindustrie sowie der Maschinen- und Anlagenbau (Gausemeier und Plass 2014). Im Folgenden werden die weiteren Konzepte der Produktion vor dem Hintergrund der Fertigung betrachtet, so dass bei einer funktionalen Betrachtung von Fertigung anstatt von Produktion und bei einer prozessorientierten Betrachtung von Fertigungsprozessen anstatt von Produktionsprozessen gesprochen wird.

Fertigungsprozess, Shop Floor und Geschäftsprozess

Allgemein bezeichnet ein Prozess eine Reihe von Aktivitäten bzw. Schritten, die aus einem definierten Input einen definierten Output erzeugen (Schmelzer und Sesselmann 2008). Unter einem *Fertigungsprozess* wird ein Produktionsprozess unter Anwendung der Fertigungstechnik verstanden (Steven 2007). Ein Fertigungsprozess ist ein technischer Prozess und besteht aus einer definierten Abfolge an *Prozessschritten* zur Herstellung geometrisch definierter Stückgüter. In dieser Arbeit wird eine materialflussorientierte Sicht auf den Fertigungsprozess in Anlehnung an (Zäpfel 2000b) eingenommen. Die einzelnen Schritte des Fertigungsprozesses umfassen dementsprechend alle Aktivitäten zur Bearbeitung, Prüfung, Beförderung und Lagerung des herzustellenden Produkts. Bearbeitungs- bzw. Fertigungsschritte, wie Drehen, Schleifen und Montieren, beziehen sich auf die technische Herstellung des Produkts und die Verarbeitung von Material unter Anwendung einzelner Fertigungsverfahren und stehen im Zentrum des Fertigungsprozesses. Sie werden als Arbeitsvorgänge im Arbeitsplan spezifiziert. Den Schritten sind hierbei *Ressourcen*, d.h. Betriebsmittel und Personal, zugeordnet (Zäpfel 2000b). Diese erste Abgrenzung des Fertigungsprozessbegriffs dient als Grundlage der Arbeit und wird in Abschnitt 4.2 im Rahmen einer Metamodellierung von Fertigungsprozessen präzisiert.

Der *Shop Floor* bezieht sich auf den physischen Ort der Durchführung von Fertigungsprozessen, d.h. die Fabrik auf der Ebene der zur Durchführung von Fertigungsprozessen eingesetzten Betriebsmittel und Mitarbeiter (Suzaki 1993).

Unter einem *Geschäftsprozess* wird in dieser Arbeit in Abgrenzung zu einem Fertigungsprozess ein betriebswirtschaftlicher Prozess verstanden (Berkau 1998). Geschäftsprozesse stellen organisations- und funktionsübergreifende Abfolgen von Aktivitäten dar, die typischerweise als Workflows implementiert und mit Workflow-Management-Systemen gesteuert werden (Leymann und Roller 2000, Gadatsch 2012). Geschäftsprozesse basieren folglich im Wesentlichen auf virtuellen, d.h. IT-basierten, Ressourcen. Typische Geschäftsprozesse sind administrative und dispositive Prozesse, z.B. zur Auftragsabwicklung. Für einen detaillierten Vergleich von Geschäfts- und Fertigungsprozessen sei auf (Gröger 2011) verwiesen.

Produktionssystem und Produktionsmanagement

Das *Produktionssystem* eines Unternehmens bezeichnet eine definierte Allokation von Produktionsfaktoren zur Durchführung von Fertigungsprozessen und umfasst damit eine Vielzahl gleichartiger oder unterschiedlicher Fertigungsprozesse (Corsten 2009). Ein Produktionssystem besteht im Kern aus einem Bearbeitungssystem, das die Maschinen und Arbeitsplätze zur Bearbeitung der Produkte umfasst, einem Materialsystem für Lagerung und Transport sowie einem Informations- und Managementsystem zur Steuerung der Abläufe (Westkämper 2006).

Das *Produktionsmanagement* bezieht sich auf die Planung und Steuerung von Produktionssystemen. Anhand der Elemente der Produktion – Input, Throughput, Output – werden die Potentialgestaltung, die Prozessgestaltung sowie die Produkt- und Produktionsprogrammgestaltung als Aufgabengebiete des Produktionsmanagements unterschieden. Diese können wiederum anhand des zeitlichen Planungshorizonts untergliedert werden. Da diese Arbeit auf Fertigungsprozesse fokussiert, ist speziell die Prozessgestaltung relevant. Diese bezieht sich auf strategischer Ebene auf die Festlegung grundlegender Ablaufstrukturen, z.B. auf die Organisationsform wie Fließproduktion. Bei der taktischen Prozessgestaltung geht es um die Ausgestaltung und Analyse der einzelnen Fertigungsprozesse. Die operative Prozessgestaltung fokussiert auf die zielorientierte Durchführung der Fertigungsprozesse, insbesondere das Fertigungsmanagement zur operativen Steuerung und Überwachung der Fertigungsprozesse (Corsten 2009, Steven 2007).

Die in dieser Arbeit entwickelten Konzepte für die datengetriebene Optimierung von Fertigungsprozessen dienen primär der *Unterstützung der taktischen und operativen Prozessgestaltung im Rahmen des Produktionsmanagements*. Dabei wird von gegebenen strategischen Rahmenbedingungen zur grundlegenden Organisationsstruktur des Produktionssystems ausgegangen, welche die strategische Prozessgestaltung definiert.

2.1.2 Geschäftsprozesse in Industrieunternehmen

Geschäftsprozesse können grundsätzlich in primäre und sekundäre Geschäftsprozesse unterschieden und auf unterschiedlichen Abstraktionsniveaus beschrieben werden. Primäre Geschäftsprozesse erbringen Leistungen für externe Kunden und bilden den Kern der Wertschöpfung eines Unternehmens aus betriebswirtschaftlicher Perspektive. Fertigungsprozesse können als ein wesentliches technisches Gestaltungs- und Steuerungsobjekt von primären Geschäftsprozessen in Industrieunternehmen betrachtet werden. Sekundäre Geschäftsprozesse erbringen Unterstützungsleistungen für primäre Geschäftsprozesse. Sie adressieren interne Kunden mit Management- und Unterstützungsleistungen wie Strategieplanung, Personalbeschaffung und Kostencontrolling (Schmelzer und Sesselmann 2008).

Im Folgenden werden die wesentlichen primären Geschäftsprozesse eines Industrieunternehmens – der Produktentstehungsprozess, der Vertriebsprozess, der Auftragsabwicklungsprozess und der Serviceprozess – kurz beschrieben und die zugehörigen IT-Systeme genannt. Mit Blick auf die Fertigung sind speziell der Produktentstehungs- und der Auftragsabwicklungsprozess relevant, weswegen diese beiden Geschäftsprozesse daraufhin weiter detailliert werden und der Zusammenhang zu Fertigungsprozessen dargestellt wird. Die folgenden Ausführungen basieren auf (Gadatsch 2012, Schmelzer und Sesselmann 2008, Gausemeier und Plass 2014, Scheer et al. 2005, Gröger 2011).

Primäre Geschäftsprozesse und IT-Systeme im Überblick

Abbildung 6 gibt einen Überblick über die wesentlichen primären Geschäftsprozesse und die zugehörigen IT-Systeme. Die Prozesse werden anhand der Kernanforderungen und Ergebnisse für den externen Kunden strukturiert. Hierbei wird exemplarisch von einer kundenauftragsbezogenen Herstellung von Standardprodukten ausgegangen. Infolge dessen ist der Vertriebsprozess dem Produktentstehungsprozess nachgelagert.

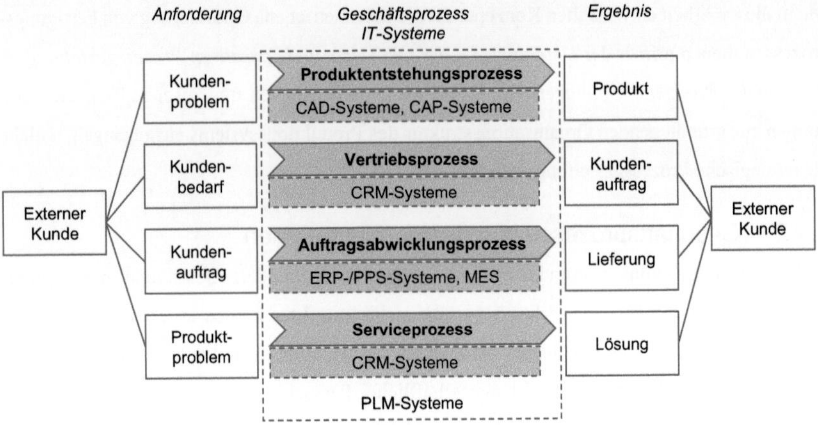

Abbildung 6: Primäre Geschäftsprozesse und IT-Systeme in Industrieunternehmen (in Anlehnung an (Schmelzer und Sesselmann 2008, Gröger 2011))

Der *Produktentstehungsprozess* bezieht sich auf die Planung und Entwicklung neuer Produkte sowie entsprechender Produktionssysteme ausgehend von den Anforderungen und Problemstellungen des Kunden. Hierbei werden im Wesentlichen *Computer-Aided-Design-Systeme* (CAD-Systeme) (Vajna et al. 2009) und *Computer-Aided-Planning-Systeme* (CAP-Systeme) (Vajna et al. 2009) eingesetzt.

Der *Vertriebsprozess* umfasst die Akquisition und Betreuung von Kunden mit dem Ziel, eine langfristige Kundenbindung zu erreichen und Kundenbedarfe in konkrete Kundenaufträge für das Unternehmen zu transformieren. Dies wird typischerweise durch *Customer-Relationship-Management-Systemen* (CRM-Systemen) (Rentzmann et al. 2011) unterstützt.

Im Zentrum des *Auftragsabwicklungsprozesses* steht die Realisierung des Kundenauftrages, um das Produkt im Rahmen der Fertigung herzustellen und an den Kunden auszuliefern. Dafür werden Systeme zur *Produktionsplanung und -steuerung* (PPS), meist als Teil von *Enterprise-Resource-Planning-Systemen* (ERP-Systemen) (Laudon et al. 2010), sowie *Manufacturing Execution Systems* (MES) (Kletti 2006) für das Fertigungsmanagement eingesetzt.

Der *Serviceprozess* bezieht sich auf die Betreuung von Kunden nach dem Kauf, um den dauerhaften Einsatz des Produktes und die Zufriedenheit des Kunden sicherzustellen. Hierbei geht es auch um das Beschwerde- und Fehlermanagement sowie die Benutzerunterstützung, welche ebenfalls durch *CRM-Systeme* unterstützt werden.

Als ganzheitlicher Ansatz integrieren *Product-Lifecycle-Management-Systeme* (PLM-Systeme) (Stark 2011, Eigner und Stelzer 2009) produktorientierte Daten entlang des gesamten Lebenszyklus eines Produktes. Das Ziel besteht in der Integration technischer IT-Systeme, besonders von CAD- und CAP-Systemen, mit betriebswirtschaftlichen IT-Systemen, speziell PPS-, ERP- und CRM-Systemen, gemäß der Vision des Computer Integrated Manufacturing (Scheer et al. 2005). Diese Integration basiert auf einem Produktdatenmanagement im Sinne einer harmonisierten Datenhaltung produktbezogener Daten. Hierbei geht es speziell um CAD-Modelle und Stücklisten sowie zugehörige Arbeitspläne und Maschinen-Steuerprogramme, die konsistent verwaltet und unterschiedlichen IT-Systemen zur Verfügung gestellt werden. PLM-Systeme bieten auf dieser Datenbasis Funktionen unter anderem für das Produktstrukturmanagement, das Projektmanagement sowie das Dokumenten- und Workflowmanagement. Die Integration und Analyse von Prozessablaufdaten, speziell Betriebsdaten aus dem Fertigungsprozess, stehen nicht im Fokus von PLM-Systemen, sondern sind originäre Kernfunktionen von MES. Deswegen werden PLM-Systeme hier nicht weiter betrachtet.

Produktentstehungsprozess

Der Produktentstehungsprozess umfasst als wesentliche Teilprozesse den Produktentwicklungsprozess und den Produktionssystementwicklungsprozess (siehe Abbildung 7). Diese Prozesse laufen häufig zyklisch und teilparallel ab, um eine hohe Integration von Produktionssystem und herzustellendem Produkt zu gewährleisten, indem z.B. fertigungsspezifische Merkmale bereits bei der Produktentwicklung berücksichtigt werden.

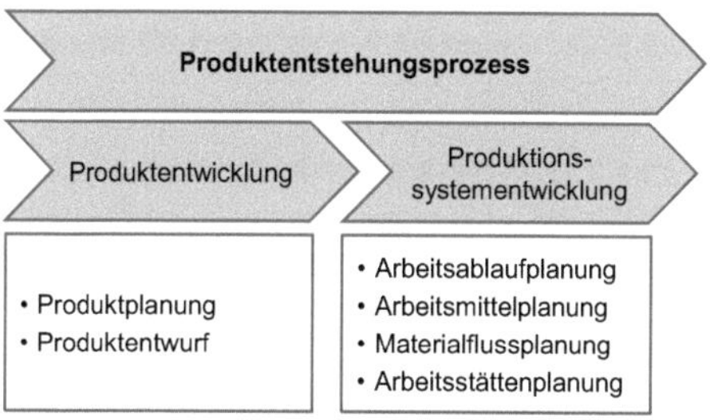

Abbildung 7: Produktentstehungsprozess im Überblick (in Anlehnung an (Gröger 2011))

Der *Produktentwicklungsprozess* beginnt mit der *Produktplanung*, die sich auf die Erarbeitung erfolgversprechender Produktkonzepte bezieht. Die Grundlage dafür bilden Produktideen, die aus Anforderungen und Problemstellungen des Kunden abgeleitet werden. Wesentliche Ergebnisse der Produktplanung sind, neben dem Pflichtenheft für das neue Produkt, die Produktpositionierung, die Zielgruppendefinition sowie ergänzende Servicekonzepte.

Beim *Produktentwurf* geht es um die ingenieursmäßige Konstruktion des Produktes auf Basis des Pflichtenheftes im Rahmen von Entwicklungsprojekten. Im Zentrum stehen die technische Konstruktion des Produktes sowie die Definition fertigungstechnischer Anforderungen. Hierfür werden speziell CAD-Systeme zur gestaltorientierten, digitalen Produktmodellierung eingesetzt. Neben digitalen Produktmodellen sind Stücklisten ein weiteres wesentliches Ergebnis des Produktentwurfs. Sie definieren die hierarchische Zusammensetzung eines Produktes aus seinen Teilprodukten.

Die *Produktionssystementwicklung* beinhaltet neben der strategischen Konzeptionierung des Produktionssystems die Arbeits- bzw. Fertigungsplanung, die sich in Arbeitsablaufplanung, Arbeitsmittelplanung, Materialflussplanung und Arbeitsstättenplanung gliedert.

Die *Arbeitsablaufplanung* entwickelt auf Basis der Stückliste und der Produktmodelle die Fertigungsprozesse. Hierbei geht es speziell um die Ableitung der Bearbeitungsschritte und deren Abfolge sowie die Zuordnung erforderlicher Fertigungsverfahren und Betriebsmittel. Hieraus resultieren der Arbeitsplan, der die Arbeitsvorgänge zur Herstellung spezifiziert, sowie die zugehörigen Steuerprogramme für Betriebsmittel, speziell Maschinen. Zur Arbeitsablaufplanung werden CAP-Systeme eingesetzt. Sie ermöglichen im Wesentlichen die computergestützte Erstellung von Arbeitsplänen und Steuerprogrammen für Roboter und Computerized-Numerical-Control-Maschinen (CNC-Maschinen) auf Basis von CAD-Daten, Stücklisten und weiterer Produktdetails.

Dies dient der *Arbeitsmittelplanung* als Grundlage für die Spezifikation und Auswahl erforderlicher Maschinen, Werkzeuge und Vorrichtungen zur Durchführung der Arbeitsvorgänge. Die *Materialflussplanung* umfasst die Planung des gesamten Materialflusses in der Fertigung vom Wareneingang bis zum Versand, wobei es auch um die Projektierung technischer Materialfluss-, Handhabungs- und Lagersysteme geht. Die *Arbeitsstättenplanung* bezieht sich auf die Planung der räumlich-baulichen Struktur der Fertigung. Ausgehend von einer gebäudebezogenen Bebauungsplanung erfolgen die innerbetriebliche Anordnungs- bzw. Layoutplanung in der Fabrik sowie die Planung einzelner Produktionslinien und Arbeitsplätze. Für die Arbeitsstättenplanung und die Materialflussplanung existiert eine Vielzahl unterschiedlicher IT-Systeme, speziell zur Durchführung von simulationsbasierten Analysen.

Auftragsabwicklungsprozess

Der Auftragsabwicklungsprozess erstreckt sich vom Eingang eines Kundenauftrages über die Herstellung des Produktes bis zur Auslieferung an den Kunden. Er besteht aus den Teilprozessen der Produktionsplanung und -steuerung, des Fertigungsmanagements und der Distribution und Fakturierung (siehe Abbildung 8).

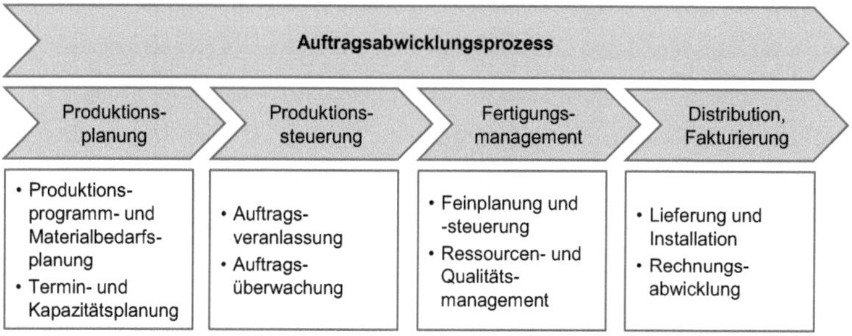

Abbildung 8: Auftragsabwicklungsprozess im Überblick (in Anlehnung an (Gröger 2011))

Im Rahmen der *Produktionsplanung* erfolgt zuerst die *Produktionsprogramm- und Materialbedarfsplanung*. Es geht um die Definition der Mengen an Produkten, die in bestimmten Perioden herzustellen sind sowie die Ableitung der dafür erforderlichen Materialmengen. Auf dieser Grundlage bestimmt die *Termin- und Kapazitätsplanung* die Kapazitätsbedarfe an Personen und Betriebsmitteln zur Realisierung des Produktionsprogramms und es erfolgt eine grobgranulare Abstimmung mit dem Kapazitätsangebot in der Fertigung. Daraus resultieren Produktionspläne bestehend aus der Reihenfolgenplanung und der Grobterminierung der Fertigungsaufträge.

Die *Produktionssteuerung* bezieht sich auf die periodenbezogene Durchsetzung der Fertigungsaufträge. Diese werden im Rahmen der *Auftragsveranlassung* für das Fertigungsmanagement freigegeben. Die *Auftragsüberwachung* bezieht sich auf die Überwachung freigegebener Fertigungsaufträge auf der Basis von Rückmeldungen aus dem Fertigungsmanagement. Es ergibt sich folglich ein fließender Übergang zum Fertigungsmanagement, das mit der Produktionssteuerung in Rückkopplung steht.

Die Produktionsplanung und -steuerung wird durch PPS-Systeme unterstützt. Sie bieten Prognoseverfahren zur Produktionsprogrammplanung und unterstützen die automatische Ermittlung von Materialbedarfen durch Stücklistenauflösung. Daraus werden unter Berücksichtigung von Lagerbeständen Fertigungs- und Bestellaufträge generiert. Die Termin- und Kapazitätsplanung erfolgt meist ohne Berücksichtigung exakter Kapazitätsgrenzen, so dass die resultierenden Produktionspläne häufig Anpassungen im Fertigungsmanagement erforderlich machen. Die Datengrundlage von PPS-Systemen bilden hauptsächlich betriebswirtschaftlich orientierte Stammdaten zu Produkten, Material und Betriebsmitteln sowie Daten zu Arbeitsplänen und Stücklisten.

Rückmeldungen aus dem Fertigungsmanagement werden nur partiell und in aggregierter Form in PPS-Systemen gespeichert.

Das *Fertigungsmanagement* bezieht sich auf die operative Steuerung und Überwachung der Fertigungsprozesse. Aufgrund seiner Bedeutung für diese Arbeit wird es hier als separater Teilprozess dargestellt. In der Literatur wird es auch als fertigungsprozessnahe Umsetzung der Produktionssteuerung auf der Leitebene betrachtet, wobei die Grenzen zwischen Produktionssteuerung und Fertigungsmanagement im Allgemeinen nicht trennscharf sind. Das Fertigungsmanagement umfasst die *Feinplanung und -steuerung* zur Durchführung der Fertigungsaufträge sowie das *Ressourcen- und Qualitätsmanagement* zur prozessnahen Verwaltung von Personal, Material und Betriebsmitteln in der Fertigung. MES sind die wesentlichen IT-Systeme zur Unterstützung des Fertigungsmanagements. Sie dienen auch der Integration und Analyse von Betriebsdaten und werden in Abschnitt 2.3.1 im Detail betrachtet.

Die *Lieferung und Installation* des hergestellten Produktes sowie die *Rechnungsabwicklung* erfolgen schließlich im Rahmen des *Distributions- und Fakturierungsprozesses*. Dieser wird durch ERP-Systeme unterstützt. ERP-Systeme sind integrierte, unternehmensweite IT-Systeme zur funktionsübergreifenden Unterstützung und Automatisierung wesentlicher primärer und sekundärer Geschäftsprozesse der kaufmännischen Unternehmensführung, z.B. zur Auftragsabwicklung, Beschaffung und zum Personal- und Finanzmanagement. Sie basieren auf einer zentralen Datenhaltung zur Verwaltung unternehmensweiter Ressourcen und umfassen auch Komponenten für die Produktionsplanung und -steuerung. PPS-Systeme sind deswegen meist Bestandteil von ERP-Systemen.

Fertigungsprozesse als Gestaltungs- und Steuerungsobjekt von Geschäftsprozessen

Anhand der Charakterisierung der Geschäftsprozesse wird deutlich, dass Fertigungsprozesse ein wesentliches Gestaltungs- und Steuerungsobjekt von Geschäftsprozessen darstellen (siehe Abbildung 9). Der Produktentstehungsprozess repräsentiert den auftragsneutralen, technischen Informationsfluss zur Gestaltung der Fertigungsprozesse ausgehend von den herzustellenden Produkten unter Nutzung von CAD- und CAP-Systemen. Der Auftragsabwicklungsprozess beschreibt dagegen den auftragsbezogenen, dispositiven Informationsfluss zur Steuerung der Fertigungsprozesse auf der Basis von ERP-Systemen und MES (Gausemeier und Plass 2014).

Das Fertigungsmanagement mittels MES spielt dabei eine spezielle Rolle, da es die direkte Schnittstelle zum Fertigungsprozess mit seinen Ressourcen auf dem Shop Floor darstellt und damit auftragsbezogene Informationen, wie den aktuellen Fertigungsauftrag, sowie auftragsneutrale Informationen, z.B. CNC-Programme, zusammenführt und die daraus resultierenden Prozessablaufdaten als Rückmeldungen zur Durchführung des Fertigungsauftrages speichert. Daraus ergibt sich eine Hierarchie der Leitebenen für die IT-Unterstützung in der Fertigung, die Gegenstand des folgenden Abschnitts ist.

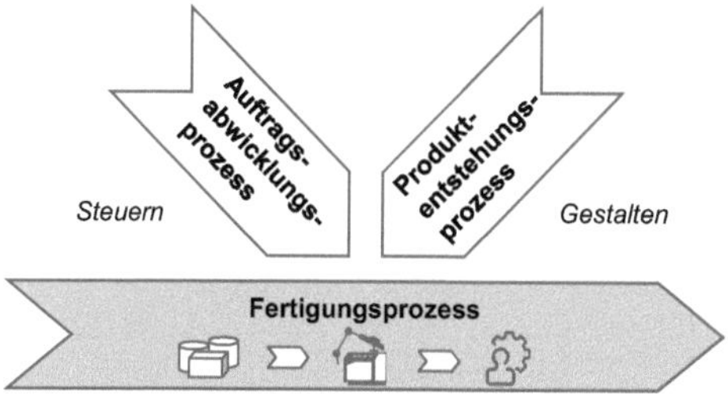

Abbildung 9: Zusammenhang von Geschäftsprozessen und Fertigungsprozessen

Aus Sicht des Prozessmanagements kann die Produktionssystementwicklung als Modellierung der Fertigungsprozesse betrachtet werden, wohingegen die Auftragsabwicklung die Instanziierung im Sinne einer Ausführung der implementierten Modelle darstellt. Dieser Zusammenhang zum Prozessmanagement wird in Abschnitt 2.1.4 näher betrachtet.

2.1.3 IT-Unterstützung in der Fertigung: Hierarchie der Leitebenen

Wie im vorigen Abschnitt beschrieben, stellt das Fertigungsmanagement mittels MES die Schnittstelle zwischen ERP-Systemen auf Geschäftsprozessebene und den eigentlichen Fertigungsprozessen auf dem Shop Floor dar. Daraus resultiert eine Hierarchie der Leitebenen zur Strukturierung der IT-Unterstützung in der Fertigung, für die in der Literatur unterschiedliche Detailierungsvarianten existieren. Für die Zwecke dieser Arbeit wird eine Gliederung in drei Ebenen gemäß der DIN-Norm 62264 (DIN EN 62264) vorgenommen, die auf der für MES grundlegenden Norm ISA-95 (ISA-95) basiert. An dieser Gliederung orientiert sich auch die VDI-Richtlinie 5600 (VDI 5600) zur Definition von MES.

Gemäß Abbildung 10 werden drei hierarchische Leitebenen zur Strukturierung der IT-Unterstützung in der Fertigung unterschieden: die Unternehmensleitebene, die Fertigungsleitebene und die eigentliche Fertigungsebene. Die drei Ebenen unterscheiden sich hinsichtlich der funktional adressierten Aufgaben, des zeitlichen Planungshorizonts sowie hinsichtlich des Detailgrades der betrachteten Elemente der Fertigung. Der Informationsaustausch von IT-Systemen auf den jeweiligen Ebenen erfolgt dabei nur zwischen zwei direkt angrenzenden Ebenen. Informationen werden hierbei für die darüber liegende Ebene aufbereitet und aggregiert. Dies führt zum Paradigma der zentralen Automation ausgehend von der Unternehmensleitebene, wie es in der Praxis weit verbreitet ist (Louis 2009).

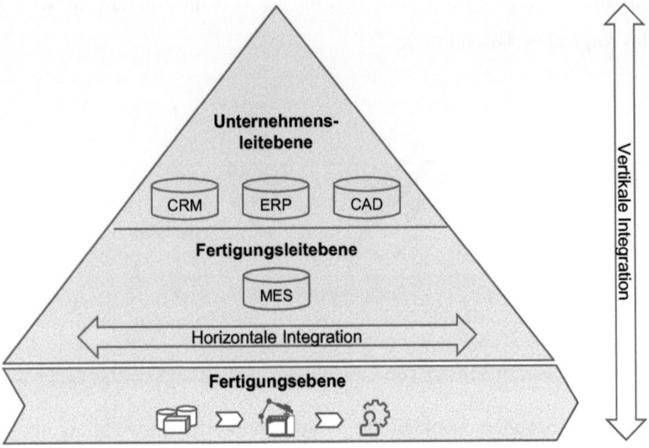

Abbildung 10: Hierarchie der Leitebenen in der Fertigung mit ausgewählten IT-Systemen (in Anlehnung an (Kletti 2006, Gröger 2011))

Die *Unternehmensleitebene* bezieht sich auf die Geschäftsprozesse des Unternehmens mit einem Fokus auf betriebswirtschaftliche Aufgaben im Rahmen der Produktionsplanung und -steuerung mittels PPS- bzw. ERP-Systemen. Der zeitliche Planungshorizont beträgt Monate oder Jahre, wobei ein geringer Detailgrad hinsichtlich der Fertigung besteht. Die Produktionsplanung basiert beispielweise meist nicht auf exakten Kapazitätsgrenzen, es wird nur eine Grobplanung erstellt. Im weiteren Sinne gehören zur Unternehmensleitebene auch die übrigen primären und sekundären Geschäftsprozesse und die zugehörigen IT-Systeme wie CAD- und CAP-Systeme sowie CRM-Systeme (Gausemeier und Plass 2014, Kern 1992).

Im Zentrum der *Fertigungsleitebene* steht das Fertigungsmanagement mittels MES zur Feinplanung und -steuerung der Fertigungsprozesse sowie zum Ressourcen- und Qualitätsmanagement. Dies umfasst neben der Umsetzung der Fertigungsaufträge aus der Unternehmensleitebene auch das prozessnahe Management von Betriebsmitteln, Personal und Material, die Betriebsdatenerfassung sowie die Rückmeldung aggregierter Ergebnisse an die Unternehmensleitebene. Das Ziel ist die *vertikale Integration* von Fertigungsebene und Unternehmensleitebene sowie die *horizontale Integration* der Ressourcen und Prozessschritte über den gesamten Fertigungsprozess. Aufgrund dieser Rolle als Datendrehscheibe zwischen Unternehmensleitebene und Fertigungsebene werden MES in Abschnitt 2.3.1 detailliert betrachtet. Der Planungshorizont der Fertigungsleitebene rangiert meist zwischen Stunden und Tagen, wobei ein mittlerer Detailgrad vorliegt, da die Elemente zur Durchführung der Fertigung wie Maschinen und Mitarbeiter einzeln betrachtet werden (Kletti 2006).

Die *Fertigungsebene* bezieht sich auf die operative Ebene der Ausführung der Fertigungsprozesse mit den erforderlichen Ressourcen wie Maschinen, Werkzeugen und Mitarbeitern. Aus informationstechnischer Sicht geht es um die Steuerung und Überwachung der einzelnen Betriebsmittel, wozu technische Automatisierungs- und Steuerungssysteme wie speicherprogrammierbare Steuerungen und CNC-Steuerungen eingesetzt werden. Die IT-Systeme auf der Fertigungsebene werden in dieser Arbeit nicht weiter betrachtet, da ihre Daten integriert von MES bereitgestellt werden. Als Oberbegriff für IT-Systeme auf der Fertigungsebene und der Fertigungsleitebene hat sich die Bezeichnung Computer-Aided-Manufacturing-Systeme (CAM-Systeme) etabliert. Der Planungshorizont auf der Fertigungsebene liegt meist im Sekunden- oder Millisekundenbereich, da Echtzeitreaktionen erforderlich sind. Der Detailgrad ist demzufolge sehr hoch, es werden elementare Objekte, z.B. einzelne Maschineneinstellungen und Sensoren, betrachtet (Louis 2009, Zäpfel 2000a).

2.1.4 Prozessmanagement und Prozessoptimierung

Der Begriff des Prozessmanagements kommt aus dem Geschäftsprozesskontext und bezeichnet allgemein die systematische Gestaltung, Steuerung und Optimierung von Prozessen zur Erfüllung der Unternehmensziele (Schmelzer und Sesselmann 2008). Im Folgenden wird das Fertigungsprozessmanagement in Analogie zum Geschäftsprozessmanagement dargestellt und es werden die Arten der Prozessoptimierung sowie die Rolle von Kennzahlen beschrieben. Auf dieser Grundlage geht es um die Abgrenzung des Konzepts der datengetriebenen Optimierung anhand einer Klassifikation von Optimierungsansätzen. Schließlich werden Anwendungsvarianten der datengetriebenen Optimierung mit Bezug zum Fertigungsprozessmanagement definiert, um den Anwendungsbereich der Arbeit weiter zu systematisieren.

Fertigungsprozessmanagement in Analogie zum Geschäftsprozessmanagement

Das Management von Fertigungsprozessen kann in Analogie zum Geschäftsprozessmanagement (Schmelzer und Sesselmann 2008, Scheer und Jost 2005) konzeptionell als Lebenszyklus betrachtet werden. Für den Lebenszyklus des Geschäftsprozessmanagements existieren in der Literatur unterschiedliche Phaseneinteilungen, die in (Wieland 2013) verglichen werden. Hier wird auf die generische Einteilung in vier Phasen nach (Weske et al. 2004) zurückgegriffen. Diese eignet sich aufgrund ihrer Generizität für die Übertragung auf den Fertigungskontext und ermöglicht eine lebenszyklusorientierte Zusammenführung fertigungsspezifischer Teilansätze für das

Prozessmanagement, speziell (Linner und Geyer 2003, Duda und Pobożniak 2010, Huet et al. 2011). Demzufolge lassen sich die Prozessplanung, die Prozessimplementierung, die Prozessausführung sowie das Prozesscontrolling unterscheiden (siehe Abbildung 11). Für eine detaillierte Analyse der Analogien zwischen dem Fertigungs- und dem Geschäftsprozessmanagement sei auf (Loos 1998, Rosemann und Uthmann 1997, Gröger 2011) verwiesen.

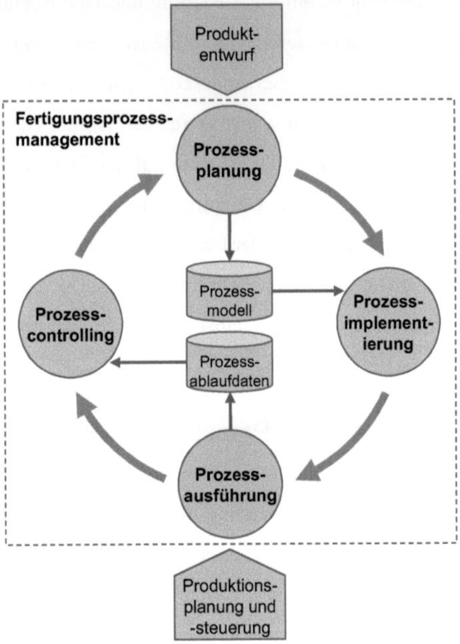

Abbildung 11: Phasen des Fertigungsprozessmanagements
(in Anlehnung an (Gröger et al. 2012b, Aalst 2011))

Die *Prozessplanung* bezieht sich auf die in Abschnitt 2.1.2 beschriebene Produktionssystementwicklung, speziell die Arbeitsplanung. Es geht insbesondere um die Arbeitsablaufplanung zur Definition der Fertigungsprozesse. In Analogie zum Geschäftsprozessmanagement kann dies auch als Modellierung der Fertigungsprozesse bezeichnet werden. Wie in Abschnitt 2.1.2 beschrieben, basiert die Arbeitsablaufplanung auf den im Rahmen des Produktentwurfs entwickelten Produktmodellen und Stücklisten. Der resultierende Arbeitsplan kann als eine Form des Fertigungsprozessmodells analog zum Geschäftsprozessmodell betrachtet werden (Loos 1998, Rosemann und Uthmann 1997).

Die *Prozessimplementierung* umfasst die physische Umsetzung der im Rahmen der Prozessplanung definierten Fertigungsprozesse auf dem Shop Floor. Dies bezieht sich insbesondere auf die

Einrichtung und Konfiguration der für die Durchführung der Arbeitspläne erforderlichen Betriebsmittel, die Schulung und Einarbeitung des Personals sowie die Konfiguration eines MES. Die Analogien zum Geschäftsprozessmanagement sind die Konfiguration eines Workflow-Management-Systems zur Ausführung des Prozessmodels sowie die Anbindung der zugehörigen IT-Systeme zur Durchführung der Prozessschritte. MES können dementsprechend analog zu Workflow-Management-Systemen als Prozessausführungsumgebungen für Fertigungsprozesse betrachtet werden (Rosemann und Uthmann 1997).

Die *Prozessausführung* bezieht sich auf die physische Durchführung der Fertigungsprozesse sowie das Fertigungsmanagement, speziell die Feinplanung und -steuerung mittels MES. Es geht folglich um die operative Durchführung der im Rahmen der Produktionsplanung und -steuerung definierten Fertigungsaufträge. In Analogie zum Geschäftsprozessmanagement kann dies als Instanziierung und Ausführung der Arbeitspläne im Sinne von Fertigungsprozessmodellen betrachtet werden (Loos 1998). Dies führt zur Entstehung von Prozessablaufdaten, d.h. im Fertigungskontext insbesondere Betriebsdaten. In dieser Arbeit wird der Begriff der Betriebsdaten in Anlehnung an (Zäpfel 2001) als Oberbegriff für alle im Rahmen der Durchführung von Fertigungsprozessen auf dem Shop Floor erfassten strukturierten Daten als Rückmeldung zu einem Fertigungsauftrag verwendet, was Maschinendaten mit einschließt.

Im Zentrum des *Prozesscontrollings* steht die Analyse der Leistung der ausgeführten Fertigungsprozesse anhand von Kennzahlen, die aus Prozessablaufdaten aggregiert werden. Dies erfolgt meist ex post, d.h. nach der Durchführung der Fertigungsprozesse. Ziel des Prozesscontrollings ist neben der Herstellung einer kennzahlenbasierten Prozesstransparenz die Identifikation von Schwachstellen und Optimierungspotentialen. Dies stellt die Grundlage für eine Weiterentwicklung der Fertigungsprozesse im Rahmen einer erneuten Prozessplanung dar, wobei eine kontinuierliche, evolutionäre Prozessoptimierung angestrebt wird. Auf die Unterscheidung zwischen evolutionärer und revolutionärer Prozessoptimierung wird im Folgenden eingegangen. Für eine detaillierte Beschreibung der Aufgabenbereiche des Produktionscontrollings sei auf (Steven 2007) verwiesen.

Arten der Prozessoptimierung und Rolle von Kennzahlen

Prozessoptimierung bezeichnet allgemein die Verbesserung der Leistung eines Prozesses hinsichtlich unterschiedlicher Ziele, die typischerweise anhand von Kennzahlen operationalisiert werden (Becker 2008). Wesentliche Zieldimensionen in der Fertigung sind neben den klassischen Dimensionen Zeit, Qualität und Wirtschaftlichkeit insbesondere Variabilität sowie Mitarbeiter- und Umweltgerechtigkeit. Die Variabilität bezieht sich auf die Flexibilität und Wandlungsfähigkeit der Fertigung. Mitarbeiter- und Umweltgerechtigkeit fokussieren auf soziale und ökologische Aspekte, wie z.B. Arbeitsplatzergonomie und Umweltbelastung. Kostengrößen sind in der Wirtschaftlichkeitsdimension enthalten (Erlach 2010, Kämpf 2007).

Für die verschiedenen Zieldimensionen existiert eine Vielzahl fertigungsspezifischer Kennzahlen, die unterschiedlich klassifiziert und in Kennzahlensystemen zusammengefasst werden (Kletti und Brauckmann 2004, Reichmann 2006). Grundlegend können *prozessbezogene Kennzahlen*, die sich auf die Durchführung des gesamten Fertigungsprozesses und damit den Fertigungsauftrag beziehen, sowie *schritt- bzw. ressourcenbezogene Kennzahlen*, die sich auf einzelne Prozessschritte oder Ressource beziehen, unterschieden werden (Kletti und Schumacher 2011). Das VDMA-Einheitsblatt 66412 (VDMA 66412-1) definiert hierzu eine Sammlung gängiger Kennzahlen für das Fertigungsmanagement. Typische prozessbezogene Kennzahlen sind die Durchlaufzeit, die Gut- und Ausschussmenge sowie der Durchsatz des Prozesses. Die Wirtschaftlichkeit kann mittels des Overall-Equipment-Effectiveness-Index (OEE-Index) als schritt- bzw. ressourcenbezogene Kennzahl berechnet werden. Für eine weitergehende Betrachtung von Kennzahlen als zentrales Element des Produktionscontrollings sei auf (Gienke 2007, Steven 2007) verwiesen.

Wie in Abbildung 12 dargestellt, werden zwei grundlegende Arten der Prozessoptimierung anhand der Vorgehensweise und der Wirkung unterschieden: die Prozesserneuerung und die Prozessverbesserung (Schmelzer und Sesselmann 2008).

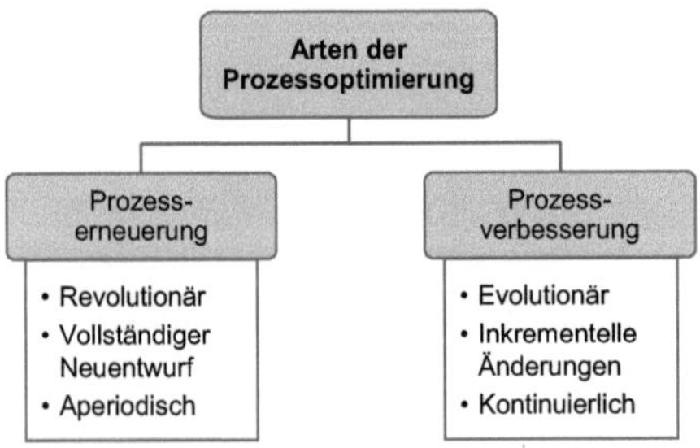

Abbildung 12: Arten der Prozessoptimierung

Die *Prozesserneuerung* stellt einen revolutionär geprägten Ansatz dar und umfasst die radikale Neugestaltung eines Prozesses. Das Ziel ist der vollständige Neuentwurf des Prozesses weitgehend unabhängig von existierenden Strukturen, um deutliche Verbesserungen der Prozessleistung zu erreichen. Prozesserneuerungen werden typischerweise aperiodisch durchgeführt und sind von einem vergleichsweise hohen Umsetzungsrisiko geprägt, da tiefgreifende Änderungen, auch der zugehörigen Aufbauorganisation, angestrebt bzw. notwendig werden (Gadatsch 2012). Ein typischer Ansatz zur Prozesserneuerung ist das Business Process Reengineering (Hammer und Champy 2003).

Die *Prozessverbesserung* fokussiert als evolutionärer Ansatz auf eine sukzessive Verbesserung eines bestehenden Prozesses im Rahmen einzelner, geplanter Schritte. Es geht um eine kontinuierliche Verbesserung existierender Strukturen im Sinne einer Daueraufgabe. Diese ist von einem geringeren Umsetzungsrisiko geprägt, da nur inkrementelle Änderungen des Prozesses, z.B. Anpassungen ausgewählter Prozessschritte, vorgenommen werden. Hierfür existieren unterschiedliche etablierte Ansätze, z.B. Six Sigma (Pyzdek und Keller 2010) und Kaizen als Teil der Lean-Production-Philosophie (Womack et al. 1990). Prozesserneuerung und Prozessverbesserung stellen grundsätzlich komplementäre Ansätze dar, da radikale Leistungssprünge im Rahmen einer kontinuierlichen Verbesserung stabilisiert und ausgebaut werden (Schmelzer und Sesselmann 2008).

In dieser Arbeit wird unter Prozessoptimierung die evolutionäre Prozessverbesserung verstanden, da es um die kontinuierliche Verbesserung bestehender Fertigungsprozesse geht. Hierbei liegt der Fokus in dieser Arbeit auf der ganzheitlichen Verbesserung des gesamten Fertigungsprozesses unter Berücksichtigung aller Prozessschritte und Ressourcen. Das heißt, es geht nicht um eine isolierte Verbesserung einzelner Schritte oder Betriebsmittel, z.B. zur Erhöhung der Auslastung einer spezifischen Maschine. Die Grundlage dafür sind prozessbezogene Kennzahlen wie die Ausschussmenge des Prozesses.

Voraussetzung und Bestandteil der Prozessoptimierung ist die Prozessanalyse im Sinne einer Identifikation von Schwachstellen und Ursachen für Leistungsabweichungen. Die Optimierung bezeichnet in Abgrenzung zur Analyse den Transfer der Analyseergebnisse zur Ableitung und Durchführung konkreter Verbesserungsmaßnahmen, wobei die Grenzen fließend sind (Erdmann 2000). Die Begriffe Verbesserung und Optimierung werden in dieser Arbeit als Synonyme verwendet.

Optimierungsansätze: Management-, modell- und datengetriebene Optimierung

Um den Ansatz der datengetriebenen Optimierung von Fertigungsprozessen abzugrenzen, werden im Folgenden Konzepte und Methoden zur Optimierung von Fertigungsprozessen klassifiziert. Wie oben beschrieben, geht es dabei um Ansätze für die evolutionäre Prozessoptimierung ausgehend von einem bestehenden Fertigungsprozess. Als Kriterien dienen der Datenumfang, der Strukturiertheitsgrad der Durchführung, der Automatisierungsgrad sowie der Anwendereinfluss. Zudem geht es um die Rolle von Modellen im Sinne von optimierungsrelevanten Abstraktionen und Problemzusammenhängen des Realweltausschnittes der Fertigung. Als Grundlage der Klassifikation dienen die Systematisierungskonzepte von (Gröger 2011, Niedermann et al. 2011b). Das Ziel ist eine qualitative Unterscheidung der Optimierungsansätze anhand einer vergleichenden Beurteilung der Kriterien.

Der *Datenumfang* zur Durchführung des Ansatzes kann strukturierte sowie unstrukturierte Daten umfassen. Der *Strukturiertheitsgrad der Durchführung* kann hoch oder niedrig sein, in Abhängigkeit davon, ob die einzelnen Elemente bzw. Schritte zur Anwendung des Ansatzes genau spezifiziert bzw. formalisiert sind. Damit hängt der *Automatisierungsgrad* zusammen, bei dem es um die IT-basierte Automatisierung der Schritte bzw. Elemente des Ansatzes geht. Der *Anwendereinfluss* bezieht sich auf den subjektiven Einfluss des Anwenders auf das Optimierungsergebnis und kann gering, mittel oder hoch ausgeprägt sein. Hinsichtlich der *Rolle von Modellen* kann ein Ansatz auf expliziten, d.h. formal oder semiformal definierten, oder impliziten Modellen basieren. Explizite Modelle können als Eingangsgrößen bzw. Instrumente im Ansatz verwendet oder als Ergebnisgrößen im Rahmen der Anwendung des Ansatzes generiert werden.

Anhand dieser Kriterien können im Wesentliche drei Klassen von Ansätzen zur Optimierung von Fertigungsprozessen unterschieden werden: managementgetriebene Ansätze, modellgetriebene Ansätze und datengetriebene Ansätze (siehe Tabelle 1).

	Managementgetriebene Optimierung	**Modellgetriebene Optimierung**	**Datengetriebene Optimierung**
Datenumfang	Strukturierte und unstrukturierte Daten	Strukturierte Daten	Strukturierte und unstrukturierte Daten
Strukturiertheits- und Automatisierungsgrad	gering	hoch	hoch
Anwendereinfluss	hoch	gering	mittel
Rolle von Modellen	Implizite Modelle	Explizite Modelle als Eingangsgrößen	Explizite Modelle als Ergebnisgrößen

Tabelle 1: Klassen von Ansätzen zur Optimierung von Fertigungsprozessen

Managementgetriebene Ansätze stellen nichtformale, aus der Erfahrung gewonnene und generalisierte Ansätze als Kombinationen von Vorgehensweisen, Managementmethoden, Handlungsrichtlinien und Prinzipien im Sinne von Best Practices dar. Lean Production (Womack et al. 1990), Total Quality Management (Rothlauf 2010) und Six Sigma (Pyzdek und Keller 2010) sind typische managementgetriebene Ansätze, die in der Praxis weit verbreitet sind. Sie basieren im Wesentlichen auf impliziten Modellen der Fertigung, die sich z.B. in Prinzipien manifestieren. Der Vermeidung von Verschwendung als Prinzip der Lean Production unterliegt beispielsweise das implizite Modell eines durch nicht-wertschöpfende Tätigkeiten geprägten Fertigungsprozesses. Der Datenumfang managementgetriebener Ansätze ist typischerweise nicht exakt spezifiziert und umfasst neben strukturierten Daten, z.B. Kennzahlenwerten zur statistischen Auswertung im Rahmen von Six Sigma, auch unstrukturierte Daten, die beispielsweise im Rahmen von Interviews im Einzelfall erhoben werden. Der Strukturiertheitsgrad der Durchführung ist vergleichsweise gering, da er auf grobgranularen Handlungsrichtlinien und Indikatoren, z.B. im Rahmen der Einführung einer Pull-Steuerung bei der Lean Production, basiert. Der Automatisierungsgrad ist demzufolge ebenfalls vergleichsweise gering, die IT spielt nur eine unterstützende Rolle, z.B. im Rahmen von deskriptiven Kennzahlenauswertungen oder zur Dokumentation. Die Optimierungsergebnisse hängen erheblich von dem Fachwissen und der Erfahrung des Anwenders ab und sind folglich stark subjektiv geprägt.

Modellgetriebene Ansätze sind formalisierte Ansätze auf der Grundlage von expliziten Modellen, z.B. mathematischen Modellen, Regelbasen oder Simulationsmodellen, die als Eingangsgrößen in den Ansatz eingehen. Hierzu gehören insbesondere Ansätze aus dem Bereich Operations Research, z.B. zur Maschinenbelegungsplanung (Zimmermann und Stache 2001), Expertensysteme (Giarratano und Riley 2005, Liao 2005) sowie simulationsbasierte Verfahren, beispielsweise zur simulationsbasierten Materialflussplanung in der Fabrik (Grundig 2009). Unter Expertensystemen – als Synonym zu wissensbasierten Systemen – werden in dieser Arbeit in Anlehnung an (Bodendorf 2006) Systeme verstanden, die auf einer gespeicherten Wissensbasis Mechanismen für das Schlussfolgern von Problemlösungen realisieren. Dazu gehören insbesondere Ansätze für das regelbasierte (engl. rule-based reasoning), fallbasierte (engl. case-based reasoning) oder modellbasierte (engl. model-based reasoning) Schlussfolgern. Die den modellgetriebenen Ansätzen zugrundeliegenden Modelle werden typischerweise in einem aufwendigen Vorgehen größtenteils manuell erstellt, um optimierungsrelevante Problemzusammenhänge und Problemlösungswissen zu formalisieren. Als Eingangsdaten für die Anwendung der Modelle dienen meist genau spezifizierte strukturierte Daten, z.B. Kennzahlenwerte für mathematische Modelle oder Parameter für Simulationsmodelle. Der Strukturiertheitsgrad der Durchführung ist hoch, was zu einem hohen Automatisierungsgrad, z.B. bei der Durchführung der Simulationsberechnungen, führt. Der Anwendereinfluss auf das Ergebnis ist bei einem gegebenen Modell aufgrund der Strukturiertheit und des hohen Formalisierungsgrades im Vergleich zu managementgetriebenen Ansätzen eher mittel bis gering einzustufen. Bei gleicher Datengrundlage führt beispielsweise ein mathematisches Modell zur Maschinenbelegungsplanung zum selben Ergebnis, unabhängig vom Anwender. Bei der iterativen Parametrisierung von Simulationsmodellen ist der Anwendereinfluss dagegen eher als mittel einzustufen, da Fachwissen und Erfahrung des Anwenders stärker einfließen.

Datengetriebene Ansätze fokussieren auf eine möglichst umfassende Verwendung und Integration der vorhandenen Daten über den zu optimierenden Prozess. Das heißt, es geht grundsätzlich sowohl um strukturierte als auch um unstrukturierte Daten. Strukturierte Prozessdaten, speziell Prozessablaufdaten, stellen dabei typischerweise den Ausgangspunkt für eine Integration weiterer Daten dar. Das Ziel ist die weitgehend automatisierte, analysebasierte Generierung von Modellen aus den integrierten Daten, die Problemzusammenhänge und Optimierungspotentiale – also Wissen aus den Daten – möglichst spezifisch und zielorientiert abbilden. Im Gegensatz zu modellgetriebenen Ansätzen geht es folglich um die Ableitung expliziter Modelle als Ergebnisgrößen. Diese werden mit einem hohen Automatisierungsgrad algorithmisch generiert, ohne vorher eine aufwendige, manuelle Detailmodellierung des Problembereichs vorzunehmen. Der Strukturiertheitsgrad der Durchführung ist dementsprechend ebenfalls hoch. Der Anwendereinfluss ist im Vergleich zu stark formalisierten modellgetriebenen Ansätzen und schwach strukturierten managementgetriebenen Ansätzen als mittel einzustufen, da eine Parametrisierung der Algorithmen durch den Anwender erforderlich ist. Zu datengetriebenen Ansätzen gehören insbesondere Verfahren für die Mustererkennung in Daten, speziell Data-Mining-Ansätze (Han et al. 2012) und Process-Mining-Ansätze (Aalst 2011). Generierte Modelle umfassen dementsprechend beispielsweise Entscheidungsbäume und Assoziationsregeln. Funktional basieren datengetriebene Ansätze auf dem Zyklus zur analytischen Datenverarbeitung mit den Phasen der Datenbereitstellung, Analyse und Optimierung (siehe Abschnitt 1.3). Die Datenbereitstellung umfasst die Integration der Daten. Bei der Analyse geht es um die Modellgenerierung und die Optimierung bezieht sich auf die Anwendung und Interpretation der Modelle zur Ableitung konkreter Verbesserungsmaßnahmen. Die Realisierung dieses Zyklus erfolgt mittels Business-Intelligence-Anwendungen, auf die in Abschnitt 2.2 eingegangen wird.

Anzumerken ist, dass sich management-, modell- und datengetriebene Ansätze grundsätzlich ergänzen. Die datengetriebene Optimierung stellt kein Substitut für management- und modellgetriebene Ansätze dar, da beispielsweise nicht für jedes Optimierungsvorhaben Quelldaten in ausreichender Qualität vorhanden sind. Der Fokus dieser Arbeit liegt auf der Entwicklung eines datengetriebenen Ansatzes zur Optimierung von Fertigungsprozessen auf der Grundlage von

Data-Mining-Verfahren. Eine detaillierte Betrachtung existierender Data-Mining-Ansätze in der Fertigung erfolgt in Abschnitt 2.3.2.

Anwendungsvarianten der datengetriebenen Optimierung

Die datengetriebene Optimierung adressiert im Allgemeinen alle Phasen des Fertigungsprozessmanagements, so dass sich anhand des Zeithorizonts drei Anwendungsvarianten in Anlehnung an (Niedermann et al. 2010) unterscheiden lassen: die Ex-post-Optimierung, die Laufzeitoptimierung und die Ex-ante-Optimierung.

- Die *Ex-post-Optimierung* ist vergangenheitsorientiert und bezieht sich auf die Optimierung eines Prozesses nach dessen Ausführung im Rahmen des Prozesscontrollings und einer darauf folgenden Neuplanung. Dies stellt die klassische Optimierungsvariante dar, da umfassende historische Prozessablaufdaten vorhanden sind.
- Die *Laufzeitoptimierung* fokussiert auf eine Optimierung während der Prozessausführung, um die aktuell laufende Prozessinstanz und deren Feinplanung und -steuerung auf Basis aktueller und historischer Prozessablaufdaten zu verbessern.
- Bei der *Ex-ante-Optimierung* geht es um die Optimierung eines Prozesses vor dessen erstmaliger Ausführung im Rahmen der Prozessplanung und -implementierung. Im Gegensatz zur Ex-post- und Laufzeitoptimierung existieren bei der Ex-ante-Optimierung noch keine Prozessablaufdaten zum geplanten Prozess, sondern nur prozessmodellbezogene Daten.

Der in Abschnitt 1.3 dargestellte Zyklus zur analytischen Datenverarbeitung wird in jeder Anwendungsvariante durchlaufen. Im Fokus dieser Arbeit stehen die Ex-post- und die Laufzeitoptimierung, da die Ex-ante-Optimierung aufgrund fehlender Prozessablaufdaten zusätzliche Konzepte zur Analyse des Ablaufverhaltens des geplanten Prozesses erfordert.

2.2 Business Intelligence: IT-Grundlagen der datengetriebenen Optimierung

Dieser Abschnitt befasst sich mit dem Themenbereich Business Intelligence und beschreibt damit die IT-Grundlagen der datengetriebenen Optimierung. Es geht um einen Überblick über zentrale Business-Intelligence-Konzepte, welche für die Entwicklung der AdMA-Plattform relevant sind. Ausgehend von einer Definition grundlegender Begriffe in Abschnitt 2.2.1 wird die allgemeine Architektur von Business-Intelligence-Anwendungen in Abschnitt 2.2.2 beschrieben. Diese Architektur definiert einen technischen Ordnungsrahmen für die datengetriebene Optimierung und bildet den Zyklus der analytischen Datenverarbeitung ab. Davon ausgehend werden in

Abschnitt 2.2.3 die Grundlagen des Data-Warehouse-Ansatzes dargestellt, um danach auf Spezifika des Process-Warehouse-Konzeptes in Abschnitt 2.2.4 einzugehen. Darauf folgend werden die grundlegenden Arten von Analyseverfahren in Abschnitt 2.2.5 charakterisiert, um anschließend Data Mining und Process Mining in Abschnitt 2.2.6 als zentrale Analysetechnologien für prädiktive und präskriptive Verfahren in dieser Arbeit zu detaillieren.

2.2.1 Kernbegriffe

Zur Einordnung der IT-Grundlagen der Arbeit werden nachfolgend wesentliche Kernbegriffe aus dem Business-Intelligence-Kontext abgegrenzt.

Business Intelligence und Business Process Intelligence

Business Intelligence bezeichnet in einem weiten Begriffsverständnis integrierte IT-basierte Ansätze zur betrieblichen Entscheidungsunterstützung auf der Basis der Analyse von Daten über das Unternehmensgeschehen (Kemper et al. 2010). Es geht um analytische Informationssysteme zur Entscheidungsunterstützung in Abgrenzung zu operativen Informationssystemen, wie z.B. ERP-Systemen, zur Transaktionsunterstützung (Chamoni und Gluchowski 2013).

Business Intelligence umfasst dabei sowohl IT-technologische als auch organisatorisch-betriebswirtschaftliche Aspekte, z.B. zur organisatorischen Eingliederung von Business-Intelligence-Aufgaben im Unternehmen. In dieser Arbeit liegt der Fokus auf IT-technologischen Aspekten als konzeptionelle Grundlage der datengetriebenen Optimierung. Aus technologischer Sicht umfasst Business Intelligence sämtliche IT-Konzepte zur analytischen Datenverarbeitung, d.h. zur Datenbereitstellung, Analyse und Optimierung. Gemäß dieser Begriffsauffassung ist die AdMA-Plattform als Business-Intelligence-Plattform einzuordnen. Der Begriff der *Business-Intelligence-Plattform* wird in dieser Arbeit gesondert verwendet, um den generischen, einzelfallunabhängigen Charakter einer Business-Intelligence-Anwendung zu betonen. *Business-Intelligence-Anwendungen* stellen in Anlehnung an (Kemper et al. 2010) allgemein Anwendungen und Anwendungssysteme zur analytischen Datenverarbeitung dar. Für eine detaillierte Betrachtung unterschiedlicher Abgrenzungen des Business-Intelligence-Begriffs sei auf (Kemper et al. 2010) verwiesen.

Traditionelle Business-Intelligence-Anwendungen adressieren die taktischen und strategischen Managementebenen eines Unternehmens und sind reaktiv vergangenheitsorientiert ausgerichtet (siehe Abbildung 13). Unter dem jüngeren Begriff *Business Process Intelligence* wird allgemein die Übertragung von traditionellen Business-Intelligence-Konzepten auf das Prozessmanagement verstanden. Es geht folglich um die Analyse operativer Prozesse (Grigori et al. 2004, Muehlen und Shapiro 2010). Der Ursprung von Business-Process-Intelligence-Ansätzen ist die Analyse von Prozessablaufdaten aus Workflow-Management-Systemen (Bonifati et al. 2001). Unter dem Begriff *Operational Business Intelligence* werden spezielle Business-Process-Intelligence-Anwendungen zur analysebasierten Steuerung von Prozessen zusammengefasst (Gluchowski et al. 2009, Marjanovic 2007). Business Process Intelligence ist folglich operativ ausgerichtet und umfasst neben reaktiven auch proaktive Ansätze vor und während der Prozessausführung, wobei eine Fokussierung auf den Geschäftsprozess- und Workflow-Management-Kontext, wie z.B. in (Grob et al. 2008, Muehlen und Shapiro 2010, Radeschütz 2011), in der Literatur zu beobachten ist. Hinsichtlich der Datengrundlage basieren traditionelle Business-Intelligence-Anwendungen auf operativen Daten, wohingegen Business-Process-Intelligence-Ansätze primär prozessorientierte Daten verwenden. Die AdMA-Plattform kann folglich als Übertragung von Business-Process-Intelligence-Konzepten auf Fertigungsprozesse betrachtet werden.

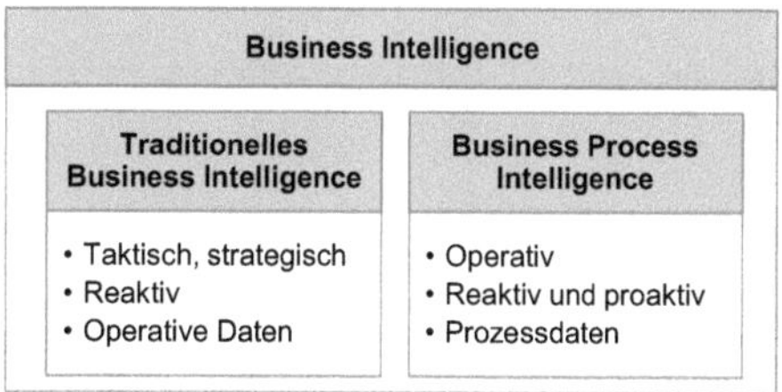

Abbildung 13: Zusammenhang von Business Intelligence und Business Process Intelligence

In dieser Arbeit umfasst der Begriff Business Intelligence gemäß Abbildung 13 als ganzheitlicher Oberbegriff die IT-basierte Entscheidungsunterstützung auf allen Hierarchieebenen eines Unternehmens, d.h. sowohl traditionelle Business-Intelligence- als auch Business-Process-Intelligence-Ansätze.

Das Ziel von Business Intelligence ist die Extraktion von Informationen und Wissen aus Daten zum Zweck der Entscheidungsunterstützung (Kemper et al. 2010). In Anlehnung an die Semiotik wird unter *Wissen* im weiteren Sinne die zweckorientierte Verknüpfung von Informationen, die wiederum kontextualisierte Daten darstellen, verstanden (Rehäuser und Krcmar 1996). Die Grenzen zwischen den Begriffen sind fließend (Loh 2009), weswegen Wissen und Information in dieser Arbeit nicht explizit unterschieden werden. Für eine weitergehende Diskussion der Begriffe Daten, Information und Wissen sei auf (Loh 2009, Stelzer 2014) verwiesen. Um den Wissensbegriff zu konkretisieren, wird in dieser Arbeit eine pragmatische Abgrenzung in Anlehnung an das Konzept des Knowledge Discovery in Databases (Fayyad et al. 1996) vorgenommen:

Wissen bezieht sich dementsprechend im engeren Sinne im Rahmen der AdMA-Plattform auf aus Daten gewonnene, handlungsrelevante Erkenntnisse im Sinne zweckorientierter Analyseergebnisse, wobei es speziell um Modelle im Rahmen der datengetriebenen Optimierung, z.B. Data-Mining-Modelle, geht. Wenn Wissen als Gesamtheit an fachspezifischen Kenntnissen und Fähigkeiten einer Person (Probst et al. 2012) im Vordergrund steht, wird in dieser Arbeit der Begriff *Fachwissen* verwendet. *Wissensmanagement* im betrieblichen Kontext bezieht sich allgemein auf organisatorische und IT-basierte Konzepte zur Schaffung, Verteilung, Nutzung und Bewahrung von Wissen (im weiteren Sinne) (Frey-Luxemburger 2014). Für eine Untersuchung des Wissensmanagements in wandlungsfähigen Produktionsunternehmen sei auf den Sonderforschungsbereich 467 der Universität Stuttgart (Westkämper und Zahn 2009), insbesondere (Berger et al. 2009), verwiesen.

Datenarten

Quelldaten für Business-Intelligence-Anwendungen lassen sich grundlegend anhand des Prozessbezuges sowie des Strukturiertheitsgrades klassifizieren. Mit Blick auf den Prozessbezug werden prozessorientierte und operative Daten in Anlehnung an (Niedermann und Schwarz 2011) unterschieden.

- *Prozessorientierte Daten* – synonymisch zu *Prozessdaten* – sind flussorientiert und umfassen allgemein Daten zur Prozessstruktur im Sinne des Prozessmodells sowie Daten zur Prozessausführung, d.h. Prozessablaufdaten. Prozessmodelldaten umfassen beispielsweise die geplanten Prozessschritte und deren Reihenfolge sowie Soll-Vorgaben z.B. für Bearbeitungszeiten. Prozessablaufdaten beschreiben den tatsächlichen Ablauf inklusive möglicher Fehler und Ist-Werte von Kennzahlen. Die Grundlage von Prozessablaufdaten sind Prozessereignisse wie der Start eines Prozessschrittes. Es geht also um eine dynamische Sicht auf den Prozess und seine Durchführung, wobei von den Subjekten im Prozess, wie Ressourcen und Produkten, abstrahiert wird. Subjekte werden typischerweise nur referenziert, um z.B. Ressourcen den Prozessschritten zuzuweisen. Prozessorientierte Daten sind die Grundlage von Business-Process-Intelligence-Anwendungen.
- *Operative Daten* sind subjektorientiert, d.h. sie beschreiben Details zu den Prozesssubjekten wie Ressourcen, Produkten und Kunden. Es geht um eine statische Sicht auf den Prozess und sein Ergebnis unter Abstraktion von der eigentlichen Prozessausführung. Beispielhafte operative Daten sind Stammdaten zu Mitarbeitern oder Verkaufszahlen von Produkten. Operative Daten stellen die Datengrundlage traditioneller Business-Intelligence-Anwendungen dar.

Operative und prozessorientierte Daten können im Allgemeinen sowohl strukturiert als auch unstrukturiert sein. Die explizite Unterscheidung zwischen operativen und prozessorientierten Daten spielt in dieser Arbeit speziell bei strukturierten Daten eine Rolle, so dass unter operativen und prozessorientierten Daten in dieser Arbeit immer strukturierte Daten verstanden werden.

- *Strukturierte Daten* sind Daten, deren Struktur und Bedeutung exakt vordefiniert sind und die eine direkte computergestützte Verarbeitung ermöglichen (Baars und Kemper 2008, Piro und Gebauer 2008). Ein typisches Beispiel sind Daten, die im klassischen relationalen Datenmodell nach (Codd 1970) darstellbar sind.
- *Unstrukturierte Daten* umfassen in dieser Arbeit sämtliche Daten, die nicht vollständig strukturiert sind, also sowohl semi-strukturierte Daten, wie z.B. Extensible-Markup-Language-Dokumente (XML-Dokumente), als auch Textdokumente und Multimediadaten, wie z.B. Videos und Bilder (Baars und Kemper 2008, Piro und Gebauer 2008).

2.2.2 Architektur von Business-Intelligence-Anwendungen

Die allgemeine Architektur von Business-Intelligence-Anwendungen kann in Anlehnung an (Niedermann et al. 2010, Kemper et al. 2010) in drei konzeptionelle Schichten unterteilt werden, die den Zyklus der analytischen Datenverarbeitung (siehe Abschnitt 1.3) abbilden. Diese Schichten der Datenbereitstellung, Analyse und Optimierung werden im Folgenden kurz charakterisiert und grundlegende Komponenten von Business-Intelligence-Anwendungen in jeder Schicht in Anlehnung an (Kemper et al. 2010, Chamoni und Gluchowski 2013, Bauer et al. 2013) beschrieben (siehe Abbildung 14).

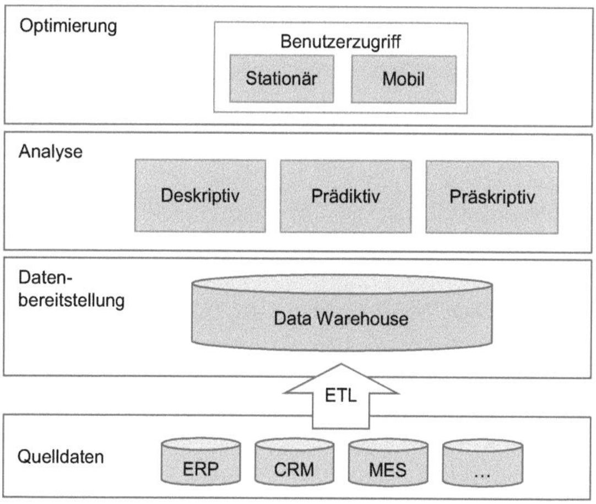

Abbildung 14: Allgemeine Architektur von Business-Intelligence-Anwendungen

Der Architektur vorgelagert sind die *Quelldaten*, die im Allgemeinen strukturierte und unstrukturierte Daten umfassen und aus unterschiedlichen IT-Systemen, z.B. ERP-Systemen und MES, stammen. Hierbei geht es nicht nur um unternehmensinterne, sondern auch um unternehmensexterne Daten, die häufig aus Internetquellen resultieren, z.B. Informationen zu Wettbewerbern oder Social-Media-Einträge.

Die Schicht der *Datenbereitstellung* umfasst die Integration der heterogenen Quelldaten, um sie konsistent und harmonisiert als Grundlage für Analysen zu speichern. Der Integrationsprozess wird meist als Extraktions-, Transformations- und Ladeprozess *(ETL-Prozess)* (Vassiliadis und Simitsis 2009) bezeichnet. Die Datenhaltung erfolgt im *Data Warehouse* (Inmon 2005) als zentraler Datenbasis für die Entscheidungsunterstützung. Data-Warehouse-Ansätze fokussieren traditionell auf die Speicherung strukturierter Daten. Für die analyseorientierte Speicherung unstrukturierter Daten in Verbindung mit einem Data Warehouse hat sich noch kein allgemeiner Integrationsansatz etabliert (Baars und Kemper 2008). Grundsätzlich werden unstrukturierte Daten mittels Content-Management-Systemen (Kampffmeyer 2007) verwaltet, die dateibasiert beliebige digitale Inhalte speichern. Die analyseorientierte Integration strukturierter und unstrukturierter Daten wird in Kapitel 4 umfassend betrachtet.

Im Zentrum der *Analyse* steht die Auswertung der Daten mittels unterschiedlicher Analyseverfahren. Allgemein werden *deskriptive*, *prädiktive* und *präskriptive Verfahren* (Evans und Lindner 2012) unterschieden. Zusätzlich sind die Analyseergebnisse, wie Berichte oder Data-Mining-Modelle, zusammen mit Angaben zum Erstellungsprozess zu speichern, um eine Wiederverwendung zu ermöglichen. Hierfür existieren unterschiedliche Ansätze, insbesondere mit der Datenbereitstellungsschicht integrierte Datenhaltungen auf der Basis von Content-Management-Systemen (Kemper et al. 2010) sowie separate Ansätze wie in (Niedermann et al. 2011c).

Die *Optimierung* bezieht sich auf die Ableitung und Umsetzung konkreter Verbesserungsmaßnahmen auf Basis der Analyseergebnisse. Dies schließt den Benutzerzugriff zur zielgerichteten Bereitstellung der Analyseergebnisse mit ein. Der Zugriff kann hierbei auf unterschiedliche Arten an *stationären* oder *mobilen Endgeräten* (Bensberg 2008) erfolgen.

Die Datenbereitstellung im Data Warehouse sowie die Analyse mittels unterschiedlicher Verfahren stehen im Zentrum von Business-Intelligence-Anwendungen und werden in den folgenden Abschnitten 2.2.3 bis 2.2.6 detailliert. Für Aspekte zum Metadatenmanagement zur Verwaltung und Integration der drei Schichten einer Business-Intelligence-Anwendung sei auf (Jossen et al. 2013a, Jossen et al. 2013b) verwiesen.

2.2.3 Data-Warehouse-Grundlagen

Ein Data Warehouse bezeichnet allgemein eine *integrierte physische Datenhaltung zu Analysezwecken* (Bauer und Günzel 2013). Es stellt eine von den Quellsystemen getrennte Datenbasis für die Entscheidungsunterstützung dar, wobei der Fokus auf strukturierten Daten liegt (Kemper et al. 2010). Zentrale Charakteristika eines Data Warehouse sind nach (Inmon 2005) die Fachorientierung, die Integration, die Nicht-Volatilität und die Historisierung.

- Die *Fachorientierung* bezieht sich auf die Ausrichtung der Daten an den Analysebedarfen der Entscheidungsträger. Es geht nicht um die Unterstützung einzelner Geschäftsvorgänge, sondern um die Betrachtung von Themenbereichen wie Kunden oder Produkte (Bauer und Günzel 2013).
- Im Rahmen der *Integration* geht es darum, eine einheitliche syntaktisch und semantisch harmonisierte Datenbasis aus heterogenen Quelldaten herzustellen (Chamoni und Gluchowski 2013).
- Die *Nicht-Volatilität* umfasst die dauerhafte Speicherung der Daten, so dass integrierte Daten grundsätzlich nicht mehr verändert werden (Kemper et al. 2010).
- Die *Historisierung* bezieht sich darauf, dass Daten im Zeitverlauf betrachtet und mit Bezug zu historischen Zeitpunkten und -räumen ausgewertet werden (Bauer und Günzel 2013).

Um den Aspekten der Fachorientierung und Analyseausrichtung Rechnung zu tragen, werden Daten im Data-Warehouse-Kontext multidimensional modelliert. Die Datenintegration erfolgt mittels ETL-Prozessen. Diese beiden Aspekte werden in den folgenden Abschnitten beschrieben. Auf Historisierungskonzepte wird hier nicht näher eingegangen sondern auf (Kimball und Ross 2013) verwiesen.

Zur Implementierung eines Data Warehouse kommen grundsätzlich relationale sowie proprietäre multidimensionale Datenbanksysteme zum Einsatz (Kemper et al. 2010). Aufgrund ihrer technischen Reife, speziell mit Blick auf Skalierbarkeit, Sicherheit und Stabilität, sind relationale Datenbanksysteme im Data-Warehouse-Kontext weit verbreitet, weswegen die relationale Umsetzung in dieser Arbeit im Vordergrund steht. Für die technische Architektur der Datenhaltungskomponenten eines Data Warehouse existieren unterschiedliche Varianten. Neben einem zentralen Data Warehouse gibt es z.B. auch Varianten mit Data Marts (Kemper et al. 2010). Da die technische Architektur des Data Warehouse nicht im Vordergrund dieser Arbeit steht, wird für eine weitere Betrachtung auf (Kemper et al. 2010, Bauer et al. 2013) verwiesen.

Multidimensionale Datenmodellierung und relationale Umsetzung

Der konzeptionelle und logische Entwurf eines Data-Warehouse-Schemas basiert auf dem Ansatz der *multidimensionalen Datenmodellierung* (Kimball und Ross 2013). Dabei werden grundlegend Fakten und Dimensionen unterschieden. *Fakten* sind die zentralen Objekte der Analyse und umfassen meist numerische Werte. *Dimensionen* sind beschreibende Sichten auf Fakten. Der resultierende multidimensionale Datenraum wird metaphorisch als *Würfel* betrachtet. Dimensionen bestehen aus Dimensionsstufen, die in Hierarchien verknüpft werden, um Verdichtungsstufen der Fakten zu definieren. Dimensionsstufen werden durch Attribute beschrieben (Kemper et al. 2010). In einem einfachen Beispiel in Abbildung 15 bildet die *Ausschussmenge* das Fakt, das nach den Dimensionen *Material*, *Zeit* und *Produkt* ausgewertet wird. Die Produktdimension gliedert sich beispielsweise in die Stufen *Produkt*, *Produktgruppe* und *Produktfamilie*. Die Stufe Produktfamilie kann z.B. durch das Attribut Name weiter beschrieben werden.

Die *Granularität* bzw. die granulare Ebene bezeichnet die niedrigste Verdichtungsstufe der Daten eines multidimensionalen Datenraumes aus Fakten und Dimensionen und umfasst damit die Fakten auf den niedrigsten Dimensionsstufen in allen Dimensionen (Kemper et al. 2010). Im Beispiel bilden die Ausschussmengen zu einzelnen Produkten und einzelnen Materialien auf Tagesbasis die granulare Ebene.

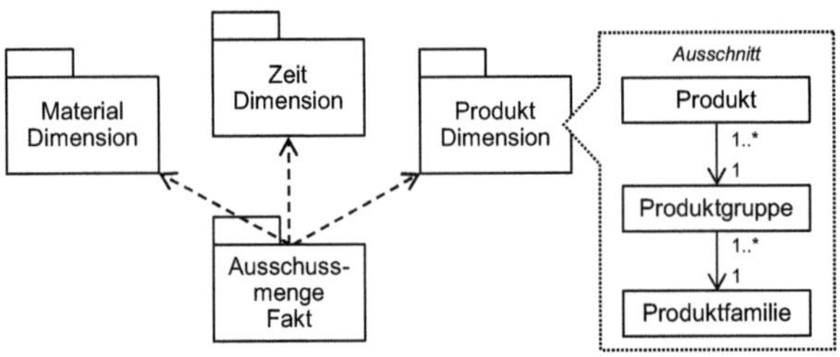

Abbildung 15: Beispielhaftes multidimensionales Datenmodell als UML-Paket und -Klassendiagramm

Zur multidimensionalen Datenmodellierung auf konzeptioneller Ebene existieren diverse graphische *Designnotationen*, die vorhandene Modellierungsansätze, wie die Unified Modeling Language (UML) (Oestereich 2012) oder das Entity-Relationship-Model (Chen 1976), erweitern oder eigenständige Notationen definieren (Albrecht et al. 2013c). In dieser Arbeit findet der UML-basierte Ansatz nach (Luján-Mora et al. 2002) Anwendung, da er eine Modellierung auf unterschiedlichen Detailstufen unterstützt. Fakten und Dimensionen werden dabei mittels UML-Paketen und -Klassen abgebildet (siehe Abbildung 15).

Zur Umsetzung der konzeptionellen Datenmodelle auf logischer Ebene werden im relationalen Kontext das *Star-Schema* sowie das *Snowflake-Schema* als grundlegende relationale Data-Warehouse-Schemata unterschieden, wobei verschiedene Mischformen und Erweiterungen existieren (Behme et al. 2013). Der Begriff Data-Warehouse-Schema wird in dieser Arbeit für ein relationales Schema zur Umsetzung eines konzeptionell multidimensionalen Datenmodells verwendet. Eine detaillierte Betrachtung von Star- und Snowflake-Schemata ist in (Kemper et al. 2010, Behme et al. 2013) zu finden. Aspekte der physischen Implementierung der relationalen Schemata, z.B. Materialisierung und Indexstrukturen, werden in (Jürgens et al. 2013, Albrecht et al. 2013a, Albrecht et al. 2013b) beschrieben.

ETL-Prozesse

Ein ETL-Prozess beschreibt die drei wesentlichen Schritte zur Integration der Quelldaten im Data Warehouse: die Extraktion, die Transformation und das Laden der Daten. Diese Schritte werden nachfolgend in Anlehnung an (Hinrichs 2013, Frisch et al. 2013, Quix 2013) kurz beschrieben.

Die *Extraktion* bezieht sich auf die Übertragung der Quelldaten aus den Quellsystemen in den Arbeitsbereich (engl. data staging area). Der Arbeitsbereich dient der Entkopplung des Data Warehouse von den Quellsystemen. Die technischen Extraktionsverfahren sind vielseitig und hängen von den Eigenschaften des jeweiligen Quellsystems ab. Die Extraktion erfolgt je nach Anforderungen an die Aktualität der Daten z.B. periodisch in definierten Zeitabständen oder sofort bei Änderung der Quelldaten.

Die *Transformation* umfasst alle Vorgänge zur syntaktischen und semantischen Harmonisierung der heterogenen Quelldaten. Hierbei geht es im Kern um die Migration und Bereinigung der Daten. Im Rahmen der Migration werden die Daten in ein einheitliches Format transformiert und auf die geforderte Granularität aggregiert. Die Bereinigung bezieht sich auf die Beseitigung von Qualitätsmängeln zur Sicherstellung einer korrekten, konsistenten und vollständigen Datenbasis.

Beim *Laden* geht es um die Übertragung der transformierten Daten aus dem Arbeitsbereich in das Data Warehouse. Hierbei werden die Daten grundsätzlich historisierend ergänzt und nicht ersetzt, wofür unterschiedliche Historisierungskonzepte (Kimball und Ross 2013) existieren.

2.2.4 Process Warehouse

Ein Process Warehouse ist ein Data Warehouse für Prozessdaten. Es stellt eine Anwendung der im vorigen Abschnitt dargestellten allgemeinen Data-Warehouse-Konzepte zur analyseorientierten Integration und Speicherung von Prozessdaten dar, wobei Prozessablaufdaten den Schwerpunkt bilden (Becker und Chamoni 2008). In diesem Zusammenhang ist der Unterschied zum Konzept des Process Repository herauszustellen. Dies stellt in seiner ursprünglichen Form eine Datenhaltung für Prozessmodelldaten zur Verwaltung, Versionierung und gemeinsamen Bearbeitung von Prozessmodellen dar (Yan et al. 2012) und ist an das allgemeine Repository-Konzept (Bernstein und Dayal 1994) angelehnt.

Die Ursprünge des Process-Warehouse-Konzeptes liegen in der Speicherung von Prozessablaufdaten aus Workflow-Management-Systemen. Klassische Process-Warehouse-Ansätze, z.B. (Bonifati et al. 2001, List et al. 2001), integrieren folglich ausschließlich Prozessdaten. Für eine ganzheitliche Analyse der Prozessleistung ist jedoch eine zusätzliche Integration operativer Daten erforderlich, um Zusammenhänge zwischen der Prozessleistung und Eigenschaften der Prozesssubjekte zu berücksichtigen (Radeschütz et al. 2008). Ein Beispiel hierfür ist die Analyse von Zusammenhängen zwischen Qualifikationseigenschaften von Mitarbeitern als operative Daten und der Prozessdurchlaufzeit als Prozessdatum. Neuere Process-Warehouse-Ansätze (Schiefer et al. 2004, Becker und Chamoni 2008, Casati et al. 2007, Radeschütz 2011) integrieren deswegen Prozessdaten mit operativen Daten zu den am Prozess beteiligten Subjekten wie Produkten, Mitarbeitern und Kunden. Ein Process Warehouse, das Prozessdaten und operative Daten integriert, wird in dieser Arbeit in Anlehnung an (Gröger 2011, Radeschütz 2011) als *ganzheitliches Process Warehouse* bezeichnet.

Die wesentlichen Besonderheiten des Process-Warehouse-Konzepts liegen in der Bereitstellung der Quelldaten im Rahmen des ETL-Prozesses sowie im konzeptionellen multidimensionalen Datenmodell. Hinsichtlich des ETL-Prozesses geht es insbesondere um eine echtzeitnahe Datenintegration (Vassiliadis und Simitsis 2009). Da ETL-Details nicht im Fokus der Arbeit stehen, wird dieser Aspekt nicht weiter betrachtet.

Die grundlegende Struktur eines konzeptionellen multidimensionalen Datenmodells eines ganzheitlichen Process Warehouse besteht in Anlehnung an (Radeschütz 2011) aus einer Menge an prozessorientierten Fakten und Dimensionen (siehe Abbildung 16). Grundsätzlich kann eine ressourcenorientierte oder eine aktivitätsorientierte Sicht auf Prozessdaten eingenommen werden (Niedermann et al. 2011c). Im Fokus dieser Arbeit steht die aktivitätsorientierte Sicht zur Analyse des gesamten Prozesses mit seinen Schritten und teilnehmenden Ressourcen. Aus einer aktivitätsorientierten Sicht bilden die Ausführungen von Prozessschritten eines Prozessmodells die Grundlage der Fakten, die Kennzahlen wie z.B. die Durchlaufzeit eines Schrittes umfassen und aus Prozessablaufdaten resultieren. Die Dimensionen ergeben sich sowohl aus dem Prozessfluss, der z.B. zur Prozessdimension führt, als auch aus den an der Ausführung eines Prozessschrittes beteiligten Prozesssubjekten, wie z.B. Mitarbeitern und Kunden. Operative Daten stellen hierbei die Grundlage zur Definition von Dimensionselementen dar, z.B. anhand von Qualifikations- und Abteilungsinformationen von Mitarbeitern. Die Zusammenführung operativer und prozessorientierter Daten erfolgt im Rahmen des ETL-Prozesses. Eine weitergehende Darstellung der allgemeinen Struktur eines ganzheitlichen Process Warehouse findet sich in (Gröger 2011, Radeschütz 2011).

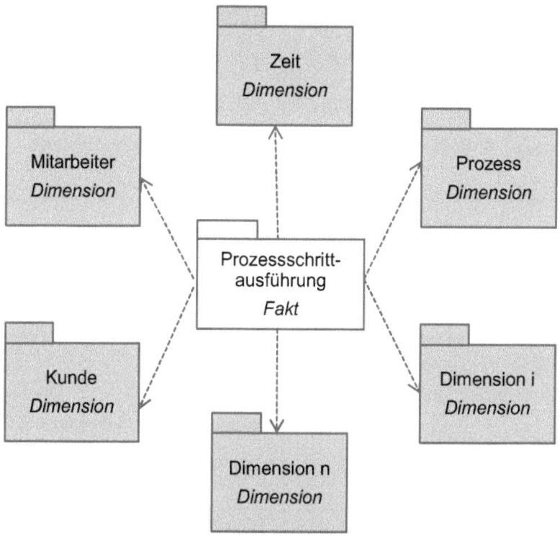

Abbildung 16: Exemplarisches multidimensionales Datenmodell
für ein ganzheitliches Process Warehouse als UML-Paketdiagramm

Existierende Process-Warehouse-Ansätze, speziell (Bonifati et al. 2001, Casati et al. 2007, Muehlen 2001, Muehlen 2004, Schiefer et al. 2004, List et al. 2001, Becker und Chamoni 2008, Radeschütz 2011), fokussieren auf Geschäftsprozesse, die als Workflows abgebildet werden. Diese Ansätze sind somit nicht direkt in der Fertigung anwendbar (siehe Abschnitt 2.3.3). In (Gröger 2011, Schlaudraff 2011) wurden diese Ansätze analysiert und ein erstes rudimentäres Datenmodell für ein ganzheitliches Process Warehouse für Fertigungsprozesse entwickelt. Dieses Modell dient als ein Ausgangspunkt für die Entwicklung eines Datenmodells für das Wissensrepository in Kapitel 4.

2.2.5 Analyseverfahren: Deskriptiv, prädiktiv, präskriptiv

Analyseverfahren von Business-Intelligence-Anwendungen lassen sich anhand ihrer funktionalen Mächtigkeit unabhängig von der zugrundeliegenden Analysetechnologie in deskriptive (engl.

descriptive), prädiktive (engl. predictive) und präskriptive (engl. prescriptive) Verfahren unterteilen (Evans und Lindner 2012, Lustig et al. 2010). Sie adressieren unterschiedliche *analytische Fragegestellungen*, basieren auf unterschiedlichen *Grundprinzipien* und können mit unterschiedlichen *Analysetechnologien*, wie beispielsweise Data Mining, umgesetzt werden (siehe Tabelle 2). Diese Aspekte werden im Folgenden in Anlehnung an (Lustig et al. 2010, Evans und Lindner 2012, Deka 2014) beschrieben.

Anzumerken ist, dass die Datengrundlage für diese funktionale Gliederung der Analyseverfahren nicht relevant ist. Deskriptive, prädiktive und präskriptive Verfahren können je nach Analysetechnologie sowohl strukturierte als auch unstrukturierte Daten verwenden. Da die in dieser Arbeit entwickelten Analyseverfahren auf strukturierten Daten basieren, liegt der Fokus bei Analysetechnologien in dieser Arbeit auf Technologien für strukturierte Daten.

	Deskriptiv	**Prädiktiv**	**Präskriptiv**
Grundprinzip	Beschreibende, manuelle, kennzahlenorientierte Analyse	Prognose von Ereignissen auf Basis historischer Wirkungszusammenhänge	Zielorientierte Generierung von Handlungsempfehlungen
Analytische Fragestellungen	Was ist passiert? Was passiert gerade?	Warum ist es passiert? Was wird passieren?	Was ist zu tun, um das Ziel zu erreichen?
Analyse-technologien	OLAP, Berichtssysteme, Data Mining für Beschreibungsprobleme	Data Mining, Process Mining	Data Mining, Process Mining

Tabelle 2: Arten von Analyseverfahren

Deskriptive Analyseverfahren basieren auf dem Grundprinzip der beschreibenden, meist manuellen und kennzahlenorientierten Analyse von Daten. Diese erfolgt entweder vergangenheitsorientiert, um abgeschlossene Geschehnisse nachzuvollziehen und zu charakterisieren, oder laufzeitorientiert, um eine Transparenz des aktuellen Geschehens herzustellen. Typische adressierte Fragestellungen sind *„Was ist in der Vergangenheit passiert?“* und *„Was passiert gerade?“*. Deskriptive Analyseverfahren basieren weitgehend auf den analytischen Fähigkeiten des Benutzers, um Erkenntnisse aus den Daten zu gewinnen und Prognosen und Handlungsempfehlungen manuell abzuleiten. Zugrundeliegende Analysetechnologien sind speziell Online Analytical Processing (OLAP) und Berichtssysteme. Das OLAP-Konzept (Pendse und Creeth 1995) bezieht sich auf die flexible, intuitive, benutzerindividuelle Analyse multidimensionaler Datenräume zur Fakten- bzw. Kennzahlenbetrachtung nach unterschiedlichen Dimensionen. Ein Beispiel für eine OLAP-Anwendung ist die Analyse von Ausschussmengen nach Produkten, Zeiträumen und Materialien. Berichtssysteme dienen der tabellarisch- und diagrammorientierten Zusammenstellung von Kennzahlen in vordefinierten Berichten für einen spezifischen Sachverhalt (Kemper et al. 2010). Ein Beispiel ist ein Bericht für das Qualitätsmanagement mit täglichen Ausschussmengen über einen definierten Zeitraum. Für eine weitergehende Betrachtung von OLAP- und Berichtsaspekten sei auf (Kemper et al. 2010, Gabriel et al. 2009) verwiesen. In dieser Arbeit werden zusätzlich Data-Mining-Verfahren für Beschreibungsprobleme, wie z.B. Assoziationsanalysen, Gruppenbildung und Abweichungsanalysen, als deskriptive Analyseverfahren betrachtet, da sie auf die Beschreibung charakteristischer Strukturen in Daten fokussieren (Han et al. 2012).

Prädiktive Analyseverfahren, die auch als Advanced Analytics (Bose 2009) bezeichnet werden, zielen auf die Vorhersage zukünftiger Ereignisse auf der Basis historischer Wirkungszusammenhänge. Charakteristische analytische Fragestellungen sind somit *„Warum ist es passiert?"* und *„Was wird passieren?"*. Der Benutzer wird also im Gegensatz zu deskriptiven Verfahren direkt in seiner Einschätzung der Vergangenheit bzw. der Zukunft mittels gezielter Ursachenanalysen bzw. Prognosen unterstützt. Ein Beispiel ist die Vorhersage zukünftiger Ausschussmengen bestimmter Produkte und Materialien für den kommenden Monat.

Präskriptive Analyseverfahren gehen über die Prognose zukünftiger Ereignisse hinaus und ermöglichen eine zielorientierte Generierung von Handlungsempfehlungen. Auf der Grundlage eines definierten Ziels geht es um die Ableitung einer bestmöglichen Entscheidungsoption gemäß der Fragestellung *„Was ist zu tun, um das Ziel zu erreichen?"*. Präskriptive Analyseverfahren unterstützen den Benutzer somit direkt bei der eigentlichen Optimierung, d.h. der Ableitung konkreter Verbesserungsmaßnahmen zur Erreichung eines Ziels. Ein Beispiel ist die automatische Empfehlung des optimalen Materials zur Minimierung des Ausschusses unter Berücksichtigung aller fertigungsrelevanten Parameter.

Analysetechnologien für prädiktive und präskriptive Verfahren lassen sich, in Analogie zu modell- und datengetriebenen Optimierungsansätzen (siehe Abschnitt 2.1.4), in modell- und datengetriebene Technologien unterteilen. Modellgetriebene Technologien, wie Simulations- und Expertensystem-Ansätze (Banks et al. 2010, Liao 2005), basieren auf expliziten formalen Modellen als Eingangsgrößen. Diese Technologien stehen aufgrund der aufwendigen, meist manuellen Ex-ante-Erstellung von entsprechenden Modellen, wie z.B. Simulationsmodellen, nicht im Fokus dieser Arbeit. Datengetriebene Technologien fokussieren dagegen auf eine algorithmische Generierung expliziter Modelle als Ergebnisgrößen bei einer möglichst umfassenden Verwendung der vorhandenen Daten. Zentrale datengetriebene Technologien zur Entwicklung prädiktiver und präskriptiver Analyseverfahren sind Data Mining sowie Process Mining. Diese sind Gegenstand des folgenden Abschnitts.

2.2.6 Data Mining und Process Mining

Data Mining bezeichnet allgemein Konzepte, um aus großen Datenmengen autonom, d.h. algorithmisch, aussagekräftige Muster zu extrahieren und damit Wissen für den Benutzer zu generieren (Han et al. 2012, Bissantz et al. 2000). Data Mining und Knowledge Discovery in Databases (Fayyad et al. 1996) werden in dieser Arbeit synonymisch verwendet, so dass Data Mining als Prozess bestehend aus unterschiedlichen Schritten betrachtet wird.

Data Mining bezieht sich in seiner ursprünglichen Prägung auf domänenunabhängige Methoden zur Mustererkennung in strukturierten Daten. Davon ausgehend bezeichnet Text Mining die Mustererkennung in unstrukturierten Daten wie Textdokumenten (Han et al. 2012). Process Mining bezieht sich auf die Mustererkennung in Prozessdaten, wobei strukturierte Daten im Vordergrund stehen (Aalst 2011). Auf der Grundlage dieses Begriffsverständnisses werden im Folgenden der Data-Mining-Prozess sowie ausgewählte domänenunabhängige Data-Mining-Verfahren kurz vorgestellt, um dann auf Besonderheiten des Process Mining einzugehen.

Data-Mining-Prozess

Der technische Data-Mining-Prozess umfasst in einer vereinfachten Form in Anlehnung an (Han et al. 2012) vier konzeptionelle Schritte zur Datenbereitstellung, Datenauswahl und -vorverarbeitung, Mustererkennung sowie zur Evaluation und Interpretation der Ergebnisse. Voraussetzung ist die Definition einer Data-Mining-Aufgabenstellung, welche die fachliche Problemstellung und potentielle Datenquellen umfasst. Es existieren darüber hinaus weitere Varianten dieses Prozesses, die beispielsweise in (Kurgan und Musilek 2006) diskutiert werden.

- Die *Datenbereitstellung* bezieht sich, wie in Abschnitt 2.2.2 beschrieben, auf die Integration und Bereinigung heterogener Quelldaten sowie deren Bereitstellung und kann beispielsweise im Rahmen Data-Warehouse-orientierter ETL-Prozesse erfolgen.
- Die *Datenauswahl und -vorverarbeitung* umfassen die Detailauswahl der für die Aufgabenstellung relevanten Daten sowie deren Vorverarbeitung, um sie als Eingabe für den Data-Mining-Algorithmus zu verwenden. Bei der Vorverarbeitung geht es insbesondere um die Denormalisierung der Daten sowie ggf. um eine weitere Aggregation z.B. durch Attributfilterung.
- Die *Mustererkennung* bezieht sich als Kern des Data-Mining-Prozesses auf die Anwendung eines für die Aufgabenstellung geeigneten Data-Mining-Verfahrens und eines entsprechenden Data-Mining-Algorithmus. Ein Beispiel ist die Entscheidungsbaumgenerierung mittels des C4.5-Algorithmus (Quinlan 1993).

- Im Rahmen der *Interpretation und Evaluation* geht es um die Präsentation und Auswertung der generierten Muster durch den Benutzer. Hierbei können Rücksprünge in vorige Schritte, speziell zur erneuten Mustererkennung im Rahmen einer Verfeinerung der Ergebnisse, ausgelöst werden.

Problemtypen und Verfahren des Data Mining

Problemtypen beschreiben generische Aufgabenstellungen des Data Mining, die mittels unterschiedlicher Data-Mining-Verfahren umgesetzt werden können (Hippner und Wilde 2001). Grundsätzlich werden Beschreibungs- und Prognoseprobleme unterschieden, die nachfolgend kurz charakterisiert werden (siehe Abbildung 17). Bei Beschreibungsproblemen liegt der Schwerpunkt auf der Strukturierung vorhandener Merkmalsausprägungen, wohingegen Prognoseprobleme die Ableitung unbekannter Merkmalsausprägungen umfassen. Die folgenden Ausführungen basieren auf (Han et al. 2012, Hippner und Wilde 2001, Kemper et al. 2010, Gröger 2011) und dienen einer Überblicksdarstellung.

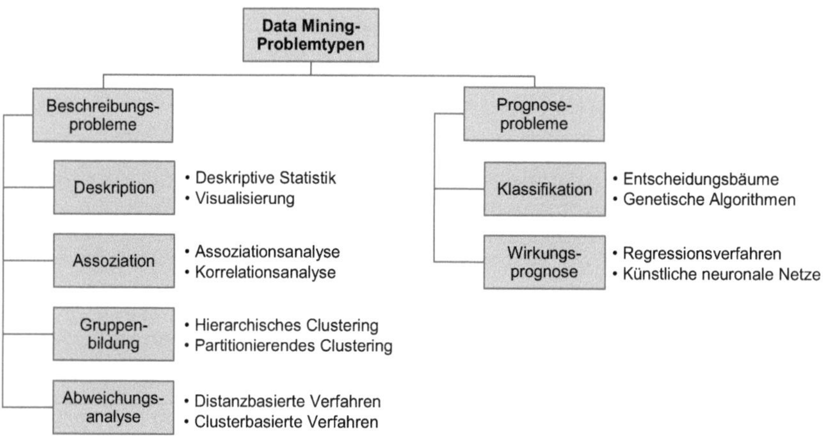

Abbildung 17: Data-Mining-Problemtypen und exemplarische Data-Mining-Verfahren (in Anlehnung an (Hippner und Wilde 2001, Kemper et al. 2010))

Gemäß Abbildung 17 werden die Deskription, die Assoziation, die Gruppenbildung und die Abweichungsanalyse als Beschreibungsprobleme unterschieden. Die Klassifikation und die Wirkungsprognose stellen Prognoseprobleme dar.

- Die *Deskription* bezieht sich auf die explorative Beschreibung von Mengen von Objekten und deren Attributen mit Verfahren der deskriptiven Statistik und der Visualisierung.

- Die *Assoziation* bezieht sich auf die Identifikation von Abhängigkeiten zwischen Objekten mittels Verfahren der Assoziations- und Korrelationsanalyse.
- Bei der *Gruppenbildung* (engl. clustering) liegt der Schwerpunkt auf der Identifikation von Gruppen von Objekten, sog. Clustern, auf der Grundlage von Ähnlichkeitsmerkmalen. Das Ziel besteht darin, dass die Objekte eines Clusters möglichst homogen, die Objekte unterschiedlicher Cluster möglichst heterogen sind. Die Cluster und deren Abgrenzungsmerkmale sind dabei nicht statisch vordefiniert, sondern werden dynamisch anhand der Objekte und deren Attributwerte abgeleitet. Beispielhafte Data-Mining-Verfahren zur Gruppenbildung sind das hierarchische und das partitionierende Clustering.
- Im Zentrum der *Abweichungsanalyse* steht die Erkennung von Ausreißerobjekten anhand untypischer Attributwerte, wofür eine Vielzahl unterschiedlicher Data-Mining-Verfahren existiert. Zu nennen sind beispielsweise statistikbasierte, clusterbasierte sowie distanzbasierte Verfahren.
- Die *Klassifikation* bezieht sich auf die Zuordnung von Objekten zu vordefinierten Klassen. Die Grundlage dafür bildet ein Modell, das anhand der Werte unabhängiger Attribute eines Objekts, den Wert des abhängigen Attributs ableitet und damit die Klassenzugehörigkeit definiert. Jeder Wert des abhängigen Attributs repräsentiert hierbei eine Klasse. Das Modell wird auf der Basis von Trainingsdaten erstellt, die Objekte mit bekannten Werten für das abhängige Attribut umfassen. Der Fokus der Klassifikation liegt auf abhängigen Attributen mit nicht-numerischer Skalierung, z.B. Geschlecht. Hierfür existiert eine Vielzahl an Data-Mining-Verfahren, wie z.B. Entscheidungsbaumgenerierung, genetische Algorithmen oder künstliche neuronale Netze.
- Bei der *Wirkungsprognose* geht es ebenfalls um die Ableitung von Werten abhängiger Attribute von Objekten, ausgehend von Werten unabhängiger Attribute. Im Gegensatz zur Klassifikation liegt der Fokus auf unabhängigen Attributen mit numerischer Skalierung, z.B. Durchlaufzeit, wofür beispielsweise Regressionsverfahren und künstliche neuronale Netze als Data-Mining-Verfahren angewendet werden.

Den Kern der in dieser Arbeit entwickelten prädiktiven und präskriptiven Analyseverfahren bildet die Klassifikation mittels Entscheidungsbäumen, die nachfolgend auf der Basis von (Han et al. 2012) näher betrachtet wird. Im Allgemeinen stellt die Klassifikation einen dreiteiligen Prozess dar. Im Rahmen der *Modellgenerierung* wird das Klassifikationsmodell, in diesem Fall der Entscheidungsbaum, auf der Grundlage von Trainingsdaten erstellt. Die *Modellevaluation* ist optional und umfasst die Beurteilung des Modells hinsichtlich der Korrektheit und Zuverlässigkeit der damit erzielbaren Klassifikationsergebnisse. Die *Modellanwendung* bezieht sich auf die Klassifikation neuer Objekte, d.h. die Ableitung des Wertes des abhängigen Attributs.

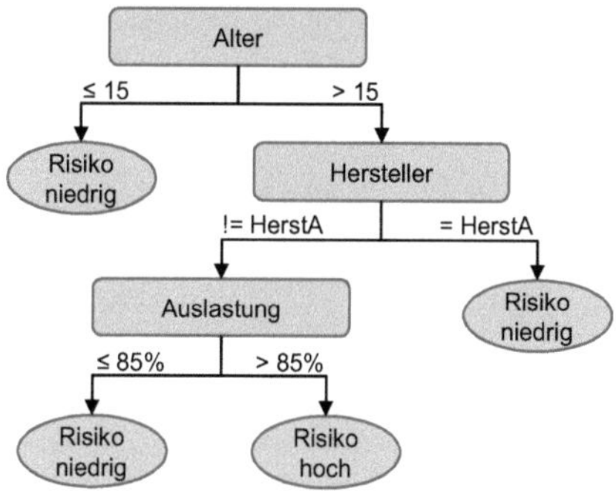

Abbildung 18: Exemplarischer binärer Entscheidungsbaum

Ein Entscheidungsbaum besteht aus Knoten und Kanten. Jeder Nicht-Blattknoten steht für den Test eines Attributes, des sog. Split-Attributes, jede ausgehende Kante für ein Ergebnis des Tests im Sinne einer Angabe zu Attributwerten, die den Split, d.h. die Aufteilung der Objekte an diesem Knoten, definieren. Jeder Blattknoten steht dann für den resultierenden Wert des abhängigen Attributs und damit für die jeweilige Klasse der entsprechenden Objekte. Entscheidungsbäume ermöglichen somit durch ihre graphische Repräsentation eine intuitive Darstellung des Klassifikationsergebnisses. Abbildung 18 zeigt einen beispielhaften binären Entscheidungsbaum zur Ermittlung des Ausfallrisikos einer Maschine als abhängigem Attribut anhand der unabhängigen Attribute Alter, Hersteller und Auslastung. Binäre Entscheidungsbäume besitzen genau zwei Kind-Knoten pro Nicht-Blattknoten. Aus Darstellungsgründen werden in Abbildungen binärer Entscheidungsbäume in dieser Arbeit bei nicht-numerischen Split-Attributen, wie z.B. Hersteller, keine Teilmengen angegeben, sondern vereinfachend Gleich- und Ungleichbeziehungen verwendet. Die Teilmenge sämtlicher Hersteller, ausgenommen Hersteller „HerstA", wird dementsprechend in Abbildung 18 nicht explizit aufgeführt.

Für die Entscheidungsbaumgenerierung existiert eine Vielzahl an Algorithmen, deren Details hier nicht relevant sind. In dieser Arbeit wird der C4.5-Algorithmus (Quinlan 1993) verwendet, da er einen bewährten Standardalgorithmus darstellt und von vielen kommerziellen und freien Data-Mining-Produkten unterstützt wird. Für Details zum C4.5-Algotihmus sei auf (Quinlan 1993) verwiesen.

Um eine Überanpassung des Entscheidungsbaumes an die Trainingsdaten zu verhindern und somit die Robustheit, z.B. mit Blick auf Ausreißerwerte in den Daten, zu erhöhen, kommen unterschiedliche Pruning-Methoden zum Einsatz. Grundsätzlich werden das Pre-Pruning während der Entscheidungsbaumgenerierung und das Post-Pruning im Sinne der Vereinfachung bereits generierter Bäume unterschieden. Für eine weitergehende Betrachtung von Pruning-Methoden sei auf (Han et al. 2012, Petersohn 2005) verwiesen.

Zur Evaluation eines Entscheidungsbaumes bzw. eines Klassifikationsmodells existieren unterschiedliche Verfahren. Das Ziel ist die Beurteilung der Korrektheit und Zuverlässigkeit der Klassifikationsergebnisse. Die Grundlage dafür stellen verschiedene statistische Maße wie Genauigkeit (engl. precision) und Trefferquote (engl. recall) dar. Für eine tiefergehende Darstellung zu darauf aufbauenden Verfahren, wie z.B. der Kreuzvalidierung, sei auf (Han et al. 2012) verwiesen.

Process Mining

Process Mining umfasst allgemein Konzepte zur Extraktion von Informationen über Prozesse aus prozessorientierten Daten (Aalst und Weijters 2004). Das Ziel besteht in der Verknüpfung von Prozessmodellen und zugehörigen Prozessablaufdaten entlang des gesamten Prozessmanagementzyklus, um die Prozessoptimierung zu unterstützen. Process Mining umfasst hierbei eine Vielzahl unterschiedlicher Verfahren und Algorithmen. Einerseits resultieren diese aus der Anwendung domänenunabhängiger Data-Mining-Verfahren auf prozessorientierte Daten wie z.B. in (Grob et al. 2008). Andererseits existiert eine Vielzahl originärer Process-Mining-Verfahren, die auf die algorithmische Extraktion von Prozessmodellen aus Prozessablaufdaten zurückzuführen sind, z.B. der α-Algorithmus (Aalst et al. 2004). Im Folgenden werden die Perspektiven und Problemtypen des Process Mining beschrieben, um einen einordnenden Überblick zu geben. Ausgewählte Process-Mining-Verfahren werden in Abschnitt 2.3 näher betrachtet. Die folgenden Ausführungen basieren auf (Aalst und Weijters 2004, Aalst 2011, Gröger 2011).

Im Allgemeinen werden vier Perspektiven des Process Mining unterschieden, die nicht trennscharf abgegrenzt sind:

- Die *Prozessperspektive* bezieht sich auf den Kontrollfluss im Sinne der Struktur der Schritte eines Prozesses und deren Reihenfolge.
- Die *Organisationsperspektive* umfasst die zum Prozess gehörenden Ressourcen wie Mitarbeiter, Maschinen und IT-Systeme.

- Im Zentrum der *Fallperspektive* stehen die Eigenschaften des im Prozess bearbeiteten Objekts, z.B. eines Produktes oder eines Auftrages, und deren Zusammenhang mit dem Prozessablauf.
- Im Rahmen der *Zeitperspektive* geht es um die chronologische Struktur des Prozessablaufs.

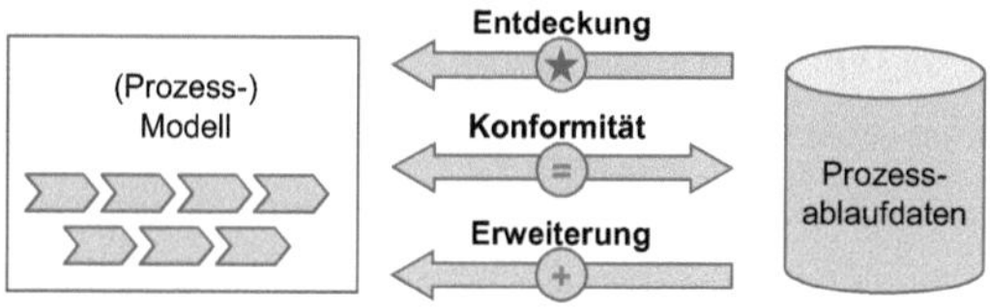

Abbildung 19: Problemtypen des Process Mining

Ausgehend von diesen Perspektiven werden drei grundlegende Problemtypen des Process Mining unterschieden (siehe Abbildung 19), die in den unterschiedlichen Perspektiven anwendbar sind:

- Die *Entdeckung* (engl. discovery) bezieht sich auf die algorithmische Ableitung von Modellen aus Prozessablaufdaten, z.B. zur Herleitung von Prozessmodellen in der Prozessperspektive oder der Ableitung sozialer Netzwerke zwischen beteiligten Mitarbeitern in der Organisationsperspektive.
- Bei *Konformität* (engl. conformance) geht es um den Abgleich von Ist-Abläufen anhand von Prozessablaufdaten mit Soll-Modellen oder Soll-Vorgaben, um Abweichungen zu erkennen. Entsprechende Ansätze verwenden beispielsweise Verfahren des Problemtyps Entdeckung zum Abgleich von Ist- und Soll-Prozessmodellen in der Prozessperspektive.
- Die *Erweiterung* (eng. enhancement) umfasst sehr allgemein die Verbesserung und Anreicherung existierender Modelle auf der Grundlage von Prozessablaufdaten, wozu eine Vielzahl heterogener Verfahren, z.B. zur Prognose der Prozessleistung (Aalst et al. 2011) oder zur Analyse von Entscheidungen (Niedermann et al. 2011a) zählt.

Die in dieser Arbeit entwickelten prädiktiven und präskriptiven Analyseverfahren können dem Problemtyp der Erweiterung zugeordnet werden, wobei Aspekte aller Perspektiven mit einbezogen werden. Die Problemtypen der Entdeckung und Konformität werden in dieser Arbeit nicht weiter betrachtet.

2.3 Verwandte Arbeiten und Abgrenzung

Dieser Abschnitt gibt einen Überblick über verwandte Arbeiten und deren Abgrenzung zur AdMA-Plattform anhand einer Identifikation von Schwachstellen für die datengetriebene Optimierung von Fertigungsprozessen. Der Schwerpunkt liegt auf fertigungsspezifischen Business-Intelligence-Anwendungen. Es geht um Gesamtansätze, die Aspekte der Datenbereitstellung, Analyse und Optimierung mit einem Fokus auf das Fertigungsmanagement abbilden. Business-Intelligence-Anwendungen für die Produktionsplanung und -steuerung werden dementsprechend nicht betrachtet. Aufbauend auf (Gröger 2011), werden drei wesentlichen Gruppen fertigungsspezifischer Business-Intelligence-Anwendungen unterschieden:

- *MES*, die aufgrund ihrer Funktionen zur Integration und Analyse von Betriebsdaten in der Praxis als Standardsoftware zur kennzahlenorientierten Analyse von Fertigungsprozessen eingesetzt werden (Koch et al. 2010)
- *Fertigungsspezifische Berichts- und OLAP-Anwendungen*, die einzelfallbezogen, meist unter Einsatz generischer Business-Intelligence-Tools wie IBM Cognos (IBM 2015a) oder SAP Manufacturing Integration and Intelligence (SAP 2015b), realisiert werden und häufig Tabellenkalkulationsprogramme für den Benutzerzugriff einsetzen
- *Fertigungsspezifische Data-Mining-Ansätze*, die Data-Mining-Verfahren einzelfallbezogen auf Daten aus der Fertigung anwenden (Polczynski und Kochanski 2010)

Da sich Berichts- und OLAP-Anwendungen hinsichtlich der Datengrundlage und der Analyseverfahren konzeptionell nicht wesentlich von MES unterscheiden, werden diese nicht weiter betrachtet. Auf MES sowie fertigungsspezifische Data-Mining-Ansätze wird in den Abschnitten 2.3.1 und 2.3.2 eingegangen. Abschnitt 2.3.3 gibt zusätzlich einen Überblick über ausgewählte Data-Mining-Ansätze aus dem Geschäftsprozesskontext, um schließlich den Ansatz der AdMA-Plattform in Abschnitt 2.3.4 abzugrenzen.

Arbeiten, die sich auf einzelne Komponenten der AdMA-Plattform, wie z.B. das Wissensrepository, beziehen, werden in den nachfolgenden Kapiteln 4 bis 7 als verwandte Arbeiten separat diskutiert. Eine detaillierte komparative Evaluation ausgewählter verwandter Arbeiten im Vergleich zur AdMA-Plattform findet sich in Kapitel 8.

2.3.1 Manufacturing Execution Systems

Manufacturing Execution Systems (MES) sind IT-Systeme zur Unterstützung des Fertigungsmanagements und werden auch als Fertigungsleitsysteme bezeichnet. MES dienen der prozessnahen Steuerung und Überwachung der Fertigungsprozesse sowie dem Ressourcen- und Qualitätsmanagement. Eine wesentliche Funktionalität von MES ist die Integration und Analyse prozessorientierter Daten, speziell von Betriebsdaten, aus dem Fertigungsprozess (Kletti 2006). MES können damit als Business-Intelligence-Anwendungen für die Fertigung betrachtet werden (Koch et al. 2010).

Im Folgenden werden die konzeptionellen Funktionsgruppen von MES kurz beschrieben, um anschließend auf die Datenbasis sowie die Analyseverfahren und Zielgruppen von MES einzugehen und entsprechende Schwachstellen aufzuzeigen. Die Basis dafür bilden unterschiedliche Normen und Literaturquellen zu MES, um möglichst hersteller- und produktübergreifende Aussagen für MES als Klasse von IT-Systemen zu treffen, speziell (VDI 5600, DIN EN 62264, Kletti 2006, Meyer et al. 2009, Wiendahl 2004, Koch et al. 2010, Kletti und Deisenroth 2012). Auf der Basis einer Marktstudie (Mussbach-Winter et al. 2013) werden zusätzlich konkrete MES-Produkte für die Fertigungsindustrie hinsichtlich Datenbasis und Analyseverfahren untersucht.

Funktionsumfang

Zur funktionalen Abgrenzung von MES werden die grundlegenden konzeptionellen Funktionsgruppen eines MES in Anlehnung an die VDI-Norm 5600 (VDI 5600) in einem Überblick beschrieben. Die Norm fokussiert speziell auf MES in der Fertigungsindustrie und definiert einen herstellerunabhängigen, konzeptionellen Funktionsumfang, der sich aus acht Funktionsgruppen zusammensetzt (siehe Abbildung 20). Es ist hervorzuheben, dass MES die Funktionen unterschiedlicher, historisch gewachsener, isolierter IT-Systeme auf der Fertigungsleitebene integrieren und erweitern, speziell Funktionen von Leitständen, Computer-Aided-Quality-Management-Systemen (CAQ-Systeme) und Betriebsdatenerfassungssystemen (Louis 2009). Konkrete MES-Produkte unterschiedlicher Hersteller setzen allerdings meist funktionale Schwerpunkte, ohne alle Funktionsgruppen gleichermaßen umzusetzen.

Die Funktionsgruppe zur *Feinplanung und -steuerung* umfasst die Umsetzung der Fertigungsaufträge aus dem Arbeitsvorrat. Dazu wird im Rahmen der Feinplanung ein Kapazitätsbelegungsplan erstellt, der auf der Grundlage von Verfügbarkeitsinformationen festlegt, welche Prozessschritte mit welchen Maschinen und Mitarbeitern wann durchgeführt werden. Die Feinsteuerung bezieht sich auf die direkte Ansteuerung der Betriebsmittel zur Realisierung des Belegungsplanes, z.B. im Rahmen der Versorgung von CNC-Maschinen mit CNC-Programmen. Zur Feinsteuerung gehört auch die Kompensation von Störungen und Abweichungen während der Prozessdurchführung im Rahmen eines Regelkreises, der eine Neuerstellung des Belegungsplanes umfasst.

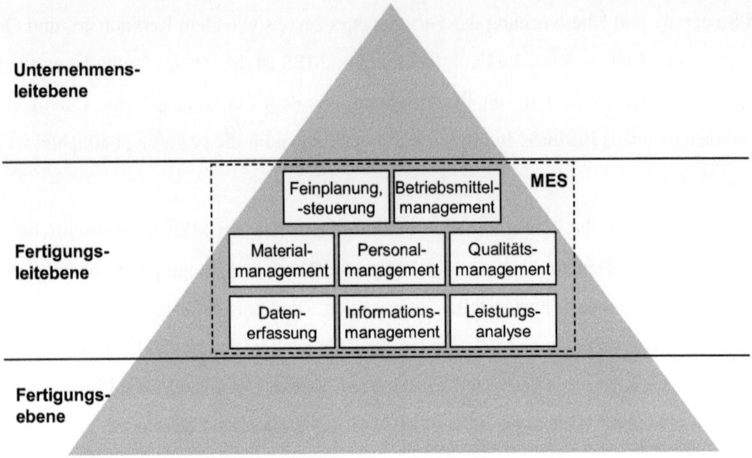

Abbildung 20: Funktionsgruppen von MES (in Anlehnung an (VDI 5600))

Beim *Betriebsmittelmanagement* geht es um die Verwaltung der Maschinen und Fertigungshilfsmittel, um deren Verfügbarkeit und Funktionsfähigkeit sicherzustellen. Neben einer Inventarisierung der Betriebsmittel werden auf der Grundlage von historischen und aktuellen Nutzungsinformationen Wartungsaktivitäten geplant und verwaltet, wobei auch ein Abgleich mit dem Belegungsplan erfolgt.

Die Versorgung der Fertigung mit erforderlichem Material ist Aufgabe des *Materialmanagements*. Dieses umfasst sowohl die Steuerung von Materialtransporten als auch die Verwaltung von Materiallosen und Umlaufbeständen im Sinne von Work In Progress im Fertigungsprozess.

Das *Personalmanagement* bezieht sich auf die Verwaltung und Planung des Personals zur Durchführung der Fertigungsprozesse. Neben der Personaleinsatzplanung und dem Führen von Zeitkonten geht es auch um die Verwaltung von fertigungsrelevanten Qualifikationsinformationen der einzelnen Mitarbeiter.

Das *Qualitätsmanagement* bezieht sich auf die Produkt- und Prozessqualität. Im Zentrum stehen die Qualitätsplanung zur Erstellung von Prüfplänen, das Prüfmittelmanagement sowie die Steuerung der Qualitätsprüfung im Fertigungsprozess. Dies umfasst auch die Verwaltung von Maschinen- und Prozessfähigkeitsuntersuchungen sowie die Zusammenführung aller Prüfergebnisse.

Die *Datenerfassung* dient der Betriebsdatenerfassung, um den aktuellen Status der Durchführung der Fertigungsprozesse auf dem Shop Floor echtzeitnah abzubilden. Es geht um die Erfassung der im Rahmen der Prozessausführung erzeugten Daten, wie z.B. Maschinendaten. Dies schließt eine Vorverarbeitung und Plausibilitätsprüfung der Daten mit ein.

Das *Informationsmanagement* führt die Betriebsdaten aus der Datenerfassung sowie die Daten der übrigen Funktionsgruppen zusammen und stellt diese integriert auch für MES-externe Systeme zur Verfügung. Eine typische Aufgabe des Informationsmanagements ist die Bereitstellung aggregierter Betriebsdaten, z.B. zu produzierten Mengen und Durchlaufzeiten, als Rückmeldung zu einem Fertigungsauftrag für das PPS- bzw. ERP-System.

Die *Leistungsanalyse* nutzt die Datenbasis des Informationsmanagements, um damit kennzahlenorientierte Analysen zu ermöglichen. Es geht um eine echtzeitnahe Überwachung der Fertigungsprozesse und Ressourcen, z.B. zur Ermittlung der aktuellen Prozessdurchlaufzeiten und Auslastungen der Maschinen, sowie einen historischen, kennzahlenbasierten Ist-Soll-Vergleich als Grundlage für die Prozessoptimierung.

Datenbasis

Zur Realisierung der aufgeführten Funktionsgruppen basieren MES auf einer umfassenden Datenbasis. Die DIN-Norm 62264 (DIN EN 62264) definiert ein generisches, konzeptionelles MES-Datenmodell, das sowohl für die Fertigungs- als auch die Prozessindustrie anwendbar ist. Daran orientieren sich verschiedene MES-Produkte wie z.B. Siemens SIMATIC IT MES (Siemens 2015). Der Fokus der Norm liegt dabei auf strukturierten Daten.

Den Ausgangspunkt der Datenbasis von MES bilden der Norm entsprechend prozessmodellorientierte, d.h. auftragsneutrale, Daten zum Fertigungsprozess. Hierbei geht es in der Terminologie der Norm um Daten zu Material, Personal und Betriebsmitteln, die für sog. Prozesssegmente erforderlich sind. Prozesssegmente beziehen sich auf die Herstellung bestimmter Produkte. Letztere werden in sog. Produktdefinitionsmodellen spezifiziert, die auch Stücklisten umfassen.

Diese Daten werden ergänzt um auftragsbezogene Soll-Daten im Sinne von Daten zum Fertigungsauftrag, die in der Norm als sog. Produktionsanforderungen modelliert werden. Die aus der Ausführung der Produktionsanforderungen resultierenden Ist-Daten, d.h. Betriebsdaten, werden schließlich im sog. Produktionsleistungsmodell als Produktionsrückmeldungen abgebildet.

Das Datenmodell ermöglicht folglich eine integrierte Sicht auf prozessorientierte Daten und ergänzt rudimentär operative Daten, speziell Stammdaten zu Material, Personal, Betriebsmitteln und Produkten (Kletti 2006, Meyer et al. 2009).

Der generische Charakter des Datenmodells ermöglicht eine flexible Erweiterbarkeit, z.B. durch die Verwendung abstrakter Eigenschaftsklassen. Die Umsetzung in einer Datenbankumgebung erfordert jedoch eine Konkretisierung und führt damit meist zu proprietären Lösungen. Aufgrund der großen Heterogenität von Fertigungsprozessen in unterschiedlichen Branchen und Unternehmen – vom Massenfertiger mit Fließproduktion bis zum Einzelfertiger mit Werkstattproduktion – sowie unterschiedlichen funktionalen Schwerpunkten variiert das konkrete Datenmodell einzelner MES-Produkte erheblich (Koch et al. 2010). Dies gilt auch für die Implementierung auf logischer und physischer Ebene, so dass diesbezüglich nur sehr eingeschränkt allgemeine Aussagen möglich sind.

Die auf Business-Intelligence-Aspekte ausgerichteten MES-Produkte von Siemens (Siemens 2015), Guardus (Guardus 2015) und Dassault Systems (Dassault Systems 2015) bieten bereits erste Data-Warehouse-orientierte relationale Datenhaltungsansätze, die eine Historisierung der MES-Daten und eine rudimentäre Anreicherung mit Daten aus der Unternehmensleitebene ermöglichen. In anderen MES-Produkten sind jedoch auch nicht-historisierende Datenhaltungen vorzufinden, die nur Teile der MES-Daten zu Dokumentationszwecken archivieren (Meyer et al. 2009).

Mit der Business To Manufacturing Markup Language (B2MML) (MESA 2013) existiert zwar eine standardisierte Implementierung des MES-Datenmodells. Diese fokussiert jedoch durch die Nutzung von XML auf den Nachrichtenaustausch, nicht die Datenbereitstellung für Analysezwecke.

Mit Blick auf die Datenarten in MES ist festzuhalten, dass der Schwerpunkt von MES auf der Verarbeitung strukturierter Daten liegt. Das MES-Datenmodell der DIN-Norm 62264 (DIN EN 62264) fokussiert ausschließlich auf strukturierte Daten. Einzelne MES-Produkte, wie z.B. MPDV HYDRA MES (Kletti und Deisenroth 2012), ermöglichen zwar die Speicherung ausgewählter unstrukturierter Daten, wie z.B. Arbeitsanweisungen. Es mangelt jedoch an einem allgemeinen Konzept zur flexiblen Integration von unstrukturierten Daten mit strukturierten operativen und prozessorientierten Daten.

Analyseverfahren und Zielgruppen

Die in der VDI-Norm 5600 (VDI 5600) definierte Funktionsgruppe zur Leistungsanalyse legt kennzahlenorientierte Analysen als funktionalen Bestandteil von MES fest. Das VDMA-Einheitsblatt 66412 (VDMA 66412-1) definiert hierfür grundlegende Kennzahlen für das Fertigungsmanagement wie Durchlaufzeit, Ausschussmenge und OEE-Index. Es werden jedoch keine genaueren Angaben zu den eingesetzten Analyseverfahren gemäß Abschnitt 2.2.5 gemacht.

Die Untersuchung aktueller MES-Produkte anhand (Mussbach-Winter et al. 2013, Koch et al. 2010, Gröger 2011, Kletti und Deisenroth 2012) ergibt, dass der Schwerpunkt auf deskriptiven Verfahren zur manuellen, berichts- und OLAP-orientierten Kennzahlenanalyse liegt. Es geht um die Überwachung von Fertigungsprozessen zur Laufzeit sowie die Analyse historischer Kennzahlenverläufe im Rahmen von Soll-Ist-Vergleichen, z.B. zum Vergleich geplanter und tatsächlicher Ausschussmengen beim Prozesscontrolling. Zudem stehen meist rudimentäre OLAP-Funktionen zur mehrdimensionalen Kennzahlenanalyse orientiert am multidimensionalen Datenmodell (siehe Abschnitt 2.2.3) zur Verfügung, beispielsweise für eine OEE-Index-Analyse nach vordefinierten Dimensionen. Darüber hinaus werden auch vordefinierte, standardisierte Berichte sowie Funktionen zur Ad-hoc-Berichtserstellung angeboten. Im Rahmen der Überwachung laufender Prozesse werden teilweise auch Alarmfunktionen zur automatischen Ausführung von Routinen oder Workflows bei Kennzahlenüberschreitungen bereitgestellt.

Mit diesen Analyseverfahren adressieren MES speziell die Fertigungsleitung, das Qualitätsmanagement und die Instandhaltung als Zielgruppen, da MES IT-Systeme für die Fertigungsleitebene darstellen. Es existieren nur rudimentäre Ansätze für die Bereitstellung von Inhalten für Werker auf dem Shop Floor. Es geht hauptsächlich um Kennzahlen und Arbeitsanweisungen für den jeweiligen Prozessschritt. Auch einfache Datenerfassungsmöglichkeiten, z.B. für die manuelle Gut- und Schlechtmengenerfassung, werden für Werker angeboten. Eine weitergehende Betrachtung der Informationsbereitstellung für Werker erfolgt in Kapitel 7.

Data-Mining-basierte Ansätze für prädiktive Analyseverfahren gelten als zukünftiger Trend im MES-Markt. Sie sind in aktuellen MES-Produkten für die Fertigungsindustrie jedoch wenig verbreitet (Mussbach-Winter et al. 2013). Einzelne Produkte, wie cmNavigo MES (Critical Manufacturing 2015), ermöglichen die Integration mit Data-Mining-Tools von Drittherstellern oder bieten eine Auswahl an Data-Mining-Algorithmen. Dies erfordert jedoch die aufwendige manuelle Durchführung des Data-Mining-Prozesses (siehe Abschnitt 2.2.6) durch den Benutzer, um die Datenbasis und den Anwendungsfall zu definieren. Auf Data-Mining-Ansätze in der Fertigung wird in Abschnitt 2.3.2 näher eingegangen.

Die Verwaltung von Analyseergebnissen in MES bezieht sich hauptsächlich auf die isolierte Speicherung von Berichten. Eine umfassende Integration unterschiedlicher Analyseergebnisse, wie z.B. Data-Mining-Modelle, mit Bezug zum Fertigungsprozess bzw. den zugrundeliegenden operativen und prozessorientierten Daten wird durch MES nicht unterstützt.

Fazit: Schwachstellen von MES als Business-Intelligence-Anwendungen

Zusammenfassend ergeben sich die folgenden wesentlichen Schwachstellen von MES in ihrer Rolle als Business-Intelligence-Anwendungen für die datengetriebene Optimierung von Fertigungsprozessen:

- *Eingeschränkte Datenbasis*: Mangelnde Integration operativer Daten sowie unstrukturierter Daten
- *Fokus auf deskriptive, kennzahlenorientierte Analyseverfahren*: Keine Bereitstellung vordefinierter Data-Mining-basierter Verfahren für prädiktive und präskriptive Ansätze
- *Mangelnde Verwaltung von Analyseergebnissen*: Keine Speicherung und Integration unterschiedlicher Analyseergebnisse mit den zugrundeliegenden Daten bzw. dem Fertigungsprozess
- *Rudimentäre Einbindung von Werkern*: Mangelnde Informationsbereitstellung für Werker

2.3.2 Data-Mining-Ansätze in der Fertigung

Aufbauend auf (Gröger 2011) werden im Rahmen einer Literaturanalyse existierende Data-Mining-Ansätze in der Fertigung untersucht. Dies beinhaltet auch Process-Mining-Ansätze für den Problemtyp „Erweiterung“. Die Process-Mining-Problemtypen „Entdeckung“ und „Konformität“ stehen hingegen nicht im Fokus (siehe Abschnitt 2.2.6). Auch modellgetriebene Ansätze, speziell Expertensystemansätze, werden nicht betrachtet, da sie nicht datengetrieben konzipiert sind (siehe Abschnitt 2.2.5). Der Schwerpunkt liegt auf Data-Mining-Ansätzen für die Analyse und Optimierung von Fertigungsprozessen sowie für die Unterstützung des Fertigungsmanagements (siehe zum Fertigungsmanagement Abschnitt 2.1.3). Ansätze für die Produktionsplanung und -steuerung werden nicht betrachtet.

Um die große Menge an Data-Mining-orientierter Literatur im Fertigungskontext zu analysieren, erfolgt die Auswertung existierender Literaturanalysen zu Data-Mining-Ansätzen in der Fertigung im Sinne einer Metaanalyse. Analysiert werden insbesondere (Feng, C. X. J. und Kusiak 2006, Kusiak 2006, Köksal et al. 2011, Harding et al. 2006, Choudhary et al. 2009, Liao 2008, Pham und Afify 2005, Wang et al. 2007, Wang 2007, Polczynski und Kochanski 2010, Wojcik und Gromaszek 2011). Auf dieser Basis wird zusätzlich neuere Literatur einbezogen. Im Fokus der nachfolgenden Analyse der einzelnen Ansätze stehen die adressierten Anwendungsfelder und Branchen, die Übertragbarkeit und der Automatisierungsgrad sowie die Datenbasis, die Analyseverfahren und die Zielgruppen.

Anwendungsfelder und Branchen

Gemäß der Literaturanalyse sind existierende Data-Mining-Ansätze in der Fertigung in Anlehnung an (Gröger 2011) im Wesentlichen den folgenden vier Anwendungsfeldern zuzuordnen:

- *Prognose der Prozessleistung* zur Vorhersage von Kennzahlenwerten eines laufenden oder geplanten Fertigungsprozesses, z.B. zur Prognose der Durchlaufzeit eines Fertigungsprozesses mittels Regression gemäß (Öztürk et al. 2006)
- *Qualitätsanalyse von Produkten*, um Zusammenhänge von Prozessparametern und Produktqualität zu analysieren, z.B. zur Ursachenanalyse und Qualitätsverbesserung bei Schweißprozessen mittels künstlicher neuronaler Netze und genetischer Algorithmen gemäß (Hamedi et al. 2007)
- *Fehleranalyse von Betriebsmitteln*, speziell von Maschinen, zur Ursachenanalyse von Fehlern und Prognose möglicher zukünftiger Fehler, z.B. zur Vorhersage von Fehlerwahrscheinlichkeiten mittels künstlicher neuronaler Netze im Rahmen einer prädiktiven Wartung gemäß (Bastos et al. 2012)
- *Feinplanung von Ressourcen* zur Verbesserung der Belegungsplanung, z.B. zur Ableitung von Belegungsregeln mittels Entscheidungsbäumen gemäß (Olafsson und Li 2010)

Ein Großteil existierender Ansätze bezieht sich auf die Qualitätsanalyse von Produkten sowie die Fehleranalyse von Betriebsmitteln, wobei die Zuordnung einzelner Ansätze zu den Anwendungsfeldern nicht immer überschneidungsfrei möglich ist. Im Zentrum der Fehleranalyse von Betriebsmitteln stehen meist ausgewählte Maschinen bestimmter Prozessschritte. Es wird also im Gegensatz zur vorliegenden Arbeit keine ganzheitliche Sicht auf den Fertigungsprozess mit all seinen Schritten und Ressourcen eingenommen. Data-Mining-Ansätze für die Feinplanung von Ressourcen werden in dieser Arbeit nicht weiter betrachtet, da es sich um ein stark abgegrenztes Anwendungsfeld im Vorfeld der eigentlichen Prozessausführung handelt und dementsprechend Prozessablaufdaten nur rudimentär verwendet werden.

Häufig genannte Branchen, in denen existierende Data-Mining-Ansätze Anwendung finden, sind die Computer- und Halbleiterindustrie sowie die Metall- und Stahlindustrie. In diesen Industriezweigen bestimmt eine Vielzahl an Prozessparametern und Umgebungsbedingungen maßgeblich die Qualität der hergestellten Produkte, wobei gleichzeitig aufgrund der hohen Automatisierung umfangreiche Erfassungsmöglichkeiten für Prozessdaten bestehen (Liao 2008).

Übertragbarkeit und Automatisierungsgrad

Data-Mining-Ansätze in der Fertigung werden meist einzelfallorientiert, z.B. in einem bestimmten Unternehmen für einen bestimmten Fertigungsprozess, mit Fokus auf eine spezielle analytische Fragestellung, wie z.B. die Ursachenanalyse eines bestimmten Qualitätsproblems, realisiert. Ein wesentlicher Grund für die Einzelfallorientierung ist die Heterogenität von Fertigungsprozessen und Datenerfassungsinfrastrukturen über unterschiedliche Branchen und Unternehmen (Wang et al. 2007). Dieser Einzelfallbezug führt insbesondere zu proprietären Implementierungslösungen und schränkt die Übertragbarkeit der Ansätze auch auf konzeptioneller Ebene stark ein.

Ein erstes Konzept mit übertragbaren Data-Mining-Ansätzen stellt die Fraunhofer ProDaMi-Suite (Bernard 2011) dar. Sie umfasst eine Menge an Anwendungsfällen mit zugeordneten Data-Mining-Verfahren sowie eine Implementierungsumgebung. Der Schwerpunkt liegt auf Anwendungsfällen für die Prozessindustrie. Für die Fertigungsindustrie umfasst die ProDaMi-Suite Anwendungsfälle für die Analyse und Prognose von Kennzahlenzusammenhängen über den gesamten Fertigungsprozess z.B. mittels Verfahren zur Assoziationsanalyse. Zudem geht es um die Analyse der Zusammenhänge von Prozessparametern einzelner Prozessschritte, beispielsweise mittels Regressionsverfahren. Die ProDaMi-Suite fokussiert folglich auf deskriptive und prädiktive Verfahren auf der Basis einzelner Prozessdaten für ausgewählte Anwendungsfälle.

Hinsichtlich des Automatisierungsgrades des Data-Mining-Prozesses ist zu beobachten, dass die Datenbereitstellung sowie die Datenauswahl und -vorverarbeitung in älteren Ansätzen, wie z.B. (Sadoyan et al. 2006, Öztürk et al. 2006), größtenteils manuell durchgeführt wurden. Neuere Ansätze (Bastos et al. 2012, Zheng et al. 2014) ermöglichen eine Teilautomatisierung des Data-Mining-Prozesses z.B. mittels Workflow-Konzepten.

Datenbasis, Analyseverfahren und Zielgruppen

Die Datenbasis existierender Ansätze umfasst typischerweise einzelne Prozessdaten, wie beispielsweise Qualitätsmessergebnisse und Maschinendaten, für ausgewählte Prozessschritte im jeweiligen Anwendungsfall. Operative Daten werden nur in Einzelfällen rudimentär verwendet, z.B. für Zusatzinformationen zu eingesetzten Materialien im PDP-Miner (Zheng et al. 2014). Erste neuere Ansätze (Lieber et al. 2013b, Konrad et al. 2013, Zheng et al. 2014) fokussieren auf die Verwendung von ausgewählten Prozessdaten über mehrere Schritte des Fertigungsprozesses, um prozessübergreifende Prognosen und Ursachenanalysen durchzuführen. Eine ergänzende Integration unstrukturierter Daten für ganzheitliche Analysen findet nicht statt.

Mit Blick auf die unterschiedlichen Analyseverfahren ist festzuhalten, dass existierende Data-Mining-Ansätze im Wesentlichen deskriptive und prädiktive Verfahren auf ausgewählten Prozessdaten realisieren. Bei deskriptiven Verfahren geht es meist um die Voruntersuchung existierender Daten, z.B. mittels Clustering-Verfahren wie in (Chien et al. 2007). Prädiktive Ansätze werden häufig auf der Grundlage von Entscheidungsbäumen, künstlichen neuronalen Netzen oder Regressionsverfahren realisiert, beispielsweise für die Prognose der Prozessdurchlaufzeit (Öztürk et al. 2006) oder die Vorhersage von Qualitätseigenschaften (Hamedi et al. 2007, Zheng et al. 2014).

Es gibt nur einzelne rudimentäre Data-Mining-Ansätze, die präskriptive Verfahren realisieren. Sie gehören zum Anwendungsfeld der Qualitätsanalyse und fokussieren auf die Bestimmung optimaler Prozessparameter, speziell von Maschineneinstellungen, zur Erzielung einer definierten Produktqualität. Hierbei lassen sich zwei Gruppen von Ansätzen unterscheiden: einerseits Ansätze, die künstliche neuronale Netze und genetische Algorithmen kombinieren, z.B. (Hamedi et al. 2007, Shen et al. 2007, Vosniakos et al. 2007); andererseits Ansätze auf der Basis der Patient-Rule-Induction-Methode (Friedman und Fisher 1999), beispielsweise (Chong et al. 2007, Chong und Jun 2008, Kwak et al. 2010). Bei diesen Ansätzen geht es um die Optimierung vorausgewählter Prozessparameter einzelner Prozessschritte bzw. Maschinen auf der Basis historischer Prozessdaten. Die generierten Empfehlungen umfassen hierbei eine statische Menge an Parametern. Dies verhindert einen datengetriebenen präskriptiven Ansatz, wie er in dieser Arbeit im Vordergrund steht, um alle Daten über den gesamten Fertigungsprozess für eine dynamische Empfehlungsgenerierung zu verwenden. Eine weitergehende Betrachtung existierender präskriptiver Ansätze findet sich in Kapitel 6.

Mit Blick auf die Verwaltung der Analyseergebnisse erfolgt zwar teilweise eine isolierte Speicherung erzeugter Data-Mining-Modelle, um deren erneute Anwendung, z.B. im Rahmen prädiktiver Ansätze, zu ermöglichen. Eine umfassende Integration der Data-Mining-Modelle mit Bezug zum Fertigungsprozess bzw. den zugrundeliegenden Daten erfolgt jedoch typischerweise nicht. Einen ersten Ansatz für die Speicherung und Verknüpfung von Data-Mining-Modellen mit Bezug zum Fertigungsprozess stellt der PDP-Miner (Zheng et al. 2014) dar, der auch die Erfassung von Feedback der Benutzer zu den Ergebnissen unterstützt.

Hinsichtlich der Zielgruppen fokussieren existierende Ansätze typischerweise auf Experten, die über Data-Mining-bezogenes Fachwissen verfügen, um die Data-Mining-Verfahren entsprechend auszuwählen und zu parametrisieren. Zielgruppen aus der Fertigung, wie Fertigungsleiter und Werker, werden meist nicht separat adressiert. Einen ersten Ansatz für die Adressierung von

Zielgruppen in der Fertigung bietet die oben angeführte Fraunhofer ProDaMi-Suite (Bernard 2011), die es vorsieht, spezifische grafische Benutzeroberflächen für unterschiedliche Zielgruppen zu realisieren.

Fazit: Schwachstellen existierender Data-Mining-Ansätze in der Fertigung

Zusammenfassend ergeben sich anhand der Literaturanalyse die folgenden wesentlichen Schwachstellen existierender Data-Mining-Ansätze im Hinblick auf eine datengetriebene Optimierung von Fertigungsprozessen:

- *Einzelfallorientierung*: Einzelfallspezifische Realisierung; Mangel an generischen Analyseverfahren sowie zugehörigen generischen Datenstrukturen
- *Fraktale Prozesssicht*: Analyse ausgewählter Prozessschritte und Ressourcen; keine ganzheitliche prozessübergreifende Analyse
- *Rudimentäre Datenbasis*: Fokus auf ausgewählte prozessorientierte Daten; mangelnde Integration operativer und unstrukturierter Daten
- *Schwerpunkt auf deskriptive und prädiktive Analyseverfahren*: Mangel an präskriptiven Ansätzen
- *Mangelnde Verwaltung von Analyseergebnissen*: Keine Integration der Data-Mining-Modelle mit den zugrundeliegenden Daten bzw. dem Fertigungsprozess
- *Eingeschränkte Zielgruppenadressierung*: Experten mit Data-Mining-Vorwissen vorausgesetzt; fehlende Adressierung von Zielgruppen in der Fertigung

2.3.3 Data-Mining-Ansätze für Geschäftsprozesse

Ausgehend von den identifizierten Schwachstellen der Data-Mining-Ansätze in der Fertigung erfolgt eine Literaturanalyse im Geschäftsprozesskontext. Das Ziel ist, Data-Mining-Ansätze zu identifizieren, welche die Schwachstellen der Ansätze aus dem Fertigungskontext analog für Geschäftsprozesse adressieren. Hierbei liegt der Fokus auf der Datenbasis und den Analyseverfahren der Ansätze. Zusätzlich ist die Übertragbarkeit der Ansätze auf Fertigungsprozesse zu beurteilen.

Datenbasis und Analyseverfahren

Klassische Data-Mining-Ansätze für Geschäftsprozesse fokussieren auf prädiktive Analyseverfahren für die Ursachenanalyse und Prognose der Prozessleistung über den gesamten Geschäftsprozess (Grigori et al. 2004, Castellanos et al. 2004). Es geht beispielsweise um die Prognose der Durchlaufzeit eines geplanten oder laufenden Geschäftsprozesses mittels Entscheidungsbäumen gemäß (Grigori et al. 2004). Hierbei kommen klassische Process-Warehouse-Ansätze mit prozessorientierten Daten meist aus Workflow-Management-Systemen zum Einsatz, wie z.B. in (Bonifati et al. 2001). Wie in Abschnitt 2.2.4 dargestellt, ermöglicht der Process-Warehouse-Ansatz eine Analyse des gesamten Geschäftsprozesses mit allen Prozessschritten und Ressourcen. Neuere Ansätze wie (Grob et al. 2008) fokussieren auf ähnliche prädiktive Verfahren, beziehen aber neben prozessorientierten Daten zusätzlich operative Daten mit ein. Es werden jedoch keine Process-Warehouse-Details betrachtet.

Die erforderlichen ganzheitlichen Process-Warehouse-Ansätze finden sich speziell in (Schiefer et al. 2004, Becker und Chamoni 2008, Casati et al. 2007, Radeschütz 2011). Erst der Ansatz nach (Radeschütz 2011) ermöglicht jedoch eine umfassende Integration sämtlicher operativer und prozessorientierter Daten, d.h. eine ganzheitliche Betrachtung des Geschäftsprozesses mit allen Schritten und Ressourcen. Der Fokus dieser Ansätze liegt ausschließlich auf strukturierten Daten. Eine zusätzliche Integration unstrukturierter Daten zur Definition einer ganzheitlichen Datenbasis erfolgt nicht.

Auch im Geschäftsprozesskontext existieren nur einzelne rudimentäre Ansätze für präskriptive Verfahren. Einerseits geht es um Ansätze zum empfehlungsbasierten Process Mining (Schonenberg et al. 2008, Aalst et al. 2010, Conforti et al. 2013), die auf Empfehlungen für den nächsten auszuführenden Schritt einer Prozessinstanz fokussieren. Andererseits gibt es den Ansatz des Deep-Business-Optimization-Rahmenwerks (Niedermann et al. 2010, Niedermann et al. 2011b), der einen Katalog Data-Mining-basierter Optimierungsmuster (Niedermann et al. 2011b) umfasst. Diesen Ansätzen mangelt es insbesondere an einer flexiblen Einbeziehung sämtlicher Daten über den gesamten Geschäftsprozess und einer dynamischen Empfehlungsgenerierung für beliebige Aktionen. Dies verhindert einen datengetriebenen präskriptiven Ansatz, der einen Schwerpunkt dieser Arbeit bildet. Eine weitergehende Betrachtung existierender präskriptiver Ansätze findet sich in Kapitel 6.

Das Deep-Business-Optimization-Rahmenwerk ist für diese Arbeit von besonderer Bedeutung, da es eine Plattform zur präskriptiven Analyse von Geschäftsprozessen auf der Grundlage einer Integration prozessorientierter und operativer Daten definiert. Die Plattform basiert auf dem ganzheitlichen Process Warehouse nach (Radeschütz 2011), das prozessorientierte Daten aus einem Workflow-Management-System mit zusätzlichen operativen Daten integriert und in einem föderierten Ansatz zur Verfügung stellt. Für die Integration kommen unterschiedliche Matching-Verfahren zum Abgleich von BPEL-Prozessattributen mit Attributen operativer Daten zum Einsatz (Radeschütz et al. 2008, Radeschütz und Mitschang 2008). Hierbei liegt der Fokus ausschließlich auf strukturierten Daten. Analysefunktionen werden in vordefinierten Optimierungsmustern zusammengefasst. Diese stellen formalisierte Optimierungsheuristiken dar und sind den adressierten Zieldimensionen wie Zeit und Kosten zugeordnet. Sämtliche Optimierungsmuster sind in einem Katalog gespeichert und umfassen Angaben zu deren Erkennung und Anwendung. Empfehlungen beziehen sich dementsprechend auf die Anwendung von Optimierungsmustern, die anhand von Prozessdaten und operativen Daten als umsetzbar erkannt wurden. Bei der Erkennung und Anwendung kommen u.a. Kennzahlenberechnungen und Data-Mining-Verfahren zum Einsatz. Ein Beispiel ist ein Optimierungsmuster zur Identifikation unterschiedlicher Varianten eines Prozessschrittes mittels eines Clustering-Verfahrens, um separate Prozessschritte mit spezifischen Ressourcen zu definieren. Ein weiteres Optimierungsmuster kann auf dieser Grundlage eine Parallelisierung bisher sequenziell ausgeführter Prozessschritte vorschlagen, um die Durchlaufzeit des Prozesses zu reduzieren (Niedermann et al. 2011b, Niedermann und Schwarz 2011). Die generierten Analyseergebnisse wie z.B. Kennzahlen und Data-Mining-Modelle werden zusätzlich in einem prozessorientierten Repository (Niedermann et al. 2011c) gespeichert.

Übertragbarkeit auf Fertigungsprozesse

Die aufgeführten Data-Mining-Ansätze basieren auf der Abbildung von Geschäftsprozessen als Workflows (Leymann und Roller 2000). Infolge dessen werden workfloworientierte Standards und Konzepte für die Modellierung und Ausführung der betrachteten Prozesse angenommen, beispielsweise Business Process Model and Notation (BPMN) (OMG 2010), die Business Process Execution Language (BPEL) (OASIS 2007) und das Business Process Analytics Format (WfMC 2008) zur Spezifikation von Prozessablaufdaten. Dies ermöglicht die Definition generischer Data-Mining-basierter Analyseverfahren und entsprechender Process-Warehouse-Schemata, die, wie im Deep-Business-Optimization-Rahmenwerk, einzelfallunabhängig anwendbar sind.

Grundlegende konzeptionelle Unterschiede zwischen Fertigungs- und Geschäftsprozessen – sowohl hinsichtlich der zugrundeliegenden Metamodelle als auch der zugehörigen IT-Unterstützung – verhindern jedoch eine direkte Anwendung von Workflowkonzepten für die Modellierung und Ausführung von Fertigungsprozessen. Geschäftsprozesse fokussieren auf die Bearbeitung von Informationsobjekten, z.B. eines Bestellauftrages, und somit die Steuerung des Informationsflusses unter Verwendung virtueller, d.h. IT-basierter, Ressourcen. Die typische

Ausführungsumgebung stellt ein Workflow-Management-System dar, das die Ressourcenzuordnung zur Laufzeit des Prozesses vornimmt (Leymann und Roller 2000). Es erfolgt keine separate Ressourcenplanung vor der Prozessausführung.

Im Gegensatz dazu geht es bei Fertigungsprozessen um die Herstellung von Sachgütern unter Verwendung technischer Ressourcen wie Maschinen. Die Ausführungsumgebung stellt hierbei ein MES dar, wobei die initiale Ressourcenzuordnung im Rahmen der Feinplanung vor Prozessausführung erfolgt (siehe zu MES Abschnitt 2.3.1). Die räumliche und kapazitive Dimension spielt eine wesentliche Rolle für die Modellierung und Ausführung von Fertigungsprozessen, z.B. im Rahmen von Lager- und Transportschritten. Räumliche Aspekte sind bei Workflows dagegen von untergeordneter Bedeutung, da von einer ubiquitären Informationsbereitstellung ausgegangen wird. Zudem wird häufig eine unbegrenzte Rechenkapazität der IT-basierten Ressourcen angenommen. Eine weitergehende Analyse der Unterschiede von Fertigungs- und Geschäftsprozessen findet sich in (Gröger 2011).

Die aufgeführten Besonderheiten von Fertigungsprozessen erfordern eine domänenspezifische Entwicklung Data-Mining-basierter Analyseverfahren und zugrundeliegender Datenstrukturen für den Fertigungskontext und verhindern eine direkte Anwendung von workflowbasierten Data-Mining-Ansätzen für Geschäftsprozesse. Letztere dienen jedoch als konzeptionelle Orientierungspunkte für die Entwicklung der AdMA-Plattform, speziell hinsichtlich ihrer ganzheitlichen Prozessorientierung und der Definition generischer Analyseverfahren und Datenstrukturen.

Fazit: Schwachstellen existierender Data-Mining-Ansätzen für Geschäftsprozesse

Zusammenfassend ergeben sich die folgenden Schwachstellen existierender Data-Mining-Ansätze für Geschäftsprozesse mit Blick auf eine datengetriebene Optimierung von Fertigungsprozessen:

- *Unvollständige Datenbasis:* Fehlende Integration unstrukturierter Daten
- *Fokus auf prädiktive Analyseverfahren*: Mangel an präskriptiven Ansätzen
- *Mangelnde Übertragbarkeit*: Verwendung von Workflow-Konzepten verhindert Anwendung für Fertigungsprozesse und erfordert domänenspezifische Lösung

2.3.4 Abgrenzung der Advanced-Manufacturing-Analytics-Plattform

Die nachfolgende Abgrenzung der AdMA-Plattform ergibt sich aus der Adressierung sämtlicher aufgeführter Schwachstellen sowohl von MES als Business-Intelligence-Anwendungen für die Fertigung (siehe Abschnitt 2.3.1) als auch von existierenden Data-Mining-Ansätzen für Fertigungsprozesse (siehe Abschnitt 2.3.2) und für Geschäftsprozesse (siehe Abschnitt 2.3.3).

MES stellen die zentrale Datenquelle prozessorientierter Daten für die AdMA-Plattform dar, da MES Betriebsdaten aller am Prozess beteiligten Ressourcen mit Bezug zum Fertigungsprozess zusammenführen. Damit wird eine Gesamtsicht auf alle Prozessdaten möglich. Zusätzlich integrieren MES rudimentär operative Daten, speziell Stammdaten zu Material, Personal und Betriebsmitteln. Die Datenbasis der AdMA-Plattform zielt darüber hinaus auf eine Integration sowohl weiterer strukturierter operativer Daten, z.B. mit Blick auf Kunden und Produkte, als auch unstrukturierter Daten, um eine ganzheitliche Datenbasis zum Fertigungsprozess zu schaffen. Mit Blick auf die Analyseverfahren hat die AdMA-Plattform Data-Mining-Ansätze für prädiktive und präskriptive Verfahren zum Ziel, die deutlich über die deskriptiven Analyseverfahren von MES zur Kennzahlenberechnung hinausgehen. Es geht um die datengetriebene Ursachenanalyse und Prognose der Prozessleistung sowie die Generierung von Handlungsempfehlungen für eine proaktive Prozessoptimierung. Zudem strebt die AdMA-Plattform eine flexible Speicherung und Integration der Analyseergebnisse mit Bezug zum Fertigungsprozess an, um eine Wiederverwendung und weitergehende Analysen zu ermöglichen. Dies wird von MES nicht unterstützt. Durch den Fokus auf die Fertigungsleitebene bieten MES nur einen rudimentären Benutzerzugriff für Werker auf dem Shop Floor. Die AdMA-Plattform hat dagegen eine umfassende Einbindung der Werker zum Ziel, indem sämtliche prozessorientierten Informationsbedarfe auf der Fertigungsebene adressiert werden.

Mit Blick auf *existierende Data-Mining-Ansätze in der Fertigung* stellt die ganzheitliche Datenbasis der AdMA-Plattform ebenfalls ein wesentliches Abgrenzungsmerkmal dar. Im Gegensatz zu existierenden Ansätzen, die hauptsächlich auf ausgewählten prozessorientierten Daten basieren, wird im Rahmen der AdMA-Plattform eine Integration prozessorientierter und operativer Daten sowie eine ergänzende Integration unstrukturierter Daten angestrebt. Darüber hinaus wird das Ziel verfolgt, der Einzelfallorientierung existierender Ansätze mit generischen Analyseverfahren und Datenstrukturen im Rahmen der AdMA-Plattform zu begegnen. Die Analyseverfahren werden zudem prozessübergreifend konzipiert, um prozessschritt- und ressourcenübergreifende Analysen über den gesamten Fertigungsprozess zu ermöglichen und damit die fraktale Prozesssicht existierender Data-Mining-Ansätze zu überwinden. Im Gegensatz zu existierenden Data-Mining-Ansätzen in der Fertigung, die hauptsächlich deskriptive und prädiktive Analyseverfahren realisieren, fokussiert die AdMA-Plattform zusätzlich auf präskriptive Verfahren. Hierbei stehen auch Zielgruppen wie Fertigungsleiter und Werker, nicht nur Experten mit Data-Mining-Vorwissen wie bei existierenden Data-Mining-Ansätzen, im Vordergrund. Zusätzlich wird im Rahmen der AdMA-Plattform eine Speicherung und Integration der Analyseergebnisse mit Bezug zum Fertigungsprozess angestrebt.

Die Abgrenzung zu *Data-Mining-Ansätzen für Geschäftsprozesse* ergibt sich insbesondere durch die domänenspezifische Ausrichtung der AdMA-Plattform für die Fertigung, da existierende geschäftsprozessorientierte Ansätze durch die Verwendung von Workflow-Konzepten nicht für Fertigungsprozesse anwendbar sind. Unabhängig von der Domänenorientierung mangelt es geschäftsprozessorientierten Data-Mining-Ansätzen an der Integration unstrukturierter Daten sowie datengetriebenen präskriptiven Analyseverfahren, da der Fokus hauptsächlich auf prädiktiven Verfahren und Process-Warehouse-Ansätzen für strukturierte Daten liegt.

Summa summarum führt diese Abgrenzung der AdMA-Plattform zu den in Abschnitt 1.3 aufgeführten Herausforderungen H_i, welche die Schwachstellen existierender Ansätze zusammenfassen. Aus der Adressierung dieser Herausforderungen ergeben sich die Forschungsziele FZ_i (siehe Abschnitt 1.4) wie folgt:

- Die Herausforderung der *heterogenen Datenbasis (H_1)* wird adressiert durch die *ganzheitliche Datenbasis* aus strukturierten und unstrukturierten Daten sowie Analyseergebnissen gemäß Forschungsziel FZ_1.
- Die Herausforderung der *deskriptiven, reaktiven Analyse, speziell in MES (H_2)*, wird adressiert durch eine *datengetriebene Wissensextraktion* im Rahmen prädiktiver und präskriptiver Analyseverfahren gemäß Forschungsziel FZ_2.
- Die Herausforderung der *Fokussierung auf die Fertigungsleitebene und die Unternehmensleitebene (H_3)* wird adressiert durch eine *Integration mit der Fertigungsebene* im Rahmen eines mobilen und personalisierten Benutzerzugriffs gemäß Forschungsziel FZ_3.
- Die Herausforderung des *Einzelfallbezugs (H_4)* wird adressiert durch eine *integrierte, generische Plattform*, die eine generische Datenbasis, generische Analyseverfahren und einen generischen Benutzerzugriff gemäß Forschungsziel FZ_4 umfasst.

Die Erfüllung der Forschungsziele durch die in dieser Arbeit erbrachten Forschungsbeiträge wird im Rahmen der Evaluation in Kapitel 8 untersucht.

2.4 Zusammenfassung

In Kapitel 2 wurden die konzeptionellen Grundlagen dieser Arbeit beschrieben sowie verwandte Arbeiten vorgestellt und abgegrenzt. Mit Blick auf den Anwendungsbereich dieser Arbeit wurden die wesentlichen primären Geschäftsprozesse in Industrieunternehmen beschrieben und das Fertigungsmanagement als Teilprozess des Auftragsabwicklungsprozesses abgegrenzt. Das Fertigungsmanagement wird durch MES unterstützt, welche die IT-Schnittstelle zwischen Fertigungs- und Geschäftsprozessen in der Hierarchie der Leitebenen darstellen. MES sind zudem wesentliche IT-Systeme zur Erfassung und Analyse von Daten aus dem Fertigungsprozess und können als fertigungsspezifische Business-Intelligence-Anwendungen betrachtet werden. Durch die Integration prozessorientierter Daten über den gesamten Fertigungsprozess mit sämtlichen Schritten und Ressourcen stellen MES darüber hinaus die zentralen Quellsysteme für Prozessdaten der AdMA-Plattform dar. Außerdem wurde die datengetriebene Optimierung als eigenständiger Ansatz zur Optimierung von Fertigungsprozessen in Ergänzung zu management- und modellgetriebenen Ansätzen abgegrenzt. Es geht um die algorithmische Generierung expliziter Modelle, z.B. von Entscheidungsbäumen, die Problemzusammenhänge und Optimierungspotentiale – also Wissen aus den Daten – extrahieren. Dies steht im Gegensatz zu modellgetriebenen Ansätzen, speziell auf der Grundlage von Simulations- und Expertensystem-Ansätzen, die eine aufwendige, größtenteils manuelle Ex-ante-Modellierung des Problembereichs erfordern.

Mit dem Themenfeld Business Intelligence wurden die IT-Grundlagen der datengetriebenen Optimierung eingeführt. Neben der allgemeinen Dreischicht-Architektur einer Business-Intelligence-Anwendung aus Datenbereitstellung, Analyse und Optimierung wurden auch die Grundlagen des Data Warehouse und der multidimensionalen Datenmodellierung beschrieben. Zusätzlich wurde der Ansatz des ganzheitlichen Process Warehouse vorgestellt, das ein Data Warehouse aus prozessorientierten und operativen Daten darstellt und grundlegend für die Datenhaltung der AdMA-Plattform ist. Auf dieser Basis wurden die drei Arten von Analyseverfahren in Business-Intelligence-Anwendungen abgegrenzt, nämlich deskriptive, prädiktive und präskriptive Verfahren. Von besonderer Bedeutung für diese Arbeit sind präskriptive Verfahren, die eine zielorientierte Generierung von Handlungsempfehlungen für die Prozessoptimierung ermöglichen. Als wesentliche Analysetechnologien zur Entwicklung von datengetriebenen präskriptiven Verfahren wurden außerdem Data Mining und Process Mining vorgestellt.

Mit Blick auf verwandte Arbeiten wurden schließlich MES sowie existierenden Data-Mining-Ansätze in der Fertigung untersucht und zusätzlich Data-Mining-Ansätze für Geschäftsprozesse betrachtet. Die Abgrenzung der AdMA-Plattform ergibt sich insbesondere aus einer deutlich umfangreicheren Datenbasis aus strukturierten und unstrukturierten Daten über den gesamten Fertigungsprozess sowie der Realisierung eines neuen präskriptiven Analyseverfahrens zur datengetriebenen Generierung dynamischer Handlungsempfehlungen im Rahmen einer proaktiven Prozessoptimierung.

3 Advanced-Manufacturing-Analytics-Plattform

In diesem Kapitel wird die Advanced-Manufacturing-Analytics-Plattform (AdMA-Plattform) als integrierte Business-Intelligence-Plattform für die datengetriebene Optimierung von Fertigungsprozessen vorgestellt. Abschnitt 3.1 gibt einen Überblick über die Plattform und ihre konzeptionelle Architektur. Die Architektur umfasst drei aufeinander aufbauende Schichten für die Datenbereitstellung, die Prozessanalyse sowie für die Prozessoptimierung und den Benutzerzugriff. Die Datenbereitstellungsschicht wird in Abschnitt 3.2 vorgestellt und umfasst das Wissensrepository für die Fertigung, das die Datenbasis für die Analysedienste der Prozessanalyseschicht darstellt, die in Abschnitt 3.3 beschrieben wird. Die Bereitstellung der Analyseergebnisse für Benutzer erfolgt mittels des mobilen Prozess-Dashboard in der Schicht für die Prozessoptimierung und den Benutzerzugriff, die Gegenstand von Abschnitt 3.4 ist. Eine Zusammenfassung und eigene Publikationen zur AdMA-Plattform als Gesamtansatz finden sich in Abschnitt 3.5. Das Kapitel 3 gibt damit einen Überblick über die Komponenten der AdMA-Plattform, um den Rahmen für die folgenden Kapitel 4 bis 7 der Arbeit festzulegen.

3.1 Überblick und Architektur

Die AdMA-Plattform ist eine integrierte Business-Intelligence-Plattform für die kontinuierliche datengetriebene Optimierung von Fertigungsprozessen und adressiert die in Abschnitt 1.4 formulierten Forschungsziele und -anforderungen. Die konzeptionelle Architektur der AdMA-Plattform besteht mit Blick auf Forschungsziel FZ_4 aus drei integrierten Schichten und umfasst sämtliche Komponenten zur datengetriebenen Optimierung gemäß Forschungsanforderung FA_{41}. Die Architektur ist funktionsorientiert und stellt die wesentlichen funktionalen Komponenten und deren Datenflussbeziehungen dar. Von Technologieaspekten zur Implementierung wird abstrahiert, um eine einzelfallunabhängige Architektur gemäß Forschungsanforderung FA_{42} zu definieren. Die Architektur der AdMA-Plattform basiert auf der allgemeinen Architektur von Business-Intelligence-Anwendungen (siehe Abschnitt 2.2.2) und bildet damit den Zyklus der analytischen Datenverarbeitung (siehe Abschnitt 1.3) ab.

Wie in Abbildung 21 dargestellt, besteht die Architektur der AdMA-Plattform aus den Schichten der Datenbereitstellung, der Prozessanalyse sowie der Prozessoptimierung inklusive des Benutzerzugriffs, die direkt die einzelnen Forschungsziele FZ_1, FZ_2 und FZ_3 adressieren.

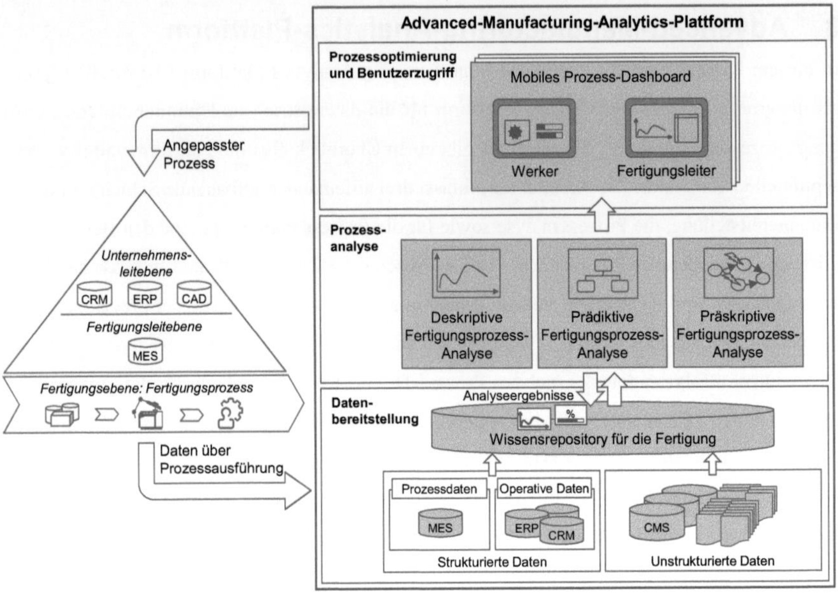

Abbildung 21: Konzeptionelle Architektur der Advanced-Manufacturing-Analytics-Plattform

Die *Datenbereitstellungsschicht* umfasst die analyseorientierte Integration und Bereitstellung strukturierter und unstrukturierter Daten im *Wissensrepository für die Fertigung*. Das Wissensrepository stellt eine ganzheitliche, generische Datenbasis für unterschiedliche Analysen über den gesamten Fertigungsprozess dar und ermöglicht darüber hinaus die Speicherung von Analyseergebnissen zur Adressierung von Forschungsziel FZ_1.

Im Zentrum der *Prozessanalyseschicht* steht die Analyse von Fertigungsprozessen mittels unterschiedlicher, vordefinierter Analysedienste auf der Grundlage des Wissensrepository. Die Analysedienste adressieren die gesamte Bandbreite an Analyseverfahren und realisieren deskriptive, prädiktive und präskriptive Ansätze. Dementsprechend werden drei Arten von Analysediensten unterschieden: Bei der *deskriptiven Fertigungsprozess-Analyse* geht es um die beschreibende Analyse von Fertigungsprozessen. Dies umfasst insbesondere klassische OLAP- und Berichtsdienste sowie Data-Mining-basierte Dienste zur Strukturanalyse. Die *prädiktive Fertigungsprozess-Analyse* bezieht sich Ursachenanalysen und Prognosen, insbesondere die Data-Mining-basierte Ursachenanalyse und Laufzeitprognostik und von Kennzahlen und Störungen im Fertigungsprozess. Bei der *präskriptiven Fertigungsprozess-Analyse* geht es um die zielorientierte Generierung von Handlungsempfehlungen zur Optimierung eines Fertigungsprozesses, wobei in dieser Arbeit speziell die proaktive Data-Mining-basierte Empfehlungsgenerierung zur

Optimierung einer laufenden Prozessinstanz im Vordergrund steht. Die prädiktive und präskriptive Fertigungsprozess-Analyse ermöglichen somit eine Trend- und Mustererkennung über den gesamten Fertigungsprozess entsprechend Forschungsziel FZ_2. Die generierten Analyseergebnisse, wie z.B. Data-Mining-Modelle und Kennzahlen, werden im Wissensrepository gespeichert, um eine Wiederverwendung und Kombination zu ermöglichen.

Die Schicht für die *Prozessoptimierung und den Benutzerzugriff* bezieht sich auf die Bereitstellung von Informationen, speziell von Analyseergebnissen, unter Nutzung der Analysedienste. Das Ziel ist es, die Prozessoptimierung, d.h. die Ableitung und Umsetzung konkreter Verbesserungsmaßnahmen, zu unterstützen. Zusätzlich geht es um die Einbindung des Fachwissens der Benutzer, z.B. in Form von Verbesserungsvorschlägen zum Fertigungsprozess. Als eine repräsentative Anwendung für den Benutzerzugriff wird in dieser Arbeit das *mobile Prozess-Dashboard* vorgestellt, das Werker und Fertigungsleiter als Zielgruppen adressiert. Es ermöglicht die mobile und personalisierte Informationsbereitstellung und bietet Erfassungsmöglichkeiten für das Fachwissen der Benutzer, um eine Integration mit der Fertigungsebene gemäß Forschungsziel FZ_3 zu erreichen. Darüber hinaus können im Rahmen der Plattform weitere Anwendungen für den Benutzerzugriff realisiert werden, z.B. für Produktionscontroller als Zielgruppe auf der Unternehmensleitebene. Auch eine direkte Anbindung von prozesssteuernden IT-Systemen, wie MES, ist denkbar, um eine systemgestützte Weiterverarbeitung der Analyseergebnisse, z.B. im Rahmen einer Entscheidungsautomation (Davenport und Harris 2005, Taylor und Raden 2007), zu ermöglichen.

Mit Blick auf die Gesamtplattform ist festzuhalten, dass die Datenstrukturen des Wissensrepository, die Analysedienste sowie der Benutzerzugriff generisch konzipiert sind, um eine einzelfallübergreifende Anwendung gemäß Forschungsanforderung FA_{42} auch für unterschiedliche Typen von Fertigungsprozessen, von der Einzelfertigung über die Serienfertigung bis zur Massenfertigung (Louis 2009), zu ermöglichen. Die Zusammenfassung und Verknüpfung von Komponenten zur Datenbereitstellung, Analyse und Optimierung in einer Gesamtarchitektur adressiert die Forschungsanforderung FA_{41} zur Integration der Einzelkomponenten in einer Plattform.

Die Anwendung der AdMA-Plattform ähnelt einem Regelkreismodell (Schulz 2004) mit dem Ziel der kontinuierlichen datengetriebenen Verbesserung eines Fertigungsprozesses. Damit wird der Zyklus der analytischen Datenverarbeitung aus Abschnitt 1.3 realisiert. Der Ausgangspunkt ist ein gegebener Fertigungsprozess, der im Rahmen der Prozessausführung Prozessdaten generiert. Diese werden typischerweise in MES gespeichert und bilden den Kern der Datenbereitstellung der AdMA-Plattform. Die Hierarchie der Leitebenen in Abbildung 21 verweist darauf, dass neben MES noch weitere IT-Systeme, speziell auf der Unternehmensleitebene, relevante Daten enthalten, die allesamt im Wissensrepository für die Fertigung integriert werden. Ausgehend von den integrierten Daten erfolgt die Anwendung unterschiedlicher Analysedienste und die Bereitstellung der generierten Analyseergebnisse, um damit konkrete Verbesserungsmaßnahmen abzuleiten und den Prozess anzupassen. Die Ausführung des angepassten Fertigungsprozesses generiert neue Daten und bildet die Grundlage für die erneute Ausführung des Zyklus, um eine kontinuierliche Verbesserung des Fertigungsprozesses zu erreichen.

Dieser Zyklus kann grundsätzlich vor, während und nach der Prozessausführung durchlaufen werden. Hieraus ergeben sich die drei Anwendungsvarianten der Ex-ante-, Laufzeit- und Ex-post-Optimierung. Wie in Abschnitt 2.1.4 dargestellt, liegt der Fokus der in dieser Arbeit entwickelten Analysedienste auf der Laufzeit-Optimierung sowie der Ex-post-Optimierung, da hier bereits Prozessablaufdaten zum Prozess vorhanden sind. Die AdMA-Architektur ermöglicht jedoch eine flexible Erweiterung um Analysedienste für die Ex-ante-Optimierung.

Die Namensgebung der *Advanced-Manufacturing-Analytics-Plattform* basiert auf dem Begriff *Advanced Analytics* (Bose 2009), der sich allgemein auf neue Analyseverfahren jenseits rein deskriptiver OLAP- und Berichtsansätze bezieht und speziell die Anwendung von Data-Mining-Verfahren in Business-Intelligence-Anwendungen betont. Der Begriff *Manufacturing* steht für die Fertigungsindustrie als Anwendungsbereich der Arbeit. Mit dem Aspekt der *Plattform* werden sowohl die Integration von Einzelkomponenten zur Datenbereitstellung, Analyse und Optimierung betont als auch die Generizität der Gesamtlösung auf der Grundlage generischer Datenstrukturen, Analysedienste und Benutzerschnittstellen hervorgehoben.

3.2 Datenbereitstellung

Die Datenbereitstellungsschicht bildet die Grundlage der AdMA-Plattform. Das Ziel ist die Bereitstellung einer integrierten Datenbasis mit strukturierten und unstrukturierten Daten für die ganzheitliche Analyse eines Fertigungsprozesses mit allen Schritten und Ressourcen sowie die Verwaltung von Wissen im Sinne von aus den Daten gewonnenen Analyseergebnissen. Im Folgenden werden die Quelldaten der AdMA-Plattform näher erläutert, um dann auf das Wissensrepository für die Fertigung als Datenhaltungskomponente sowie die hierfür erforderlichen Integrationsprozesse einzugehen.

Quelldaten der AdMA-Plattform

Prozessorientierte Daten der AdMA-Plattform sind strukturierte Daten und umfassen Prozessmodelldaten und Prozessablaufdaten (siehe zur allgemeinen Definition Abschnitt 2.2.1). Prozessmodelldaten beziehen sich auf auftragsneutrale Daten zum Fertigungsprozess, speziell seine Struktur aus der Abfolge von Prozessschritten und zugeordneten Ressourcen wie Maschinen, Personal und Werkzeuge. Ein detailliertes Prozessmetamodell, das der AdMA-Plattform zugrunde liegt, findet sich in Abschnitt 4.2. Prozessablaufdaten umfassen sowohl auftragsbezogene Soll-Daten, d.h. Details zum Fertigungsauftrag wie die herzustellende Menge, als auch auftragsbezogene Ist-Daten, d.h. Betriebsdaten als Rückmeldung zum jeweiligen Fertigungsauftrag. Im Rahmen der AdMA-Plattform dienen MES als zentrale die Quelle für Prozessdaten, da sie Prozessmodell- und Prozessablaufdaten über den gesamten Fertigungsprozess integriert zur Verfügung stellen (siehe zu MES Abschnitt 2.3.1). Die erforderlichen Integrationsprozesse für Prozessdaten, insbesondere zur Integration heterogener Betriebsdaten aus unterschiedlichen Quellsystemen der Fertigungsebene, wie z.B. Maschinen und Radio-Frequenz-Identifikations-Systemen (RFID-Systemen) (Kern 2006), werden von MES realisiert und infolgedessen in dieser Arbeit nicht weiter betrachtet.

Operative Daten der AdMA-Plattform beziehen sich auf strukturierte Daten zu den Subjekten im Fertigungsprozess, z.B. zu Maschinen, Kunden und Produkten. Die Quellsysteme für operative Daten sind heterogen und einzelfallabhängig. Es geht hauptsächlich um IT-Systeme der Unternehmensleitebene, z.B. um ERP-, CAD- und CRM-Systeme mit operativen Daten zu Mitarbeitern, Produkten und Kunden. Darüber hinaus bieten auch MES rudimentäre operative Daten, speziell zu Maschinen und Werkzeugen, die bereits mit den Prozessdaten integriert sind. Im Rahmen der konzeptionellen Architektur der AdMA-Plattform erfolgt aufgrund dessen keine Festlegung der Quellsysteme für operative Daten. Es wird von einer einzelfallabhängigen Integration operativer Daten ausgehend von den im Prozessmetamodell definierten Prozesssubjekten ausgegangen. Prozessdaten und operative Daten beziehen sich im Folgenden immer auf strukturierte Daten, ohne dies erneut hervorzuheben.

Unstrukturierte Daten der AdMA-Plattform umfassen sämtliche, nicht vollständig strukturierten Daten mit Bezug zum Fertigungsprozess, z.B. Schichtprotokolle und Fotos. Der Schwerpunkt liegt auf dokumentenorientierten unstrukturierten Daten. Das heißt, es geht um Dokumente im Sinne von Content, wie er in Content-Management-Systemen (CMS) (Kampffmeyer 2007) verwaltet wird, da dies die typische Erscheinungsform unstrukturierter Daten in der Fertigung darstellt (Kemper et al. 2013). Aufgrund der großen inhaltlichen Vielfalt unstrukturierter Daten in der Fertigung, wird nicht zwischen operativen und prozessorientierten unstrukturierten Daten unterschieden. Die Quellsysteme unstrukturierter Daten sind analog zu den Quellsystemen operativer Daten heterogen und einzelfallabhängig. Es geht beispielsweise um klassische Dateisysteme oder Content-Management-Systeme auf unterschiedlichen Leitebenen.

Wissensrepository für die Fertigung und Integrationsprozesse

Das *Wissensrepository für die Fertigung* stellt die zentrale, materialisierte Datenhaltung der AdMA-Plattform dar. Die Materialisierung ermöglicht eine Entkopplung von den Quellsystemen und ist am Data-Warehouse-Gedanken orientiert (siehe Abschnitt 2.2.3). Das Wissensrepository integriert Prozessdaten und operative Daten über den gesamten Fertigungsprozess gemäß Forschungsanforderung FA_{11} und ermöglicht hierbei durch die Kombination von Entwurfs- und Laufzeitperspektive die Zusammenführung von Soll-Daten aus der Prozessplanung mit Ist-Daten aus der Prozessausführung. Zusätzlich erfolgt die Integration von unstrukturierten Daten bzw. Dokumenten sowie von Analyseergebnissen im Rahmen einer flexiblen Verknüpfung gemäß Forschungsanforderung FA_{12}. Dies ermöglicht die Wiederverwendung und Kombination von Analyseergebnissen, wie z.B. Data-Mining-Modellen und Berichten, mit Bezug zum Fertigungsprozess gemäß Forschungsanforderung FA_{13}. Das Wissensrepository basiert auf einem generischen Datenmodell und ermöglicht somit die Anwendung für unterschiedliche Typen von Fertigungsprozessen, von Einzelfertigung über Serienfertigung bis Massenfertigung. Hierbei können auch mehrere Fertigungsprozesse im Wissensrepository gemeinsam verwaltet werden.

Neben dem Wissensrepository zur Speicherung und analyseorientierten Bereitstellung der Daten, geht es in der Datenbereitstellungsschicht um die *Integrationsprozesse* zur Beladung des Wissensrepository mit Quelldaten. Der Integrationsprozess für strukturierte Daten umfasst die Integration prozessorientierter und operativer Daten. Dies entspricht einem klassischen ETL-Prozess (siehe Abschnitt 2.2.3) zur Integration heterogener strukturierter Daten aus unterschiedlichen Quellsystemen, wobei mit dem Datenmodell des Wissensrepository ein Zielschema definiert ist. Da es bei den Analysediensten der AdMA-Plattform, speziell der präskriptiven Fertigungsprozessoptimierung, auch um eine Laufzeit-Optimierung des Fertigungsprozesses geht, ist eine echtzeitnahe Bereitstellung der Quelldaten erforderlich. Hierfür sind Near-Real-Time-ETL-Konzepte (Vassiliadis und Simitsis 2009) anzuwenden, um Änderungen in den Datenquellen möglichst zeitnah und feingranular im Wissensrepository abzubilden. Die Ausgestaltung dieser ETL-Konzepte ist von den Quellsystemen im Einzelfall abhängig und kann unterschiedliche Mechanismen, wie z.B. Datenbanktrigger (Kemper und Eickler 2013), umfassen. Zudem sind bei ETL-Prozessen im Fertigungskontext Aspekte der Datenqualität besonders zu berücksichtigen, da speziell bei Betriebsdaten fehlende oder inkonsistente Werte, z.B. aufgrund von Fehlern in Messsystemen oder bei der manuellen Datenerfassung im Fertigungsprozess, auftreten können (Lieber et al. 2013a). Die Vollständigkeit, Konsistenz, Aktualität und Korrektheit der Daten sind demzufolge wesentliche Voraussetzungen für die Erzielung valider Analyseergebnisse (siehe zur Analyse der Datenqualität (Harrach 2010)).

Der Integrationsprozess für unstrukturierte Daten bezieht sich auf Extraktions- und Ladevorgänge für dokumentenorientierte unstrukturierte Daten, um diese im Wissensrepository zu speichern und mit den strukturierten Daten zu verknüpfen. Für die Extraktion und das Beladen sind Ladekonzepte von Content-Management-Systemen (Kampffmeyer 2007) anwendbar. Die Identifikation von Verknüpfungen bzw. Links zwischen strukturierten und unstrukturierten Daten kann analysebasiert oder manuell erfolgen (siehe Kapitel 5).

Der Fokus dieser Arbeit liegt auf der Konzeption und Implementierung des Wissensrepository, um auf dieser Grundlage Analysedienste und Benutzerschnittstellen zu entwickeln. Die Integrationsprozesse und zugehörige ETL- und Datenqualitätsaspekte werden in dieser Arbeit nicht weiter behandelt, da sie von den konkreten Quellsystemen im Einzelfall abhängen und generische Konzepte für deren Realisierung anwendbar sind. Kapitel 4 befasst sich dementsprechend mit konzeptionellen Modellen sowie Integrationsarchitekturen für das Wissensrepository. Die Entwicklung einer linkbasierten Architektur für das Wissensrepository ist Gegenstand von Kapitel 5.

3.3 Prozessanalyse

Die Prozessanalyseschicht bietet vordefinierte generische Analysedienste auf der Grundlage des Wissensrepository. Der Begriff des Analysedienstes wird in dieser Arbeit verwendet um zu betonen, dass es um eine Kombination von Analyseverfahren, den zugehörigen Datenstrukturen des Wissensrepository und den erforderlichen Schritten zur Datenauswahl und -vorverarbeitung geht.

Es werden allgemein drei Arten von Analysediensten im Rahmen der AdMA-Plattform unterschieden, um die gesamte Bandbreite an Analyseverfahren abzudecken (siehe Abbildung 22): Analysedienste für die *deskriptive Fertigungsprozess-Analyse*, Analysedienste für die *prädiktive Fertigungsprozess-Analyse* sowie Analysedienste für die *präskriptive Fertigungsprozess-Analyse*. Hierbei kann sowohl die kombinierte Analyse strukturierter und unstrukturierter Daten als auch die weitergehende Analyse von bereits erstellten Analyseergebnissen erfolgen, z.B. um mehrere Data-Mining-Modelle zu einem Sachverhalt zu analysieren. Der Fokus der in dieser

Arbeit entwickelten Analysedienste liegt auf der Analyse von strukturierten Daten. In diesem Rahmen steht die ganzheitliche Analyse von Fertigungsprozessen mit sämtlichen Schritten und Ressourcen im Gegensatz zu einer fraktalen Analyse einzelner Prozessschritte und Ressourcen im Vordergrund (siehe zur fraktalen Prozesssicht existierender Ansätze Abschnitt 2.3.2).

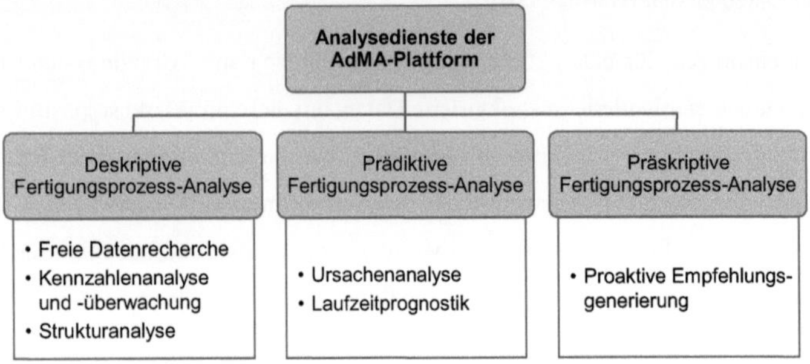

Abbildung 22: Analysedienste der AdMA-Plattform

Im Folgenden wird die konzeptionelle Funktionalität der Analysedienste sowie deren Bezug zur Anwendungsvariante der Optimierung (siehe Abschnitt 2.1.4) beschrieben. Aspekte des Benutzerzugriffs werden in Kapitel 7 thematisiert.

Deskriptive Fertigungsprozess-Analyse

Die deskriptive Fertigungsprozess-Analyse bezieht sich auf die beschreibende Analyse von Fertigungsprozessen und umfasst die freie Datenrecherche, die Kennzahlenanalyse und -überwachung sowie die Strukturanalyse. Diese deskriptiven Analysedienste wurden in (Gröger 2011) entwickelt und werden nachfolgend kurz beschrieben.

Die *freie Datenrecherche* bezieht sich in Anlehnung an (Kemper et al. 2010) auf den direkten Zugriff auf die Daten des Wissensrepository mit einer Anfragesprache wie z.B. der Structured Query Language (SQL). Dieser Ansatz ist aufgrund der Komplexität der Datenstrukturen im Wissensrepository nicht primär für Benutzer konzipiert. Es geht vielmehr um die Bereitstellung von Daten des Wissensrepository für Anwendungen zum Benutzerzugriff, wie z.B. das mobile Prozess-Dashboard (siehe Kapitel 7).

Die *Kennzahlenanalyse und -überwachung* beziehen sich einerseits auf klassische OLAP- und Berichtsfunktionalitäten zur Ex-post-Optimierung von Fertigungsprozessen. Hierbei liegt der Schwerpunkt auf der Erstellung von Kennzahlenberichten sowie auf der OLAP-basierten Durchführung von Ad-hoc-Analysen *nach* der Prozessausführung, z.B. zur Analyse des OEE-Index nach unterschiedlichen Dimensionen. Andererseits geht es um die Überwachung von Kennzahlenwerten *während* der Prozessausführung, um eine frühe Erkennung von Abweichungen zu ermöglichen. Dies schließt auch die Durchführung OLAP-basierter Ad-hoc-Analysen während der Prozessausführung mit ein, z.B. um aktuelle Kennzahlenwerte mit historischen zu vergleichen. Zudem geht es um die Definition von Alarmen, die anhand kennzahlenbezogener Grenzwerte bestimmte Zielgruppen bei Grenzwertüberschreitungen, z.B. per E-Mail, informieren.

Die *Strukturanalyse* stellt einen Data-Mining-basierten Analysedienst für die Identifikation auffälliger bzw. interessanter Ausführungen eines Fertigungsprozesses im Rahmen einer Ex-post-Optimierung dar. Es geht um die Gruppenbildung und Abweichungsanalyse von Prozessinstanzen, um beispielsweise Ausreißer zu erkennen und Einflussfaktoren zu ermitteln. Hierbei werden sämtliche operativen und prozessorientierten Attribute über den gesamten Prozess einbezogen und zusätzlich um Kennzahlen ergänzt. Ein Beispiel ist ein Clustering ausgewählter Prozessinstanzen mit Blick auf deren Durchlaufzeit, um Einflussfaktoren auf unterschiedliche Durchlaufzeiten anhand der Attributwerte der resultierenden Cluster abzuleiten. Anzumerken ist, dass sich eine Prozessinstanz auf die Durchführung eines Fertigungsauftrages bezieht.

Diese deskriptiven Analysedienste ähneln den Analyseverfahren von MES (siehe Abschnitt 2.3.1) bzw. existierenden Data-Mining-Ansätzen (siehe Abschnitt 2.3.2). Der wesentliche Unterschied besteht in der erweiterten Datenbasis des Wissensrepository, das prozessorientierte und operative Daten integriert und somit eine Einbeziehung der Eigenschaften von Prozesssubjekten in die Analyse über den gesamten Fertigungsprozess ermöglicht. Ein Beispiel ist die Auswertung der Ausschussquote nach der Qualifikation der eingesetzten Mitarbeiter und der Produktkomplexität. Im restlichen Teil der Arbeit werden die deskriptiven Dienste nicht weiter betrachtet, da der Schwerpunkt auf prädiktiven und präskriptiven Verfahren liegt.

Prädiktive Fertigungsprozess-Analyse

Bei der prädiktiven Fertigungsprozess-Analyse geht es um Prognosen und Ursachenanalysen von Fertigungsprozessen. Konkrete Analysedienste sind die Ursachenanalyse und die Laufzeitprognostik, die an die prädiktiven Data-Mining-Ansätze für Workflows nach (Castellanos et al. 2004, Grob et al. 2008) angelehnt sind und die Forschungsanforderung FA_{21} adressieren.

Die *Ursachenanalyse* umfasst die Data-Mining-basierte Identifikation von Ursachen für Kennzahlenabweichungen und Störungen eines Fertigungsprozesses im Rahmen der Ex-post-Optimierung. Hier wird kurz auf die kennzahlenorientierte Ursachenanalyse eingegangen, die in (Gröger 2011) entwickelt und in (Gröger et al. 2012a, Gröger et al. 2012c) publiziert wurde. Ausgehend von einer in Kategorien eingeteilten Kennzahl, z.B. Ausschussquote, als abhängigem

Attribut erfolgt die Analyse von unabhängigen Attributen im Rahmen eines Klassifikationsverfahrens. Die unabhängigen Attribute des resultierenden Klassifikationsmodells stellen die identifizierten Ursachen, d.h. die Einflussfaktoren, für die Kennzahlenabweichung dar. Kennzahlen werden hierbei als nominale Attribute behandelt, da Kategorien bzw. Wertebereiche, nicht einzelne Werte, für die Definition von Abweichungen relevant sind. Beispielsweise sind für einen bestimmten Fertigungsprozess nur Ausschussquoten größer als 25% als schlecht einzustufen und deren Ursachen zu ermitteln. Als Klassifikationsverfahren werden Entscheidungsbäume eingesetzt, da sie aufgrund ihrer graphischen Repräsentation eine intuitive Interpretation ermöglichen und das Analyseergebnis für den Benutzer nachvollziehbar wird (siehe zu Entscheidungsbäumen Abschnitt 2.2.6).

Die Datenbasis der Ursachenanalyse umfasst sämtliche Prozessattribute über den gesamten Fertigungsprozess bereitgestellt durch das Wissensrepository. Prozessattribute beziehen sich in dieser Arbeit als Oberbegriff sowohl auf operative als auch auf prozessorientierte Attribute. Tabelle 3 zeigt eine beispielhafte vorverarbeitete, d.h. denormalisierte, Datenbasis als Eingabe für die Entscheidungsbaumgenerierung zu einem Fertigungsprozess. Jede Zeile entspricht einer abgeschlossenen Prozessinstanz, d.h. einem Fertigungsauftrag, und umfasst die Prozessattribute sämtlicher Schritte des Fertigungsprozesses und seiner Ressourcen als unabhängige Attribute. Zusätzlich ist die Kennzahl Ausschussquote als abhängiges Attribut vorhanden. Der Wertebereich des Attributs umfasst die beiden Attributwerte „OK“ und „ZuHoch“ und definiert damit zwei Klassen für die Entscheidungsbaumgenerierung.

Prozessattribute des Fertigungsprozesses (unabhängige Attribute)											**Kennzahl** (abhängiges Attribut)
	Daten zu Prozessschritt 1					Daten zu Prozessschritt 2					
Prozess Instanz ID	**Schritt1 Maschine ID**	**Schritt1 Maschine EinstZ**	**Schritt1 Maschine Wartung**	**Schritt1 Material ID**	**Schritt1 Lieferant ID**	**Schritt2 Maschine ID**	**Schritt2 Maschine EinstY**	**Schritt2 Mitarbeiter ID**	**Schritt2 Mitarbeiter Qualifikat.**	**...**	**Ausschuss-quote**
P1	M1	1	OK	Ma3	L1	M34	1	Ma31	Q5		OK
P2	M2	0	OK	Ma3	L2	M34	0	Ma31	Q5		ZuHoch
P3	M7	0	OK	Ma3	L1	M34	1	Ma21	Q3		ZuHoch
P4	M3	1	OK	Ma3	L1	M34	1	Ma21	Q3		OK
P5	M4	1	OK	Ma3	L1	M34	0	Ma21	Q3		OK
P6	M3	1	OK	Ma3	L2	M34	0	Ma21	Q3		ZuHoch
P7	M3	0	OK	Ma3	L1	M34	0	Ma31	Q5		OK
P8	M3	1	OK	Ma3	L2	M34	1	Ma21	Q3		OK
...											

Prozessattribut: Prozessorientiert | Operativ

Tabelle 3:Exemplarische, vorverarbeitete Datenbasis für die Ursachenanalyse

Der resultierende Entscheidungsbaum ist in Abbildung 23 dargestellt. Er zeigt, dass die Verwendung von Material eines bestimmten Lieferanten (Lieferant_ID = L2) in Prozessschritt 1 in Kombination mit einer bestimmten Maschineneinstellung (Maschine_EinstY = 0) in Prozessschritt 2 die Ursache für eine überhöhte Ausschussquote darstellt. Es werden folglich Zusammenhänge zwischen operativen Daten zum Lieferanten und prozessorientierten Daten zu Maschineneinstellungen über mehrere Schritte des Fertigungsprozesses erkannt. Für weitere Details zum Konzept der Ursachenanalyse sei auf (Gröger et al. 2012a) verwiesen. Die Anwendung der Ursachenanalyse im Praxisbeispiel der Nockenwellenherstellung erfolgt in Kapitel 8.

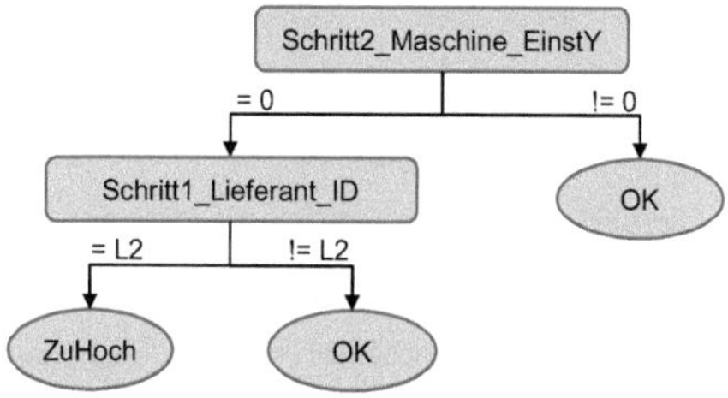

Abbildung 23: Exemplarischer Entscheidungsbaum als Ergebnis der Ursachenanalyse

Die *Laufzeitprognostik* bezieht sich auf die Data-Mining-basierte Vorhersage von möglichen Störungen und Kennzahlenwerten während der Ausführung einer Prozessinstanz, d.h. während der Durchführung eines Fertigungsauftrages. Dies basiert auf dem aktuellen Ausführungsstand der Prozessinstanz sowie historischen Daten zu abgeschlossenen Instanzen. Die kennzahlenorientierte Laufzeitprognostik zielt beispielsweise auf die Vorhersage von prozessbezogenen Kennzahlen wie Durchlaufzeit oder Ausschussquote. Es kann eine numerische Vorhersage mittels Data-Mining-Verfahren zur Wirkungsprognose oder eine nominale Vorhersage kategorisierter Kennzahlenwerte oder Störungen mittels Klassifikationsverfahren erfolgen. Das Wissensrepository ermöglicht die Einbeziehung sämtlicher prozessorientierter und operativer Daten eines Fertigungsprozesses und erhöht damit die Zuverlässigkeit der Vorhersage im Gegensatz zu existierenden prädiktiven Data-Mining-Ansätzen in der Fertigung, die nur rudimentäre Prozessdaten verwenden. Die Laufzeitprognostik wird an definierten Stufen im Fertigungsprozess durchgeführt, z.B. nach Abschluss jedes Prozessschrittes. Jede Stufe entspricht einer eingeschränkten Datenbasis mit allen bis zu diesem Zeitpunkt vorhandenen operativen und prozessorientierten Attributen. Diese Datenbasis stellt die Trainingsdaten für die Modellgenerierung dar, z.B. für die Erstellung eines Entscheidungsbaumes. Die Vorhersage für die laufende Prozessinstanz erfolgt dann im Rahmen der Modellanwendung.

Die Laufzeitprognostik stellt eine Komponente der präskriptiven Fertigungsprozess-Analyse dar und wird in Kapitel 6 beschrieben. Das Konzept der Ursachenanalyse wurde in (Gröger 2011) entwickelt und spielt erst im Rahmen der Einbindung in das mobile Prozess-Dashboard (siehe Kapitel 7) und der Evaluation der AdMA-Plattform (siehe Kapitel 8) in dieser Arbeit eine Rolle.

Präskriptive Fertigungsprozess-Analyse

Die präskriptive Fertigungsprozess-Analyse bezieht sich allgemein auf die zielorientierte Generierung von Handlungsempfehlungen zur Optimierung von Fertigungsprozessen. In dieser Arbeit steht die *proaktive Empfehlungsgenerierung* für die Laufzeitoptimierung eines Fertigungsprozesses als repräsentativer präskriptiver Analysedienst im Vordergrund, um die Forschungsanforderung FA_{22} zu adressieren. Es geht um die Data-Mining-basierte Generierung von Handlungsempfehlungen, um eine prognostizierte Kennzahlenabweichung einer laufenden Prozessinstanz, d.h. eines Fertigungsauftrages, am Prozessende zu vermeiden. Nach dem Abschluss jedes Prozessschrittes erfolgt die Durchführung der oben angeführten Laufzeitprognostik, um im Falle einer negativen Vorhersage proaktiv eine Handlungsempfehlung für den folgenden Prozessschritt zu generieren.

Empfehlungen werden in der Form von Entscheidungsregeln vollständig datengetrieben, anhand prozessorientierter und operativer Daten des Wissensrepository erstellt. Sie sind in ihrer Struktur nicht vordefiniert, sondern dynamisch, und können beliebig viele Aktionselemente umfassen. Die zu optimierende Zielgröße ist hierbei als prozessbezogene Kennzahl, z.B. Ausschussquote, vorgegeben. Eine beispielhafte Empfehlung zur Verhinderung einer überhöhten Ausschussquote am Prozessende kann die Änderung einer Maschineneinstellung sowie den Einsatz eines alternativen Materials im folgenden Prozessschritt umfassen. Handlungsempfehlungen können entweder Benutzern zur Entscheidungsunterstützung angezeigt oder direkt an prozesssteuernde IT-Systeme, z.B. an MES, im Rahmen einer Entscheidungsautomation weitergegeben werden. Damit ermöglicht die präskriptive Fertigungsprozesse-Analyse eine datengetriebene lernende Prozessteuerung (Bauernhansl et al. 2014, Konrad et al. 2013).

Die präskriptive Fertigungsprozess-Analyse mit den zugrundeliegenden Datenstrukturen und Data-Mining-Verfahren wird in Kapitel 6 umfassend dargestellt.

3.4 Prozessoptimierung und Benutzerzugriff

Bei der Schicht für die Prozessoptimierung und den Benutzerzugriff geht es um die Bereitstellung von Informationen, insbesondere von Analyseergebnissen, um die Prozessoptimierung zu unterstützen. Die Prozessoptimierung bezieht sich allgemein auf die Ableitung und Umsetzung konkreter Verbesserungsmaßnahmen. Es geht um den Transfer, die Kombination und die Interpretation der Analyseergebnisse, um konkrete Maßnahmen für die Anpassung des Fertigungsprozesses zu definieren und durchzuführen. Neben Bereitstellungsaspekten steht in dieser Schicht zusätzlich die Einbindung des Fachwissens der Benutzer im Vordergrund, um beispielsweise Verbesserungsvorschläge zum Fertigungsprozess zu erfassen.

Im Rahmen der AdMA-Plattform können unterschiedliche Anwendungen für den Benutzerzugriff umgesetzt werden, um unterschiedlichen Zielgruppen auf unterschiedlichen Leitebenen die Nutzung der Analysedienste zu ermöglichen und damit zielgerichtet und ebenenübergreifend Informationen bereitzustellen. Als eine repräsentative Anwendung für den Benutzerzugriff wird in dieser Arbeit das *mobile Prozess-Dashboard* vorgestellt, welches Werker und Fertigungsleiter als Zielgruppen adressiert. Werker beziehen sich auf direkt im Fertigungsprozess eingebundene Mitarbeiter, z.B. Maschinenbediener. Fertigungsleiter verantworten das Fertigungsmanagement auf der Fertigungsleitebene. Das mobile Prozess-Dashboard ermöglicht als Anwendung auf einem mobilen Endgerät, wie z.B. einem Tablet-PC, einen mobilen und personalisierten Benutzerzugriff gemäß Forschungsanforderung FA_{31}. Zudem adressiert das mobile Prozess-Dashboard sämtliche prozessorientierten Informationsbedarfe von Werkern entsprechend Forschungsanforderung FA_{32}, nämlich Prozessstruktur und -durchführung, Prozessleistung, Prozesswissen und Prozesskommunikation. Es bietet außerdem multimediale Erfassungsfunktionen für das Fachwissen der Benutzer, z.B. in Form von videobasierten Verbesserungsvorschlägen, entsprechend Forschungsanforderung FA_{33}.

Eine umfassende Darstellung des mobilen Prozess-Dashboard mit Zielgruppen, Informationsbedarfen und Dashboard-Diensten erfolgt in Kapitel 7.

3.5 Zusammenfassung und eigene Publikationen

In Kapitel 3 wurde die AdMA-Plattform als eine integrierte, generische Business-Intelligence-Plattform zur Adressierung von Forschungsziel FZ_4 vorgestellt. Ihre Architektur besteht entsprechend Forschungsanforderung FA_{41} aus drei integrierten Schichten für die Datenbereitstellung, die Prozessanalyse und für die Prozessoptimierung inklusive des Benutzerzugriffs. Sämtliche Komponenten sind generisch konzipiert, um gemäß Forschungsanforderung FA_{42} die einzelfallübergreifende Anwendbarkeit des Gesamtansatzes sicherzustellen.

Die AdMA-Plattform ermöglicht die kontinuierliche datengetriebene Optimierung von Fertigungsprozessen und realisiert den Zyklus der analytischen Datenverarbeitung, der einem Regelkreismodell ähnelt. Ausgangspunkt ist ein gegebener Fertigungsprozess, der im Rahmen der Prozessausführung Prozessablaufdaten generiert. Diese Daten dienen als Ausgangpunkt für das Wissensrepository der Datenbereitstellungsschicht. Es integriert prozessorientierte und operative Daten und ermöglicht eine flexible Verknüpfung dieser strukturierten Daten mit Analyseergebnissen sowie unstrukturierten Daten im Sinne von Dokumenten. Die Prozessanalyseschicht definiert Analysedienste für die deskriptive, prädiktive und präskriptive Fertigungsprozess-Analyse, die in der Schicht für die Prozessoptimierung mit dem mobilen Prozess-Dashboard für Benutzer bereitgestellt werden. Die Umsetzung der durch die Benutzer abgeleiteten Verbesserungsmaßnahmen führt zu einer Anpassung des Fertigungsprozesses und bildet den Ausgangspunkt für eine erneute Durchführung des Zyklus.

Kapitel 3 definiert damit den Rahmen für die folgenden Teile der Arbeit: Kapitel 4 und 5 fokussieren auf das Wissensrepository, Kapitel 6 behandelt die präskriptive Fertigungsprozess-Analyse und in Kapitel 7 geht es um das mobile Prozess-Dashboard. Die prototypische Implementierung und Evaluation der AdMA-Plattform erfolgen schließlich in Kapitel 8.

Mit Blick auf eigene Publikationen wurden grundlegende Architekturaspekte der AdMA-Plattform in (Gröger et al. 2012b) sowie in einer erweiterten Fassung in (Gröger und Stach 2014) publiziert. Prädiktive Analysedienste zur Ursachenanalyse sowie die zugrundeliegende Datenbasis wurden in (Gröger et al. 2012a, Gröger et al. 2012c) veröffentlicht. Weitere Publikationen zu den einzelnen Komponenten der AdMA-Plattform werden in den zugehörigen Kapiteln 4 bis 7 aufgeführt. Die hier vorgestellte Architektur der AdMA-Plattform stellt eine vollständige Überarbeitung und Erweiterung der in der Vorarbeit (Gröger 2011) skizzierten Architektur dar. Die Schwerpunkte dieser Vorarbeit liegen auf der Integration strukturierter Daten in einem rudimentären fertigungsspezifischen Process Warehouse sowie auf der Konzeption deskriptiver und prädiktiver Analysedienste. Es mangelt folglich insbesondere an einem Einbezug unstrukturierter Daten, an einem Ansatz für die präskriptive Analyse von Fertigungsprozessen sowie an Konzepten für den Benutzerzugriff. Die umfassende Untersuchung dieser Gesichtspunkte sowie eine Evaluation der Gesamtplattform bilden den Kern der vorliegenden Arbeit.

4 Wissensrepository für die Fertigung

In diesem Kapitel wird das Wissensrepository für die Fertigung vorgestellt. Es dient der analyseorientierten Integration und Bereitstellung strukturierter und unstrukturierten Daten über den Fertigungsprozess sowie der prozessorientierten Verwaltung von Wissen im Sinne von aus den Daten gewonnenen Analyseergebnissen. Abschnitt 4.1 gibt einen Überblick über die konzeptionellen Modelle des Wissensrepository und deren Anforderungen. In Abschnitt 4.2 wird das analytische Fertigungsprozess-Metamodell entwickelt, aus dem in Abschnitt 4.3 das universelle multidimensionale Datenmodell des Wissensrepository zur Integration operativer und prozessorientierter Daten abgeleitet wird. Das Artefakt-Modell wird in Abschnitt 4.4 vorgestellt und definiert die zu verwaltenden Analyseergebnisse und (unstrukturierten) Dokumente, deren Integration mit strukturierten Daten des multidimensionalen Datenmodells in Abschnitt 4.5 beschrieben wird. Auf dieser Grundlage werden in Abschnitt 4.6 Integrationsarchitekturen abgeleitet und verglichen. In Abschnitt 4.7 werden verwandte Arbeiten untersucht und abgegrenzt. Eine Zusammenfassung und eigene Publikationen zum Wissensrepository für die Fertigung finden sich in Abschnitt 4.8. Das Kapitel 4 bildet damit die Grundlage für die Ausarbeitung einer linkbasierten Architektur zur technischen Umsetzung des Wissensrepository in Kapitel 5.

4.1 Einführung und Anforderungen

Das Wissensrepository für die Fertigung kombiniert Process-Warehouse-Ansätze zur Integration operativer und prozessorientierter Daten in einem multidimensionalen Datenmodell (Forschungsanforderung FA_{11}) mit einer Repository-orientierten Verwaltung von unstrukturierten Daten (Forschungsanforderung FA_{12}), d.h. Dokumenten, und Wissen im Sinne von aus den Daten gewonnenen Analyseergebnissen (Forschungsanforderung FA_{13}). Dokumente ermöglichen hierbei auch die Kodifizierung von personengebundenem Fachwissen, z.B. in Form von Verbesserungsvorschlägen (Berger et al. 2009). Analyseergebnisse und Dokumente stellen Artefakte dar, die flexibel mit operativen und prozessorientierten Daten über den Fertigungsprozess verknüpft werden, um eine prozessorientierte Artefaktintegration und -verwaltung zu ermöglichen. Hieraus ergeben sich die grundlegenden konzeptionellen Modelle für die Entwicklung des Wissensrepository (siehe Abbildung 24), ein analytisches Fertigungsprozess-Metamodell und ein Artefakt-Modell, deren Anforderungen A_{Ri} (siehe Abbildung 25) im Folgenden dargestellt werden.

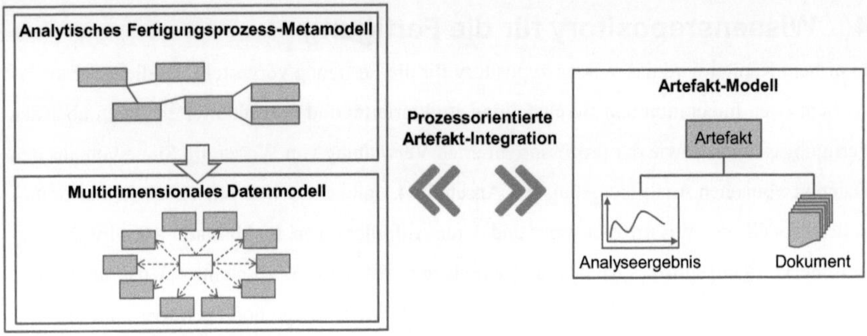

Abbildung 24: Konzeptionelle Modelle des Wissensrepository

Das *analytische Fertigungsprozess-Metamodell* definiert die wesentlichen konzeptionellen Elemente eines Fertigungsprozesses, die für eine datengetriebene Prozessoptimierung relevant sind. Es bildet die Grundlage für die Ableitung eines multidimensionalen Datenmodells zur Integration operativer und prozessorientierter Daten in einem datennachfrageorientierten Top-Down-Ansatz (Eicker 2001). Das Fertigungsprozess-Metamodell repräsentiert dementsprechend die Datennachfrage. Dieses Vorgehen basiert auf (Gröger 2011, Becker und Chamoni 2008, Totok 2013) und ermöglicht die Definition eines generischen Datenmodells zur Durchführung unterschiedlicher Analysen unabhängig von konkreten Quellsystemen und einzelnen Analyseverfahren.

Anforderungen Fertigungsprozess-Metamodell	**Anforderungen Artefakt-Modell**
• Allgemeine Anwendbarkeit für unterschiedliche Typen von Fertigungsprozessen (A_{R1}) • Integration von Prozessfluss und Prozesssubjekten (A_{R2}) • Kombination von Entwurfs- und Laufzeitperspektive (A_{R3}) • Nachverfolgbarkeit von Prozessanpassungen (A_{R4})	• Allgemeine Anwendbarkeit für unterschiedliche Arten von Analyseverfahren (A_{R5}) • Repräsentation von Analyseergebnissen als eigenständige Artefakte (A_{R6}) • Repräsentation von Dokumenten als multimediale Artefakte, unabhängig vom Dokumenteninhalt (A_{R7})

Abbildung 25: Anforderungen (A_{Ri}) an das Fertigungsprozess-Metamodell und das Artefakt-Modell

Das Metamodell soll unabhängig von unternehmens- und branchenspezifischen Rahmenbedingungen unterschiedliche Typen von Fertigungsprozessen abbilden, um gemäß Forschungsanforderung FA_{42} einzelfallunabhängig und allgemein anwendbar zu sein (A_{R1}). Hierbei sind Aspekte des Prozessflusses mit Aspekten der Prozesssubjekte zu integrieren, um entsprechend Forschungsanforderung FA_{11} eine ganzheitliche Analyse des Fertigungsprozesses über prozessorientierte und operative Daten zu ermöglichen (A_{R2}). Außerdem ist eine Kombination von Entwurfs- und Laufzeitperspektive, d.h. von Modell- und Instanzebene, erforderlich, um eine Historisierung von Prozessausführungen mit Bezug zum Fertigungsprozessmodell zu unterstützen und damit eine gezielte Zusammenführung von Soll-Daten aus der Prozessplanung mit Ist-Daten aus der Prozessausführung in Anlehnung an (Aldinger et al. 2007) zu ermöglichen (A_{R3}). In diesem Zusammenhang ist auch die Nachverfolgbarkeit von Prozessanpassungen im Zeitverlauf zu gewährleisten, um die kontinuierliche Prozessevolution und -verbesserung sowohl einzelner als auch mehrerer ähnlicher Prozesse in Anlehnung an (Niedermann et al. 2011c) abzubilden (A_{R4}).

Das *Artefakt-Modell* definiert auf konzeptioneller Ebene Analyseergebnisse und Dokumente, die im Wissensrepository verwaltet werden. Analyseergebnisse, beispielsweise Data-Mining-Modelle, repräsentieren Wissen in Anlehnung an das Konzept Knowledge Discovery in Databases (Fayyad et al. 1996) und werden originär durch die Analyse strukturierter und unstrukturierter Daten bzw. Dokumente des Wissensrepository gewonnen (siehe zur Wissensdefinition Abschnitt 2.2.1). Hierbei können Analyseergebnisse selbst wiederum analysiert werden und damit den Ausgangspunkt für die Gewinnung neuen Wissens darstellen, z.B. im Rahmen einer Analyse mehrerer Data-Mining-Modelle zu einem Sachverhalt. Die im Artefakt-Modell definierten Typen von Analyseergebnissen sollen grundlegende Ergebnistypen deskriptiver, prädiktiver und präskriptiver Analyseverfahren abdecken, um allgemein verwendbar zu sein (A_{R5}). Analyseergebnisse sind hierbei als eigenständige Artefakte zu modellieren und maschinenverarbeitbar zu repräsentieren (Kemper et al. 2010), um deren Austausch und Weiterverarbeitung durch Analyseverfahren zu ermöglichen (A_{R6}). Es geht folglich *nicht* um eine einfache Abbildung von Analyseergebnissen, z.B. von Berichten, als (unstrukturierte) Dokumente. Dokumente sind unabhängig von ihrem konkreten Inhalt, ob beispielsweise Fehlerbericht oder Schichtprotokoll, als multimediale Artefakte, z.B. bestehend aus Texten und Bildern, abzubilden, um flexibel mit der großen inhaltlichen Vielfalt unstrukturierter Daten in der Fertigung umzugehen (A_{R7}). Dokumente ermöglichen damit auch die Kodifizierung von personengebundenem Fachwissen, z.B. in Form von Handlungsanleitungen oder Verbesserungsvorschlägen (Berger et al. 2009).

4.2 Analytisches Fertigungsprozess-Metamodell

Das analytische Fertigungsprozess-Metamodell definiert die wesentlichen konzeptionellen Elemente eines Fertigungsprozesses für eine datengetriebene Prozessoptimierung und ähnelt damit einem übergreifenden Datenmodell gemäß (Totok 2013). Als Metamodell abstrahiert und generalisiert es Modelle einzelner, konkreter Fertigungsprozesse und identifiziert allgemeine Kernelemente für eine Analyse von Fertigungsprozessen.

Grundsätzlich kann eine ressourcenorientierte oder eine aktivitätsorientierte Sicht auf Prozesse eingenommen werden (Niedermann et al. 2011c). Im Fokus dieser Arbeit steht die aktivitätsorientierte Sicht zur Analyse des gesamten Fertigungsprozesses mit seinen Schritten und teilnehmenden Ressourcen, weswegen das Metamodell aktivitätsorientiert modelliert ist. Die ressourcenorientierte Sicht zur Analyse einzelner Ressourcen über unterschiedliche Prozesse hinweg wird nicht betrachtet. Es ist anzumerken, dass es nicht um die Entwicklung eines detaillierten Metamodells für die Prozessplanung mittels CAP-Systemen oder für die Feinplanung im Rahmen von MES geht. Das Ziel ist vielmehr die Definition eines *analytischen* Prozessmetamodells, das die Ableitung eines multidimensionalen Datenmodells und die prozessorientierte Verknüpfung von Artefakten ermöglicht und dafür die konzeptionellen Kernelemente definiert.

Die Grundlage für das analytische Fertigungsprozess-Metamodell stellen existierende, prozessorientierte Metamodelle und Modellierungsansätze in der Fertigung dar, speziell das MES-Datenmodell der DIN-Norm 62264 (DIN EN 62264), der BPMN-basierte Modellierungsansatz für Fertigungsprozesse nach (Zor et al. 2011, Zor et al. 2010), die Wertstrom-Modellierung (Erlach 2010) und das ontologiebasierte Prozessmetamodel des Virtual Factory Data Model (Terkaj et al. 2012). Als weiterer Ausgangspunkt dient das in (Gröger 2011) entwickelte Fertigungsprozess-Metamodell, das sich auf die Modellierung der Laufzeitperspektive von Fertigungsprozessen konzentriert.

Abbildung 26 zeigt das analytische Fertigungsprozess-Metamodell als UML-Klassendiagramm, das gemäß Anforderung AR3 die Entwurfs- und Laufzeitperspektive kombiniert. Die Attribute der einzelnen Klassen, z.B. von Maschinen, werden im Folgenden nur beispielhaft genannt und nicht weiter modelliert, da sie von der konkreten Datengrundlage im Einzelfall abhängen und der Fokus des Metamodells auf dem Gesamtzusammenhang der Elemente liegt. Die Entwurfs- und die Laufzeitperspektive werden nachfolgend detailliert beschrieben, um anschließend eine Evaluation des Metamodells in Abschnitt 4.2.3 durchzuführen.

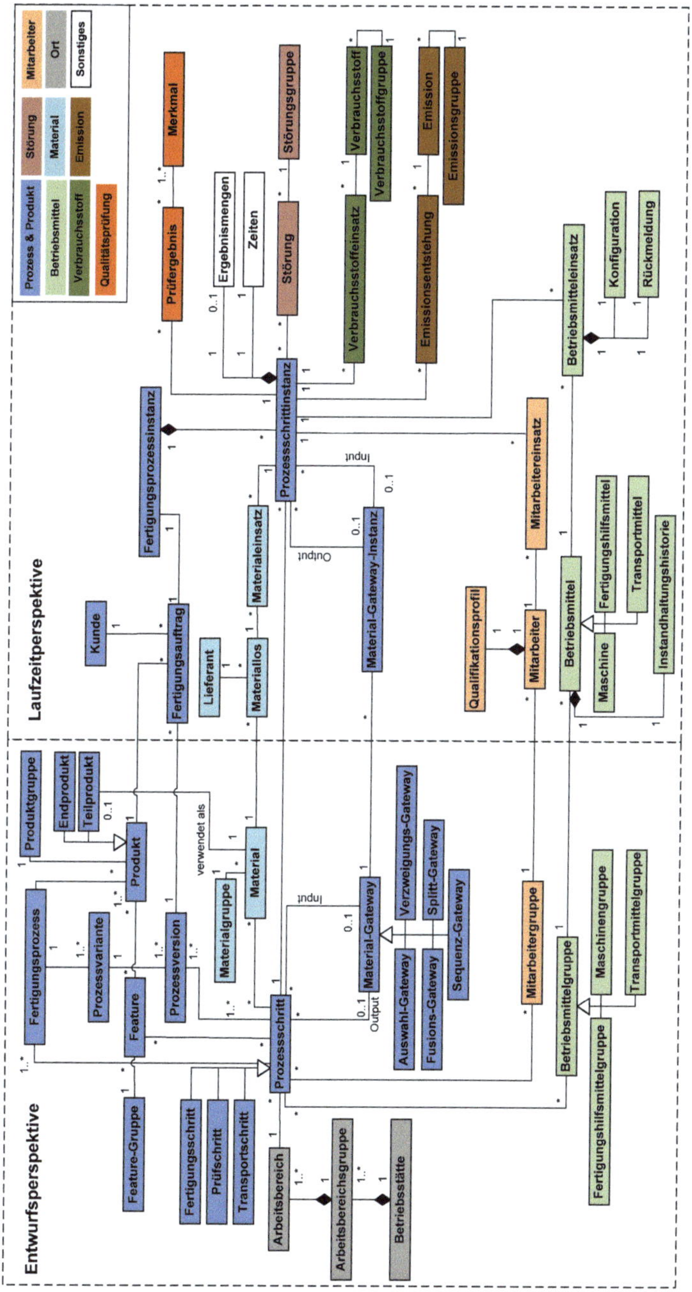

Abbildung 26: Analytisches Fertigungsprozess-Metamodell als UML-Klassendiagramm

4.2.1 Entwurfsperspektive

Die Entwurfsperspektive bezieht sich allgemein auf Prozessaspekte, die unabhängig von der Ausführung des Prozesses sind (Leymann und Roller 2000). Mit Blick auf das Fertigungsprozessmanagement (siehe Abschnitt 2.1.4) geht es folglich um Aspekte der Prozessplanung.

Gemäß des analytischen Fertigungsprozess-Metamodells dient ein *Fertigungsprozess* im Sinne eines Prozessmodels der Herstellung eines oder mehrerer *Produkte*, z.B. der Nockenwellen NW17 und NW18, im Sinne eines Produkttyps. Es werden *Endprodukte* im Sinne absatzfähiger Leistungen für den Endkunden und *Teilprodukte* unterschieden, welche als Material den Input für weitere Fertigungsprozesse darstellen. Produkte werden in *Produktgruppen*, beispielsweise Nockenwellen für PKWs, zusammengefasst. Ein Produkt wird durch *Features* (Vajna et al. 2009) beschrieben. Features stellen Aggregationen technischer Produkteigenschaften dar und finden speziell in CAD- und CAP-Systemen für eine featurebasierte Produkt- und Prozessplanung Anwendung. Ein Bohrloch als Feature umfasst z.B. mehrere Geometrieangaben sowie technische Anforderungen zur Bohrung. Features beziehen sich allgemein nicht nur auf geometrische, sondern auch auf funktionale Eigenschaften des Produktes sowie auf zugehörige Prozessparameter, wie Maschineneinstellungen in den jeweiligen Prozessschritten (siehe für eine weitergehende Darstellung der Feature-Technologie (Vajna et al. 2009)). Gemäß des Metamodells werden Features in *Feature-Gruppen*, beispielsweise geometrische Formfeatures und NC-Features, zusammengefasst. Es ist anzumerken, dass es im Metamodell nicht um die Detailmodellierung der ingenieursmäßigen Feature-Inhalte geht. Das Ziel besteht vielmehr darin, featureübergreifende Analysen unterschiedlicher Produkte und Fertigungsprozesse sowie eine featureorientierte Artefaktverknüpfung zu ermöglichen (Gröger 2011).

Ein Fertigungsprozess besteht aus einer Menge von *Prozessschritten*, die zur Herstellung des Produktes erforderlich sind. Ein Prozessschritt kann hierbei in mehreren Fertigungsprozessen Verwendung finden. Zur Nachverfolgung von Prozessanpassungen gemäß Anforderung A_{R6} werden in Anlehnung an (Niedermann et al. 2011c) *Prozessversionen* und *Prozessvarianten* unterschieden. Diese umfassen versions- bzw. variantenspezifische Prozessschrittkompositionen des Fertigungsprozesses. Prozessversionen bilden die Evolution eines Prozesses im Zeitverlauf ab, d.h. eine neue Prozessversion gilt als Ersatz für die bisherige. Bei der kontinuierlichen Verbesserung eines Prozesses erfolgen beispielsweise kontinuierliche Anpassungen am Prozess, die jeweils zu neuen Versionen führen. Prozessschritte können in mehreren Prozessversionen gültig sein, wenn beispielsweise ein Prozessschritt über mehrere Versionen nicht verändert wurde. Der Versionsverlauf sowie die Verknüpfung von Artefakten zur jeweiligen Prozessversion werden im Wissensrepository persistiert. Prozessvarianten beziehen sich auf Abwandlungen eines Prozesses, die parallel gültig sind, und verknüpfen damit ähnliche Prozesse zur Abbildung koevolutorischer Aspekte. Existieren beispielsweise unterschiedliche Prozessschritt- und Materialkombinationen zur Herstellung desselben Produktes können diese als unterschiedliche Varianten eines Prozesses abgebildet und unabhängig voneinander versioniert werden. Prozessversionen und -varianten ermöglichen somit die Abbildung der fortlaufenden Anpassung von Fertigungsprozessen speziell im Rahmen wandlungsfähiger Unternehmensstrukturen (Westkämper 2009).

Prozessschritte repräsentieren Aktivitäten und stellen somit das zentrale Element eines aktivitätsorientierten Metamodells dar. Die Prozessschritte beschreiben den Materialfluss und umfassen alle Vorgänge zur Bearbeitung, Prüfung, Beförderung und Lagerung des Produkts. In Anlehnung an (Terkaj et al. 2012, Erlach 2010) werden im Metamodell drei Arten von Prozessschritten unterschieden:

- *Fertigungsschritte* beziehen sich auf die eigentliche technische Herstellung des Produkts und die Verarbeitung von Material unter Anwendung von Fertigungsverfahren nach DIN-Norm 8580 (DIN 8580). Es geht folglich um Schritte für die Teilefertigung und die Montage wie z.B. Drehen, Schleifen oder Montieren.
- Bei *Prüfschritten* geht es allgemein um die Durchführung von Qualitätskontrollen, z.B. zur Überprüfung der Fehlerfreiheit des Produktes, was zur Aufzeichnung von Prüfergebnissen führt.
- *Transportschritte* beziehen sich auf logistische Schritte zur Ortsveränderung und Lagerung des Produkts *innerhalb* des Fertigungsprozesses, wie beispielsweise das Transportieren und Einlagern in ein Zwischenlager. Weitere logistische Details, wie z.B. Lagercharakteristika, stehen nicht im Fokus des Metamodells, da es in dieser Arbeit nicht um eine Optimierung von Logistikprozessen geht.

Diese drei Arten von Prozessschritten werden im Rahmen einer Vererbungsstruktur im Metamodell abgebildet, um eine flexible Ergänzung weiterer Arten von Prozessschritten zu ermöglichen.

In Prozessschritten werden Ressourcen eingesetzt, wobei Mitarbeiter und Betriebsmittel, wie z.B. Maschinen, als Ressourcen unterschieden und entsprechende Ressourcengruppen gebildet werden. Jede Gruppe definiert Anforderungen an ihre Elemente und dient der Auswahl einer konkreten Ressource im Rahmen der Ausführung des Fertigungsprozesses, d.h. der Feinplanung und -steuerung im Rahmen der Laufzeitperspektive. In der Entwurfsperspektive sind den Prozessschritten dementsprechend *Mitarbeitergruppen* und *Betriebsmittelgruppen* anstatt konkreter einzelner Mitarbeiter bzw. Betriebsmittel zugeordnet. Weitere Details zu den Ressourcen werden im Rahmen der Laufzeitperspektive in Abschnitt 4.2.2 dargestellt.

Die ortsbezogenen Aspekte des Fertigungsprozesses werden in Anlehnung an (DIN EN 62264) als hierarchische Zusammenfassung von *Arbeitsbereichen* zu *Arbeitsbereichsgruppen* und zu *Betriebsstätten* abgebildet. Jeder Prozessschritt ist als logisches Konstrukt einem geographisch abgegrenzten, physischen Arbeitsbereich auf dem Shop Floor, z.B. Nockenwellenzusammenbau, zugeordnet. Arbeitsbereiche werden zu Arbeitsbereichsgruppen zusammengefasst. Arbeitsbereichsgruppen hängen von der Organisationsform der Fertigung ab und können beispielsweise Produktionslinien im Rahmen einer Fließfertigung darstellen. Eine Betriebsstätte umfasst schließlich mehrere Arbeitsbereichsgruppen. Die örtliche Zuordnung von Maschinen sowie Transportmitteln als immobile Betriebsmittel wird aus Vereinfachungsgründen nicht explizit modelliert, da sie sich indirekt über ihre Verbindung zum Prozessschritt ergibt.

Das *Material* umfasst sämtliche Roh- und Hilfsstoffe sowie Vorprodukte, die in einem Prozessschritt verarbeitet werden, und bezieht sich auf den Materialtyp, z.B. Nocken Typ N08, sowie entsprechende Materialeigenschaften, wie z.B. den Kohlenstoffgehalt des Stahls der Nocken. Vorprodukte können auch Produkte anderer Fertigungsprozesse im Sinne von Teilprodukten sein. Materialien werden in *Materialgruppen*, z.B. Nocken für PKW-Nockenwellen, zusammengefasst.

Die Modellierung des Prozessflusses, d.h. der Verknüpfung von Prozessschritten, orientiert sich am Materialfluss. Der Materialfluss stellt das zentrale Steuerungskriterium von Fertigungsprozessen dar (Erlach 2010), weswegen von Kontrollflussaspekten, die in Workflow-Metamodellen (Leymann und Roller 2000) im Vordergrund stehen, abstrahiert wird. Die Modellierung des Materialflusses ist an das Gateway-Konzept nach (Zor et al. 2011) angelehnt und wird um Sequenz-Gateways ergänzt. Zwei Prozessschritte sind immer durch einen *Material-Gateway* verbunden. Der erste und der letzte Schritt eines Prozesses haben keinen eingehenden bzw. keinen ausgehenden Gateway. Zusätzlich werden fünf Arten von Material-Gateways unterschieden:

- *Sequenz-Gateways* repräsentieren die sequenzielle Verknüpfung von Prozessschritten für einen linearen Materialfluss, wie er beispielsweise in hochautomatisierten Produktionslinien auftritt.
- *Verzweigungs-Gateways* beziehen sich auf die Wahl eines Prozessschrittes aus mehreren möglichen nachfolgenden Prozessschritten gemäß einer definierten Bedingung, z.B. abhängig vom Ergebnis einer Qualitätsprüfung.

- *Auswahl-Gateways* führen verzweigte Materialflüsse wieder zusammen, wählen also einen Prozessschritt aus mehreren vorhergehenden Prozessschritten aus.
- *Splitt-Gateways* stehen für eine Parallelisierung des Materialflusses, um z.B. zwei nachfolgende Prozessschritte mit Material zu bedienen.
- Gesplittete Materialflüsse werden durch *Fusions-Gateways* wieder zusammengeführt, um z.B. im Rahmen von Montageaktivitäten unterschiedliche Materialflüsse zusammenzuführen.

In der Entwurfsperspektive werden mittels Material-Gateways folglich alle möglichen Materialflüsse abgebildet. In der Laufzeitperspektive ist dagegen nur der realisierte Materialfluss repräsentiert. Sind Transportschritte in einem Fertigungsprozess von untergeordneter Bedeutung, können Fertigungs- und Prüfschritte auch direkt mit Material-Gateways verbunden und logistische Details vernachlässigt werden. Anzumerken ist, dass es im Metamodell grundsätzlich nicht um den prozessunabhängigen Materialfluss zwischen Betriebsmitteln, sondern den Materialfluss innerhalb eines Fertigungsprozesses zur Herstellung eines oder mehrerer Produkte geht.

4.2.2 Laufzeitperspektive

Die Laufzeitperspektive bezieht sich allgemein auf die Ausführung eines Prozesses, d.h. die Instanziierung des Prozessmodells (Leymann und Roller 2000). Im Kontext des Fertigungsprozessmanagements geht es folglich um die Prozessausführung, welche die Feinplanung und -steuerung umfasst (siehe Abschnitt 2.1.4).

Die Prozessausführung wird durch einen *Fertigungsauftrag* initiiert, der mit Bezug zur Prozessversion das herzustellende Produkt und den *Kunden* festlegt und damit die *Fertigungsprozessinstanz* definiert. Der Fertigungsauftrag definiert diverse Vorgaben, z.B. die herzustellende Menge und den Zieltermin. Der Kunde bezieht sich auf eine organisatorische Einheit, die unternehmensintern oder -extern sein kann und umfasst insbesondere Angaben zur Kundenzufriedenheit, um einen möglichen Zusammenhang zur Prozessleistung analysieren zu können.

Die Fertigungsprozessinstanz umfasst *Prozessschrittinstanzen* im Sinne tatsächlich durchgeführter Prozessschritte, denen konkrete Ressourcen, z.B. bestimmte Mitarbeiter und bestimmte Maschinen, zugeordnet sind. Damit erfolgt eine explizite Abbildung der Prozessausführung mit Bezug zum Prozessmodell gemäß Anforderung A_{R3}. Bei Fertigungsprozessen, die gemäß der Entwurfsperspektive mehrere Produkte herstellen können, z.B. unter der Verwendung flexibler Fertigungssysteme, definiert die Fertigungsprozessinstanz somit das tatsächlich herzustellende

Produkt der jeweiligen Prozessausführung. Der tatsächliche Materialfluss wird durch *Material-Gateway-Instanzen* abgebildet, die den realisierten Weg des Materials nachvollziehbar machen.

Hinsichtlich der Ressourcen werden grundsätzlich *Betriebsmittel* und *Mitarbeiter* unterschieden. Betriebsmittel umfassen *Maschinen*, *Fertigungshilfsmittel* sowie *Transportmittel*. Maschinen sind aktive Betriebsmittel, wohingegen Fertigungshilfsmittel passive, meist mobile Betriebsmittel darstellen, die in Fertigungs- und Prüfschritten verwendet werden (Dangelmaier 2001). Fertigungshilfsmittel sind z.B. Werkzeuge und Prüfvorrichtungen. Transportmittel umfassen sämtliche Betriebsmittel für Transportschritte, wie z.B. Förderbänder und Zwischenlager. Sie werden im Metamodell nicht detaillierter betrachtet. Mitarbeiter beziehen sich auf operatives Personal zur Durchführung von Prozessschritten, z.B. Werker zur Steuerung von Maschinen.

Zu einer Prozessschrittinstanz werden darüber hinaus die realisierten *Ergebnismengen* und *Zeiten* erfasst. Eine Ergebnismenge umfasst die realisierte Gut-, Nacharbeits- und Ausschussmenge einer Prozessschrittinstanz im Sinne des Outputs des Schrittes. Die Zeiten beziehen sich auf den Beginn und das Ende einer Prozessschrittinstanz sowie Pausen-, Störungs-, und Bearbeitungszeiten des gesamten Prozessschrittes gemäß (VDMA 66412-1). Die Einsatzzeiten eines einzelnen Betriebsmittels oder Mitarbeiters in einem Prozessschritt können davon abweichen. Es geht hierbei *nicht* um die Modellierung sämtlicher Kennzahlen für die Analyse eines Fertigungsprozesses, sondern um die Abbildung grundlegender Zeit- und Mengenaspekte im Sinne von Basiskennzahlen, die direkt aus der Prozessausführung resultieren und gemäß (VDMA 66412-1) die Grundlage für darauf aufbauende Kennzahlen wie OEE-Index und Prozesskosten bilden.

Zusätzlich werden zu einer Prozessschrittinstanz *Prüfergebnisse* und aufgetretene *Störungen* erfasst. Prüfergebnisse beziehen sich auf Ergebnisse von Qualitätskontrollen. Sie sind den geprüften *Merkmalen*, z.B. Rundheit eines Rohres, zugeordnet und umfassen die zugehörigen Messwerte (Weckenmann und Werner 2014). Die verwendeten Prüfmittel werden als Fertigungshilfsmittel erfasst. Aus Vereinfachungsgründen werden prozessplanungsorientierte Aspekte von Qualitätsprüfungen im Metamodell nicht abgebildet. Störungen umfassen außerplanmäßige Unterbrechungen der Prozessausführung, z.B. aufgrund von Maschinenfehlern, die in *Störungsgruppen*, z.B. Bedienfehler und Maschinenfehler, zusammengefasst werden. Störungen von Betriebsmitteln können hierbei den exakten Fehler bezeichnen und auf das Betriebsmittel verweisen.

Aus Vereinfachungsgründen wird das in einem Prozessschritt hergestellte Zwischenprodukt, d.h. der Output eines Prozessschrittes, im Metamodell nicht als separate Klasse modelliert. Zentrale Zwischenproduktaspekte wie Ergebnismengen und Prüfergebnisse werden jedoch in Assoziation mit der Prozessschrittinstanz abgebildet. Sind bestimmte Materialeigenschaften eines Zwischenproduktes in einem Fertigungsprozess von besonderer Bedeutung, können diese als zusätzliche Produktmerkmale bei Prüfergebnissen abgebildet werden.

Der *Betriebsmitteleinsatz* im Rahmen einer Fertigungsprozessinstanz umfasst die tatsächliche *Konfiguration* des Betriebsmittels, z.B. Maschineneinstellungen, sowie *Rückmeldungen*, z.B. Sensorwerte und Einsatzzeiten. Aspekte, die explizit bei der Prozessschrittinstanz modelliert sind, z.B. Störungen, werden dementsprechend nicht als Betriebsmittelrückmeldungen erfasst. Der *Mitarbeitereinsatz* umfasst analog dazu Mitarbeiterrückmeldungen, insbesondere tatsächliche Einsatzzeiten sowie manuell durch Mitarbeiter erfasste Daten.

Gemäß Anforderung AR2 werden zu Betriebsmitteln und Mitarbeitern als zentrale Prozesssubjekte weitere Aspekte modelliert, die im Rahmen einer datengetriebenen Prozessoptimierung relevant sind. Neben Details wie Herstellern und Kostensätzen, z.B. Maschinenstundensätzen und Lohnsätzen, die als Attribute im Metamodell nicht dargestellt sind, besitzen Betriebsmittel eine *Instandhaltungshistorie*. Da es nicht um eine detaillierte Modellierung von Instandhaltungsaspekten wie in MES geht, wird auf die Instandhaltungshistorie als Aggregation durchgeführter Instandhaltungsvorgänge Bezug genommen. Instandhaltungsvorgänge umfassen insbesondere die Art der durchgeführten Tätigkeit, den verantwortlichen Mitarbeiter sowie das Ergebnis, z.B. den erfolgreichen Tausch von Induktoren einer Härteanlage. Die Instandhaltungshistorie ermöglicht damit die Analyse von Zusammenhängen zwischen Prozessleistung und Instandhaltung aller Betriebsmittel eines Fertigungsprozesses. Das *Qualifikationsprofil* eines Mitarbeiters bezieht sich auf die Gesamtheit an individuellen Fähigkeiten und Fertigkeiten des Mitarbeiters und umfasst beispielsweise Angaben zur Berufserfahrung sowie zur Aus- und Weiterbildung. Qualifikationsprofile ermöglichen folglich die Analyse von Zusammenhängen zwischen Prozessleistung und Qualifikation aller am Fertigungsprozess beteiligten Mitarbeiter, um z.B. einen qualifikationsadäquaten Mitarbeitereinsatz oder erforderliche Weiterbildungsmaßnahmen zur Prozessoptimierung abzuleiten. In diesem Rahmen sind jedoch, insbesondere in Deutschland, Aspekte des Arbeitnehmerdatenschutzes (Gola und Wronka 2013) zu berücksichtigen.

Der *Materialeinsatz* bezieht sich auf die Verwendung eines Materials, das von einem bestimmten *Materiallos* stammt, und umfasst die tatsächlich eingesetzte Materialmenge und die Maßeinheit. Ein Materiallos ist einem *Lieferanten* zugeordnet und beinhaltet eine definierte Menge des Materials und ggf. losspezifische Materialeigenschaften. Ein Materiallos kann beispielsweise 200 Nocken vom Typ N08 als Material von der Automobilzuliefer-AG als Lieferant umfassen. Werden die Materialien auf Einzelstückebene erfasst, umfasst jedes Materiallos nur eine Mengeneinheit. Lieferanten stehen für organisatorische Einheiten, z.B. externe Unternehmen, die das Material herstellen. Werden Teilprodukte aus anderen Fertigungsprozessen des Unternehmens als Material verwendet, ist das Unternehmen selbst der Lieferant.

Neben Material, werden in Anlehnung an (DIN EN 62264) *Verbrauchsstoffe* bei der Durchführung eines Prozessschrittes eingesetzt. Verbrauchsstoffe beziehen sich auf sämtliche Produktionsfaktoren, die nicht explizit als Material eingeplant werden, sondern bei der Durchführung des Fertigungsprozesses verbraucht werden. Es geht speziell um Betriebsstoffe wie z.B. Öl. Der *Verbrauchsstoffeinsatz* bezieht sich auf den Einsatz eines Verbrauchsstoffes im Sinne eines Typs und definiert insbesondere die verbrauchte Menge und die Maßeinheit. Verbrauchsstoffe können in *Verbrauchsstoffgruppen* zusammengefasst werden, z.B. Schmiermittel und Schrauben.

Emissionen bilden im Metamodell die Umweltauswirkungen der Durchführung eines Fertigungsprozesses ab (Gröger 2011). Emissionen beziehen sich allgemein auf Abgabe schädlicher Substanzen an die Umwelt (Engelfried 2011) und werden anhand der Substanzen, z.B. CO_2, im Metamodell abgebildet und in *Emissionsgruppen*, z.B. Abgase und Abwässer, zusammengefasst. Die *Emissionsentstehung* repräsentiert die tatsächliche Entstehung einer Emission unter Angabe der Menge und der Maßeinheit.

4.2.3 Evaluation: Anforderungserfüllung und Abgrenzung

Im Rahmen einer Evaluation des analytischen Fertigungsprozess-Metamodells auf konzeptioneller Ebene wird im Folgenden die Erfüllung der Anforderungen A_{R1}-A_{R4} (siehe Abschnitt 4.1) geprüft und anhand dieser Anforderungen eine Abgrenzung zu existierenden Metamodellen vorgenommen. Für die Abgrenzung und den Vergleich werden das MES-Datenmodell der DIN-Norm 62264 (DIN EN 62264), das Prozessmetamodel des Virtual Factory Data Model (Terkaj et al. 2012) sowie die Wertstrom-Modellierung (Erlach 2010) herangezogen. Das MES-Datenmodell wurde bereits in Abschnitt 2.3.1 beschrieben und beinhaltet ein umfassendes Metamodell für Fertigungsprozesse mit speziellem Fokus auf Feinplanung und -steuerung. Das Virtual Factory Data Model integriert eine Vielzahl an fertigungsspezifischen Metamodellen, u.a. das MES-Datenmodell und den STEP-Standard für Produktdaten (ISO 10303-238), um ein ganzheitliches Metamodell für die virtuelle Fabrik zu definieren. Die Wertstrom-Modellierung stellt einen etablierten Modellierungsansatz zur Repräsentation von Fertigungsprozessen und zugehörigen Material- und Informationsflüssen dar.

Allgemeine Anwendbarkeit (A_{R1})

Um die allgemeine Anwendbarkeit (A_{R1}) des Fertigungsprozess-Metamodells zu evaluieren, wird untersucht, inwiefern die Modellierungskonstrukte des Metamodells konzeptionell die Abbildung der Kernmerkmale unterschiedlicher Typen von Fertigungsprozessen ermöglichen. In Anlehnung an (Louis 2009, Buzacott et al. 2013) werden allgemein drei Grundtypen von Fertigungsprozessen unterschieden: Massenfertigungsprozesse, Einzelfertigungsprozesse und Serienfertigungsprozesse (siehe Abbildung 27). Diese werden im Folgenden kurz hinsichtlich ihrer Organisationsform, des Wiederholungs- und Automatisierungsgrades sowie des Kundenbezugs dargestellt, um anschließend deren Modellierung mit dem Fertigungsprozess-Metamodell zu beschreiben.

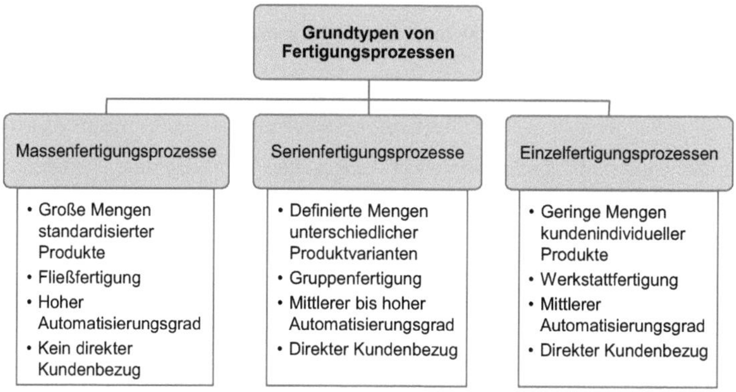

Abbildung 27: Grundtypen von Fertigungsprozessen

- *Massenfertigungsprozesse* fokussieren auf die Herstellung großer Mengen standardisierter Produkte. Die Organisation basiert auf einer Fließfertigung nach dem Objektprinzip mit nicht-variablem, linearem Materialfluss und einem hohen Automatisierungsgrad. Manuelle Tätigkeiten fokussieren auf die Steuerung von Maschinen. Die einzelnen Fertigungsschritte sind typischerweise durch automatisierte, sequenzielle Transportschritte miteinander verknüpft. Die Herstellung erfolgt meist für den anonymen Massenmarkt, ohne direkten Kundenbezug.
- Bei *Einzelfertigungsprozessen* geht es im Gegensatz zu Massenfertigungsprozessen um die kundenindividuelle Herstellung von Produkten. Die Organisation basiert auf einer flexiblen Werkstattfertigung zur Herstellung geringer Mengen kundenangepasster Produkte mit mittlerem Automatisierungsgrad und höherem Anteil manueller Tätigkeiten. Dementsprechend sind die Betriebsmittel funktional, d.h. nach dem Verrichtungsprinzip, auf dem Shop Floor

zusammengefasst und erfordern umfangreiche Transportschritte und Zwischenlager. Hierbei geht es um eine Herstellung mit direktem Kundenbezug.

- *Serienfertigungsprozesse* stellen eine Mischform von Einzel- und Massenfertigungsprozessen dar und fokussieren auf die kundenbezogene Herstellung von ähnlichen Produkten, d.h. Produktvarianten, in definierten Losgrößen bzw. Serien. Zu diesem Zweck erfolgt die Organisation gemäß einer Gruppenfertigung mit mittlerem bis hohem Automatisierungsgrad und direktem Kundenbezug. Serienfertigungsprozesse auf der Basis der Fließfertigung werden aufgrund ihrer Ähnlichkeit mit Massenfertigungsprozessen hier nicht getrennt betrachtet. Die Gruppenfertigung fasst Betriebsmittel für unterschiedliche Prozessschritte in Gruppen zusammen, die intern nach dem Objektprinzip und untereinander nach dem Verrichtungsprinzip organisiert sind. Das Ziel ist hierbei die Vorteile der Fließ- und Werkstattfertigung zu kombinieren und den Transportaufwand zu beherrschen.

Mit Blick auf Massenfertigungsprozesse ermöglicht das analytische Fertigungsprozess-Metamodell die direkte Repräsentation einer Fließfertigung durch eine lineare Verknüpfung von *Fertigungsschritten* und *Transportschritten* mittels *Sequenz-* und *Splitt-Gateways*. Verzweigte Materialflüsse, z.B. für Qualitätsprüfungen und ggf. erforderliche Nacharbeitsschritte, können durch eine Kombination von *Verzweigungs- bzw. Auswahl-Gateways* und *Prüfschritten* abgebildet werden. *Maschinen*, *Fertigungshilfsmittel* und *Transportmittel* ermöglichen in diesem Rahmen die Abbildung des hohen Automatisierungsgrades der Prozessschritte, speziell zur Modellierung verketteter Produktionslinien. Zur Abbildung des Maschineneinsatzes bei Massenfertigungsprozessen spielen *Betriebsmittelkonfigurationen* und *-rückmeldungen* des Metamodells eine wesentliche Rolle. Manuelle Tätigkeiten bei Massenfertigungsprozessen, insbesondere zur Maschinenbedienung, werden durch *Mitarbeiter* im Metamodell repräsentiert. Da bei Massenfertigungsprozessen kein direkter Kundenbezug vorliegt, wird mittels des *Kunden* im Metamodell eine interne Organisationseinheit des Unternehmens repräsentiert.

Einzelfertigungsprozesse fokussieren auf die Herstellung kundenindividueller Produkte, so dass jeder Einzelfertigungsprozess typischerweise mittels eines separaten *Fertigungsprozesses* im Fertigungsprozess-Metamodell repräsentiert wird. Die kundenindividuelle Produktdefinition kann im Metamodell durch *Features* beschrieben werden. Der *Fertigungsauftrag* ermöglicht die für Einzelfertigungsprozesse wesentliche Zuordnung von Prozess, Produkt und Kunde im Metamodell. Kundenaspekte, wie z.B. Kundenzufriedenheit, werden mittels des *Kunden* im Metamodell repräsentiert. Die bei einer Werkstattfertigung erforderlichen Zwischenlager können durch

Transportschritte abgebildet werden. Manuelle Tätigkeiten spielen bei Einzelfertigungsprozessen aufgrund des mittleren Automatisierungsgrades eine größere Rolle und werden im Metamodell durch *Mitarbeiter* und den *Mitarbeitereinsatz* abgebildet. Der Materialfluss zwischen Fertigungsschritten kann linear oder verzweigt erfolgen, wofür eine Verknüpfung von Prozessschritten mittels unterschiedlicher *Material-Gateways* im Metamodell möglich ist. Betriebsmittel für Fertigungsschritte werden ähnlich wie bei Massenfertigungsprozessen abgebildet.

Serienfertigungsprozesse fokussieren auf die Herstellung ähnlicher Produkte mit Kundenbezug, so dass sie im Metamodell mittels eines *Fertigungsprozesses* der unterschiedliche *Produkte* im Sinne von Produktvarianten herstellt, abgebildet werden können. Produktvarianten werden durch *Features* im Metamodell detailliert und die Zuordnung von Produkten, Prozessen und Kunden erfolgt im Metamodell durch den *Fertigungsauftrag*, der auch weitere Informationen, wie Losgrößen, umfasst. Die Herstellung von Produktvarianten in einem Fertigungsprozess führt im Metamodell zu einem verzweigten Materialfluss, der mittels unterschiedlicher Material-Gateways abgebildet wird. Im Rahmen der für Serienfertigungsprozesse typischen Gruppenfertigung kann der am Objektprinzip orientierte lineare Materialfluss, z.B. innerhalb einer Fertigungsinsel, mittels *Sequenz- und Split-Gateways* wie bei Massenfertigungsprozessen abgebildet werden. Die übergreifende Verknüpfung von Prozessschritten, z.B. zwischen unterschiedlichen Fertigungsinseln, basiert auf *Transportschritten* und kann mittels *Verzweigungs-Gateways* ähnlich wie bei Serienfertigungsprozessen repräsentiert werden.

Summa summarum ermöglicht das analytische Fertigungsprozess-Metamodell die Abbildung der Kernmerkmale von idealtypischen Massenfertigungsprozessen, Einzelfertigungsprozessen und Serienfertigungsprozessen. Diese drei Grundtypen repräsentieren typische Organisationsformen, Wiederhol- und Automatisierungsgrade sowie Arten des Kundenbezuges in der industriellen Fertigung. Konkrete Fertigungsprozesse im Einzelfall können folglich als Mischformen und Anpassungen dieser Grundtypen betrachtet werden (Louis 2009), so dass im Rahmen dieser konzeptionellen Evaluation die allgemeine Anwendbarkeit des analytischen Fertigungsprozess-Metamodells für unterschiedliche Typen von Fertigungsprozessen gemäß Anforderung A_{R1} nachgewiesen ist.

Hinsichtlich der drei betrachteten existierenden Ansätze zur Abgrenzung des analytischen Fertigungsprozess-Metamodells ist festzuhalten, dass das MES-Datenmodell, die Wertstrom-Modellierung und das Virtual Factory Data Model ebenfalls gemäß Anforderung A_{R1} allgemein anwendbar sind. Diese Ansätze fokussieren *nicht* auf bestimmte Branchen oder Unternehmensspezifika und ermöglichen die einzelfallübergreifende Modellierung unterschiedlicher Typen von Fertigungsprozessen.

Integration von Prozessfluss und Prozesssubjekten (A_{R2})

Die Integration von Prozessfluss und Prozesssubjekten (A_{R2}) ermöglicht die ganzheitliche Analyse eines Fertigungsprozesses über prozessorientierte und operative Daten. Das *analytische Fertigungsprozess-Metamodell* unterstützt aufgrund seiner aktivitätsorientierten Betrachtungsweise eine umfassende Abbildung des Prozessflusses im Sinne des Materialflusses durch die Verknüpfung von *Material-Gateways* und *Prozessschritten.* Es werden unterschiedliche Arten von Material-Gateways zur Repräsentation sequenzieller, paralleler und verzweigter Materialflüsse definiert, die unterschiedliche Arten von Prozessschritten verknüpfen. Damit ermöglicht das analytische Fertigungsprozess-Metamodell eine explizite Abbildung des Prozessflusses. Hinsichtlich der Prozesssubjekte werden im Fertigungsprozess-Metamodell Details zu *Produkten, Kunden, Betriebsmitteln, Mitarbeitern, Materialien* und *Lieferanten* als wesentliche Prozesssubjekte abgebildet. Bei Produkten geht es beispielsweise um Features, Kunden umfassen Details zur Kundenzufriedenheit, Betriebsmittel können hinsichtlich der Instandhaltungshistorie betrachtet werden und Materialien umfassen z.B. physikalisch-technische Materialeigenschaften. Die Prozesssubjekte werden durch ihre Zuordnung zum Prozessschritt bzw. der Prozessschrittinstanz im Metamodell mit dem Prozessfluss verknüpft. Durch diese umfassende Repräsentation von Prozesssubjekten und deren Integration mit dem Prozessfluss wird im analytischen Fertigungsprozess-Metamodell eine ganzheitliche Analyse des Fertigungsprozesses gemäß Anforderung A_{R2} möglich.

Das *MES-Datenmodell* bildet den Prozessfluss generisch über eine hierarchische Dekomposition des Produktes in Produktsegmente und zugehörige Prozesssegmente zu deren Herstellung ab. Damit erfolgt nur eine teilweise Repräsentation des eigentlichen Materialflusses im Gegensatz zum analytischen Fertigungsprozess-Metamodell, da verzweigte Prozessschrittstrukturen nicht direkt modelliert werden und eine ressourcen- statt eine aktivitätsorientierte Sicht auf den Fertigungsprozess eingenommen wird. Wie bereits in Abschnitt 2.3.1 dargestellt, sind zudem Details zu Prozesssubjekten im MES-Datenmodell nur rudimentär erfasst. Es geht hauptsächlich um Angaben zu Material, Betriebsmitteln, Mitarbeitern und Produkten. Detailangaben zu Kunden und Lieferanten fehlen beispielsweise. Die Anforderung A_{R2} wird infolgedessen vom MES-Datenmodell nicht erfüllt.

Das *Virtual Factory Data Model* erweitert das MES-Datenmodell um Details zu Prozesssubjekten, speziell zu Produkten, durch die Integration des STEP-Standards (ISO 10303-238). Lieferanten- und Kundendetails stehen jedoch nicht im Fokus. Der Prozessfluss ist zudem als Verfeinerung des MES-Datenmodells durch Vorgänger-Nachfolger-Beziehungen von Prozessschritten abgebildet, es mangelt jedoch an detaillierten Verzweigungsstrukturen im Vergleich zum analytischen Fertigungsprozess-Metamodell. Deswegen wird die Anforderung A_{R2} durch das Virtual Factory Data Model nur partiell erfüllt.

Der Schwerpunkt der *Wertstrom-Modellierung* liegt auf der detaillierten Abbildung des Prozessflusses. Es können parallele und verzweigte Strukturen mit Angaben zum Materialfluss ähnlich wie im analytischen Fertigungsprozess-Metamodell abgebildet werden. Es mangelt jedoch erheblich an einer Modellierung von Prozesssubjekten, speziell an Details zu Betriebsmitteln und Mitarbeitern, da es um eine Grobanalyse des Fertigungsprozesses als Wertstrom geht. Die Anforderung A_{R2} wird somit nicht erfüllt.

Kombination von Entwurfs- und Laufzeitperspektive (A_{R3})

Die Kombination von Entwurfs- und Laufzeitperspektive (A_{R3}) dient der gezielten Zusammenführung von Soll-Daten der Prozessplanung mit Ist-Daten der Prozessausführung, was eine explizite Modellierung der Modell- und Instanzebene erfordert. Das *analytische Fertigungsprozess-Metamodell* unterscheidet explizit zwischen Entwurfs- und Laufzeitaspekten, indem Details der Prozessplanung und der Prozessausführung separat modelliert und in Zusammenhang gesetzt werden. Der *Fertigungsprozess* als Modell beschreibt die Entwurfsperspektive mit den zugrundeliegenden *Prozessschritten* und *Ressourcengruppen*. Der *Fertigungsauftrag* steht für die Instanziierung des Modells in der Laufzeitperspektive und bildet die konkreten Ressourcen, z.B. bestimmte Mitarbeiter und bestimmte Maschinen, sowie den realisierten Materialfluss ab. Zusätzlich werden mengenmäßige und zeitliche Aspekte der Prozessausführung sowie *Betriebsmittelrückmeldungen*, *Emissionsentstehungen*, *Störungen* sowie *Verbrauchsstoffeinsätze* mit Bezug zur Fertigungsprozessinstanz und damit dem Fertigungsprozess modelliert, so dass eine umfassende Kombination von Entwurfs- und Laufzeitperspektive gemäß Anforderung A_{R3} ermöglicht wird.

Wie in Abschnitt 2.3.1 dargestellt, unterscheidet das *MES-Datenmodell* ebenfalls durchgehend zwischen Entwurfs- und Laufzeitaspekten, indem Details der Prozessausführung in einem sog. Produktionsleistungsmodell zusammengefasst werden. Das Produktionsleistungsmodell repräsentiert die Laufzeitperspektive und umfasst beispielsweise die tatsächlich verwendeten Ressourcen und eingesetzten Materialien sowie Betriebsmittelkonfigurationen. Über die Zuordnung des Produktionsleistungsmodells zu einer sog. Produktionsanforderung wird die Verknüpfung mit der Entwurfsperspektive im MES-Datenmodell sichergestellt, so dass die Anforderung A_{R3} erfüllt ist.

Im *Virtual Factory Data Model* liegt der Schwerpunkt auf Entwurfsaspekten, d.h. einer statischen, prozessplanungsorientierten Sicht auf die Elemente eines Prozesses. Laufzeitaspekte werden nur rudimentär über die Zuordnung von Kennzahlen zu Prozesselementen im sog. Performance-Management-Bereich des Models abgebildet. Es können z.B. unterschiedliche Kennzahlen für Prozessschritte und Ressourcen definiert werden, wobei Ist- und Soll-Werte unterschieden werden. Eine explizite Modellierung des Ablaufverhaltens eines Fertigungsprozesses steht nicht im Fokus des Virtual Factory Data Model, so dass die Anforderung A_{R3} nicht erfüllt wird.

Die *Wertstrom-Modellierung* fokussiert auf die Struktur des Fertigungsprozesses aus der Entwurfsperspektive. Laufzeitaspekte werden ähnlich dem Virtual Factory Data Model nur über Ist-Werte von Kennzahlen erfasst, die den Prozesselementen zugeordnet sind. Es mangelt an einer expliziten Unterscheidung von Modell- und Instanzebene, so dass die Anforderung A_{R3} nicht erfüllt wird.

Nachverfolgbarkeit von Prozessanpassungen (A_{R4})

Die Nachverfolgbarkeit von Prozessanpassungen (A_{R4}) dient der Abbildung der Prozessevolution und -verbesserung. Das analytische Fertigungsprozess-Metamodell ermöglicht einerseits eine Versionierung von Fertigungsprozessen mittels *Prozessversionen*, um die Weiterentwicklung und Anpassung des gesamten Fertigungsprozesses mit allen Schritten und Ressourcen im Zeitverlauf abzubilden. Zusätzlich können mittels *Prozessvarianten* ähnliche Fertigungsprozesse in Beziehung gesetzt und unabhängig voneinander versioniert werden, um unterschiedliche Evolutionspfade parallel abzubilden. Dies ermöglicht eine umfassende Nachverfolgung von Prozessanpassungen gemäß Anforderung A_{R4}.

Das *MES-Datenmodell* ermöglicht zwar die Versionierung ausgewählter Modellelemente, z.B. von Testspezifikationen. Eine umfassende Nachverfolgbarkeit von Anpassungen eines Fertigungsprozesses sowie die Abbildung unterschiedlicher Evolutionspfade ähnlicher Fertigungsprozesse werden nicht unterstützt, so dass die Anforderung A_{R4} nicht erfüllt ist.

Das *Virtual Factory Data Model* ist für eine Versionierung sämtlicher Modellelemente ausgelegt. Dies erfolgt jedoch nicht modellintegriert, wie im analytischen Fertigungsprozess-Metamodell, sondern erfordert den Virtual Factory Manager (Ghielmini et al. 2013) als externes Versionierungssystem. Damit wird die Anforderung A_{R4} nur partiell erfüllt.

Die *Wertstrom-Modellierung* umfasst kein Versionierungskonzept. Dies bleibt dem Anwender überlassen, so dass die Anforderung A_{R4} nicht erfüllt wird.

Zusammenfassung und Abgrenzung

Anhand der Analyse der Anforderungserfüllung wird gemäß Tabelle 4 zusammenfassend deutlich, dass sich das analytische Fertigungsprozess-Metamodell durch die umfassende Integration von Prozessfluss und Prozesssubjekten (A_{R2}), die Kombination von Entwurfs- und Laufzeitperspektive (A_{R3}) sowie die Nachverfolgbarkeit von Prozessanpassungen (A_{R4}) von den drei betrachteten Ansätzen abgrenzt. Sämtliche Ansätze sind allgemein für unterschiedliche Typen von Fertigungsprozessen anwendbar. Für das analytische Fertigungsprozess-Metamodell wurde dies explizit für Massen-, Einzel- und Serienfertigungsprozesse gezeigt. Damit eignet sich das analytische Fertigungsprozess-Metamodell für die Ableitung eines generischen multidimensionalen Datenmodells, wie es im folgenden Abschnitt dargestellt wird.

	Analytisches Fertigungsprozess-Metamodell	MES-Datenmodell (DIN EN 62264)	Virtual Factory Data Model	Wertstrom-Modellierung
Allgemeine Anwendbarkeit (A_{R1})	+	+	+	+
Integration von Prozessfluss und Prozesssubjekten (A_{R2})	+	-	o	-
Kombination von Entwurfs- und Laufzeitperspektive (A_{R3})	+	+	-	-
Nachverfolgbarkeit von Prozessanpassungen (A_{R4})	+	-	o	-

+/o/- Kriterium vollständig/teilweise/nicht erfüllt

Tabelle 4: Vergleich des analytischen Fertigungsprozess-Metamodells mit ähnlichen Ansätzen

Das MES-Datenmodell (DIN EN 62264) bietet keine modellintegrierte Unterstützung zur systematischen Nachverfolgung der Prozessevolution und -weiterentwicklung gemäß Anforderung A_{R4}. Außerdem führen die ressourcenorientierte Prozesssicht und die partielle Berücksichtigung von Details zu Prozesssubjekten zu einer insgesamt unzureichenden Integration von Prozessfluss und Prozesssubjekten gemäß Anforderung A_{R2}. Das Prozessmetamodel des Virtual Factory Data Model (Terkaj et al. 2012) ermöglicht eine Nachverfolgung der Prozessevolution gemäß Anforderung A_{R4}, erfordert jedoch den Virtual Factory Manager als zusätzliches Versionierungssystem. Zudem mangelt es an einer umfassenden Modellierung von Laufzeitaspekten gemäß

Anforderung A_{R3}, welche durch einfache Kennzahlen nicht ausreichend sichergestellt werden kann. Als Modellierungsansatz für Fertigungsprozesse unterstützt die Wertstrom-Modellierung (Erlach 2010) eine aktivitätsorientierte Prozesssicht ähnlich dem analytischen Fertigungsprozess-Metamodell. Es mangelt jedoch an einer Modellierung von Details zu Prozesssubjekten gemäß Anforderung A_{R2} sowie einer expliziten Modellierung von Entwurfs- und Laufzeitaspekten gemäß Anforderung A_{R3}, da der Fokus der Methode auf der Grobanalyse eines Fertigungsprozesses als Wertstrom liegt. Versionierungskonzepte sind mit Blick auf Anforderung A_{R4} ebenfalls nicht verfügbar.

4.3 Multidimensionales Datenmodell des Wissensrepository

Das multidimensionale Datenmodell des Wissensrepository stellt ein konzeptionelles Datenmodell zur Integration operativer und prozessorientierter Daten von Fertigungsprozessen dar und kann als generisches Datenmodell für ein ganzheitliches, fertigungsspezifisches Process Warehouse betrachtet werden. Das multidimensionale Datenmodell wird aus dem analytischen Fertigungsprozess-Metamodell abgeleitet und definiert eine generische Struktur aus Fakten und Dimensionen für die ganzheitliche, aktivitätsorientierte Analyse von Fertigungsprozessen.

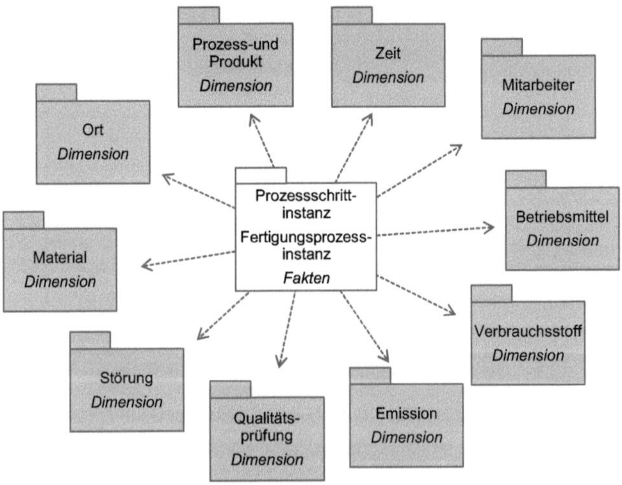

Abbildung 28: Multidimensionales Datenmodell des Wissensrepository als UML-Paketdiagramm

Abbildung 28 zeigt das multidimensionale Datenmodell im Überblick. Die hierbei verwendete Notation orientiert sich am UML-basierten Ansatz nach (Luján-Mora et al. 2002). Im Folgenden werden die Fakten und Dimensionen im Rahmen einer konzeptionellen Betrachtung beschrieben. Attribute der Dimensionen werden hierbei nicht detailliert, da sich diese im Einzelfall aus den verfügbaren Quelldaten ergeben und der Fokus des Modells auf einer allgemeingültigen Struktur für unterschiedliche Typen von Fertigungsprozessen entsprechend Anforderung A_{R1} (siehe Abschnitt 4.1) liegt. Aspekte, welche eine Umsetzung des Datenmodells auf logischer Ebene betreffen, stehen ebenfalls nicht im Vordergrund.

4.3.1 Fakten

Wie in Abschnitt 2.2.3 beschrieben, stellen Fakten die zentralen Objekte der Analyse dar. Ausgehend von einer aktivitätsorientierten Prozesssicht ergeben sich die Fakten der Prozessschrittinstanz sowie der Fertigungsprozessinstanz anhand des Fertigungsprozess-Metamodells als zentrale Fakten des multidimensionalen Datenmodells des Wissensrepository. Die im Folgenden genannten Kennzahlen der Fakten stellen keine abschließende Auswahl dar, sondern sind vielmehr als eine grundlegende Darstellung zu betrachten und im Einzelfall um spezifische Kennzahlen zu ergänzen, wobei Plan-Kennzahlen sowie Ist-Kennzahlen zu berücksichtigen sind.

Die *Prozessschrittinstanz* stellt das granulare Fakt für eine aktivitätsorientierte Analyse der Ausführung eines Fertigungsprozesses dar. Das Fakt umfasst als grundlegende Kennzahlen die Ausführungszeiten und Ergebnismengen der Prozessschrittinstanz entsprechend des Metamodells. Dies sind Pausen-, Störungs-, und Bearbeitungszeiten, der Zeitpunkt des Beginns und des Endes sowie die Gut-, Nacharbeits- und Ausschussmenge des Prozessschrittes gemäß (VDMA 66412-1). Zusätzlich sind weitere Kennzahlen, wie Prozessschrittkosten, denkbar. Das Fakt der Prozessschrittinstanz definiert die granulare Ebene des multidimensionalen Datenmodells. Eine feingranularere Modellierung auf der Grundlage einzelner Ereignisse im Sinne von Zustandsübergängen eines Prozessschrittes ist ergänzend möglich. Da ereignisbasierte Fakten für die in dieser Arbeit konzipierten Analysedienste nicht relevant sind, sei für eine weitergehende Betrachtung ereignisbasierter Fakten auf (Gröger 2011) verwiesen.

Die *Fertigungsprozessinstanz* umfasst als eigenständiges Fakt prozessbezogene Kennzahlen, speziell grundlegende Mengen- und Zeitkennzahlen gemäß (VDMA 66412-1) zur Ausführung des gesamten Fertigungsprozesseses. Es geht beispielsweise um die Durchlaufzeit sowie die Gut-, Nacharbeits- und Ausschussmenge des gesamten Prozesses. Darüber hinaus sind weitere prozessbezogene Kennzahlen, wie z.B. Termintreue und Prozesskosten, denkbar (siehe zu weiteren prozessbezogenen Kennzahlen (Schmelzer und Sesselmann 2008)).

Das Prüfergebnis, der Material- und Verbrauchsstoffeinsatz, die Emissionsentstehung sowie der Mitarbeiter- und Betriebsmitteleinsatz umfassen ebenfalls Kennzahlen. Sie werden im multidimensionalen Datenmodell des Wissensrepository jedoch nicht als Fakten, sondern als Dimensionselemente betrachtet, da sie einen beschreibenden Charakter mit Blick auf die Fertigungsprozessinstanz und die Prozessschrittinstanz haben. Dies betrifft nur die konzeptionell-multidimensionale Interpretation des Fertigungsprozess-Metamodells und stellt keine grundlegende Einschränkung für Analysen dar, da sämtliche Elemente, unabhängig von ihrer Interpretation als Fakt oder Dimension, im Datenmodell enthalten sind und damit in Analysen berücksichtigt und kombiniert werden können.

4.3.2 Dimensionen

Dimensionen stellen beschreibende Sichten auf Fakten dar und ergeben sich aus den Klassen des Metamodells, die mit den die Fakten repräsentierenden Klassen assoziiert sind. Im Folgenden werden die Dimensionen ausgehend vom Prozessschrittinstanz-Fakt als granularem Fakt beschrieben. Die einzelnen Dimensionsstufen leiten sich somit direkt aus den mit der Prozessschrittinstanz assoziierten Klassen des Metamodells ab. Abbildung 29 stellt die Dimensionen dar, wobei aus Vereinfachungsgründen Details aus dem Metamodell, z.B. Vererbungsstrukturen sowie Multiplizitäten innerhalb der Dimensionen, nicht abgebildet sind. Die Pfeilrichtung einer Assoziation gibt die Aggregationsrichtung innerhalb einer Hierarchie an.

Die *Prozess- und Produktdimension* beschreibt eine umfassende Dimensionshierarchie. Gemäß des Metamodells ergibt sich eine parallele, verzweigte Hierarchie über die *Fertigungsprozessinstanz, die Material-Gateway-Instanz* und den *Prozessschritt.* Es erfolgt eine Hierarchisierung über das *Produkt* sowie die *Prozessversion* bis hin zum *Fertigungsprozess* und dem *Kunden.*

Die *Ortsdimension* enthält ebenfalls den *Prozessschritt* als Dimensionselement und aggregiert dann über den *Arbeitsbereich* bis zur *Betriebsstätte*, um die örtlichen Aspekte der Prozessausführung in einer separaten Dimension zusammenzufassen.

Die *Materialdimension* umfasst den *Materialeinsatz*, das *Materiallos* sowie den *Lieferanten*, das *Material* und die Materialgruppe als Dimensionselemente. Über die Assoziation von Material und Prozessschritt ist eine Verknüpfung mit der Orts- sowie der Prozess- und Produktdimension möglich.

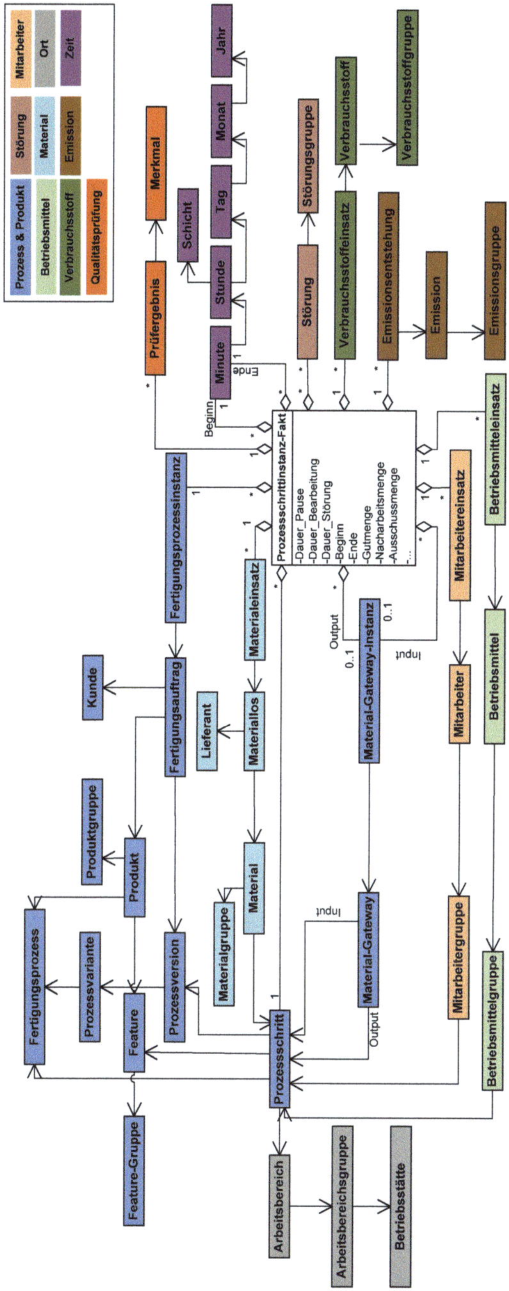

Abbildung 29: Dimensionen zum Prozessschrittinstanz-Fakt als UML-Klassendiagramm

Die *Störungsdimension* umfasst die *Störung* sowie eine Hierarchie über die *Störungsgruppe*. Die *Qualitätsprüfungsdimension* baut auf dem *Prüfergebnis* auf und hierarchisiert über das geprüfte *Merkmal*. Die *Verbrauchsstoffdimension* bzw. die *Emissionsdimension* bilden den *Verbrauchsstoffeinsatz* bzw. die *Emissionsentstehung* ab und bilden eine Hierarchie bis zur *Emissions-* bzw. *Verbrauchsstoffgruppe* entsprechend des Metamodells.

Die *Mitarbeiterdimension* bzw. die *Betriebsmitteldimension* bildet eine Hierarchie über die *Mitarbeitergruppe* bzw. die *Betriebsmittelgruppe* und stellt über die Assoziation mit dem Prozessschritt eine Verknüpfung zur Prozess- und Produktdimension sowie zur Ortsdimension her. Das Qualifikationsprofil eines Mitarbeiters sowie die Instandhaltungshistorie von Betriebsmitteln stellen keine Dimensionselemente im Sinne von Hierarchiestufen dar, sondern bilden Details zu den Dimensionselementen Betriebsmittel und Mitarbeiter ab. Dies gilt auch für die Betriebsmittelkonfiguration und -rückmeldung im Rahmen des Betriebsmitteleinsatzes.

Die *Zeitdimension* aggregiert über *Minuten*, *Stunden*, *Schichten*, *Tage*, *Monate* und *Jahre*. Hinsichtlich des Prozessschrittinstanz-Fakts gilt dies für den Beginn und das Ende der Prozessschrittinstanz. Verfeinerte Hierarchien, beispielsweise mit Quartalen und Wochentagen, sind in (Gröger 2011) dargestellt.

Die aufgeführten Dimensionen und deren Elemente integrieren folglich entsprechend des Metamodells Aspekte des Prozessflusses mit Aspekten der Prozesssubjekte und ermöglichen damit eine ganzheitliche Analyse prozessorientierter und operativer Daten gemäß Forschungsanforderung FA_{11}.

Hinsichtlich der Historisierung von Dimensionselementen ermöglicht die Prozessversion, wie in Abschnitt 4.2.3 dargestellt, die Historisierung von Änderungen des Fertigungsprozesses, die für das Wissensrepository entsprechend Anforderung A_{R4} (siehe Abschnitt 4.1) zentral ist. Die Historisierung der übrigen Dimensionselemente wird hier nicht weiter betrachtet. Sie kann durch eine ergänzende Modellierung mit Standardtechniken, z.B. mit Zeitstempeln zu den jeweiligen Klassen, realisiert werden (siehe zur Historisierung (Totok 2013)).

4.3.3 Generizität und Anwendung im Einzelfall

Das multidimensionale Datenmodell des Wissensrepository stellt ein generisches Datenmodell für die ganzheitliche, aktivitätsorientierte Analyse eines Fertigungsprozesses mit allen Schritten und Ressourcen dar. Die Generizität bezieht sich auf drei Kernaspekte:

- die Unabhängigkeit von einem *konkreten Fertigungsprozess*,
- die Unabhängigkeit von *konkreten Quelldaten und Quellsystemen* sowie

- die Unabhängigkeit von *konkreten Analyseverfahren und -technologien*, wie OLAP und Data Mining.

Dieser generische Charakter des Datenmodells ermöglicht die Definition generischer Analyseverfahren und generischer Benutzerschnittstellen im Rahmen der AdMA-Plattform und adressiert damit die Forschungsanforderung FA_{42}, um die AdMA-Plattform einzelfallunabhängig und allgemein anwendbar zu machen.

Eine Anwendung des Datenmodells zur Realisierung der AdMA-Plattform im Einzelfall führt zu einer Verfeinerung und Konkretisierung des Datenmodells. Dies umfasst insbesondere die Auswahl von relevanten Dimensionen und Dimensionselementen sowie die Definition von Dimensionsattributen und Kennzahlen, die anhand konkreter Quelldaten bereitgestellt werden. Dies wird im Rahmen der prototypischen Implementierung und Evaluation in Kapitel 8 anhand des Praxisbeispiels dargestellt.

4.4 Artefakt-Modell

Das Artefakt-Modell definiert auf konzeptioneller Ebene Analyseergebnisse und (unstrukturierte) Dokumente im Sinne von Artefakten, die im Wissensrepository verwaltet und im Folgenden beschrieben werden. Die Verknüpfung von Artefakten mit dem multidimensionalen Datenmodell sowie die Verknüpfung von Artefakten untereinander werden in den Abschnitten 4.5 und 4.6 detailliert. Die Repräsentation und Speicherung der Artefakte auf logischer Ebene sind Gegenstand des Abschnitts 4.6.1. Abbildung 30 zeigt das Artefakt-Modell als UML-Klassendiagramm.

Analyseergebnisse

Die im Artefakt-Modell definierten Typen von Analyseergebnissen ergeben sich aus der Untersuchung grundlegender Analysetechnologien zur Realisierung deskriptiver, prädiktiver und präskriptiver Analyseverfahren. Damit wird die allgemeine Anwendbarkeit des Artefakt-Modells gemäß Anforderung AR_5 sichergestellt. Außerdem werden die einzelnen identifizierten Analyseergebnisse im Artefakt-Modell entsprechend Anforderung AR_6 als eigenständige Artefakte modelliert. Mit Blick auf deskriptive Verfahren stellen OLAP-Ansätze und Berichtsysteme die zentralen Analysetechnologien dar, woraus sich Kennzahlen sowie Berichte als Typen von Analyseergebnissen ableiten.

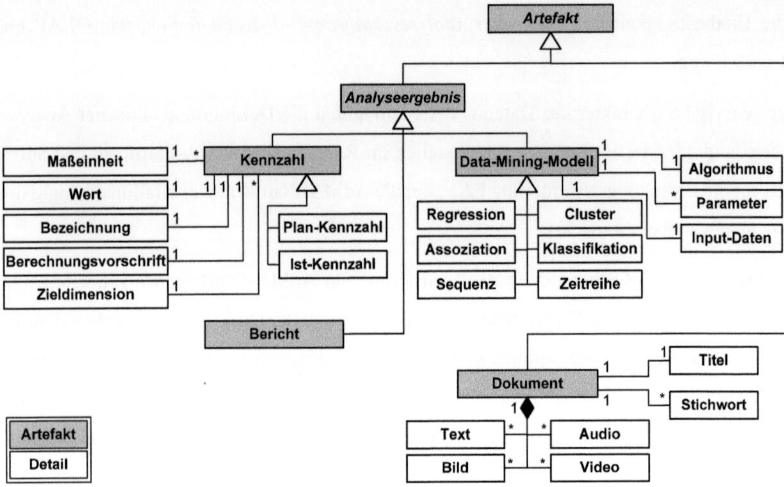

Abbildung 30: Artefakt-Modell als UML-Klassendiagramm (in Anlehnung an (Gröger et al. 2014c), © 2014 Scitepress)

Kennzahlen stellen im Allgemeinen quantifizierbare Prozesscharakteristika dar (Erlach 2010, Kämpf 2007) und umfassen neben einer *Maßeinheit* einen *Wert,* eine *Bezeichnung*, eine *Berechnungsvorschrift*. Hierbei sind Kennzahlen einer *Zieldimension* der Fertigung, wie z.B. Zeit, Qualität oder Kosten, zugeordnet. Außerdem werden *Plan-Kennzahlen* und *Ist-Kennzahlen* unterschieden. Letztere geben tatsächlich ermittelte Werte, z.B. aus der Prozessausführung, an, erstere definieren zu erreichende Ziel- bzw. Grenzwerte, die z.B. in der Prozessplanung definiert werden (siehe für eine allgemeine Darstellung von Kennzahlen Abschnitt 2.1.4). Ein Beispiel für eine Ist-Kennzahl aus der Qualitätsdimension ist die Ist-Qualitätsrate (VDMA 66412-1), die sich aus dem Quotienten der Gutmenge und der produzierten Menge eines Fertigungsprozesses ergibt. Es ist anzumerken, dass Kennzahlen sowohl als eigenständige Artefakte als auch als Fakten des multidimensionalen Datenmodells relevant sind und dementsprechend auf logischer Ebene unterschiedlich umgesetzt werden können (siehe Abschnitt 4.6.1).

Berichte umfassen eine Zusammenstellung von Kennzahlen (Kemper et al. 2010) und können beispielsweise durch einen Titel beschrieben werden. Ein Bericht gibt z.B. Auskunft über die realisierten Qualitätsraten eines Fertigungsprozesses in einem gewissen Zeitraum. Berichte sind typische Ergebnistypen deskriptiver Analyseverfahren und werden in dieser Arbeit nicht weiter betrachtet, da der Schwerpunkt auf prädiktiven und präskriptiven Verfahren liegt. Infolgedessen werden keine Details zu Berichten im Artefakt-Modell dargestellt.

Wesentliche Analysetechnologien zur Realisierung prädiktiver und präskriptiver Analyseverfahren sind Data Mining und Process Mining sowie Simulations- und Expertensystem-Ansätze (siehe Abschnitt 2.2.5). Letztere stehen aufgrund ihres modellgetrieben Charakters nicht im Vordergrund. Folglich stellen Data-Mining-Modelle, z.B. Entscheidungsbäume und künstliche neuronale Netze, die wesentlichen Analyseergebnisse prädiktiver und präskriptiver Verfahren dar. Simulationsmodelle sowie Wissensbasen von Expertensystemen können in einer weiteren Ausbaustufe des Artefakt-Modells als weitere Typen von Analyseergebnissen ergänzt werden.

In Anlehnung an (Han et al. 2012) können *Regressionsmodelle*, *Assoziationsmodelle*, *Sequenzen*, *Clustermodelle*, *Klassifikationsmodelle* und *Zeitreihen* als typische Arten von *Data-Mining-Modellen* unterschieden werden. Ein Data-Mining-Modell wird durch einen bestimmten *Algorithmus*, z.B. den C4.5-Algotihmus (Quinlan 1993) für die Entscheidungsbaumgenerierung, erstellt und umfasst eine Menge an *Parametern*, z.B. Pruning-Parameter, die teilweise algorithmusspezifisch sind. Zudem erfolgt eine Angabe über die zur Erstellung des Data-Mining-Modells verwendeten *Input-Daten*. Diese Input-Daten können beispielsweise als Filter über die im multidimensionalen Datenmodell des Wissensrepository abgelegten Daten, z.B. mittels einer SQL-Anfrage, spezifiziert werden.

Aufgrund der Vielzahl an Analysetechnologien erhebt die aufgeführte Modellierung der Analyseergebnisse keinen Anspruch auf Vollständigkeit. Sie dient der Definition grundlegender Typen von Analyseergebnissen, die im Rahmen der Analysedienste der AdMA-Plattform relevant sind. Eine flexible Erweiterung um zusätzliche Typen von Analyseergebnissen ist möglich und wird im Rahmen des Integrationskonzepts des Wissensrepository (siehe Abschnitt 4.5) berücksichtigt.

Dokumente

Dokumente repräsentieren die unstrukturierten Daten des Wissensrepository im Sinne von Content in Content-Management-Systemen (siehe Abschnitt 3.2). Wie im Artefakt-Modell dargestellt, umfassen Dokumente als multimediale Artefakte beliebige Kompositionen von *Text-*, *Bild-*, *Audio-* und *Videokomponenten*. Damit wird eine flexible, inhaltsunabhängige Repräsentation von Dokumenten, z.B. unabhängig ob Fehlerbericht oder Foto, entsprechend Anforderung AR7 möglich. Zusätzlich werden Dokumente durch eine Menge an dokumentorientierten Metadaten beschrieben. Exemplarisch sind im Artefakt-Modell der *Titel* sowie *Schlagwörter* aufgeführt. Weitere allgemeine Metadaten ergeben sich beispielsweise aus dem Content-Management-Interoperability-Services-Standard (CMIS-Standard) (OASIS 2012).

4.5 Konzept der prozessorientierten Artefakt-Integration

Die Integration strukturierter und unstrukturierter Daten im Wissensrepository basiert auf einer Verknüpfung von Artefakten mit operativen und prozessorientierten Daten. Dokumente und Analyseergebnisse des Artefakt-Modells werden dementsprechend mit im Fertigungsprozess-Metamodell bzw. im multidimensionalen Datenmodell definierten Elementen eines Fertigungsprozesses, wie beispielsweise Maschinen und Mitarbeitern, verknüpft, um eine flexible und prozessorientierte Artefakt-Integration und -verwaltung zu ermöglichen. Dieses Integrationskonzept orientiert sich am Ansatz der linkbasierten Integration (Rahm et al. 2005, Inmon und Nesavich 2008) und wird im Folgenden auf konzeptioneller Ebene vorgestellt. Die technische Detaillierung auf logischer und physischer Ebene ist Gegenstand von Abschnitt 4.6 und Kapitel 5. Es ist anzumerken, dass es nicht um die Erweiterung des Artefakt-Modells oder des multidimensionalen Datenmodells mit Integrationsaspekten geht, sondern die Entwicklung eines eigenständigen Integrationskonzepts im Vordergrund steht, das unabhängig von den konkreten Elementen der beiden konzeptionellen Modelle ist.

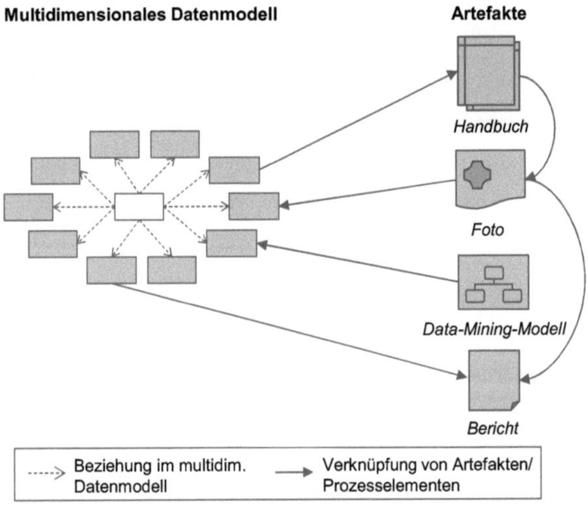

Abbildung 31: Konzept der prozessorientierten Artefakt-Integration

Im Allgemeinen können Artefakte sowohl mit Elementen des Fertigungsprozesses als auch untereinander verknüpft werden (siehe Abbildung 31). Verknüpfungen sind gerichtete, binäre Beziehungen zwischen Elementen, wobei ein Element mit beliebig vielen Elementen verknüpft sein kann. Die Verknüpfung erfolgt auf der Instanzebene, d.h. einzelne Instanzen des Artefakt-Modells, z.B. ein konkretes Data-Mining-Modell, sowie Instanzen des multidimensionalen Datenmodells, z.B. ein konkreter Mitarbeiter, werden verknüpft. Mit Blick auf eine prozessorientierte Artefakt-Integration wird folgend die Verknüpfung ausgewählter Artefakte mit Bezug zum Fertigungsprozess-Metamodell auf konzeptioneller Ebene beschrieben. Es geht um eine beispielhafte Beschreibung von Verknüpfungen, um die Grundidee des Integrationskonzepts aus Anwendersicht darzustellen.

Bei der Verknüpfung von *Kennzahlen* wird zwischen Plan- und Ist-Kennzahlen unterschieden. Plan-Kennzahlen beziehen sich typischerweise auf Elemente der Entwurfsperspektive, wie z.B. einen Prozessschritt oder einen Fertigungsprozess, um Soll-Werte für die Prozessausführung, wie z.B. Soll-Durchlaufzeiten, zu definieren. Ist-Kennzahlen resultieren aus der Prozessausführung und sind folglich mit Elementen der Laufzeitperspektive, z.B. einer Fertigungsprozessschrittinstanz, verknüpft. Die Aggregation von Ist-Kennzahlen, z.B. im Rahmen der Durchschnittbildung, führt zusätzlich zu einer Verknüpfung mit Elementen der Entwurfsperspektive, z.B. zur Angabe der durchschnittlichen Durchlaufzeit eines Fertigungsprozesses.

Data-Mining-Modelle beschreiben Zusammenhänge zwischen einer Menge von Elementen, z.B. im Rahmen einer Gruppenbildung von Maschinen nach unterschiedlichen Attributen. Folglich sind Data-Mining-Modelle häufig mit gruppierenden Elementen der Entwurfsperspektive, wie Betriebsmittelgruppen oder Mitarbeitergruppen verknüpft. Sind einzelne Elemente, wie einzelne Maschinen oder einzelne Mitarbeiter, in einem Data-Mining-Modell besonders relevant, kann das Data-Mining-Modell mit diesen zusätzlich verknüpft werden.

Die Verknüpfung von *Dokumenten* ist vielfältig und hängt vom Inhalt des Dokuments ab. Arbeitsanweisungen können beispielsweise mit Elementen der Entwurfsperspektive, z.B. Prozessschritten, verknüpft werden. Auch eine Verknüpfung von Maschinenhandbüchern mit Maschinengruppen oder einzelnen Maschinen ist denkbar. Aus der Prozessausführung resultierende Dokumente, wie beispielsweise Fehlerberichte, können mit der jeweiligen Fertigungsprozessinstanz oder der Prozessschrittinstanz verknüpft werden, auf die sie sich beziehen.

Diese beispielhaften Verknüpfungen machen deutlich, dass die Strukturen der Verknüpfungen von den Inhalten der einzelnen Artefakte und der Bedeutung der Verknüpfungen im Einzelfall abhängen. Die technische Umsetzung des Integrationskonzepts ist folglich flexibel zu gestalten, so dass die Verknüpfung von Artefakten unabhängig von ihrem Inhalt, d.h. unabhängig von der Art des Analyseergebnisses bzw. den Inhalten des Dokuments, erfolgt.

4.6 Integrationsarchitekturen

Zur technischen Umsetzung des multidimensionalen Datenmodells und des Artefakt-Modells sowie zur Realisierung des Ansatzes der prozessorientierten Artefakt-Integration auf logischer und physischer Ebene werden unterschiedliche Varianten von Integrationsarchitekturen für das Wissensrepository untersucht. In Abschnitt 4.6.1 wird die Umsetzung des multidimensionalen Datenmodells und des Artefakt-Modells auf logischer Ebene diskutiert. Dies stellt die Grundlage für die Definition von Architekturvarianten in Abschnitt 4.6.2 dar. Ein Vergleich und eine Bewertung der Architekturvarianten erfolgen schließlich in Abschnitt 4.6.3.

4.6.1 Speicherung auf logischer Ebene

Zur Umsetzung des *multidimensionalen Datenmodells* des Wissensrepository auf logischer Ebene kommen grundsätzlich relationale sowie proprietär multidimensionale Datenbanksysteme infrage (Albrecht et al. 2013d, Kemper et al. 2010). Relationale Datenbanksysteme besitzen einen hohen Standardisierungsgrad, speziell durch die Verwendung von SQL, erfordern jedoch eine Umsetzung des konzeptionell multidimensionalen Datenmodells auf relationale Konstrukte. Dies führt zu einem erhöhten Aufwand bei der Datenhaltung, der Anfrageverarbeitung und der Anfrageformulierung. Eine direkte Interaktion mit dem relationalen Data-Warehouse-Schema ist für Benutzer folglich wenig geeignet. Multidimensionale Datenbanksysteme ermöglichen dagegen eine nahezu direkte Umsetzung des konzeptionell multidimensionalen Datenmodells auf logischer Ebene und vereinfachen damit die Anfrageformulierung und -verarbeitung. Den hohen Anfragegeschwindigkeiten von multidimensionalen Datenbanksystemen stehen jedoch bei zunehmenden Datenvolumina und Benutzerzahlen Skalierbarkeitsprobleme gegenüber. Im Gegensatz dazu haben sich relationale Datenbanksysteme auch bei der Verwaltung großer Datenvolumina und hoher Benutzerzahlen bewährt. Aufgrund ihrer technischen Reife, Skalierbarkeit, Stabilität und Sicherheit sind relationale Datenbanksysteme im Data-Warehouse-Kontext etabliert, so dass eine relationale Umsetzung des multidimensionalen Datenmodells des Wissensrepository erfolgt. Die erhöhte Komplexität der Anfrageformulierung ist in diesem Zusammenhang weniger von Bedeutung, da der direkte Benutzerzugriff auf das Data-Warehouse-Schema nicht im Fokus der AdMA-Plattform steht. Wie in Abschnitt 2.2.3 dargestellt, finden für eine relationale Umsetzung meist Star- und Snowflake-Schemata Anwendung. Details der relationalen Implementierung des Wissensrepository stehen jedoch nicht im Vordergrund dieser Arbeit. Eine detaillierte Betrachtung der multidimensionalen Modellierung im relationalen Kontext findet sich in (Kimball und Ross 2013, Behme et al. 2013). Für eine weitergehende Diskussion relationaler und multidimensionaler Datenbanksysteme für Data-Warehouse-Ansätze sei auf (Kemper et al. 2010, Albrecht et al. 2013d) verwiesen.

Die im *Artefakt-Modell* definierten *Analyseergebnisse* sind auf logischer Ebene entsprechend Anforderung A_{R6} (siehe Abschnitt 4.1) so zu repräsentieren, dass der Austausch und die Weiterverarbeitung durch Analyseverfahren ermöglicht werden. Nachfolgend wird dementsprechend die logische Umsetzung der einzelnen Typen von Analyseergebnissen beschrieben.

Kennzahlen können entweder integriert mit dem multidimensionalen Datenmodell bzw. dessen relationaler Umsetzung in Faktentabellen oder unabhängig davon als separate, eigenständige Artefakte gespeichert werden. In beiden Fällen ist eine Weiterverarbeitung durch Analyseverfahren möglich. Die Speicherung im Rahmen des multidimensionalen Datenmodells ermöglicht eine direkte Analyse von Kennzahlen gemeinsam mit weiteren Daten des multidimensionalen Datenmodells, z.B. im Rahmen von Berichtssystemen und OLAP-Ansätzen, und stellt die typische Speicherung von Kennzahlen in Business-Intelligence-Anwendungen dar (Kemper et al. 2010). Ergänzende Kennzahlendetails, wie z.B. die Zieldimension und die Bezeichnung, sind im relationalen Schema umzusetzen (siehe zur relationalen Umsetzung konzeptioneller Datenmodelle allgemein (Kemper und Eickler 2013)). Um Kennzahlen als eigenständige Artefakte, unabhängig vom multidimensionalen Datenmodell zu repräsentieren, kann beispielsweise auf die Key-Performance-Indicator-Ontologie des Virtual Factory Data Model (Terkaj et al. 2012) zurückgegriffen werden. Die Ontologie unterscheidet Ist- und Soll-Kennzahlen für die Fertigung, die anhand ihrer Zieldimension, ihrer Maßeinheit und ihres Wertes beschrieben werden. Dies ermöglicht eine flexible Artefakt-Verknüpfung und einen direkten Export von Kennzahlen, z.B. im Ressource-Description-Framework-Format (RDF-Format), unabhängig vom multidimensionalen Datenmodell des Wissensrepository. Beide Ansätze sind grundsätzlich komplementär und können kombiniert werden. In dieser Arbeit wird von der Speicherung von Kennzahlen als Bestandteil von Fakten im multidimensionalen Datenmodell ausgegangen, da im Rahmen der vorgestellten Analysedienste eine Analyse der Kennzahlen mit weiteren Daten des multidimensionalen Datenmodells im Vordergrund steht. Die Repräsentation von Kennzahlen als separate, RDF-basierte Artefakte entsprechend der Key-Performance-Indicator-Ontologie ist zusätzlich möglich.

Bei *Data-Mining-Modellen* und *Berichten* geht es darum, sie in einem standardisierten Format unabhängig von herstellerspezifischen Data-Mining-Tools bzw. Berichtssystemen zu repräsentieren, um die Verarbeitung durch unterschiedliche Analyseverfahren zu gewährleisten. Mit Blick auf Data-Mining-Modelle existieren hierfür im Wesentlichen zwei Standards, das Data-

Mining-Paket des Common Warehouse Meta Model (Poole et al. 2003) sowie die Predictive Model Markup Language (PMML) (Data Mining Group 2013).

Beide Ansätze definieren ein hersteller- und toolunabhängiges Metamodell für Data-Mining-Modelle, inklusive Angaben zu Algorithmen und Parametern, sowie ein XML-basiertes Format für den Austausch. Das Data-Mining-Paket des Common Warehouse Meta Model unterstützt nur eine kleine Auswahl an Data-Mining-Modellen, wie z.B. Assoziations- und Clustermodelle. Darüber hinaus ist es aufgrund seiner Einbindung in die Struktur des Common Warehouse Meta Model komplex und wird nur in vergleichsweise wenigen Data-Mining-Tools implementiert. Im Gegensatz dazu ermöglicht PMML die Repräsentation sämtlicher im Artefakt-Modell definierter Arten von Data-Mining-Modellen und wird von einer großen Bandbreite an kommerziellen und freien Data-Mining-Tools unterstützt (Darmont und Boussaid 2006). Infolgedessen steht PMML für die XML-basierte Repräsentation von Data-Mining-Modellen im Rahmen des Wissensrepository im Vordergrund.

Berichte werden als Analyseergebnisse deskriptiver Verfahren, wie in Abschnitt 4.4 beschrieben, nicht detailliert betrachtet. Sie können XML-basiert, beispielsweise mittels der Extensible Business Reporting Language (XBRL) (Chamoni 2007), gespeichert werden, um eine hersteller- und toolunabhängige Verarbeitung zu ermöglichen. Aus der Sicht der logischen Speicherung werden Berichte im Wissensrepository folglich analog zu Data-Mining-Modellen im Wissensrepository umgesetzt, weswegen im weiteren Teil der Arbeit nicht mehr gesondert auf Berichte eingegangen wird.

Dokumente sind als Artefakte gemäß des Artefakt-Modells auf logischer Ebene per se unstrukturiert. Es lassen sich nur Metadaten, wie z.B. der Titel, sowie der eigentliche, potentiell multimediale Inhalt als zwei Bestandteile von Dokumenten unterscheiden. Demnach werden Dokumente im Rahmen des Wissensrepository allgemein als binäre Dateien betrachtet, die auch die entsprechenden Metadaten umfassen.

Summa summarum umfasst das Wissensrepository auf logischer Ebene drei Arten von Daten, deren Integration im folgenden Abschnitt behandelt wird:

- Relationale Daten zur Umsetzung des multidimensionalen Datenmodells und zur Speicherung von Kennzahlen
- XML-basierte Daten zur Speicherung von Analyseergebnissen, speziell von Data-Mining-Modellen und Berichten
- Binäre Daten zur Speicherung von Dokumenten

4.6.2 Architekturvarianten

Ausgehend von den im vorigen Abschnitt aufgeführten Datenarten des Wissensrepository werden Architekturvarianten im Sinne von Integrationsarchitekturen definiert, die den Ansatz der prozessorientierten Artefakt-Integration (siehe Abschnitt 4.5) auf logischer und physischer Ebene umsetzen.

Die Grundlage der Architekturvarianten bildet ein relationales Datenbanksystem zur Umsetzung des multidimensionalen Datenmodells in einem relationalen Data-Warehouse-Schema. Davon ausgehend können unstrukturierte Daten zu Analyseergebnissen und Dokumenten entweder *physisch kombiniert im relationalen Datenbanksystem* oder *föderiert in einem separaten Datenhaltungssystem* gespeichert werden. Außerdem können Verknüpfungen zur Artefakt-Integration grundsätzlich als *einfache Referenzen* oder als *informationsintensive Links* mit zusätzlichen Attributen behandelt werden. Die Verwendung von einfachen Referenzen bietet sich speziell im Rahmen einer kombinierten Datenhaltung an, da sämtliche Daten im relationalen Datenbanksystem gespeichert und direkt referenziert werden können. Davon ausgehend werden im Folgenden die *relationale Basisarchitektur* und die *linkbasierte Architektur* als idealtypische Architekturvarianten zur Implementierung des Wissensrepository betrachtet. Beide Varianten basieren auf dem Ansatz der linkbasierten Integration (Rahm et al. 2005, Inmon und Nesavich 2008), um eine Integration von strukturierten und unstrukturierten Daten, d.h. von relationalen Daten des Data-Warehouse-Schemas und binären sowie XML-basierten Daten zu Artefakten, zu ermöglichen. Eine allgemeine Betrachtung von verwandten Arbeiten zur Integration strukturierter und unstrukturierter Daten, z.B. hinsichtlich ontologiebasierter Ansätze, erfolgt in Kapitel 5.

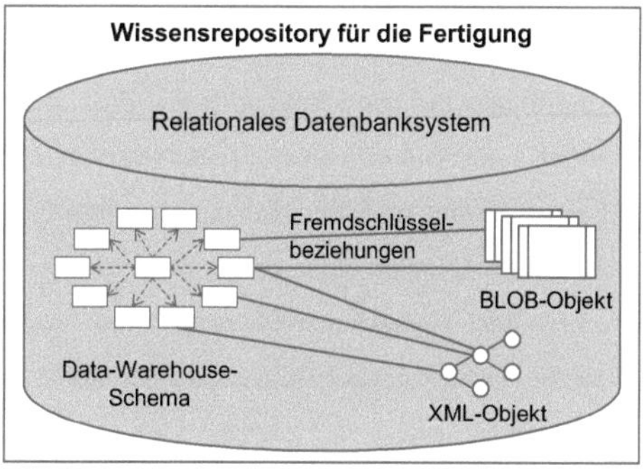

Abbildung 32: Relationale Basisarchitektur als Architekturvariante für das Wissensrepository

Die *relationale Basisarchitektur* (siehe Abbildung 32) gründet auf einer physisch kombinierten Datenhaltung sämtlicher Daten in einem zentralen relationalen Datenbanksystem und einer Verknüpfung auf der Grundlage einfacher Referenzen. Unter Nutzung erweiterter Funktionen von relationalen Datenbanksystemen werden binäre Daten zu Dokumenten als Binary Large Objects (BLOB-Objekt) und XML-Daten zu Analyseergebnissen als XML-Objekte gespeichert. Metadaten zu Dokumenten werden als relationale Attribute umgesetzt. Verknüpfungen werden als einfache Referenzen mittels Fremdschlüsselbeziehungen im relationalen Data-Warehouse-Schema realisiert. Fremdschlüsselbeziehungen verbinden damit Tupel, die Artefakte bzw. Prozesselemente repräsentieren.

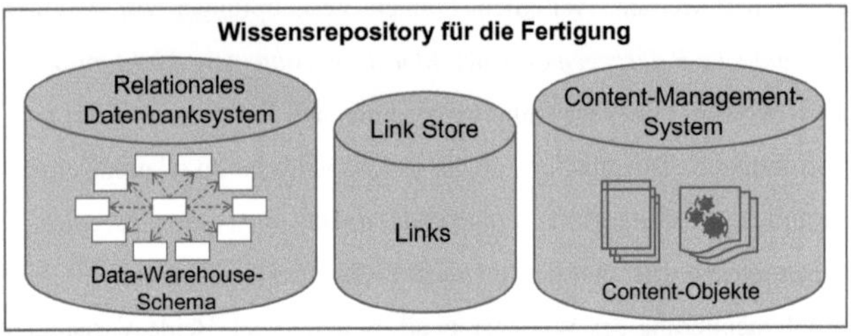

Abbildung 33: Linkbasierte Architektur als Architekturvariante für das Wissensrepository

Die *linkbasierte Architektur* (siehe Abbildung 33) verwendet in einem föderierten Ansatz ein separates Datenhaltungssystem zur Speicherung von Artefakten und nutzt informationsintensive Links als Verknüpfungen. Zur Speicherung von Artefakten wird ein Content-Management-System eingesetzt, da Content-Management-Systeme eine etablierte Technologie zur Speicherung und Verwaltung unstrukturierter Daten darstellen (Kampffmeyer 2007). Analyseergebnisse und Dokumente inklusive Metadaten werden folglich im Content-Management-System als Content-Objekte gespeichert. Verknüpfungen zwischen Artefakten und Prozesselementen im Data-Warehouse-Schema werden mittels informationsintensiver Links realisiert, die zusätzliche Informationen über die Beziehung der Elemente umfassen. Links stellen im Gegensatz zur relationalen Basisarchitektur eigenständige Entitäten dar, die in einem separaten Datenhaltungssystem, dem Link Store, unabhängig vom Content-Management-System und dem relationalen Datenbanksystem verwaltet werden (siehe für eine umfassende Betrachtung der linkbasierten Architektur, insbesondere des Link Store Kapitel 5).

4.6.3 Vergleich und Bewertung

Zur Bewertung der Architekturvarianten erfolgt ein relativer, qualitativer Vergleich anhand der folgenden Kriterien (siehe Tabelle 5):

- Die *Anfrageverarbeitung* bezieht sich auf die Komplexität der Verarbeitung von Anfragen über den integrierten Datenbestand des Wissensrepository, speziell bei der Kombination von Daten zu Artefakten mit Daten des Data-Warehouse-Schemas.
- Die *Verwaltung von Verknüpfungen* bezieht sich auf den Aufwand zur Speicherung und Konsistenzsicherung der Verknüpfungen.
- Der *Wartungsaufwand* bezieht sich auf den system- und datenbankadministratorischen Aufwand zur Wartung der Datenhaltungssysteme.
- Die *Funktionalitäten zur Artefakt-Verarbeitung* umfassen über die reine Speicherung hinausgehende Funktionalitäten der Datenhaltungssysteme zur Verarbeitung von Daten zu Artefakten.
- Die *Integrationstiefe* bezieht sich auf den Umfang der Einbeziehung zusätzlicher Informationen in die Verknüpfungen zur Artefakt-Integration.

Es ist anzumerken, dass der Vergleich eine konzeptionelle Vorteilhaftigkeitsbetrachtung der beiden Architekturvarianten darstellt, ohne detailliert technische Aspekte zu untersuchen. Das Ziel ist, das weitere Vorgehen und die Schwerpunkte der Arbeit zu definieren.

	Relationale Basisarchitektur	**Linkbasierte Architektur**
Anfrageverarbeitung	+	-
Verwaltung von Verknüpfungen	+	-
Wartungsaufwand	+	-
Funktionaltitäten zur Artefakt-Verarbeitung	-	+
Integrationstiefe	-	+

+/- Relativer Vor- /Nachteil

Tabelle 5: Vergleich der Architekturvarianten

Die Komplexität der *Anfrageverarbeitung* ist in der relationalen Basisarchitektur niedriger, da sämtliche Daten einheitlich über die standardisierte SQL-Schnittstelle des relationalen Datenbanksystems abgefragt werden können. Im Gegensatz dazu sind in der linkbasierten Architektur föderierte Anfragen über drei separate Datenhaltungssysteme zu kombinieren, wobei neben SQL zusätzliche Anfragesprachen Anwendung finden können.

Die *Verwaltung von Verknüpfungen* ist in der relationalen Basisarchitektur mit geringerem Aufwand möglich, da Fremdschlüsselbeziehungen als etablierte relationale Konstrukte einer automatischen Konsistenzsicherung unterliegen. Im Gegensatz dazu muss diese Konsistenzsicherung in der linkbasierten Architektur zusätzlich umgesetzt werden.

Mit Blick auf den *Wartungsaufwand* bringt die Verwendung eines zentralen Datenhaltungssystems in der relationalen Basisarchitektur Vorteile im Vergleich zu drei separaten Datenhaltungssystemen in der linkbasierten Architektur, z.B. mit Blick auf Datensicherungsprozeduren, die für sämtliche Daten durchzuführen sind.

Hinsichtlich der *Funktionalitäten zur Artefakt-Verarbeitung* beschränken sich die Funktionalitäten eines relationalen Datenbanksystems auf die Durchsuchung von XML-Objekten sowie die Volltextsuche in indexierten binären Dateien ausgewählter Formate (Eicker 2001), z.B. im Portable-Document-Format (PDF-Format) (ISO 19005). Die Funktionalitäten eines Content-Management-Systems in der linkbasierten Architektur gehen deutlich darüber hinaus und umfassen zusätzlich beispielsweise Funktionalitäten zur workflowbasierten Verarbeitung und Versionierung von Artefakten sowie zur Texterkennung (Kampffmeyer 2007) und ermöglichen damit eine umfassendere Artefakt-Verwaltung im Wissensrepository. Es geht beispielsweise um die Zusammenfassung und Versionierung mehrerer Dokumente als ein Artefakt sowie um Workflows zur Dokumentenfreigabe durch mehrere Benutzer (siehe zu Funktionalitäten von Content-Management-Systemen für die Verwaltung von Analyseergebnissen (Baars und Kemper 2008)).

Die *Integrationstiefe* ist in der linkbasierten Architektur höher, da Verknüpfungen zwischen Prozesselementen im Data-Warehouse-Schema und Artefakten nicht nur als einfache Referenzen, sondern als informationsintensive Links umgesetzt sind. Dementsprechend können differenzierte Verknüpfungen zwischen Artefakten und Prozesselementen abgebildet werden, um z.B. auszudrücken, dass ein Fehlerbericht (als Artefakt) die Ursache (als Information zur Verknüpfung) für eine Störung (als Prozesselement) erklärt.

Summa summarum ergibt sich, dass die relationale Basisarchitektur durch die Verwendung eines zentralen relationalen Datenbanksystems und die Umsetzung von Verknüpfungen als Fremdschlüssel Vorteile bei der Verknüpfungsverwaltung, der Wartung und der Anfrageverarbeitung besitzt und damit eine einfachere Implementierung ermöglicht. Anzumerken ist, dass es sich bei dem relationalen Datenbanksystem um ein *logisch* zentrales System handelt, das physisch auch verteilt sein kann, um die Skalierbarkeit zu gewährleisten. Im Gegensatz dazu bietet die linkbasierte Architektur durch den Einsatz eines Content-Management-Systems zusätzliche Funktionalitäten zur Artefakt-Verarbeitung und ermöglicht durch informationsintensive Links eine umfassendere inhaltliche Artefakt-Integration. Für die Evaluation und Bewertung der Gesamtplattform in dieser Arbeit spielt die gewählte Architekturvariante des Wissensrepository eine untergeordnete Rolle, da der Schwerpunkt auf der Anwendung prädiktiver und präskriptiver Analyseverfahren unter Nutzung des mobilen Prozess-Dashboard liegt. Einfache Referenzen für die Verknüpfung von Artefakten, speziell von Data-Mining-Modellen, sind dafür ausreichend. Infolgedessen findet die relationale Basisarchitektur im Rahmen der Evaluation der AdMA-Plattform (siehe Kapitel 8) Anwendung, um eine einfache prototypische Implementierung der Plattform zu ermöglichen. Die Konzeption, prototypische Implementierung und Evaluation der linkbasierten Architektur werden in Kapitel 5 separat dargestellt, um die Nutzung informationsintensiver Links für eine umfassende Integration strukturierter und unstrukturierter Daten zu untersuchen.

4.7 Verwandte Arbeiten und Abgrenzung

Die in diesem Abschnitt diskutierten verwandten Arbeiten beziehen sich auf die konzeptionelle Betrachtung des Wissensrepository für die Fertigung als Kombination aus fertigungsspezifischem Process Warehouse und Repository-orientierter Verwaltung von Dokumenten und Analyseergebnissen. Verwandte Arbeiten, welche die technische Umsetzung der Integrationsarchitektur und Alternativen zur Integration von strukturierten und unstrukturierten Daten behandeln, werden in Kapitel 5 untersucht. Dementsprechend werden im Folgenden zwei Gruppen von verwandten Arbeiten vorgestellt und anschließend abgegrenzt, nämlich einerseits fertigungsspezifische Wissensrepository- und andererseits fertigungsspezifische Process-Warehouse-Ansätze. Im Rahmen der Abgrenzung wird auch auf die Übertragbarkeit des Konzepts des Wissensrepository für die Fertigung eingegangen.

Fertigungsspezifische Wissensrepository-Ansätze

Ein Wissensrepository (engl. knowledge repository) stellt allgemein eine Datenhaltung zur Speicherung und Verwaltung von Wissen dar (Davenport und Prusak 2000). Wissen wird, wie in Abschnitt 2.2.1 dargestellt, allgemein als zweckorientierte Verknüpfung von Informationen, die wiederum kontextualisierte Daten darstellen, verstanden (Rehäuser und Krcmar 1996). Durch den Bezug des Wissens zum Fertigungsprozessmanagement (siehe Abschnitt 2.1.4) lassen sich die folgenden fertigungsspezifischen Wissensrepository-Ansätze identifizieren:

- *Wissensbasen von Expertensystemen* (Giarratano und Riley 2005, Liao 2005) umfassen je nach angewandtem Verfahren typischerweise formale Regeln, Fallstrukturen (engl. cases) oder formale Modelle für regelbasiertes, fallbasiertes oder modellbasiertes Schlussfolgern. Diese Wissensbasen stellen, im Gegensatz zu dem in dieser Arbeit entwickelten Wissensrepository für die Fertigung, anwendungsspezifische Datenbasen mit strukturierten Daten für eingegrenzte Problemstellungen dar. Im Kontext des Fertigungsprozessmanagements existiert eine Vielzahl an Expertensystem-Ansätzen, speziell für die Prozessplanung (Kiritsis 1995, Giovannini et al. 2012). Hervorzuheben ist der PICK-Ansatz (Fischer et al. 2000), der regel- und fallbasiertes Schlussfolgern zur Analyse von Störungen in Fertigungsprozessen kombiniert. Die Wissensbasis umfasst neben formalen Regeln und Fallstrukturen auch (unstrukturierte) Dokumente sowie Prozess- und Produktmodelle. Details zu Datenmodellen und Integrationsaspekten werden jedoch nicht dargestellt. In neueren Ansätzen, wie z.B. (Giovannini et al. 2012), werden Wissensbasen auch als Ontologien (Gruber 1993) formalisiert.

- Ansätze zur *ontologiebasierten Datenintegration* (Wache et al. 2001, Noy 2004) und *semantischen Suche* (Mangold 2007a) verwenden Ontologien als Schema für eine oder mehrere Datenquellen und bilden im weiteren Sinne ein Wissensrepository. Es geht insbesondere um semantische Anfragen und Schlussfolgerungen über den Daten. Mit Blick auf fertigungsorientierte Ansätze ist der Ansatz nach (Mazumdar et al. 2012) zu nennen, der eine semantische Suche von Dokumenten aus der Fertigung, beispielsweise von Prüfprotokollen und Produktdatenblättern, ermöglicht und folglich ausschließlich unstrukturierte Daten berücksichtigt. Ein erweiterter Ansatz zur Einbeziehung strukturierter Daten in die semantische Suche von Dokumenten wird in (Mangold 2007b) dargestellt. Der Aletheia-Ansatz (Wauer et al. 2011) ermöglicht die ontologiebasierte Integration strukturierter und unstrukturierter Daten, setzt den Schwerpunkt jedoch auf Produktdaten und nicht Daten zum Fertigungsprozess. Es geht dementsprechend um das Produktmanagement, nicht das Fertigungsprozessmanagement. Die technischen Unterschiede der ontologiebasierten Integration im Vergleich zum linkbasierten Integrationsansatz werden in Kapitel 5 detailliert.

Unabhängig vom Fertigungskontext stellt das Process-Insight-Repository (Niedermann et al. 2011c) des Deep-Business-Optimization-Rahmenwerks einen Wissensrepository-Ansatz für Geschäftsprozesse dar. Ähnlich wie im hier vorgestellten Wissensrepository für die Fertigung werden Analyseergebnisse, insbesondere Kennzahlen und Data-Mining-Modelle, mit Bezug zu Prozesselementen in einem konzeptionellen Modell integriert. Wie in Abschnitt 2.3.3 beschrieben, liegt der Fokus jedoch auf Workflows. Es mangelt zudem an einer Einbeziehung von zugrundeliegenden Data-Warehouse-Daten und Dokumenten im Sinne unstrukturierter Daten sowie einer Untersuchung von Umsetzungsaspekten auf logischer und physischer Ebene.

Fertigungsspezifische Process-Warehouse-Ansätze

Wie in den Abschnitten 2.2.4 und 2.3.3 dargestellt, fokussieren existierende Process-Warehouse-Ansätze, z.B. (Schiefer et al. 2004, Becker und Chamoni 2008, Casati et al. 2007, Radeschütz 2011), meist auf Geschäftsprozesse und deren Umsetzung als Workflows und sind damit nicht direkt für Fertigungsprozesse anwendbar.

Ein erstes universelles multidimensionales Datenmodell für ein fertigungsspezifisches Process Warehouse wird in (Silverston 2001) dargestellt. Es umfasst fünf grundlegende Dimensionen, beispielsweise Zeit, Ort und hergestellte Produkte, wobei Prozessinstanzen das granulare Fakt mit Kennzahlen, wie z.B. Durchlaufzeit, darstellen. Folglich liegt der Schwerpunkt wie in klassischen Process-Warehouse-Ansätzen auf prozessorientierten Daten, operative Daten werden nicht einbezogen. Ein rudimentärer Ansatz für ein Data Warehouse auf der Basis von Daten eines MES wird in (Chen und Wu 2005) dargestellt, wobei der Fokus auf vereinfachten Partialmodellen für Prozessdaten liegt.

Mit Blick auf proprietäre Process-Warehouse-Ansätze bietet beispielsweise die Netweaver Business-Intelligence-Plattform von SAP (Gómez et al. 2009) mit dem sog. Business Intelligence Content eine Menge vorkonfigurierter, multidimensionaler Datenmodelle für die Fertigung in sog. InfoCubes. Diese umfassen eine Vielzahl an Dimensionen und Kennzahlen, wobei es an einem universellen, multidimensionalen Gesamtdatenmodell zur Integration operativer und prozessorientierter Daten mangelt.

Abgrenzung und Übertragbarkeit

Das Wissensrepository für die Fertigung kombiniert ein fertigungsspezifisches Process Warehouse mit einer Repository-orientierten Verwaltung von (unstrukturierten) Dokumenten sowie Wissen im Sinne von aus den Daten gewonnenen Analyseergebnissen. Als ganzheitliches Process Warehouse geht es über die existierenden Process-Warehouse-Ansätze in der Fertigung hinaus, da es operative und prozessorientierte Daten der Fertigung in einem universellen multidimensionalen Datenmodell integriert. Das Datenmodell ist für unterschiedliche Typen von Fertigungsprozessen anwendbar und unabhängig von einzelnen Analyseverfahren und Quellsystemen.

Die Verwaltung und Speicherung von Analyseergebnissen, wie z.B. Data-Mining-Modellen, werden allgemein (Kemper et al. 2010) und speziell in der Fertigung (Wang et al. 2007) als wesentliche Faktoren für ein effektives Wissensmanagement betrachtet. In (Kemper et al. 2010) wird die Verwendung eines Content-Management-Systems als Ergänzung zu einem Data Warehouse für diesen Zweck vorgeschlagen. Technische Ansätze zur Integration von Data-Warehouse-Daten und Analyseergebnissen werden jedoch nicht diskutiert. Diese Aspekte stehen im Fokus der flexiblen prozessorientierten Artefakt-Integration im Rahmen des Wissensrepository für die Fertigung und entsprechender Integrationsarchitekturen.

Existierende fertigungsspezifische Wissensrepository-Ansätze fokussieren auf anwendungsspezifische regel-, fall- oder modellbasierte Wissensbasen von Expertensystemen oder eine ontologiebasierte Datenintegration ohne explizite Verwaltung von Analyseergebnissen. Wissensbasen von Expertensystemen, z.B. in Form formaler Regeln, können hierbei als zusätzliche Artefakte im Wissensrepository für die Fertigung gespeichert werden.

Summa summarum geht das in dieser Arbeit entwickelte Wissensrepository für die Fertigung sowohl über existierende Process-Warehouse-Ansätze als auch über existierende Wissensrepository-Ansätze in der Fertigung hinaus. In seiner Gesamtheit stellt es außerdem einen neuen Ansatz für eine ganzheitliche Datenbasis zur Analyse strukturierter und unstrukturierter Daten der Fertigung mit einer integrierten Speicherung der Analyseergebnisse dar. Die Verwendung eines Geschäftsprozessmetamodells, z.B. auf der Basis des Business Process Definition Metamodel (OMG 2008), ermöglicht zudem eine Übertragung und Anwendung der dargestellten Konzepte für ein Wissensrepository für Geschäftsprozesse. Durch die Integration von Analyseergebnissen und Dokumenten mit einem ganzheitliches Process Warehouse stellt dies auch im Geschäftsprozesskontext einen neuen Ansatz dar.

4.8 Zusammenfassung und eigene Publikationen

In Kapitel 4 wurde die Konzeption des Wissensrepository für die Fertigung vorgestellt, um das Forschungsziel FZ_1 der Entwicklung einer ganzheitlichen Datenbasis zu adressieren. Das Wissensrepository für die Fertigung basiert auf einem analytischen Fertigungsprozess-Metamodell sowie einem Artefakt-Modell. Das Fertigungsprozess-Metamodell dient der Integration operativer und prozessorientierter Daten in einem davon abgeleiteten multidimensionalen Datenmodell zur Adressierung von Forschungsanforderung FA_{11}. Durch die Kombination von Entwurfs- und Laufzeitperspektive werden hierbei Soll-Daten aus der Prozessplanung mit Ist-Daten aus der Prozessausführung zusammengeführt. Im Rahmen der konzeptionellen Evaluation des Fertigungsprozess-Metamodells wurde speziell dessen allgemeine Anwendbarkeit für Massen-, Serien- und Einzelfertigungsprozesse nachgewiesen. Der generische Charakter des resultierenden multidimensionalen Datenmodells ermöglicht die Definition generischer Analyseverfahren und Benutzerschnittstellen, um die AdMA-Plattform gemäß Forschungsanforderung FA_{42} einzelfallunabhängig und allgemein anwendbar zu machen.

Das Artefakt-Modell definiert die zu verwaltenden Analyseergebnisse und (unstrukturierten) Dokumente, die mit im multidimensionalen Datenmodell definierten Elementen eines Fertigungsprozesses, wie beispielsweise Maschinen und Mitarbeitern, verknüpft werden, um eine flexible, prozessorientierte Artefakt-Integration und -verwaltung zu ermöglichen und die Forschungsanforderungen FA_{12} sowie FA_{13} zu adressieren. Dieses Integrationskonzept basiert auf dem Ansatz der linkbasierten Integration und kann in unterschiedlichen Architekturvarianten umgesetzt werden. Im Gegensatz zur relationalen Basisarchitektur auf der Grundlage eines zentralen relationalen Datenbanksystems ermöglicht die linkbasierte Architektur eine umfassendere Integration von strukturierten und unstrukturierten Daten mittels informationsintensiver Links. Die linkbasierte Architektur wird infolgedessen in Kapitel 5 detailliert betrachtet. Die prototypische Implementierung und Evaluation des Wissensrepository im Rahmen der AdMA-Plattform sind Gegenstand des Kapitels 8.

Das Wissensrepository für die Fertigung kombiniert ein ganzheitliches Process Warehouse mit einer Repository-orientierten Verwaltung von Analyseergebnissen und Dokumenten und geht damit deutlich über existierende Process-Warehouse- und Wissensrepository-Ansätze in der Fertigung hinaus. Außerdem eignet sich der Ansatz für eine Übertragung auf den Geschäftsprozesskontext als ganzheitliche Datenbasis für die Analyse von Workflows.

Das Wissensrepository unterstützt ein systematisches prozessorientiertes Wissensmanagement in der Fertigung, indem es eine Verwaltung und Bereitstellung von Dokumenten und Analyseergebnissen mit Bezug zum Fertigungsprozess ermöglicht. Dies spielt insbesondere in wandlungsfähigen Produktionsunternehmen eine wesentliche Rolle, um Lernprozesse in turbulenten Situationen zu unterstützen (Berger et al. 2009). Beispielsweise kann im Falle einer Änderung eines Fertigungsprozesses das Umlernen auf eine neue Maschine unterstützt werden, indem das in Dokumenten zum jeweiligen Prozessschritt kodifizierte Fachwissen im Wissensrepository, z.B. Handlungsanleitungen und Arbeitsanweisungen, gezielt selektiert und Mitarbeitern zur Verfügung gestellt wird. Für eine weitergehende Untersuchung des Wissensmanagements im Rahmen wandlungsfähiger Produktionsunternehmen sei auf den Sonderforschungsbereich 467 der Universität Stuttgart (Westkämper und Zahn 2009), insbesondere (Berger et al. 2009), verwiesen.

Hinsichtlich eigener Publikationen wurde ausgehend von (Gröger 2011) eine erste Fassung des Metamodells und des multidimensionalen Datenmodells in (Gröger et al. 2012c) publiziert. Das Gesamtkonzept des Wissensrepository für die Fertigung mit einem umfassenden Fertigungsprozess-Metamodell und der Integration unstrukturierter Daten wurde im Rahmen der vorliegenden Arbeit entwickelt und in (Gröger et al. 2014c) publiziert. Dazu gehören auch eine prototypische

Implementierung der relationalen Basisarchitektur sowie einzelne Verfeinerungen der konzeptionellen Modelle im Rahmen der studentischen Arbeit (Vetlugin 2012).

5 Linkbasierte Architektur für das Wissensrepository

In diesem Kapitel geht es um die linkbasierte Architektur als eine Architekturvariante zur technischen Umsetzung des Wissensrepository. Das Ziel besteht in der flexiblen Integration von strukturierten Daten eines Data Warehouse mit unstrukturierten Daten im Sinne von Content unter Verwendung informationsintensiver Links. Der Integrationsansatz ist generisch konzipiert, d.h. er ist unabhängig von einem bestimmten Data-Warehouse-Schema und konkreten Content-Objekten. Im Rahmen dieser Arbeit wird die linkbasierte Architektur speziell mit Bezug zum Wissensrepository dargestellt. Das Data Warehouse basiert folglich auf dem multidimensionalen Datenmodell des Wissensrepository und Content-Objekte umfassen Artefakte des Artefakt-Modells (siehe Kapitel 4). In Abschnitt 5.1 werden ausgehend von technischen Rahmenbedingungen und Anforderungen die Komponenten der linkbasierten Architektur dargestellt. Den Schwerpunkt der folgenden Abschnitte bildet die Entwicklung des Link Store, als zentraler Komponente der linkbasierten Architektur. Auf der Basis eines konzeptionellen Link-Modells, das in Abschnitt 5.2 beschrieben wird, geht es in Abschnitt 5.3 um die graphorientierte Speicherung von Links im Link Store. Abschnitt 5.4 befasst sich mit der prototypischen Implementierung und Evaluation der linkbasierten Architektur und in Abschnitt 5.5 werden schließlich verwandte Arbeiten untersucht und abgegrenzt. Eine Zusammenfassung und eigene Publikationen zur linkbasierten Architektur finden sich in Abschnitt 5.6.

5.1 Rahmenbedingungen, Anforderungen und Lösungsansatz

Den Ausgangspunkt der linkbasierten Architektur bildet ein bestehendes Data Warehouse. Um einen *generischen Rahmen* für die linkbasierte Architektur zu definieren, wird angenommen, dass sich das Data Warehouse am Common Warehouse Meta Model (Poole et al. 2003) als Standard zur Beschreibung von Data-Warehouse-Metadaten und -Strukturen orientiert und das Data Warehouse relational umgesetzt ist. Hinsichtlich unstrukturierter Daten wird angenommen, dass diese aus heterogenen Quellsystemen, wie z.B. Dateisystemen und Websites, stammen und in einem zentralen Datenhaltungssystem gespeichert werden, das einen einheitlichen Zugriff ermöglicht. Mit Blick auf das Wissensrepository geht es bei unstrukturierten Daten um Content-Objekte, die in einem Content-Management-System gemäß des CMIS-Standards (OASIS 2012) gespeichert werden. Content-Objekte bestehen im Allgemeinen aus zwei Teilen: dem Inhalt, z.B. einem Video, sowie zugehörigen Metadaten, z.B. Angaben zum Erstellungszeitpunkt. Mit Blick auf die inhaltliche Vielfalt und Heterogenität von Content und den zugrundeliegenden Quellsystemen (Russom 2007) werden aus Gründen der Verallgemeinerbarkeit keine vordefinierten Strukturen, Inhalte oder Verknüpfungen von Content-Objekten angenommen.

Auf der Grundlage dieser Rahmenbedingungen sind durch die linkbasierte Architektur vier *Anforderungen* zu adressieren, die sich aus den Schwächen klassischer Ansätze zur Integration von Data-Warehouse-Daten und Content ergeben. Klassische Ansätze (Baars und Kemper 2008, Cody et al. 2002, Sukumaran und Sureka 2006, Keith et al. 2005, McCabe et al. 2000, Mothe et al. 2003) basieren im Wesentlichen auf einer Erweiterung des Data-Warehouse-Schemas, um für vordefinierte Analyseszenarien ausgewählte strukturierte Metadaten von Content-Objekten, z.B. das in einem Dokument genannte Produkt, über Dimensionen abzubilden und mit der ID des Content-Objekts als zusätzlichem Fakt zu verknüpfen (siehe zu den Schwächen klassischer Integrationsansätze (Gröger et al. 2014b)). Die daraus resultierenden Anforderungen A_{Li} für die linkbasierte Architektur sind:

- *Flexibilität (A_{L1})*: Es geht um eine flexible Ad-hoc-Integration von Data-Warehouse-Daten mit beliebigem Content, um eine agile Integration (Cohen et al. 2009) zu ermöglichen. Dies soll unabhängig von einem konkreten Data-Warehouse-Schema und konkreten Content-Objekten unterstützt werden, um allgemein anwendbar zu sein. Ein Beispiel ist die Integration von neuen Content-Objekten, wie z.B. Schichtprotokollen, ohne aufwendige Erstellung oder Anpassung eines föderierten Schemas über Data-Warehouse-Daten und Content.
- *Anreicherung (A_{L2})*: Diese Anforderung bezieht sich auf die Anreicherung von Verknüpfungen mit zusätzlichen Informationen, um informationsintensive Links zu definieren. Es geht darum, über eine simple Integration mittels einfacher Referenzen zwischen Content-Objekten und Data-Warehouse-Elementen hinauszugehen, indem weitere Informationen in Verknüpfungen abgebildet werden. Ein Fehlerbericht (als Content-Objekt) kann beispielsweise die Ursache (als Information zur Verknüpfung) für eine Störung im Fertigungsprozess (als Data-Warehouse-Element) beschreiben.
- *Vereinheitlichung (A_{L3})*: Hierbei geht es um die Unterstützung einer einheitlichen, generalisierten Sicht auf Data-Warehouse-Elemente und Content-Objekte und deren Verknüpfungen, um eine einheitliche Anfrageverarbeitung und integrierte Analysen über strukturierte und unstrukturierte Daten (Chen et al. 2012) zu ermöglichen. Es sind sowohl Elemente, d.h. Data-Warehouse-Elemente und Content-Objekte, als auch Verknüpfungen zu vereinheitlichen. Verknüpfungen umfassen nicht nur Verknüpfungen zwischen Data-Warehouse-Elementen und Content-Objekten, sondern auch im Data Warehouse bereits existierende Verknüpfungen zwischen Data-Warehouse-Elementen, z.B. Dimensionshierarchien. Aufgrund der Heterogenität der Formate und Quellsysteme von Content-Objekten (Russom 2007) wird annahmegemäß aus Gründen der Verallgemeinerbarkeit nicht von existierenden Verknüpfungen von Content-Objekten ausgegangen.

- *Kompatibilität (A_{L4})*: Diese Anforderung bezieht sich auf die Kompatibilität der linkbasierten Architektur mit dem bestehenden Data Warehouse. Es geht darum, das bestehende Data Warehouse, speziell das Data-Warehouse-Schema, unverändert zu lassen, um aufwendige Evolutionsprozesse im Data-Warehouse-Kontext, wie z.B. Schemaversionierung und ETL-Anpassungen (Golfarelli et al. 2006), zu vermeiden. Damit soll ebenfalls verhindert werden, dass existierende Analyseanwendungen, wie z.B. OLAP- und Berichtsanwendungen, aufgrund von Data-Warehouse-Veränderungen angepasst werden müssen.

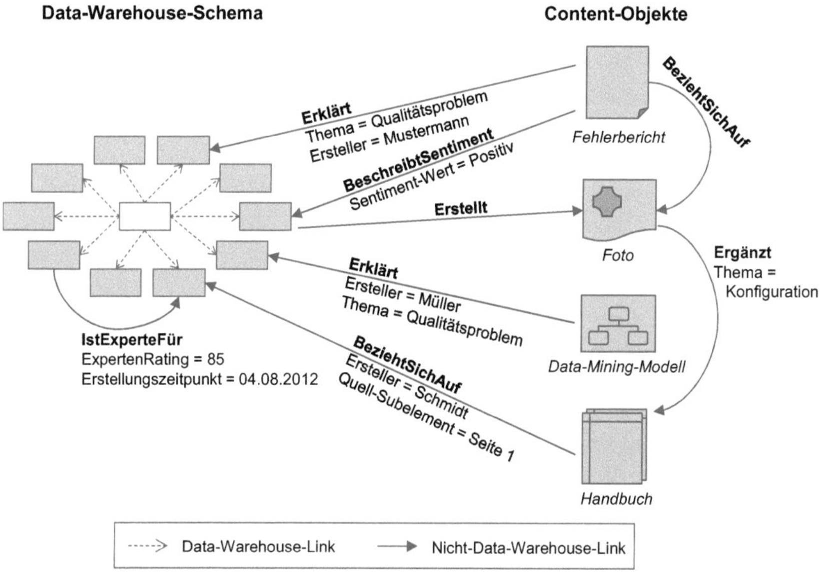

Abbildung 34: Beispielhafte Link-Struktur mit Data-Warehouse-Links und Nicht-Data-Warehouse-Links sowie Link-Typen und Link-Attributen

Als *Lösungsansatz* zur Adressierung dieser Anforderungen orientiert sich die linkbasierte Architektur am Ansatz der linkbasierten Integration (Rahm et al. 2005, Inmon und Nesavich 2008). Links stellen im Rahmen der linkbasierten Architektur gerichtete, binäre, typisierte und attribuierte Verknüpfungen zwischen Elementen, d.h. Content-Objekten und Data-Warehouse-Elementen, dar. Daraus resultiert eine für die linkbasierte Architektur charakteristische graphorientierte Betrachtungsweise, mit Elementen als Knoten und Links als Kanten. Ein Link kann beispielsweise eine Maschine (als Data-Warehouse-Element) mit einem Maschinenhandbuch (als Content-Objekt) verknüpfen. Links werden als eigenständige Entitäten behandelt, die getrennt von Data-Warehouse-Daten und Content verwaltet werden, um die Anforderungen A_{L1} und A_{L4} zu adressieren. Zudem wird im Gegensatz zu klassischen föderierten Integrationsansätzen (Sheth und Larson 1990) die Verwendung eines föderierten Schemas vermieden, um eine flexible Ad-hoc-Integration entsprechend Anforderung A_{L1} zu unterstützen. Links sind unabhängig vom Typ und Inhalt der Elemente, die sie verknüpfen, um ebenfalls Anforderung A_{L1} zu adressieren. Links können dementsprechend zwei Content-Objekte, zwei Data-Warehouse-Elemente oder auch ein Content-Objekt und ein Data-Warehouse-Element verknüpfen. Hierbei werden mit Blick auf Anforderung A_{L3} auch existierende Verknüpfungen im Data Warehouse, sog. Data-Warehouse-Links wie z.B. Dimensionshierarchien, als Links behandelt sowie Content-Objekte und Data-Warehouse-Elemente als vereinheitlichte Elemente betrachtet (siehe Abbildung 34). Links haben einen Typ, der ihre Funktion beschreibt, sowie Attribute, um Links gemäß Anforderung A_{L2} mit zusätzlichen Informationen anzureichern.

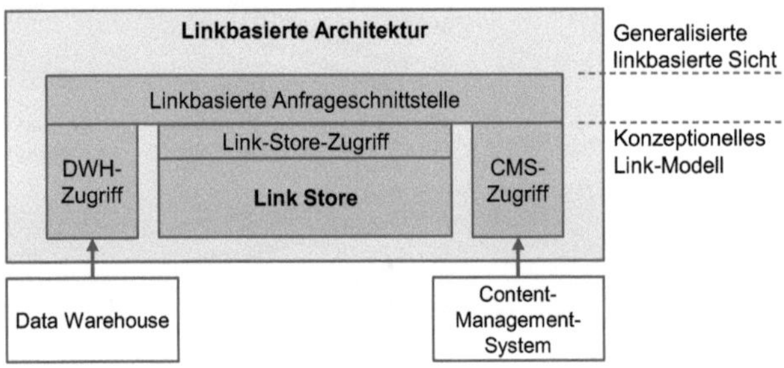

Abbildung 35: Komponenten der linkbasierten Architektur
(in Anlehnung an (Gröger et al. 2014b), © 2014 IEEE)

Die daraus resultierenden *Komponenten der linkbasierten Architektur* sind in Abbildung 35 dargestellt. Den Ausgangspunkt dieses föderierten Ansatzes stellen annahmegemäß ein relationales *Data Warehouse* und ein *Content-Management-System* dar. Die *linkbasierte Anfrageschnittstelle* ermöglicht einen einheitlichen Zugriff auf die integrierten Daten und stellt Anwendungen eine *generalisierte linkbasierte Sicht* auf Data-Warehouse-Daten und Content zur Verfügung. Die Anfrageschnittstelle umfasst damit Aufgaben zur Anfrageverarbeitung und -optimierung sowie zur Vereinheitlichung von Elementen und Links. Es geht insbesondere um die Vereinheitlichung von Data-Warehouse-Links und Nicht-Data-Warehouse-Links. Erstere beziehen sich auf existierende Verknüpfungen im Data-Warehouse. Letztere stellen separate Entitäten dar, die im *Link Store* gespeichert werden. Die konzeptionelle Definition von Data-Warehouse-Links und Nicht-Data-Warehouse-Links erfolgt im *konzeptionellen Link-Modell*. Im Folgenden liegt der Schwerpunkt auf Nicht-Data-Warehouse-Links, da diese im Zentrum der linkbasierten Architektur stehen. Die Komponenten für den *Data-Warehouse-, Content-Management-System- und Link-*

Store-Zugriff ermöglichen einen einheitlichen logischen Zugriff auf die drei Datenhaltungssysteme, unabhängig von deren Realisierung auf physischer Ebene.

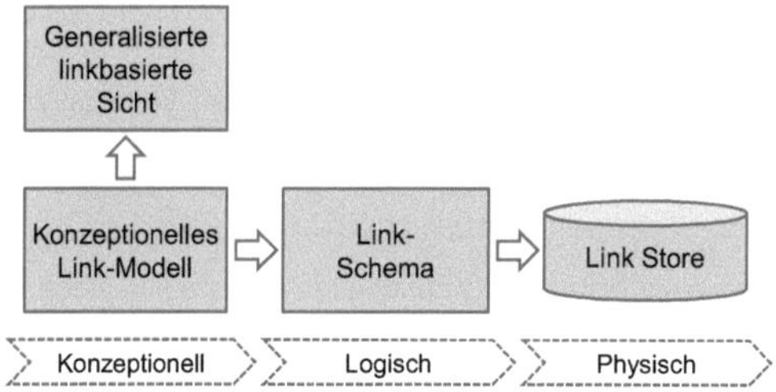

Abbildung 36: Top-Down-Ansatz zur Entwicklung der linkbasierten Architektur

Den Kern der linkbasierten Architektur bildet der Link Store, der auf dem konzeptionellen Link-Modell basiert. In den nachfolgenden Abschnitten steht dementsprechend die konzeptionelle und logische Modellierung von Links im Vordergrund. Dies stellt die Voraussetzung für die Entwicklung der linkbasierten Anfrageschnittstelle dar, die nicht im Fokus dieser Arbeit steht. Wie in Abbildung 36 dargestellt, orientiert sich das folgende Vorgehen an einem Top-Down-Ansatz: Ausgehend vom konzeptionellen Link-Modell werden sowohl die generalisierte linkbasierte Sicht als auch ein logisches Schema für Links zu deren graphorientierter Speicherung im Link Store entwickelt. Die physische Umsetzung wird im Rahmen der Evaluation der linkbasierten Architektur prototypisch betrachtet.

Die eigentliche Generierung von Links kann auf unterschiedliche Arten erfolgen. Neben einer manuellen Generierung von Links durch den Benutzer ist auch eine analysebasierte, d.h. (semi-)automatische Generierung möglich. Im Rahmen einer manuellen Generierung kann z.B. ein Maschinenhandbuch (als Content-Objekt) der entsprechenden Maschine (als Data-Warehouse-Element) manuell zugeordnet werden, um einen entsprechenden Link zu generieren. Bei der analysebasierten Generierung finden unterschiedliche Analysetechnologien Anwendung. Ein wesentlicher Bereich sind Textanalyse-Ansätze (Feldman und Sanger 2007, Manning und Schütze 1999), z.B. eine Named-Entity-Recognition-Analyse für eine Menge an Fehlerberichten (als Content-Objekte), die ergibt, dass ein bestimmtes Material (als Data-Warehouse-Element) eine bestimmte Maschinenstörung (als Data-Warehouse-Element) verursacht. Dies führt beispielsweise zu Links zwischen dem Material und der Maschine, dem Fehlerbericht und der Maschine sowie dem Fehlerbricht und dem Material. Einen hierfür anwendbaren Ansatz zur automatischen Erkennung von Links zwischen einer relationalen Datenbank und Textdokumenten stellt beispielsweise das EROCS-System (Chakaravarthy et al. 2006) dar. Weitere Aspekte der

Generierung von Links werden in dieser Arbeit nicht betrachtet, da der Fokus auf der Speicherung und Verwaltung von Links im Link Store liegt.

5.2 Link-Modell und linkbasierte Sicht

Das Link-Modell definiert die Verlinkung von Elementen auf konzeptioneller Ebene. Hierbei nimmt es eine interne Perspektive auf die einzelnen Datenquellen, d.h. das Data Warehouse und das Content-Management-System, ein. Die generalisierte linkbasierte Sicht stellt die vereinheitlichte externe Perspektive einer Anwendung auf den integrierten Datenbestand dar. Anzumerken ist, dass beide Modelle generisch, d.h. unabhängig von einem bestimmten Data-Warehouse-Schema oder konkreten Content-Objekten, sind. Nachfolgend werden zuerst Links und linkbasierte Anfragen in Abschnitt 5.2.1 systematisiert, um anschließend das konzeptionelle Link-Modell in Abschnitt 5.2.2 zu beschreiben und die generalisierte linkbasierte Sicht in Abschnitt 5.2.3 darzustellen.

5.2.1 Systematisierung von Links und linkbasierten Anfragen

Die *Systematisierung von Links* erfolgt anhand von drei konzeptionellen Kernmerkmalen: der Art, der Reichweite sowie des Ursprungs eines Links. Diese Merkmale und die daraus resultierenden Link-Varianten sind im konzeptionellen Link-Modell abzubilden.

- Anhand der *Art eines Links* werden *Data-Warehouse-Links* und *Nicht-Data-Warehouse-Links*, wie in Abschnitt 5.1 beschrieben, unterschieden. Im Fokus der folgenden Ausführungen von Kapitel 5 stehen Nicht-Data-Warehouse-Links, die im Link Store gespeichert werden. Von *generalisierten Links* wird gesprochen, wenn die Vereinheitlichung von Data-Warehouse-Links und Nicht-Data-Warehouse-Links betont wird.

- Die *Reichweite eines Links* bezieht sich auf die Art des Quell- und des Zielelements, die er verbindet, d.h. ob Data-Warehouse-Element oder Content-Objekt. Dementsprechend werden *lokale Links* und *übergreifende Links* unterschieden. Lokale Links verknüpfen Elemente derselben Art, z.B. zwei Content-Objekte. Übergreifende Links verknüpfen Elemente unterschiedlicher Art, d.h. ein Content-Objekt und ein Data-Warehouse-Element. Data-Warehouse-Links sind dementsprechend lokale Links.

- Anhand des *Ursprungs eines Links* werden *benutzergenerierte*, *analysegenerierte* und *vordefinierte* Links unterschieden. Benutzergenerierte Links entstehen wie in Abschnitt 5.1 beschrieben durch die manuelle Definition von Verknüpfung durch den Benutzer. Analysegenerierte Links resultieren aus der (semi-)automatischen Analyse von Content-

Objekten und Data-Warehouse-Elementen, z.B. im Rahmen von Textanalyse-Ansätzen. Vordefinierte Links beziehen sich auf existierende Verknüpfungen im Data Warehouse und entsprechen folglich Data-Warehouse-Links.

Linkbasierte Anfragen beziehen sich auf graphorientierte Anfragen an die generalisierte linkbasierte Sicht über Data-Warehouse-Daten und Content. Linkbasierte Anfragen sind unabhängig von den zugrundeliegenden Link-Varianten, d.h. unabhängig von der Art, der Reichweite und dem Ursprung der Links. Im Fokus dieser Arbeit stehen *navigationsorientierte Anfragen*, um die durch Links und Elemente aufgespannte Graphstruktur zu durchsuchen bzw. zu explorieren. Es geht darum, Pfade und Netzwerke von verlinkten Elementen zu traversieren, wobei Restriktionen auf Elementen und Links definiert werden können. Navigationsorientierte Anfragen stellen damit die grundlegende Art von Anfragen dar und können um komplexere Anfragearten, wie z.B. zum Graph Mining (Aggarwal und Wang 2010), ergänzt werden. In Anlehnung an (Angles 2012) werden zwei Klassen von navigationsorientierten Anfragen unterschieden (siehe für eine Veranschaulichung der Links der Beispielanfragen Abbildung 34):

- *Ein-Schritt-Anfragen* verknüpfen direkt verlinkte, d.h. benachbarte, Elemente. Ein Beispiel ist die Suche aller Fehlerberichte (als Content-Objekte), welche die Ursachen für Qualitätsprobleme einer bestimmten Maschine (als Data-Warehouse-Element) erklären (als Link), wobei die Links vor einem bestimmten Zeitpunkt erstellt wurden (als Link-Restriktion).
- *Mehr-Schritt-Anfragen* verknüpfen mehrere Elemente in Pfaden oder Netzwerken. Ein Beispiel ist die Suche aller Mitarbeiter (als Data-Warehouse-Elemente), die Fotos (als Content-Objekte) erstellt haben (als Link). Hierbei geht es nur um Fotos, die Informationen zu Handbüchern (als Content-Objekte) ergänzen (als Link).

5.2.2 Konzeptionelles Link-Modell

Das konzeptionelle Link-Modell ist in Abbildung 37 als UML-Klassendiagramm dargestellt. Der Fokus liegt auf der Darstellung der für den Link-Ansatz relevanten Kernkonzepte als Klassen und deren Beziehungen. Das Link-Modell kann als Metamodell für Links betrachtet werden, da es von konkreten Links und konkreten Datenquellen, d.h. konkreten Data-Warehouse-Elementen und konkreten Content-Objekten abstrahiert.

Den Ausgangspunkt bilden *Data-Warehouse-Elemente* (DWH-Elemente) und *Content-Objekte*, die das Data Warehouse und das Content-Management-System als Datenquellen repräsentieren. Um DWH-Elemente weiter zu spezifizieren und damit linkrelevante Konstrukte im Data Warehouse zu identifizieren, wird angelehnt an das OLAP-Paket des Common Warehouse Meta

Model (Poole et al. 2003) ein vereinfachtes Metamodell multidimensionaler Daten definiert. Die Verwendung eines Metamodells ermöglicht die Definition des Link-Konzepts unabhängig von einem konkreten multidimensionalen Data-Warehouse-Schema gemäß Anforderung AL1. Dementsprechend umfasst ein *Cube* im Sinne eines multidimensionalen Würfels eine oder mehrere *Kennzahlen*, wie z.B. Durchlaufzeit und Ausschussmenge eines Fertigungsprozesses, die den Fakt des Cube bilden. Ein Cube hat außerdem *Dimensionen*, die ein oder mehrere *Dimensionsebenen* umfassen. Dimensionsebenen sind innerhalb einer Dimension in *Hierarchien* organisiert, so dass sowohl einfache als auch verzweigte und parallele Hierarchien über Dimensionsebenen definiert werden können. Die Dimension Material kann beispielsweise die Dimensionsebenen Material und Materialgruppe umfassen, die eine einfache Hierarchie bilden. Sämtliche aufgeführten multidimensionalen Konstrukte können zudem Attribute besitzen. Dies ist aus Gründen der Übersichtlichkeit in Abbildung 37 nicht dargestellt. Als Quell- bzw. Zielelement von einem Link sind Cubes, Kennzahlen, Dimensionsebenen und Dimensionen relevant, die infolgedessen im Link-Modell als DWH-Elemente generalisiert werden.

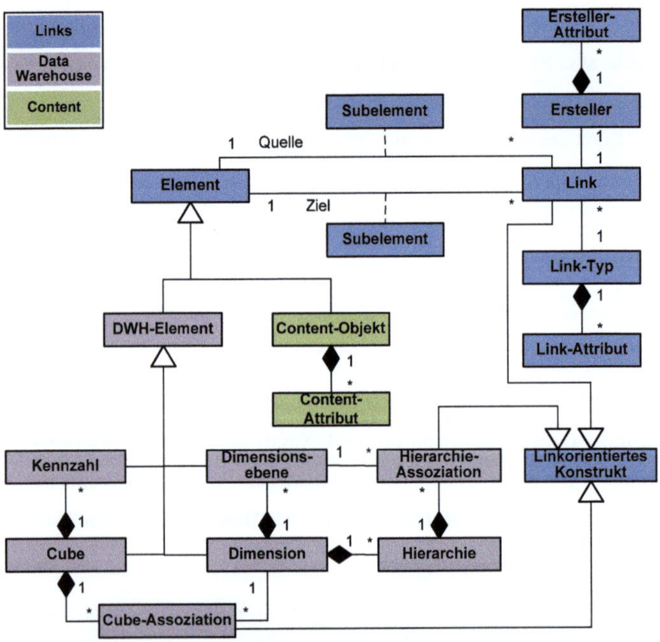

Abbildung 37: Konzeptionelles Link-Modell als UML-Klassendiagramm (in Anlehnung an (Gröger et al. 2014b), © 2014 IEEE)

Mit Blick auf Content-Objekte werden annahmegemäß keine vordefinierten Strukturen oder weitere Verfeinerungen modelliert, um beliebige Content-Objekte unabhängig von ihrem Inhalt zu repräsentieren und damit Anforderung A_{L1} zu adressieren. In Anlehnung an den CMIS-Standard (OASIS 2012) werden Content-Objekte allgemein durch *Content-Attribute* beschrieben, die sich auf beliebige Metadaten von Content-Objekten, wie z.B. den Titel oder den Autor eines Fehlerberichts, beziehen.

Content-Objekte und DWH-Elemente werden als *Elemente* generalisiert, um sie mit *Links* zu verknüpfen. Ein Link assoziiert genau zwei Elemente, von denen das eine die *Quelle* des Links und das andere das *Ziel* des Links darstellt. Es kann sich bei der Quelle und dem Ziel gemäß des Link-Modells auch um dasselbe Element handeln, so dass Links auch reflexiv sein können. Links stellen demnach binäre und gerichtete Verknüpfungen zwischen Elementen dar. Dadurch entsteht ein Graph mit Elementen als Knoten und Links als Kanten. Es erfolgt explizit die Verwendung binärer statt n-ärer Verknüpfungen aus Gründen der Einfachheit und Verständlichkeit des Link-Models. N-äre Verknüpfungen können hierbei durch die Kombination binärer Verknüpfungen mit Elementen, welche die n-äre Verknüpfung darstellen, modelliert werden. Links sind im Link-Modell als eigenständige Entitäten, d.h. als separate Klasse, repräsentiert, um die multidimensionalen Strukturen des Data Warehouse unverändert zu lassen und dadurch Anforderung A_{L4} zu adressieren. Darüber hinaus kann ein optionales *Subelement* als Teilbereich des Quell- bzw. Zielelements definiert werden, auf das der Link verweist. Subelemente ermöglichen eine feingranulare Verknüpfung von Elementen, indem auf Teilbestandteile von Elementen verwiesen wird. Ein Link kann beispielsweise auf mehrere Seiten (als Subelement) eines Fehlerberichts (als Element) oder auf ausgewählte Knoten (als Subelement) eines Entscheidungsbaumes (als Element) verweisen. Es ist anzumerken, dass ein Subelement auf *beliebige* Teilbestandteile bzw. Mengen von Teilbestandteilen eines Elements verweisen kann, so dass im Gegensatz zur Verwendung eines Uniform Resource Identifier (URI) (Berners-Lee et al. 2005) nicht zwingend eine hierarchische Gliederung von Teilbestandteilen vorliegen muss. Das Format zur Spezifikation eines Subelements hängt hierbei von der Art und dem Inhalt des Elements ab und wird infolgedessen im konzeptionellen Link-Modell nicht näher spezifiziert.

Ein Link wird durch einen *Ersteller* generiert. Der Ersteller bezieht sich bei manueller Generierung auf den erzeugenden Benutzer oder bei (semi-)automatischer Generierung auf die entsprechende Analyseanwendung. Er umfasst verschiedene Ersteller-Attribute, d.h. Details zum Ursprung des Links als Provenance-Information (Freire et al. 2008), z.B. den Zeitpunkt der Erstellung oder Parameterwerte der eingesetzten Analyseanwendung. Die konkreten *Ersteller-*

Attribute hängen folglich vom Verfahren zur Generierung eines Links im Einzelfall ab. Provenance-Information ist erforderlich, um die Zuverlässigkeit und Vertrauenswürdigkeit eines Links zu beurteilen, da beispielsweise bei einer automatischen Generierung von Links im Rahmen einer Named-Entity-Recognition-Analyse semantische Mehrdeutigkeiten auftreten können.

Ein Link hat einen *Link-Typ*, der seine Funktion repräsentiert, z.B. „BeziehtSichAuf", „Erklärt", „BeschreibtSentiment" oder „Erstellt". Ein Data-Mining-Modell (als Content-Objekt) kann beispielsweise eine Erklärung für ein Qualitätsproblem einer Maschine (als DWH-Element) beinhalten und dafür ein Link mit dem Typ „Erklärt" erstellt werden (siehe für eine Veranschaulichung der exemplarischen Links Abbildung 34). Darüber hinaus können typspezifische *Link-Attribute* definiert werden, die einen Wert und eine Bezeichnung haben. Der angeführte Beispiel-Link vom Typ „Erklärt" kann das Thema als Link-Attribut umfassen, z.B. „Thema = Qualitätsproblem". Ein weiteres Beispiel ist ein Link vom Typ „BeschreibtSentiment" zwischen einem Fehlerbericht (als Content-Objekt) und einem Mitarbeiter (als DWH-Element), der das Ergebnis einer Sentiment-Analyse (Pang und Lee 2008) darstellt und als Link-Attribute Details zum Sentiment umfasst, z.B. „Sentiment-Wert = Positiv". Durch Link-Typen und Link-Attribute können informationsintensive Verknüpfungen zwischen Elementen entsprechend Anforderung A_{L2} definiert werden. Typisierte und attribuierte Links mit Details zu Subelementen sowie zu ihrer Erstellung ermöglichen damit nicht nur die simple Integration von DWH-Elementen und Content-Objekten mittels einfacher Referenzen, sondern die Repräsentation weiterer Inhalte, wie z.B. von Analyseergebnissen einer Sentiment-Analyse, entsprechend Anforderung A_{L2}. Es ist anzumerken, dass die konkreten Link-Typen und Link-Attribute vom Data-Warehouse-Schema und den Content-Objekten im Einzelfall abhängen. Zudem ist aufgrund der Entwicklung neuer Analyseanwendungen und des Hinzukommens neuer Content-Objekte im Zuge der Nutzung einer linkbasierten Architektur davon auszugehen, dass die Menge konkreter Link-Typen und Link-Attribute, ebenso wie Ersteller-Attribute, dynamisch wächst und erweitert wird. Infolgedessen wird von einer expliziten Definition von Link-Typen und Link-Attributen sowie entsprechender Content-Objekte und Data-Warehouse-Elemente in einem föderierten Schema abgesehen, um eine flexible Ad-hoc-Integration entsprechend Anforderung A_{L1} zu unterstützen.

Sämtliche linkorientierten Konzepte, die für die generalisierte linkbasierte Sicht relevant sind, werden als *linkorientierte Konstrukte* im Link-Modell generalisiert. Dementsprechend stellen nicht nur die eigentlichen Links, sondern auch *Cube-Assoziationen* sowie *Hierarchie-Assoziationen* im multidimensionalen Datenmodell linkorientierte Konstrukte dar, die zu vereinheitlichen sind. Die Generalisierung linkorientierter Konstrukte sowie die Generalisierung von DWH-

Elementen und Content-Objekten als Elemente im Link-Modell adressieren die Anforderung A_{L3} und ermöglichen die Ableitung einer generalisierten linkbasierten Sicht im folgenden Abschnitt.

Hinsichtlich der Abbildung der konzeptionellen Merkmale von Links werden durch linkorientierte Konstrukte Data-Warehouse-Links, d.h. Cube- und Hierarchie-Assoziationen, sowie Nicht-Data-Warehouse-Links, die Links im Link-Modell entsprechen, repräsentiert. Damit sind beide Arten von Links im Link-Modell modelliert. Die Reichweite eines Links ergibt sich aus der Art der Elemente, die er verbindet. Es werden lokale Links mit zwei DWH-Elementen bzw. zwei Content-Objekten sowie übergreifende Links mit einem DWH-Element und einem Content-Objekt im Link-Modell abgebildet. Der Ursprung eines Links wird schließlich durch Angaben zum Ersteller im Link-Modell repräsentiert, so dass sämtliche konzeptionellen Merkmale und daraus resultierenden Link-Varianten im Link-Modell abgebildet sind.

5.2.3 Generalisierte linkbasierte Sicht

Die generalisierte linkbasierte Sicht resultiert aus der Generalisierung von Elementen und linkorientierten Konstrukten im konzeptionellen Link-Modell und definiert entsprechend Anforderung A_{L3} die externe Perspektive einer Anwendung auf den integrierten Datenbestand aus Data-Warehouse-Elementen und Content-Objekten.

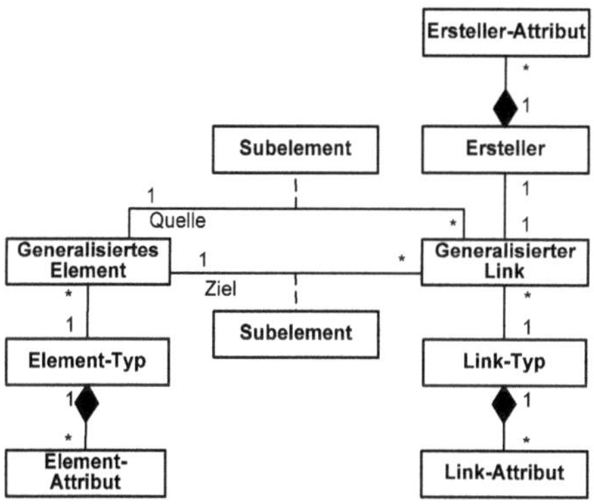

Abbildung 38: Generalisierte linkbasierte Sicht als UML-Klassendiagramm (in Anlehnung an (Gröger et al. 2014b), © 2014 IEEE)

Die linkbasierte Sicht ist in Abbildung 38 als UML-Klassendiagramm dargestellt. Dementsprechend vereinheitlicht ein *generalisierter Link* die linkorientierten Konstrukte des Link-Modells, d.h. Data-Warehouse-Links und Nicht-Data-Warehouse-Links werden aus der externen Perspektive nicht unterschieden. Ein generalisierter Link besitzt neben Angaben zum *Ersteller* und zu

Subelementen einen *Link-Typ* sowie *Link-Attribute* entsprechend der Definitionen im Link-Modell. Jeder Data-Warehouse-Link, z.B. eine Hierarchie-Assoziation, wird dabei als zusätzlicher Link-Typ ohne weitere Link-Attribute und Subelemente sowie ohne Angaben zum Ersteller behandelt.

Generalisierte Elemente vereinheitlichen Data-Warehouse-Elemente und Content-Objekte und haben einen *Element-Typ* sowie *Element-Attribute.* Bei Data-Warehouse-Elementen, z.B. einer Dimensionsebene wie Mitarbeiter, resultiert der Element-Typ aus dem Bezeichner. Die Element-Attribute ergeben sich aus den multidimensionalen Attributen, z.B. aus Dimensionsattributen wie dem Namen des Mitarbeiters. Bei Content-Objekten stellt der Element-Typ eine einzelfallspezifische inhaltliche Kategorie des Content-Objekts dar, z.B. Fehlerbericht oder Data-Mining-Modell. Der Element-Typ ergibt sich hierbei aus einem bestimmten Content-Attribut, das die inhaltliche Kategorie beschreibt. Element-Attribute von Content-Objekten beziehen sich auf die übrigen Content-Attribute, z.B. den Autor eines Fehlerberichts.

Summa summarum beschreibt die generalisierte linkbasierte Sicht eine vereinheitlichte Graphstruktur mit generalisierten Elementen als Knoten und generalisierten Links als Kanten und ermöglicht damit graphorientierte Anfragen und Analysen über Content-Objekte und Data-Warehouse-Elemente gemäß Anforderung A_{L3}.

5.3 Graphorientierte Speicherung von Links

Ausgehend vom konzeptionellen Link-Modell, das eine graphorientierte Struktur mit Elementen als Knoten und Links als Kanten definiert, erfolgt eine graphorientierte Speicherung von (Nicht-Data-Warehouse-)Links im Link Store. Zu diesem Zweck wird in Abschnitt 5.3.1 ein geeignetes logisches graphorientiertes Datenmodell ausgewählt, um auf dieser Grundlage ein logisches Schema für Links in Abschnitt 5.3.2 zu definieren.

5.3.1 Auswahl eines graphorientierten Datenmodells

Ein graphorientiertes Datenmodell umfasst im Allgemeinen eine Menge von Modellierungskonstrukten, um Entitäten und ihre Beziehungen als graphorientierte Strukturen zu beschreiben (Angles 2012, Silberschatz et al. 1996). Ein gerichteter Graph G wird hierbei als eine Menge von Knoten V und eine Menge von Kanten E mit $G = (V, E)$ und $E = V \times V$ aufgefasst. Die Analyse existierender logischer graphorientierter Datenmodelle auf der Basis von (Angles 2012, Angles und Gutierrez 2008, Rodriguez und Neubauer 2010, Edlich et al. 2011, Robinson et al. 2013) ergibt eine Vielzahl unterschiedlicher Varianten, die sich im Zuge der NoSQL-Bewegung

(Cattell 2011) kontinuierlich weiterentwickeln. Davon ausgehend können drei wesentliche graphorientierte Datenmodelle identifiziert werden, die in graphorientierten Datenbanksystemen verbreitet sind:

- Das *einfache Graph-Modell* (Angles 2012) basiert auf einem gerichteten und gelabelten Graphen. Jeder Knoten und jede Kante besitzen dementsprechend ein Label, d.h. eine Beschriftung.
- Das *RDF-Graph-Modell* (W3C 2014) gründet auf einer Menge an RDF-Tripeln. Ein Tripel besteht aus einem Subjekt als zu beschreibende Ressource, einem Prädikat als Eigenschaft sowie einem Objekt, das ein Literal oder eine Ressource darstellt. Ressourcen und Prädikate werden hierbei durch URIs (Berners-Lee et al. 2005) beschrieben. Diese Menge an Tripeln kann als Graph mit der Menge an Subjekten und Objekten als Knoten betrachtet werden. Tripel definieren dementsprechend Kanten. Folglich kann das RDF-Graph-Modell als Spezialisierung des einfachen Graph-Modells mit URI-basierten Labeln betrachtet werden.
- Das *Eigenschafts-Graph-Modell* (engl. property graph model) (Rodriguez und Neubauer 2010) basiert ebenfalls auf einem gerichteten, gelabelten Graphen. Jeder Knoten und jede Kante kann darüber hinaus eine beliebige Menge an Eigenschaften, d.h. Schlüssel-Wert-Paare, umfassen, um zusätzliche Informationen zu Knoten und Kanten zu speichern.

Diese graphorientierten Datenmodelle sind meist schemalos, d.h. es erfolgt keine strikte Typisierung von Knoten, Kanten und zugehörigen Eigenschaften (Angles 2012). Dies unterstützt einen flexiblen Umgang mit sich kontinuierlich entwickelnden Link-Typen sowie Link- und Ersteller-Attributen gemäß des Link-Modells.

Die *Auswahl eines geeigneten Datenmodells* für den Link Store orientiert sich an der strukturellen Ausdrucksmächtigkeit der Datenmodelle, d.h. an den verfügbaren Modellierungskonstrukten, um gemäß des verfolgten Top-Down-Ansatzes die Bestandteile des konzeptionellen Link-Modells auf logischer Ebene abzubilden. Im Zentrum steht hierbei die Abbildung von Link-Typen, Link- und Ersteller-Attributen sowie Angaben zu Subelementen, da diese Details informationsintensive Links konstituieren. Im einfachen Graph-Modell und im RDF-Graph-Modell werden Kanten ausschließlich durch ein Label beschrieben, was nur die direkte Abbildung z.B. des Link-Typs als Label unterstützt. Eine Möglichkeit zur Abbildung sämtlicher linkorientierter Informationen in diesen Datenmodellen besteht darin, einen Link als zusätzlichen Knoten zu repräsentieren. Ausgehend von diesem Knoten mit dem Link-Typ als Label werden weitere linkorientierte Informationen, speziell Link- und Ersteller-Attribute, indirekt als zusätzliche gelabelte Knoten und Kanten abgebildet. Dies führt zu einer umfangreichen Struktur an zusätzlichen Kanten und Knoten, wie es in Abbildung 39 anhand eines Links vom Typ „BeschreibtSentiment“ mit dem Link-Attribut „Sentiment-Wert = Positiv“ sowie den Ersteller-Attributen „Erstellungszeitpunkt = 15.12.2014“ und „Ersteller = Müller“ deutlich wird. Im Gegensatz dazu ermöglicht das Eigenschafts-Graph-Modell eine direkte Abbildung linkorientierter Informationen mittels Eigenschaften von Kanten. Sämtliche linkorientierten Informationen können direkt als Schlüssel-Wert-Paare repräsentiert und als Eigenschaften im logischen Datenmodell abgebildet werden (siehe Abschnitt 5.3.2 und Abbildung 41).

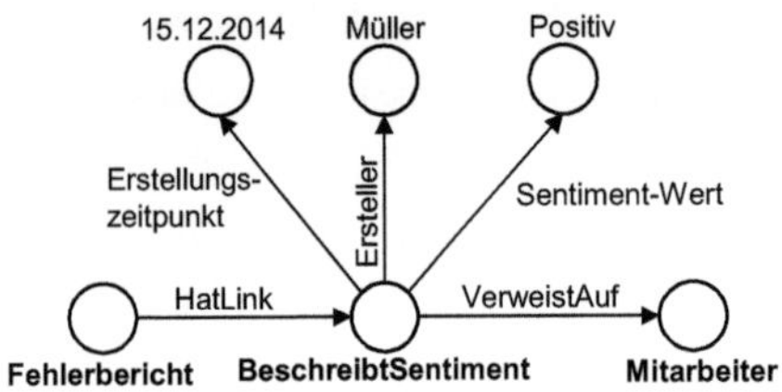

Abbildung 39: Abbildung eines Links im einfachen Graph-Modell

Summa summarum unterstützt die Repräsentation von Links mittels eines Eigenschaftsgraphs auf logischer Ebene direkt die graphorientierte Abbildung und Verarbeitung von Links, so dass im Folgenden ein logisches Schema für Links auf der Basis des Eigenschafts-Graph-Modells entwickelt wird.

5.3.2 Logisches Schema für Links

Das *interne logische Schema* für Links ist in Abbildung 40 dargestellt und ermöglicht die Speicherung von Nicht-Data-Warehouse-Links auf der Grundlage des Eigenschafts-Graph-Modells im Link Store. Es setzt das konzeptionelle Link-Modell um und stellt dementsprechend die interne Perspektive auf logischer Ebene dar. Im logischen Schema sind Elemente des konzeptionellen Link-Modells als Knoten umgesetzt, die zusätzliche Eigenschaften umfassen, um Data-Warehouse-Elemente und Content-Objekte in den Quellsystemen zu referenzieren. Knoten verweisen folglich auf die Daten zum jeweiligen Element im Data Warehouse bzw. dem Content-Management-System, d.h. Element-Attribute werden nicht im internen logischen Schema selbst repräsentiert und gespeichert, um Redundanzen zu vermeiden. Ein Knoten, der beispielsweise eine Maschine als Data-Warehouse-Element repräsentiert, verweist folglich auf das entsprechende Tupel zur Maschine im Data-Warehouse. Außerdem werden nur Elemente als Knoten im Link Store gespeichert, welche die Quelle oder das Ziel mindestens eines Nicht-Data-Warehouse-Links darstellen, um die Gesamtanzahl an Knoten im Link Store zu minimieren.

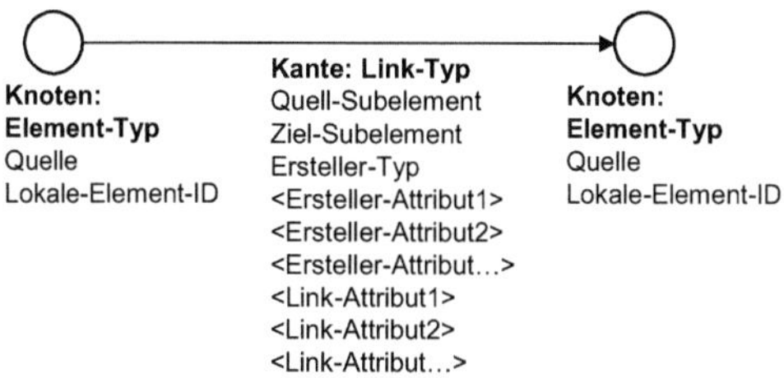

Abbildung 40: Internes logisches Schema für Links
(in Anlehnung an (Gröger et al. 2014b), © 2014 IEEE)

Knoten im logischen Schema haben die folgenden obligatorischen Eigenschaften im Sinne von Schlüssel-Wert-Paaren:

- Die *Quelle* bezieht sich auf das Quellsystem des Elements und legt damit fest, ob der Knoten ein Element im Data Warehouse oder ein Content-Objekt im Content-Management-System repräsentiert.
- Die *lokale Element-ID* bezieht sich auf eine logische ID für das Element im jeweiligen Quellsystem. Bei einem Data-Warehouse-Element umfasst die lokale Element-ID den Namen des Schemas, der Tabelle sowie des Primärschlüssels und den zugehörigen Wert des Primärschlüssels, z.B. „S1.Maschine.ID = 9". Bei einem Content-Objekt besteht die lokale Element-ID aus der Objekt-ID der entsprechenden Datei im Content-Management-System.

Mit diesen beiden Eigenschaften ist eine eindeutige Referenzierung der Elemente in den Quellsystemen möglich. Das *Label eines Knotens* umfasst den *Element-Typ*, wie er in der generalisierten linkbasierten Sicht definiert ist. Bei Data-Warehouse-Elementen entspricht dieser auf logischer Ebene dem Namen der Tabelle des referenzierten Elements. Bei Content-Objekten wird der Wert eines bestimmten Attributs des Objekts im Content-Management-System verwendet, das die inhaltliche Kategorie des Content-Objekts beschreibt, z.B. Fehlerbericht oder Data-Mining-Modell. Obwohl der Element-Typ als Datum im jeweiligen Quellsystem enthalten ist, wird er redundant im logischen Schema repräsentiert und damit im Link Store gespeichert, um eine intuitive graphorientierte Traversierung von Links anhand der Element-Typen zu ermöglichen und dabei aus Performancegründen einen Zugriff auf das Quellsystem zur Abfrage des Element-Typs zu vermeiden.

Links des konzeptionellen Link-Modells werden im logischen Schema als gerichtete Kanten zwischen zwei Knoten abgebildet, so dass das Quell- und das Zielelement festgelegt sind. Das *Label einer Kante* bezieht sich hierbei auf den *Link-Typ*, z.B. „Erklärt". Zusätzlich besitzen Kanten die folgenden Eigenschaften:

- Das *Ziel-Subelement* und das *Quell-Subelement* sind optionale Eigenschaften, die gemäß des Link-Modells auf beliebige Bestandteile des entsprechenden Elements verweisen. Im Falle eines Data-Warehouse-Elements geht es insbesondere um die Attribute des referenzierten Tupels, d.h. den jeweiligen Attributnamen, z.B. den Hersteller einer Maschine. Im Falle von Content-Objekten hängt das Format der Subelement-Eigenschaften vom jeweiligen Dateityp ab. Bei XML-Dateien wie PMML-basierten Data-Mining-Modellen kann es sich beispielsweise um einen XQuery-Ausdruck (W3C 2010) handeln. Bei PDF-Dateien kann der Verweis auf eine bestimmte Stelle im Dokument zum Beispiel durch die Angabe einer Byteadresse in maschinenverarbeitbarer Form oder verbal als natürlichsprachlicher Text erfolgen.
- Die *Ersteller-Typ* bezieht sich auf den Ursprung des Links, wobei benutzergenerierte und analysegenerierte Links gemäß Abschnitt 5.2.1 unterschieden werden. Vordefinierte Links stellen Data-Warehouse-Links dar und werden folglich im logischen Schema nicht abgebildet.
- Aus jedem *Ersteller-Attribut* gemäß des Link-Modells, z.B. „Erstellungszeitpunkt = 15.12.2014“, resultiert außerdem eine entsprechende Ersteller-Eigenschaft, die von der Art der Erstellung im Einzelfall abhängt.
- Aus jedem *Link-Attribut*, z.B. „Thema = Qualitätsproblem“, ergibt sich analog zu Ersteller-Attributen eine entsprechende Link-Eigenschaft.

Die Repräsentation eines beispielhaften Links vom Typ „Erklärt“ zwischen einer Maschine (als Data-Warehouse-Element) und einem Fehlerbericht (als Content-Objekt) im internen logischen Schema ist in Abbildung 41 dargestellt.

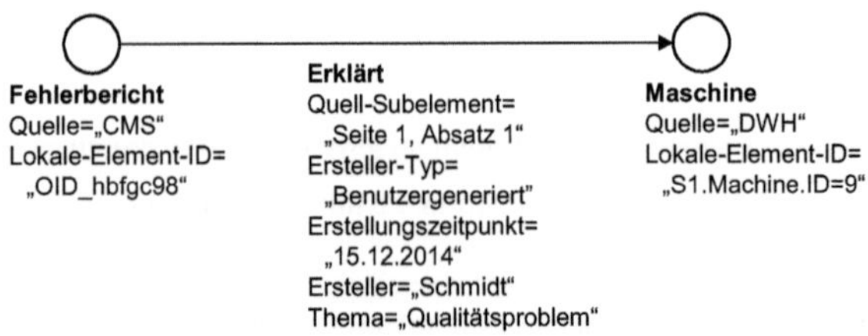

Abbildung 41: Repräsentation eines beispielhaften Links im internen logischen Schema (in Anlehnung an (Gröger et al. 2014b), © 2014 IEEE)

Das *externe logische Schema*, d.h. die externe Perspektive einer Anwendung auf das interne logische Schema, ergibt sich aus der Umsetzung der generalisierten linkbasierten Sicht auf logischer Ebene, wie sie exemplarisch in Abbildung 42 dargestellt ist. In diesem Beispiel geht es um

Links der Typen „Erklärt“ und „HatMaschinenGruppe“ zwischen einer Maschine, einer Maschinengruppe und einem Fehlerbericht. Es ist ersichtlich, dass die Element-Attribute, wie z.B. der Hersteller der Maschine, im externen logischen Schema direkt als Eigenschaften der Knoten repräsentiert und damit die Referenzen zu den Quellsystemen aufgelöst sind. Außerdem ist anzumerken, dass sowohl Nicht-Data-Warehouse-Links, wie z.B. „Erklärt“, als auch Data-Warehouse-Links, wie z.B. „HatMaschinenGruppe“, Bestandteil des externen logischen Schemas sind, um eine generalisierte Sicht herzustellen, obwohl Data-Warehouse-Links nicht im Link Store gespeichert werden. Das externe logische Schema wird dynamisch durch die linkbasierte Anfrageschnittstelle abgeleitet, ohne dass ein föderiertes Schema definiert ist, das Content-Objekte und Data-Warehouse-Elemente und Links spezifiziert. Die Untersuchung entsprechender Aspekte der Anfrageverarbeitung und -optimierung stellt hierbei einen zentralen Punkt für zukünftige Arbeiten dar.

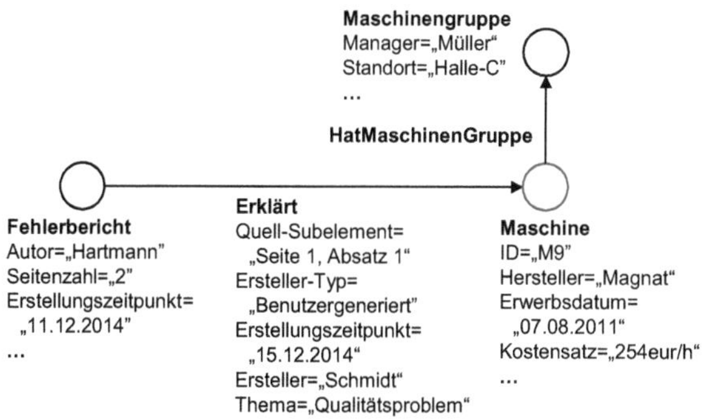

Abbildung 42: Beispielhaftes externes logisches Schema für Links
(in Anlehnung an (Gröger et al. 2014b), © 2014 IEEE)

5.4 Prototypische Implementierung und Evaluation

Die prototypische Implementierung und Evaluation der linkbasierten Architektur fokussieren auf die grundlegende technische Machbarkeit anhand der Anwendung eines Prototyps in einem Anwendungsszenario. Der Schwerpunkt liegt auf der Realisierung des Link Store zur Speicherung von Links sowie der Durchführung linkbasierter Anfragen über den integrierten Datenbestand. Es ist hervorzuheben, dass dieser Prototyp und die Evaluation unabhängig von der in Kapitel 8 durchgeführten Evaluation der AdMA-Plattform sind und ausschließlich auf die linkbasierte Architektur zur Integration von Data-Warehouse-Daten und Content fokussieren. Ausgehend von dem in Abschnitt 5.4.1 beschriebenen Prototyp und dem Anwendungsszenario wird in Abschnitt 5.4.2 die Machbarkeitsuntersuchung dargestellt, deren Ergebnisse in Abschnitt 5.4.3 diskutiert werden. Die prototypische Implementierung sowie die Durchführung der Machbarkeitsuntersuchung erfolgten im Rahmen der studentischen Arbeiten (Hood 2014, Stuhlmüller 2013) und werden in der vorliegenden Arbeit zusammenfassend dargestellt.

5.4.1 Prototyp, Anwendungsszenario und Datengenerierung

Der Prototyp der linkbasierten Architektur setzt ein beispielhaftes linkbasiertes Wissensrepository um und basiert auf Off-the-Shelf-Software für die drei Datenhaltungssysteme, um eine einfache Implementierung zu ermöglichen. Das *Data Warehouse* wird mit IBM DB2 (Version 10.5) (IBM 2015b) umgesetzt und realisiert eine vereinfachte relationale Variante des multidimensionalen Datenmodells des Wissensrepository angelehnt an ein Snowflake-Schema (Behme et al. 2013). Als *Content-Management-System* kommt das Open-Source-System Alfresco (Version 4.2c) (Alfresco Software 2015) zum Einsatz. Die Auswahl des Datenhaltungssystems für den *Link Store* orientiert sich im Rahmen des verfolgten Top-Down-Ansatzes am logischen Datenmodell, so dass eine Graphdatenbank mit Unterstützung des Eigenschafts-Graph-Modells Verwendung findet. Hierfür wird die Open-Source-Graphdatenbank Neo4j (Version 2.1.2 Community) (Neo4j 2015) eingesetzt. Diese bietet mit Cypher (Robinson et al. 2013) eine deklarative graphorientierte Anfragesprache. Die *linkbasierte Anfrageschnittstelle* wird prototypisch als Java-basierte, parametrisierte Schnittstelle im Sinne eines Application Programming Interface (API) umgesetzt, um vordefinierte Anfrageklassen zu realisieren. Der *Data-Warehouse-Zugriff* erfolgt hierbei mittels SQL, der *Content-Management-System-Zugriff* basiert auf CMIS-Anfragen und für den *Link-Store-Zugriff* wird Cypher eingesetzt. Somit kann bei Anfragen an die Datenhaltungssysteme von deren physischer Implementierung abstrahiert werden.

Hinsichtlich der *Systemumgebung des Prototyps* läuft jedes Datenhaltungssystem auf einem separaten Rechner mit Microsoft Windows Server 2008 R2 Standard, Intel Xeon 2.0 GHz CPU, 32GB Arbeitsspeicher und Solid State Disks. Die linkbasierte Anfrageschnittstelle wird hierbei als Java-Anwendung auf dem Rechner des Link Stores ausgeführt.

Das *Anwendungsszenario* basiert auf einem Massenfertigungsprozess zur Herstellung von Stahlfedern gemäß (Erlach 2010). Ausgehend von diesem Fertigungsprozess geht es im Anwendungsszenario um einen Fertigungsleiter, der Ursachen von Qualitätsproblemen im Fertigungsprozess analysiert. Zu diesem Zweck führt er unterschiedliche linkbasierte Anfragen auf dem Wissensrepository durch, um z.B. Zusammenhänge zwischen Fehlerberichten und Störungen zu identifizieren. Weitere inhaltliche Details des Anwendungsszenarios und des Fertigungsprozesses sind für diese Evaluation nicht relevant, da die technische Machbarkeit im Vordergrund steht.

Die Datenhaltungssysteme werden mit *generierten Daten* orientiert am Anwendungsszenario befüllt, um Anfragen durchführen zu können. Neben strukturierten Daten über Ausführungen des Fertigungsprozesses zur Befüllung des Data Warehouse geht es um Content-Objekte, wie z.B. Maschinenhandbücher und Fotos, die als PDF- und JPEG-Dateien im Content-Management-System gespeichert werden und typische Artefakte des Wissensrepository darstellen. Zur Befüllung des Link Store wird ausgehend vom Anwendungsszenario eine beispielhafte Link-Struktur basierend auf 16 Link-Typen, wie z.B. „Verursacht" und „BeschreibtSentiment", mit zugehörigen Link- und Ersteller-Attributen, wie z.B. „Sentiment-Wert" und „Erstellungszeitpunkt", sowie 8 Element-Typen aus Content-Objekten und Data-Warehouse-Elemente, wie z.B. „Fehlerbericht" und „Maschine", definiert. Die Link-Struktur umfasst insgesamt 26 einzelne Links zwischen den 8 Element-Typen, da ein Link-Typ für Elemente mehrerer Typen anwendbar ist (siehe für eine detaillierte Darstellung der Linkstruktur und der Datengenerierung (Hood 2014)).

5.4.2 Machbarkeitsuntersuchung

Die Machbarkeitsuntersuchung umfasst die Durchführung unterschiedlicher Klassen linkbasierter Anfragen in verschiedenen Volumenstufen der Daten im Link Store und die Messung der Laufzeiten als Leistungsindikator. Das Ziel besteht darin, die grundsätzliche technische Machbarkeit linkbasierter Anfragen über Data Warehouse, Content-Management-System und Link Store darzustellen. Eine detaillierte Laufzeit- und Performanceuntersuchung steht folglich nicht im Vordergrund.

Volumenstufe	Faktor	Knoten	Kanten	Eigenschaften
Klein (V_{L1})	1.000	4.000	26.000	162.000
Mittel (V_{L2})	10.000	40.000	260.000	1.620.000
Groß (V_{L3})	20.000	80.000	520.000	3.240.000

Tabelle 6: Volumenstufen (V_{Li}) des Link Store für Messungen zur Machbarkeitsuntersuchung

Das *Mengengerüst* definiert die Datenvolumina der drei Datenhaltungssysteme. Den Ausgangspunkt bilden das Data Warehouse, das mit rund 4.000.000 Tupeln befüllt ist, sowie das Content-Management-System, das 40.000 Dateien umfasst. Das Volumen im Content-Management-System ist deutlich kleiner angesetzt als das Volumen im Data Warehouse, da im Anwendungsszenario von einer manuellen Erstellung von Content-Objekten im Gegensatz zu einer weitgehend automatischen Datenerfassung im Fertigungsprozess ausgegangen wird. Außerdem ist anzumerken, dass diese grundlegenden Datenvolumina ausreichend sind, da nicht die Performance und

Skalierbarkeit der beiden einzelnen Datenhaltungssysteme, sondern die Speicherung und Abfrage von Links im Link Store bei der Machbarkeitsuntersuchung im Vordergrund stehen. Infolgedessen bleiben die Datenvolumina im Data Warehouse und im Content-Management-System konstant und es erfolgt eine Variation der Datenvolumina im Link Store in drei unterschiedlichen Volumenstufen V_{Li} für ein kleines (V_{L1}), mittleres (V_{L2}) und großes (V_{L3}) Datenvolumen. Jede Volumenstufe basiert gemäß Tabelle 6 auf dem Skalierungsfaktor, aus dem sich die Anzahl an Kanten, d.h. Links, die Anzahl an Knoten, d.h. Elemente, sowie die Anzahl an Eigenschaften an Knoten und Kanten, die insbesondere Link- und Ersteller-Attribute umfassen, ergeben. Die größte Volumenstufe (V_{L3}) umfasst dementsprechend 520.000 Kanten, 80.000 Knoten und 3.240.000 Eigenschaften. Damit liegen die Datenvolumina im mittleren Bereich typischer Performancemessungen von Graphdatenbanken (Holzschuher und Peinl 2013, Dominguez-Sal et al. 2010).

Anfragen				Messergebnisse*		
Anfrageklasse	**Komplexität**	**Art der Links**	**Datenhaltungs-systeme**	V_{L1}	V_{L2}	V_{L3}
AK_1	Ein-Schritt	Nicht-DWH	DWH, CMS, Link Store	0,65	0,62	0,64
AK_2	Ein-Schritt	DWH	DWH	0,31	0,31	0,31
AK_3	Mehr-Schritt	Gemischt	DWH, CMS, Link Store	1,11	1,00	1,41

*Durchschnittswert der Gesamtlaufzeit einer repräsentativen Anfrage für jede Volumenstufe in Sekunden

Tabelle 7: Anfrageklassen (AK_i) und Messergebnisse

Bei den *Anfrageklassen* AK_i geht es um navigationsorientierte Anfragen gemäß Abschnitt 5.2.1 zur Exploration des Datenraumes durch den Benutzer. Für *Ein-Schritt-Anfragen* werden Anfragen über Nicht-Data-Warehouse-Links (AK_1) und Data-Warehouse-Links (AK_2) unterschieden. *Mehr-Schritt-Anfragen* (AK_3) sind so spezifiziert, dass sie beide Arten von Links umfassen und auf Element-Attribute von Content-Objekten und Data-Warehouse-Elementen zugreifen, um alle drei Datenhaltungssysteme zu verwenden. Diese Mehr-Schritt-Anfragen repräsentieren damit typische Anfragen an den integrierten Datenbestand des Wissensrepository. Bei allen Anfrageklassen werden zudem Restriktionen auf Element- sowie Link- und Ersteller-Attribute definiert, um Eigenschaften an Knoten und Kanten zu verarbeiten. Für jede Anfrageklasse wurden in (Hood 2014) unterschiedliche einzelne Anfragen implementiert und gemessen. Mehr-Schritt-Anfragen haben dabei eine Länge von 2 bis 6 Links. Dies stellt die typische Komplexität von

Anfragen dar, die durch einen Benutzer in einem Zug formuliert werden können. Eine Exploration des Datenraumes erfolgt dann durch die sequenzielle Durchführung mehrerer Anfragen der unterschiedlichen Anfrageklassen.

Eine repräsentative *Ein-Schritt-Anfrage* (AK_1) ist die Abfrage aller Fehlerberichte (als Content-Objekte), die auf ein bestimmtes Produkt (als Data-Warehouse-Element) verweisen (als Nicht-Data-Warehouse-Link), wobei der Verweis nach einem bestimmten Zeitpunkt erstellt worden sein muss (als Restriktion auf ein Ersteller-Attribut). Eine repräsentative *Ein-Schritt-Anfrage mit einem Data-Warehouse-Link* (AK_2) ist eine klassische Abfrage im Data Warehouse, z.B. die Abfrage aller Maschinen, die Mitglied einer bestimmten Maschinengruppe sind (als Data-Warehouse-Link).

Eine repräsentative komplexe *Mehr-Schritt-Anfrage* (AK_3) mit 6 Links ist die Abfrage der Bezeichnung aller Handbücher, die zu Maschinen – die Mitglied einer bestimmten Maschinengruppe sind (als Data-Warehouse-Link) – gehören (als Nicht-Data-Warehouse-Link). Für die Maschinen muss dabei gelten, dass sie in Fehlerberichten auftauchen (als Nicht-Data-Warehouse-Link), die durch bestimmte Angestellte erstellt wurden (als Nicht-Data-Warehouse-Link). Diese Angestellten müssen ebenfalls Verbesserungsvorschläge erstellt haben (als Nicht-Data-Warehouse-Link), die auf eine dieser Maschinen verweisen (als Nicht-Data-Warehouse-Link).

Für die Machbarkeitsuntersuchung wurden sämtliche Anfragen acht Mal durchgeführt. Hierbei wird der Durchschnitt der Laufzeiten der letzten drei Messungen als Ergebnis verwendet, da von einem Gesamtsystem im eingeschwungenen Zustand mit warmen Caches ausgegangen wird. Für die aufgeführten Anfragen sind die gemessenen Durchschnittswerte der Gesamtlaufzeit in Sekunden in Tabelle 7 dargestellt. Hervorzuheben ist, dass die Laufzeiten der Anfragen nur mit Blick auf die unterschiedlichen Volumenstufen innerhalb einer Anfrage vergleichbar sind. Andere Anfragen derselben Klasse können bei gleicher Länge andere Laufzeiten aufweisen, da nicht nur unterschiedliche Implementierungen einer Anfrage im Rahmen der Anfrageschnittstelle möglich sind, sondern verschiedene Anfragen einer Klasse die einzelnen Datenhaltungssysteme unterschiedlich beanspruchen können. Es ist beispielsweise möglich, dass eine Anfrage sehr Data-Warehouse-lastig ist, wohingegen die Verarbeitung einer anderen Anfrage derselben Klasse das Content-Management-System stärker beansprucht.

5.4.3 Ergebnisse und Diskussion

Die in Tabelle 7 aufgeführten Messergebnisse der Anfragen zeigen, dass die Ein-Schritt-Anfragen in deutlich weniger als einer Sekunde durchgeführt werden. Zudem liegen keine nennenswerten Laufzeitveränderungen über die einzelnen Volumenstufen bei diesen Anfragen vor, d.h. auch eine Erhöhung des Datenvolumens um den Faktor 20 von V_{L1} auf V_{L3} führt nicht zu einer Laufzeitverlängerung. Die Ein-Schritt-Anfrage der Klasse AK_2 wird rund doppelt so schnell durchgeführt wie die Ein-Schritt-Anfrage der Klasse AK_1, was dadurch bedingt ist, dass erstere nur auf dem Data Warehouse arbeitet.

Die Laufzeit der Mehrschritt-Anfrage (AK_3) setzt sich zu fast zwei Dritteln aus Verarbeitungszeiten im Content-Management-System zusammen, das auch den Großteil der Laufzeitsteigerung und -schwankung zwischen den Volumenstufen beeinflusst. Data Warehouse und der Link Store zeigen keine nennenswerten Laufzeitveränderungen bei dieser Anfrage in den unterschiedlichen Volumenstufen.

Diese grundlegenden Messergebnisse zeigen, dass repräsentative Ein- und Mehr-Schritt-Anfragen über den integrierten Datenbestand aus Content und Data-Warehouse-Daten auch in der größten Volumenstufe in insgesamt weniger als 2 Sekunden durchgeführt werden, wobei der Link Store keine signifikanten Laufzeitveränderungen in den unterschiedlichen Volumenstufen aufweist. Dieses Laufzeitverhalten ermöglicht die interaktive graphorientierte Exploration des Datenraumes durch den Benutzer und unterstreicht die grundlegende technische Machbarkeit der linkbasierten Architektur, speziell des Link Store, unter Verwendung von Off-the-Shelf-Software, insbesondere Neo4j als Graphdatenbank.

Zur weiteren Untersuchung des Link Store unabhängig von Data Warehouse und Content-Management-System wurden im Rahmen von (Hood 2014) testweise Messungen von komplexen Mehr-Schritt-Anfragen der Längen 5, 10, 20 durchgeführt, die nur auf dem Link Store arbeiten und Restriktionen auf sämtlichen Links definieren. In der höchsten Volumenstufe haben Beispielanfragen der Länge 10 eine ungefähre Laufzeit von einer halben Minute. Diese steigt bei einer Länge von 20 sprunghaft auf rund 10 Minuten an, wobei die Laufzeiten von Neo4j stark von der Formulierung und Strukturierung der Cypher-Anfrage abhängen. Ein erster Vergleich mit einer prototypischen relationalen Implementierung des Link Store in (Hood 2014) zeigt zudem, dass dieselbe Anfrage der Länge 20 in rund 3 Sekunden verarbeitet wird. Es bestehen demnach noch technische Optimierungspotentiale hinsichtlich der physischen Umsetzung des Link Store sowie der performanceoptimalen Konfiguration von Neo4j. Für weitere Details zur relationalen Umsetzung des Link Store sei auf (Hood 2014) verwiesen.

Die Nutzung des Prototyps im Rahmen der Machbarkeitsuntersuchung zeigte außerdem, dass die Sicherstellung der Konsistenz und Qualität der Links im Link Store einen wichtigen Faktor darstellt. Einerseits müssen Änderungen in den Quellsystemen, z.B. das Löschen von Content-Objekten, überwacht werden, um existierende Elemente und Links im Link Store entsprechend anzupassen und konsistent zu halten. Andererseits sind organisatorische Kontrollstrukturen erforderlich, um sicherzustellen, dass Benutzer nicht unterschiedliche Link-Typen und Link-Attribute für dieselbe Art von Verknüpfung erstellen bzw. verwenden. Dadurch, dass kein föderiertes Schema erforderlich ist, wird eine flexible Ad-hoc-Integration von Data-Warehouse-Daten und Content durch eine flexible Erstellung neuer Links und Link-Typen sowie neuer Elemente und Element-Typen ermöglicht. Gleichzeitig macht dies Kontrollstrukturen erforderlich, um die Qualität der Links sicherzustellen.

Für zukünftige Arbeiten im Rahmen der linkbasierten Architektur erscheint folglich, neben der Untersuchung der physischen Implementierung des Link Store, die Entwicklung von technischen Ansätzen zur Konsistenzsicherung der Links relevant.

5.5 Verwandte Arbeiten und Abgrenzung

Verwandte Arbeiten zur linkbasierten Architektur beziehen sich auf Ansätze zur Integration strukturierter und unstrukturierter Daten, die nachfolgend in drei Gruppen beschrieben werden, um anschließend den Ansatz der linkbasierten Architektur abzugrenzen und auf seine Übertragbarkeit einzugehen. Zuerst werden spezifische Ansätze zur Integration unstrukturierter Daten im Data Warehouse betrachtet, um danach auf den Bereich föderierter Informationssysteme einzugehen und existierende Ansätze der linkbasierten Integration zu betrachten. Es geht dementsprechend um technische Integrationsansätze auf der Datenhaltungsebene, unabhängig von den in Kapitel 4 dargestellten konzeptionellen Aspekten des Wissensrepository, insbesondere unabhängig vom Anwendungsbereich der Fertigung.

Unstrukturierte Daten im Data Warehouse

Klassische Ansätze zur Integration von Data-Warehouse-Daten und Content (Baars und Kemper 2008, Cody et al. 2002, Sukumaran und Sureka 2006, Keith et al. 2005, McCabe et al. 2000, Mothe et al. 2003) basieren im Kern auf der Erweiterung des Data-Warehouse-Schemas. Es geht darum, ausgewählte strukturierte Metadaten von Content-Objekten, z.B. das in einem Dokument genannte Produkt, über Dimensionen abzubilden und mit der ID des Content-Objekts als zusätzlichem Fakt zu verknüpfen. Content-Objekte können gemäß (Baars und Kemper 2008) auch Analyseergebnisse, wie z.B. Data-Mining-Modelle, umfassen und in einem Content-Management-System gespeichert werden. Bei diesen Ansätzen stehen vordefinierte Analyseszenarien mit vorausgewählten Content-Objekten und bekannten Analyseanforderungen im Vordergrund, um eine gezielte Anpassung des Data-Warehouse-Schemas vorzunehmen. Dies verhindert eine flexible Ad-hoc-Integration, insbesondere neuer Content-Objekte, und kann zusätzlich die Anpassung existierender Data-Warehouse-basierter Analyseanwendungen erfordern.

Neuere Ansätze fokussieren auf die Ad-hoc-Integration unstrukturierter Daten in der Form von RDF-Daten im Data Warehouse. Der Ansatz nach (Eberius et al. 2012) umfasst ein System zur dynamischen Integration von RDF-Daten auf der Grundlage von sog. Open-World-SQL-Anfragen, in denen spezielle Attribute einer SQL-Anfrage an das Data Warehouse dynamisch mit RDF-Daten ausgewählter Quellen befüllt werden. Das Konzept von (Abelló et al. 2013) erweitert diesen Ansatz und integriert beliebige Textdaten, wie z.B. Social-Media-Einträge aus dem Web, indem diese in RDF-basierte multidimensionale Daten transformiert werden. Dafür ist jedoch die Definition eines Schemas für die jeweiligen Textdaten sowie dessen Abgleich mit dem Data-Warehouse-Schema erforderlich, was im Gegensatz zur linkbasierten Architektur aufwendige Schema-Matching-Verfahren (Bernstein et al. 2011) erfordert. Für weitergehende Aspekte zur Integration von RDF-Daten im Data Warehouse sei auf (Abelló et al. 2013) verwiesen.

In Abgrenzung dazu unterstützt die linkbasierte Architektur die Ad-hoc-Integration von beliebigen Content-Objekten, so dass auch RDF-Dateien als Content-Objekte im Content-Management-System gespeichert und mittels Links feingranular verknüpft werden können. Ergänzend dazu ist eine dynamische Einbindung von RDF-Daten über das Data Warehouse gemäß (Eberius et al. 2012) möglich. RDF stellt darüber hinaus eine weitere Realisierungsoption für die physische Implementierung des Link Store an Stelle einer Graphdatenbank dar.

Föderierte Informationssysteme

Die linkbasierte Architektur stellt einen föderierten Integrationsansatz dar. *Klassische föderierte Ansätze*, d.h. föderierte Datenbanksysteme (Sheth und Larson 1990), fokussieren auf die Integration strukturierter Daten mittels eines klassischen föderierten Schemas, dessen Definition aufwendige Schema-Matching-Verfahren (Bernstein et al. 2011) erfordert, den Wartungsaufwand erhöht und somit eine flexible Integration neuer Datenquelle verhindert.

Neuere föderierte Ansätze wie (Dong und Halevy 2005, Wauer et al. 2011) basieren auf Konzepten der ontologiebasierten Datenintegration (Wache et al. 2001, Noy 2004) und semantischen Suche (Mangold 2007a) und unterstützen die Integration strukturierter und unstrukturierter Daten unter Verwendung einer Ontologie als föderiertem Schema. Diese ermöglicht Schlussfolgerungen und semantische Anfragen über den Daten, was im Rahmen der linkbasierten Architektur – zugunsten einer flexiblen Ad-hoc-Integration unter Vermeidung eines föderierten Schemas –

momentan nicht vorgesehen, aber technisch machbar ist. Hierbei ist anzumerken, dass das konzeptionelle Link-Modell kein föderiertes Schema darstellt, da es auf einer Metaebene unabhängig von konkreten Datenquellen definiert ist. Zur Erweiterung der linkbasierten Architektur mit einer semantischen Suche von Content-Objekten kann der Ansatz von (Mangold 2007b) eingesetzt werden. Dieser Ansatz ist unabhängig von einem föderierten Schema und nutzt ein Graphmodell, den sog. ContextGraph (Mangold et al. 2006), der den Kontext eines Content-Objekts im Sinne seiner Verknüpfung mit strukturierten Daten definiert. Damit wird eine semantische, d.h. kontextualisierte Suche von Content-Objekten ermöglicht. Die Struktur des ContextGraph ähnelt der generalisierten linkbasierten Sicht, da Content-Objekte und relationale Tupel als Knoten und deren Verknüpfungen als Kanten aufgefasst werden. Für eine Umsetzung im Rahmen der linkbasierten Architektur kann der ContextGraph folglich aus der linkbasierten Sicht abgeleitet werden. Zur Abgrenzung des Ansatzes von (Mangold 2007b) ist festzuhalten, dass Verknüpfungen im ContextGraph nicht als informationsintensive Links mit weiteren Attributen sondern als einfache Referenzen aufgefasst werden. Zudem stehen, im Gegensatz zur vorliegenden Arbeit, die Modellierung und Speicherung von Verknüpfungen im Rahmen von (Mangold 2007b) nicht im Vordergrund, da der Fokus auf der semantischen Suche liegt.

Linkbasierte Integration

Der Ansatz der linkbasierten Integration bezieht sich allgemein auf die Verknüpfung von Elementen unterschiedlicher Datenquellen auf Instanzebene durch die Verwendung von Links. Im Bereich der *Bioinformatik* ist der Ansatz für die Verlinkung von Web-Datenquellen mittels einfacher Referenzen verbreitet (Goble und Stevens 2008). Der *iFuice-Ansatz* nach (Rahm et al. 2005) stellt einen verallgemeinerten Ansatz zur Integration strukturierter und unstrukturierter Daten mittels typisierter Links dar, wobei Datenquellen und Links flexibel hinzugefügt werden können. Links werden jedoch nicht als eigenständige Entitäten in einem Datenhaltungssystem gespeichert, sondern als ausführbare Mappings in Form von Skripten realisiert. Ein Mapping kann beispielsweise korrespondierende Elemente zweier unterschiedlicher Datenquellen verknüpfen, um sämtliche Attribute zu einem Element zusammenzuführen. Im Gegensatz zur linkbasierten Architektur können folglich nur einfache, d.h. direkt abfragbare, Verknüpfungen zwischen Mengen von Elementen als Links realisiert werden. Die analysegetriebene Entdeckung und universelle Speicherung komplexer Links im Sinne spezifischer Verknüpfungen zwischen einzelnen Elementen, z.B. im Rahmen einer Named-Entity-Recognition-Analyse, ist nicht möglich. Zudem besitzen Links in iFuice keine Attribute, was die Definition informationsintensiver Links, die Provenance-Information umfassen und weitere Inhalte wie z.B. Analyseergebnisse abbilden, verhindert.

Die *linkbasierte Integration von Textdaten im Data Warehouse* wird zwar in (Inmon und Nesavich 2008) vorgeschlagen. Konzeptionelle und technische Aspekte der Modellierung und Speicherung von Links werden jedoch nicht betrachtet, sondern nur rudimentäre Beispiele von Links als einfache Referenzen präsentiert. Der *Linked-Data-Ansatz* (Bizer et al. 2009) kann ebenfalls als eine Form der linkbasierten Integration auf der Basis von RDF im Web betrachtet werden, wobei RDF-Daten wie oben beschrieben zusätzlich in der linkbasierten Architektur integriert werden können.

Abgrenzung und Übertragbarkeit

Die linkbasierte Architektur stellt einen neuen Ansatz zur schemalosen, flexiblen Ad-hoc-Integration von Data-Warehouse-Daten und Content dar. Im Gegensatz zu föderierten Systemen, speziell ontologiebasierten Integrationsansätzen, sind weder ein föderiertes Schema noch aufwendige Schema-Matching-Verfahren erforderlich. Es können insbesondere neue Content-Objekte unabhängig von deren Format und Inhalt ohne die Anpassung eines Schemas flexibel integriert werden. Zudem sind im Gegensatz zu klassischen Integrationsansätzen für Content im Data Warehouse keine Anpassungen des Data-Warehouse-Schema notwendig. Aufwendige Evolutionsprozesse im Data Warehouse, wie z.B. Schemaversionierung und ETL-Anpassungen, werden damit vermieden.

Mit Blick auf existierende linkbasierte Ansätze unterscheidet sich die linkbasierte Architektur speziell durch die Verwendung informationsintensiver, d.h. typisierter und attribuierter, Links, die dauerhaft gespeichert werden und für weitere Analyse zur Verfügung stehen. Informationsintensive Links ermöglichen damit nicht nur die simple Integration von Data-Warehouse-Daten und Content mittels einfacher Referenzen, sondern die Repräsentation weiterer Inhalte, wie z.B. Analyseergebnissen, die als Grundlage für weitergehende Analyse dienen.

Anzumerken ist, dass die linkbasierte Architektur durch den Einsatz von Ontologien erweitert werden kann, um über die in der Ontologie modellierten Teile des integrierten Datenbestandes, d.h. über ausgewählte Links, Data-Warehouse-Elemente und Content-Objekte, Schlussfolgerungen und semantische Anfragen zu ermöglichen und damit einen hybriden Ansatz aus linkbasierter und ontologiebasierter Integration zu realisieren.

Die linkbasierte Architektur ist auf eine allgemeine Integration strukturierter und unstrukturierter Daten übertragbar. Eine Verallgemeinerung von Data-Warehouse-Elementen und deren Beziehungen im Link-Modell ermöglicht die Verwendung beliebiger relationaler Daten unabhängig von einem Data Warehouse. Hinsichtlich unstrukturierter Daten können auch alternative Datenhaltungssysteme eingesetzt werden, die einen Zugriff auf die gespeicherten Objekte anhand einer

ID ermöglichen. Diesbezüglich geht es insbesondere um NoSQL-Systeme, wie z.B. Key-Value-Stores und dokumentenorientierte Datenbanken (Cattell 2011), die von wachsender Bedeutung zur Speicherung unstrukturierter Daten in Unternehmen sind (Edlich et al. 2011), und als Alternative für ein Content-Management-System eingesetzt werden können.

5.6 Zusammenfassung und eigene Publikationen

In Kapitel 5 wurde die linkbasierte Architektur als Architekturvariante zur Realisierung des Wissensrepository auf der Grundlage von informationsintensiven Links vorgestellt. Hierbei standen die konzeptionelle und logische Modellierung von Links sowie die prototypische Implementierung und Evaluation eines entsprechenden Link Store als zentraler Komponente der Architektur im Vordergrund. Auf der Basis eines konzeptionellen Link-Modells, das ein Metamodell für Links darstellt, wurden in einem Top-Down-Ansatz graphorientierte Datenmodelle zur Umsetzung des Link-Modells untersucht und ein logisches Schema für Links auf der Basis des Eigenschafts-Graph-Modells entwickelt.

Die linkbasierte Architektur stellt einen generischen Ansatz für die flexible, schemalose Ad-hoc-Integration von strukturierten Daten eines Data Warehouse mit unstrukturierten Daten in einem Content-Management-System dar. Neue Content-Objekte können unabhängig von ihrem Format oder Inhalt mit Elementen des Data Warehouse verlinkt werden, ohne dass ein föderiertes Schema zu modifizieren ist oder Anpassungen am Data-Warehouse-Schema vorgenommen werden müssen. Links repräsentieren binäre, typisierte und attribuierte Verknüpfungen zwischen Elementen, d.h. Content-Objekten und Data-Warehouse-Elementen, wobei eine vereinheitlichte graphorientierte Sicht mit Elementen als Knoten und Links als Kanten hergestellt wird. Die Attribuierung und Typisierung von Links ermöglicht die Realisierung informationsintensiver Links, die Provenance-Information umfassen und weitere Inhalte, wie z.B. Analyseergebnisse, abbilden und damit über einfache Referenzen zur Integration hinausgehen. Die prototypische Implementierung und Evaluation unterstreichen die grundlegende technische Machbarkeit der linkbasierten Architektur am Beispiel eines linkbasierten Wissensrepository unter der Verwendung von Off-the-Shelf-Software, speziell Neo4j als Graphdatenbank für den Link Store. Wesentliche Aspekte zukünftiger Arbeiten sind die Untersuchung von Verfahren zur automatischen Generierung von Links, speziell aus dem Bereich der Textanalyse wie z.B. (Chakaravarthy et al. 2006), sowie die Entwicklung einer linkbasierten Anfrageschnittstelle auf Basis einer graphorientierten Anfragesprache wie z.B. Cypher.

Mit Blick auf verwandte Arbeiten stellt die linkbasierte Architektur einen neuen Ansatz zur Integration unstrukturierter Daten im Data Warehouse dar, da aufwendige Anpassungen des Data-

Warehouse-Schema wie in klassischen Integrationsansätzen vermieden werden und im Gegensatz zu föderierten und ontologiebasierten Ansätzen auf ein föderiertes Schema verzichtet wird. Außerdem ist die linkbasierte Architektur auf die allgemeine Integration strukturierter relationaler Daten mit unstrukturierten Daten, auch aus NoSQL-Systemen, übertragbar.

Hinsichtlich eigener Publikationen wurden die Konzeption, prototypische Implementierung und Evaluation der linkbasierten Architektur in (Gröger et al. 2014b) veröffentlicht. Die Implementierung und Machbarkeitsuntersuchung sowie einzelne konzeptionelle Verfeinerungen erfolgten im Rahmen der studentischen Arbeiten (Hood 2014, Stuhlmüller 2013). In (Hood 2014) wurden darüber hinaus relationale Implementierungsalternativen für den Link Store untersucht.

6 Präskriptive Fertigungsprozess-Analyse

In diesem Kapitel wird die präskriptive Fertigungsprozess-Analyse zur proaktiven Empfehlungsgenerierung für die Laufzeitoptimierung eines Fertigungsprozesses vorgestellt. Es geht um die Data-Mining-basierte Optimierung einer laufenden Prozessinstanz, d.h. eines Fertigungsauftrages, indem auf der Datengrundlage des Wissensrepository Handlungsempfehlungen zur Vermeidung einer prognostizierten Kennzahlenabweichung generiert werden. Damit stellt die präskriptive Fertigungsprozess-Analyse einen Ansatz für eine datengetriebene lernende Prozesssteuerung in der Fertigung in Anlehnung an (Bauernhansl et al. 2014, Konrad et al. 2013) dar. In Abschnitt 6.1 werden ausgehend von den Rahmenbedingungen und Anforderungen das Grundprinzip und die konzeptionellen Komponenten der präskriptiven Fertigungsprozess-Analyse dargestellt. Abschnitt 6.2 gibt anschließend einen Überblick über die Laufzeitprognostik als prädiktiver Komponente. Darauf folgend liegt der Schwerpunkt auf der zentralen Komponente der präskriptiven Fertigungsprozess-Analyse, der Empfehlungsgenerierung, die in Abschnitt 6.3 umfassend beschrieben wird. Implementierungsaspekte, d.h. technische Erfolgsfaktoren zur Umsetzung der präskriptiven Fertigungsprozess-Analyse, sind Gegenstand des Abschnitts 6.4. Schließlich werden in Abschnitt 6.5 verwandte Arbeiten untersucht und abgegrenzt. Eine Zusammenfassung und eigene Publikationen zur präskriptiven Fertigungsprozess-Analyse finden sich in Abschnitt 6.6.

6.1 Rahmenbedingungen, Anforderungen und Lösungsansatz

Um einen *generischen Rahmen* für die präskriptive Fertigungsprozess-Analyse zu definieren, wird angenommen, dass der zu optimierende Prozess P allgemein aus n Prozessschritten S_i mit $P = \{S_1, \dots, S_n\} \wedge 1 \leq i \leq n$ besteht. Diese Prozessschritte können sowohl in sequenziellen als auch in parallelen und verzweigten Strukturen ausgeführt werden, wie sie beispielsweise im analytischen Fertigungsprozess-Metamodell in Abschnitt 4.2 definiert sind. Der Ansatz der präskriptiven Fertigungsprozess-Analyse ist hierbei unabhängig von der Struktur der Verknüpfung der Prozessschritte, d.h. dem Prozessfluss. Aus Gründen der einfacheren Verständlichkeit wird im Folgenden von einem sequenziellen Prozessfluss ausgegangen, so dass der Schritt S_{i+1} direkt auf den Schritt S_i folgt. Es ist zudem hervorzuheben, dass der Ansatz der präskriptiven Fertigungsprozess-Analyse grundsätzlich unabhängig vom Typ des Prozesses ist. Der Ansatz ist folglich nicht nur auf Fertigungsprozesse, sondern auch auf Geschäftsprozesse anwendbar, sofern eine entsprechende Datengrundlage bereitgestellt wird. Die folgenden Ausführungen orientieren sich aus Veranschaulichungsgründen exemplarisch am Fertigungsprozesses zur Nockenwellenherstellung aus dem Praxisbeispiel in Abschnitt 1.2. Hierbei wird von einer zu optimierenden laufenden Prozessinstanz ausgegangen, bei der die ersten beiden Schritte S_1 und S_2 des Fertigungsprozesses, d.h. das Härten und das Planschleifen der Nocken, abgeschlossen sind und der folgende Schritt S_3, das Drehen und Schleifen der Nocken, zur Ausführung ansteht.

Die präskriptive Fertigungsprozess-Analyse orientiert sich an der Vision einer datengetriebenen lernenden Prozesssteuerung in Anlehnung an (Bauernhansl et al. 2014, Konrad et al. 2013), indem zielorientiert aus den Daten über den Fertigungsprozess Handlungsempfehlungen für einen Prozessschritt abgeleitet werden. Daraus ergeben sich die folgenden *Anforderungen* für die präskriptive Fertigungsprozess-Analyse A_{Pi}:

- *Kennzahlenorientierte Zieldefinition (A_{P1})*: Es geht um die Verwendung von Kennzahlen, wie z.B. Ausschussmenge und Durchlaufzeit, zur Zieldefinition, da Kennzahlen eine etablierte Form zur Operationalisierung der Prozessleistung im Rahmen des Fertigungsprozessmanagements und der Prozessoptimierung darstellen (Schmelzer und Sesselmann 2008).
- *Proaktive Optimierung (A_{P2})*: Dies bezieht sich auf die Generierung von Handlungsempfehlungen *während* der Prozessausführung zur Vermeidung prognostizierter Abweichungen der Prozessleistung, um eine proaktive Prozessoptimierung (Konrad et al. 2013) zu ermöglichen.
- *Ganzheitliche Datenbasis (A_{P3})*: Es geht um die flexible Einbeziehung sämtlicher vorhandener Daten zum Fertigungsprozess, d.h. operativer und prozessorientierter Daten über alle Prozessschritte und Ressourcen, um eine ganzheitliche Datenbasis (Radeschütz et al. 2008) zu verwenden.
- *Dynamische Empfehlungen (A_{P4})*: Diese Anforderung bezieht sich darauf, dass Handlungsempfehlungen in ihrer Struktur dynamisch sein sollen. Das bedeutet, dass es keine vordefinierten statischen Attribute oder Aktionen gibt, auf die sich eine Empfehlung bezieht, sondern diese dynamisch datengetrieben abgeleitet werden (Bauernhansl et al. 2014, Pötter et al. 2014), um eine lernende Empfehlungsgenerierung zu ermöglichen.
- *Nachvollziehbarkeit der Ergebnisse (A_{P5})*: Im Zentrum dieser Anforderung steht die Nachvollziehbarkeit der Erstellung der (Teil-)Ergebnisse der präskriptiven Fertigungsprozess-Analyse, insbesondere der Empfehlung, um eine Einschätzung ihrer Validität durch den Benutzer (Castellanos et al. 2004) zu unterstützen. Auch Benutzern ohne spezifisches Data-Mining-Vorwissen, z.B. Fertigungsleitern, soll damit eine Beurteilung der Ergebnisse ermöglicht werden.

Als *Lösungsansatz* zur Adressierung dieser Anforderungen umfasst die präskriptive Fertigungsprozess-Analyse zwei konzeptionelle Kernkomponenten, die *Laufzeitprognostik* sowie die *Empfehlungsgenerierung*, die beide auf der Anwendung von Data-Mining-Verfahren auf der Datengrundlage des Wissensrepository basieren (siehe Abbildung 43). Das Wissensrepository stellt nicht nur die Eingangsdaten für die präskriptive Fertigungsprozess-Analyse zur Verfügung, sondern ermöglicht zusätzlich die Speicherung relevanter Analyseergebnisse, speziell von Data-Mining-Modellen, als Artefakte. Bei der Auswahl geeigneter Data-Mining-Verfahren wird hierbei speziell die Nachvollziehbarkeit der Ergebnisse gemäß Anforderung A_{P5} berücksichtigt.

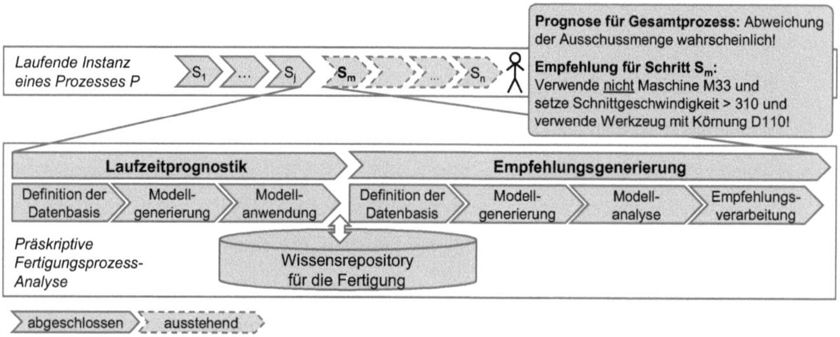

Abbildung 43: Konzeptionelle Komponenten der präskriptiven Fertigungsprozess-Analyse (in Anlehnung an (Gröger et al. 2014a), © 2014 Springer Science+Business Media)

Den Ausgangspunkt bildet die Auswahl der zu optimierenden *prozessbezogenen* Kennzahl, wie z.B. Ausschussmenge. Die Kennzahl repräsentiert gemäß Anforderung A_{P1} das Optimierungsziel für den jeweiligen Fertigungsprozess. Sie bezieht sich als prozessbezogene Kennzahl (siehe Abschnitt 2.1.4) auf das Ergebnis der Prozessinstanz, da es um eine Optimierung des gesamten Fertigungsprozesses geht, und ist damit nur für abgeschlossene Prozessinstanzen bzw. Fertigungsaufträge erfasst. Die Kennzahl wird analog zur Ursachenanalyse (siehe Abschnitt 3.3) als nominales Attribut behandelt, da Kategorien bzw. Wertebereiche und nicht einzelne Werte für die Definition von Kennzahlenabweichungen relevant sind. Die Kategorisierung ermöglicht zudem, Störungen im Fertigungsprozess als nicht-numerische Attribute ebenfalls als Ziel der präskriptiven Fertigungsprozess-Analyse zu verwenden.

Das Grundprinzip der präskriptiven Fertigungsprozess-Analyse orientiert sich an der folgenden zweistufigen Prozedur, die für jede laufende Prozessinstanz nach dem Abschluss eines Prozessschrittes S_j mit $j \in \{1, \ldots, n-1\}$ ausgeführt wird (siehe Abbildung 43). Hervorzuheben ist, dass diese Prozedur *nicht* nach Abschluss des letzten Prozessschrittes durchzuführen ist, da der Fertigungsprozess dann beendet ist.

1. Nach Abschluss des Prozessschrittes S_j wird die *Laufzeitprognostik* entsprechend Anforderung A_{P2} durchgeführt, um anhand des aktuellen Ausführungsstandes der laufenden Prozessinstanz sowie historischen Daten zu abgeschlossenen Instanzen vorherzusagen, ob es am Prozessende zu einer unerwünschten Kennzahlenabweichung kommt.
2. Wenn gemäß der Laufzeitprognostik eine Kennzahlenabweichung wahrscheinlich ist, ist die proaktive Einleitung von Gegenmaßnahmen zur Prozessoptimierung erforderlich. Für diesen Fall wird die *Empfehlungsgenerierung* durchgeführt, um eine dynamische Handlungsempfehlung aus den Daten gemäß Anforderung A_{P4} für den nachfolgenden Prozessschritt S_m mit $m = (j + 1) \leq n$ abzuleiten.

Es ist anzumerken, dass sich die Laufzeitprognostik auf den Gesamtprozess, d.h. die Prognose einer prozessbezogenen Kennzahl am Prozessende bezieht. Die Empfehlung wird dagegen nur für den direkt nachfolgenden Prozessschritt S_m und *nicht* für sämtliche anstehenden Schritte $R_m = \{S_m, \ldots, S_n\}$ der Prozessinstanz auf einmal generiert. Der Grund dafür ist, dass sich eine im Voraus abgeleitete Empfehlung für einen später anstehenden Prozessschritt noch bis zum Abschluss des direkten Vorgängerschrittes je nach weiterer Ausführung der Prozessinstanz ändern kann. Das Ziel besteht darin, dass sich eine Empfehlung für einen Prozessschritt immer am aktuellsten Ausführungsstand der gesamten Prozessinstanz orientiert, so dass sämtliche Daten der Instanz bis zum Abschluss des vorangegangenen Prozessschrittes mit einbezogen werden. Zusätzlich ist hervorzuheben, dass es sinnvoll sein kann, die Menge an Prozessschritten, für die eine Empfehlungsgenerierung in Betracht kommt, in Abhängigkeit vom konkreten Fertigungsprozess und der Kennzahl vorab einzuschränken. Es können beispielsweise nur Fertigungsschritte, nicht aber Transportschritte, einbezogen werden, falls der Benutzer festgelegt hat, dass diese Schritte für die Optimierung der betrachteten Kennzahl nicht relevant sind.

Die Eingangsdaten der präskriptiven Fertigungsprozess-Analyse bilden die Daten des multidimensionalen Datenmodells des Wissensrepository, die sämtliche Prozessattribute über den gesamten Fertigungsprozess umfassen, um die Anforderung A_{P3} zu adressieren. Prozessattribute beziehen sich in dieser Arbeit als Oberbegriff sowohl auf operative als auch auf prozessorientierte Attribute. Tabelle 8 zeigt eine beispielhafte vorverarbeitete, d.h. denormalisierte, Datenbasis als Eingabe für die präskriptive Fertigungsprozess-Analyse orientiert am Praxisbeispiel. Jede Zeile entspricht einer Instanz des Fertigungsprozesses, d.h. einem Fertigungsauftrag, und umfasst die Prozessattribute sämtlicher Prozessschritte und Ressourcen. Zusätzlich ist für abgeschlossene Prozessinstanzen die Kennzahl, im Praxisbeispiel die Ausschussmenge, als abhängiges, nominales Attribut enthalten. Der Wertebereich der Kennzahl umfasst die Werte „OK“ und „NichtOK“, wobei „NichtOK“ sämtliche unerwünschten Abweichungen der Kennzahl für den Fertigungsprozess repräsentiert. Dafür ist eine Kategorisierung der Kennzahl, d.h. eine Zuordnung von numerischen Wertebereichen zu den beiden nominalen Werten bzw. Kategorien, abhängig vom konkreten Fertigungsprozess erforderlich. Im Praxisbeispiel liegt eine Ein-Stück-Fertigung von Nockenwellen vor, wobei eine Nockenwelle mit Rissen Ausschuss darstellt. Weitere Ausschussursachen werden im Praxisbeispiel nicht betrachtet. Dementsprechend wird eine Ausschussmenge von 0 bzw. 1 unterschieden und als „OK“ bzw. „NichtOK“ kategorisiert.

Prozessattribute des Fertigungsprozesses (unabhängige Attribute)													**Kennzahl** (abhängiges Attribut)
Prozess Instanz ID	Schritt1 Härten Material ID	Schritt1 Härten Material Werkstoff	Schritt1 Härten Maschine Aufheizzeit	Schritt2 Planschl Maschine Schnittge	Schritt2 Planschl Maschine Reststandz	Schritt2 Planschl Werkzeug Abrichttiefe	Schritt3 DrehSchl Maschine ID	Schritt3 DrehSchl Maschine Schnittge	Schritt3 DrehSchl Mitarbeiter Qualifikation	Schritt3 DrehSchl Werkzeug Körnung	Schritt4 Fügen Maschine Haltezeit	...	Kenn-zahl
i000	Mat6	W9	1500	1100	130	0,02	M9	325	5	D90	100		Nicht OK
i100	Mat7	W9	1600	1100	120	0,03	M9	310	3	D90	100		OK
i200	Mat7	W9	1550	1100	110	0,02	M33	345	5	D90	100		OK
i300	Mat8	W2	1600	1200	100	0,02	M33	330	3	D110	100		Nicht OK
i400	Mat6	W2	1600	1100	90	0,03	M9	315	6	D110	100		OK
...													
i500	Mat8	W2	1600	1200	80	0,03	-	-	-	-	-	-	-

Prozessattribut: Prozessorientiert | Operativ

Tabelle 8: Exemplarische Datenbasis für die präskriptive Fertigungsprozess-Analyse mit der laufenden Prozessinstanz i500

Ausgehend von dieser Datenbasis werden in den folgenden Abschnitten die Data-Mining-basierten Komponenten der Laufzeitprognostik und der Empfehlungsgenerierung auf konzeptioneller Ebene dargestellt und anschließend ausgewählte Implementierungsaspekte untersucht. Der Schwerpunkt liegt auf der Empfehlungsgenerierung zur Ableitung dynamischer Empfehlungen, da dies die konstituierende Komponente für präskriptive Analyseverfahren darstellt. Es ist anzumerken, dass allgemeine technische Data-Mining-Fragestellungen, wie z.B. der Einsatz von Pruning-Methoden zur Vereinfachung von Entscheidungsbäumen oder die Attributauswahl mittels Feature-Selection-Methoden (Han et al. 2012), in der vorliegenden Arbeit nicht betrachtet werden, sondern das Gesamtkonzept der Anwendung ausgewählter Data-Mining-Verfahren auf einer vordefinierten Datenbasis für eine präskriptive Analyse von Fertigungsprozessen im Vordergrund steht.

6.2 Laufzeitprognostik

Die Laufzeitprognostik dient der datengetriebenen Vorhersage von Kennzahlenabweichungen am Prozessende während der Laufzeit einer Prozessinstanz und realisiert damit die proaktive Ausrichtung der präskriptiven Fertigungsprozess-Analyse gemäß Anforderung A_{P2}. Es geht um die Prognose einer prozessbezogenen Kennzahl als Ergebnis der gesamten Prozessinstanz, nicht um die Prognose einer schrittbezogenen Kennzahl eines einzelnen Prozessschrittes, da die Optimierung des gesamten Prozesses im Vordergrund steht. Wie in Abbildung 43 dargestellt, umfasst die Laufzeitprognostik drei konzeptionelle Teilschritte – die *Definition der Datenbasis*, die *Modellgenerierung* und die *Modellanwendung* – und basiert auf der Anwendung von Klassifikationsverfahren für eine Prognose der Kennzahlenkategorie der Prozessinstanz nach Abschluss von Prozessschritt S_j. Die Laufzeitprognostik stellt einen prädiktiven Ansatz angelehnt an (Castellanos et al. 2004, Grob et al. 2008) dar und wird hier überblicksartig dargestellt, da der Fokus auf der Empfehlungsgenerierung liegt.

Definition der Datenbasis

Die Definition der Datenbasis basiert auf den Eingangsdaten des Wissensrepository (siehe Tabelle 8), wobei die folgenden Einschränkungen definiert werden, um nur Daten zu Instanzen des Fertigungsprozesses zu berücksichtigen, die in Bezug zum Ausführungsstand der laufenden Prozessinstanz stehen:

- Es sind nur Daten zu *abgeschlossenen Instanzen* des Fertigungsprozesses relevant, da nur diese einen Wert für die prozessbezogene Kennzahl aufweisen. Da im Zeitverlauf Anpassungen des Fertigungsprozesses durchgeführt werden, werden nur abgeschlossene Instanzen berücksichtigt, die sich auf dieselbe Version des Fertigungsprozesses gemäß des analytischen Fertigungsprozess-Metamodells beziehen, um die Vergleichbarkeit mit der laufenden Instanz sicherzustellen.
- Es sind nur Prozessattribute ausschlaggebend, die sich auf die Menge C_j *bereits abgeschlossener Schritte der laufenden Instanz* mit $C_j = \{S_1, \ldots, S_j\} \wedge j \in \{1, \ldots, n-1\}$ beziehen, da nur diese Attribute Werte für die Prognose der laufenden Prozessinstanz bereitstellen. Im Beispiel sind dies die Attribute der Prozessschritte S_1 und S_2 der laufenden Instanz i500.
- Hinzu kommt als zu prognostizierendes Attribut die *kategorisierte prozessbezogene Kennzahl,* im Praxisbeispiel die Ausschussmenge.

Die Ausführung eines jeden Prozessschrittes resultiert dementsprechend in einer angepassten Datenbasis für die Laufzeitprognostik, die den aktuellen Ausführungsstand der laufenden Prozessinstanz sowie historische Daten zu abgeschlossenen Instanzen des Fertigungsprozesses berücksichtigt. Daraus ergibt sich die beispielhafte Datenbasis für die Laufzeitprognostik der Prozessinstanz i500, die neben dem Kennzahlenattribut die Prozessattribute der Schritte S_1 und S_2 zu den abgeschlossenen Prozessinstanzen i100 bis i400 aus Tabelle 8 umfasst.

Modellgenerierung

Die Modellgenerierung umfasst die Erstellung eines Data-Mining-basierten Prognosemodells, das die im vorigen Schritt definierte Datenbasis als Trainingsdaten verwendet. Es geht um die Vorhersage nominaler Werte der kategorisierten Kennzahl als abhängigem Attribut, so dass Klassifikationsverfahren zur Anwendung kommen. Die Prozessattribute der abgeschlossenen Prozessschritte stellen hierbei die unabhängigen Attribute dar.

Das Prognosemodell soll im Rahmen der präskriptiven Fertigungsprozess-Analyse zur Adressierung von Anforderung A_{P5} nachvollziehbar und verständlich sein, um eine Untersuchung des Modells durch den Benutzer zu ermöglichen. Infolgedessen kommen als Klassifikationsverfahren Entscheidungsbäume (Han et al. 2012) zum Einsatz, da diese im Vergleich zu anderen Verfahren, wie z.B. neuronalen Netzen, durch ihre graphische Repräsentation eine intuitive Darstellung und einfache Interpretation des Klassifikationsergebnisses, d.h. des Prognosemodells, ermöglichen (Castellanos et al. 2004).

Modellanwendung

Die Modellanwendung bezieht sich auf die Vorhersage des kategorisierten Kennzahlenwertes für die laufende Prozessinstanz durch Anwendung des Prognosemodells auf die Werte der unabhängigen Attribute dieser Prozessinstanz. Wie in Abbildung 44 anhand des roten Pfades dargestellt, wird der Entscheidungsbaum dafür ausgehend von der Wurzel durchlaufen, um das Prognoseergebnis abzuleiten. Ist das Prognoseergebnis negativ, d.h. „NichtOK", wird die Empfehlungsgenerierung durchgeführt. Das Beispiel für die Prozessinstanz i500 in Abbildung 44 macht deutlich, dass die ganzheitliche Datenbasis des Wissensrepository eine flexible Einbeziehung sämtlicher operativer Attribute – z.B. den Werkstoff eines Materials und die Abrichttiefe von Schleifscheiben als Werkzeugdetail – und sämtlicher prozessorientierter Attribute – z.B. Maschineneinstellungen wie Aufheizzeit und Schnittgeschwindigkeit – als Trainingsdaten für die Laufzeitprognostik gemäß Anforderung A_{P3} ermöglicht.

Prozess Instanz ID	Schritt1 Härten Material ID	Schritt1 Härten Material Werkstoff	Schritt1 Härten Maschine Aufheizzeit	Schritt2 Planschl Maschine Schnittge	Schritt2 Planschl Maschine Reststandz	Schritt2 Planschl Werkzeug Abrichttiefe
i500	Mat8	W2	1600	1200	80	0,03

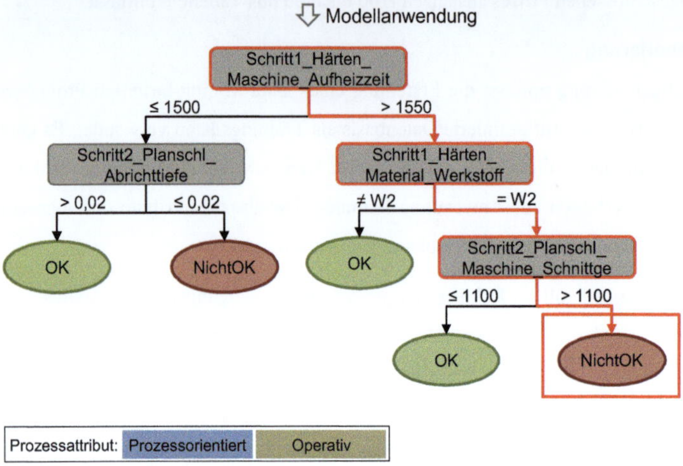

Abbildung 44: Modellanwendung und Prognoseergebnis für Prozessinstanz i500

6.3 Empfehlungsgenerierung

Die Empfehlungsgenerierung dient der Ableitung einer dynamischen datengetriebenen Handlungsempfehlung entsprechend Anforderung A_{P4} für den folgenden Prozessschritt S_m einer laufenden Prozessinstanz, um eine vorausgesagte Kennzahlenabweichung zu vermeiden. Eine Handlungsempfehlung umfasst ein oder mehrere Aktionselemente, die jeweils aus einem Prozessattribut und einem empfohlenen Sollwert bzw. -wertebereich bestehen, z.B. „Maschine_Schnittgeschwindigkeit ≤ 310“, und der Erreichung der Kennzahlenkategorie „OK“ dienen. Handlungsempfehlungen werden dementsprechend als Entscheidungsregeln aufgefasst, welche auf der linken Seite Aktionselemente kombinieren und auf der rechten Seite zur Kennzahlenkategorie „OK“ als Konklusion führen. Die Ableitung von Entscheidungsregeln erfolgt anhand von Entscheidungsbäumen, welche die Kennzahlenkategorie als abhängiges Attribut mit Prozessattributen als unabhängige Attribute korrelieren. Jeder Pfad vom Wurzelknoten zu einem Blattknoten mit der Kennzahlenkategorie „OK“ stellt dann eine potentielle Entscheidungsregel für die Empfehlung dar. Die Empfehlungsgenerierung umfasst gemäß Abbildung 43 vier konzeptionelle Teilschritte, die *Definition der Datenbasis* (siehe Abschnitt 6.3.1), die *Modellgenerierung* (siehe Abschnitt 6.3.2), die *Modellanalyse* (siehe Abschnitt 6.3.3) sowie die *Empfehlungsverarbeitung* (siehe 6.3.4), die nachfolgend beschrieben werden.

6.3.1 Definition der Datenbasis

Ausgehend von den Eingangsdaten des Wissensrepository (siehe Tabelle 8) wird nachfolgend die Auswahl einzubeziehender Prozessattribute und Prozessinstanzen für die Empfehlung für Schritt S_m diskutiert.

Mit Blick auf *Prozessattribute* sind Attribute, die sich auf die Menge C_j abgeschlossener Prozessschritte mit $C_j = \{S_1, \ldots, S_j\} \wedge j \in \{1, \ldots, n-1\}$ beziehen, nicht für die Empfehlung relevant, da diese Attribute in der laufenden Prozessinstanz nicht mehr geändert bzw. beeinflusst werden können. Davon ausgehend ist zu untersuchen, ob (1) die Attribute der Menge sämtlicher anstehender Prozessschritte $R_m = \{S_m, \ldots, S_n\}$ oder (2) nur die Attribute des Prozessschrittes S_m, für den die Empfehlung generiert wird, miteinbezogen werden. Die Einbeziehung der Attribute sämtlicher anstehender Prozessschritte (Variante 1) ermöglicht den Vergleich unterschiedlicher Empfehlungen für Schritt S_m hinsichtlich ihrer möglichen Auswirkungen auf nachfolgende Schritte. Dies betrifft jedoch nicht Auswirkungen auf das Prozessergebnis, d.h. die Kennzahlenkategorie, da diese in beiden Fällen als Ziel definiert ist. Beispielsweise könnte die Verwendung einer bestimmten Maschine in Schritt S_m ein alternatives Material in Schritt S_{m+1} erfordern. Bei einer anderen Empfehlung könnte sich die geforderte Aktion in S_{m+1} dagegen auf die Verwendung einer alternativen Maschine beziehen und damit ggf. einfacher umsetzbar sein. Jedoch sind Empfehlungen für später anstehende Prozessschritte mit Unsicherheit behaftet und können sich im Zuge der weiteren Ausführung der Prozessinstanz noch ändern, z.B. wenn vorangegangene Empfehlungen nicht umgesetzt werden. Insbesondere können Turbulenzen im Fertigungsprozess (Westkämper 2009, Monauni und Foschiani 2013), z.B. der Ausfall einer Maschine, dazu führen, dass Empfehlungen für später anstehende Prozessschritte hinfällig werden und somit die Gesamtempfehlung nicht mehr zielführend ist. Infolgedessen ist eine Orientierung an späteren Prozessschritten bei der Auswahl von Empfehlungen nicht sinnvoll. Dementsprechend werden nur Attribute des Prozessschrittes S_m (Variante 2) in die Empfehlungsgenerierung für Schritt S_m einbezogen.

Es ist anzumerken, dass die Attribute des Schrittes S_m auch Attribute umfassen können, die aufgrund technischer oder organisatorischer Prozessrestriktionen nicht änderbar sind. Beispiele sind die aktuelle Reststandzeit einer bestimmten Maschine, die grundsätzlich nicht änderbar ist, oder die Körnung einer Schleifscheibe als Werkzeug, das während der Durchführung des Fertigungsprozesses nicht austauschbar ist. Die Nichteinbeziehung dieser Attribute in die Empfehlungsgenerierung kann jedoch zu unpräzisen oder falschen Empfehlungen führen, wenn z.B. der Einsatz einer Maschine unabhängig von ihrer Reststandzeit empfohlen wird, der Ausschuss aber wesentlich von diesem Attribut abhängt. Infolgedessen werden sämtliche Prozessattribute des Schrittes S_m in die Empfehlungsgenerierung für diesen Schritt miteinbezogen. Im Beispiel der Nockenwellenherstellung sind dies unter anderem die Schnittgeschwindigkeit als prozessorientiertes Attribut und die Körnung der Schleifscheiben als operatives Attribut des Schritt S_3 für das Drehen und Schleifen der Nocken (siehe Tabelle 9). Die Änderbarkeit der Attribute ist dann im Rahmen der Empfehlungsverarbeitung zu berücksichtigen, indem z.B. nicht änderbare Attribute bei der Anzeige für den Benutzer markiert werden.

Prozessattribut-Einschränkungen:
- Nur Attribute des Schrittes, für den Empfehlung generiert

Prozess Instanz ID	Schritt1 Härten Material Werkstoff	Schritt1 Härten Maschine Aufheizzeit	Schritt2 Planschl Werkzeu Abrichttie	Schritt3 DrehSchl Maschine ID	Schritt3 DrehSchl Maschine Schnittge	Schritt3 DrehSchl Werkzeug Körnung	Kenn-zahl
i100	W9	1600	0,03	M9	310	D90	OK
i101	W9	1600	0,03	M9	310	D90	OK
i102	W9	1600	0,03	M9	310	D90	OK
i103	W2	1600	0,03	M9	330	D110	Nicht OK
i104	W2	1600	0,03	M9	310	D110	OK
i105	W2	1600	0,03	M9	330	D110	Nicht OK
i500	W2	1600	0,03	-	-	-	-

Prozessinstanz-Einschränkungen:
- Nur abgeschlossene Instanzen
- Nur Instanzen mit denselben Attributwerten wie laufende Instanz

Beispielhafte Prozessrestriktionen:
- Werkstoff W2 erfordert Körnung D110
- Werkstoff W9 erfordert Körnung D90

Tabelle 9: Vereinfachte Datenbasis für die Empfehlungsgenerierung für Schritt S_3 in Prozessinstanz i500 mit beispielhaften Prozessrestriktionen

Hinsichtlich der *Prozessinstanzen* sind analog zur Laufzeitprognostik grundsätzlich nur abgeschlossene Instanzen zu derselben Version des Fertigungsprozesses relevant, da diese einen Wert für die prozessbezogene Kennzahl aufweisen und aufgrund der Versionsgleichheit strukturell mit der laufenden Instanz übereinstimmen. Auf dieser Grundlage ist zu untersuchen, ob (1) sämtliche dieser abgeschlossenen Instanzen einbezogen werden oder (2) nur abgeschlossene Instanzen mit denselben Attributwerten wie die laufende Prozessinstanz berücksichtigt werden. Tabelle 9 illustriert diesen Sachverhalt anhand einer vereinfachten Datenbasis für die Empfehlungsgenerierung für Schritt S_3. Abgeschlossene Instanzen mit denselben Attributwerten wie die laufende Instanz i500 sind braun hervorgehoben (i103 bis i105).

Die Einbeziehung sämtlicher Prozessinstanzen (Variante 1) bietet einerseits eine umfassendere Datenbasis für die Empfehlungsgenerierung. Andererseits kann es dazu führen, dass Prozessrestriktionen bei der Generierung der Entscheidungsregeln nicht berücksichtigt werden und sich daraus Empfehlungen ergeben, die in der laufenden Instanz nicht umsetzbar sind. Im Allgemeinen können aufgrund technischer oder organisatorischer Prozessrestriktionen unterschiedliche implizite Abhängigkeiten zwischen den Prozessattributen bestehen. Beispielsweise kann der Werkstoff der Nocken aus Schritt S_1 beim Härten eine bestimmte Körnung der Schleifscheiben in Schritt S_3 für das Drehen und Schleifen erfordern. Die Einbeziehung sämtlicher Instanzen in Tabelle 9 kann gemäß des Entscheidungsbaumes zu Variante 1 in Abbildung 45 beispielsweise zur Empfehlung führen, ein Werkzeug mit der Körnung D90 einzusetzen. Diese Empfehlung ist jedoch in der Instanz i500 nicht umsetzbar, da der Werkstoff W2 der Nocken Schleifscheiben mit der Körnung D110 erfordert. Im Gegensatz dazu führt der Entscheidungsbaum auf der Grundlage abgeschlossener Instanzen mit denselben Attributwerten (Variante 2) im Beispiel zur einzigen korrekten Empfehlung, nämlich die Schnittgeschwindigkeit anzupassen (siehe Variante 2 in Abbildung 45).

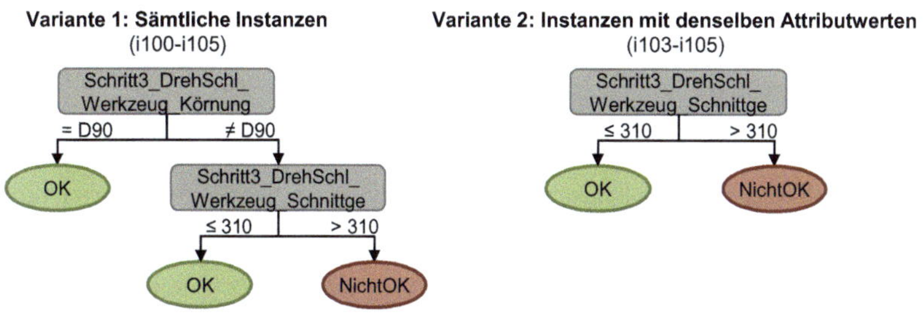

Abbildung 45: Beispielhafte Entscheidungsbäume mit unterschiedlichen Datenbasen (in Anlehnung an (Gröger et al. 2014a), © 2014 Springer Science+Business Media)

Eine explizite manuelle Modellierung der Prozessrestriktionen und eine entsprechende Filterung resultierender Entscheidungsregeln würde zwar eine Einbeziehung sämtlicher Prozessinstanzen (Variante 1) ermöglichen, aber dem hier verfolgten datengetriebenen Ansatz zur Generierung dynamischer Empfehlungen und zur flexiblen Einbeziehung sämtlicher Daten entgegenstehen. Es werden folglich nur Prozessinstanzen mit denselben Attributwerten wie die laufende Prozessinstanz für die Empfehlungsgenerierung verwendet (Variante 2), um Prozessrestriktionen implizit zu berücksichtigen.

6.3.2 Modellgenerierung

Die Modellgenerierung umfasst die Generierung eines Entscheidungsbaumes auf der zuvor definierten Datenbasis, um daraus im Rahmen der Modellanalyse Entscheidungsregeln für die Empfehlung abzuleiten. Die Verwendung von Entscheidungsbäumen unterstützt aufgrund ihrer graphischen Repräsentation eine intuitive Interpretation und Nachvollziehbarkeit der Ableitung der Entscheidungsregeln durch den Benutzer und adressiert damit Anforderung A_{P5}. Die Alternative zur indirekten Regelgenerierung über Entscheidungsbäume stellt die direkte Regelgenerierung mittels sequenzieller Abdeckungsalgorithmen (engl. sequential covering algorithms) oder Assoziationsregeln dar. Diese Ansätze haben jedoch Nachteile hinsichtlich der Nachvollziehbarkeit, da die Generierung und Auswahl der Regeln nicht graphisch repräsentiert sind. Für eine technische Darstellung und einen Vergleich von Entscheidungsbäumen, Abdeckungsalgorithmen und Assoziationsregeln zur Regelgenerierung sei auf (Ordonez und Zhao 2011, Han et al. 2012, Li und Liu 2015) verwiesen. Eine generelle, einzelfallübergreifende Vorteilhaftigkeit eines dieser Verfahren hinsichtlich der Qualität der generierten Regeln lässt sich aus diesen Arbeiten jedoch nicht ableiten, weswegen alternative Ansätze zur Regelgenerierung hier nicht weiter untersucht werden. Im Folgenden werden die Struktur sowie die Höhe des Entscheidungsbaumes als die wesentlichen konzeptionellen Aspekte der Modellgenerierung auf der Basis von (Han et al. 2012) diskutiert.

Hinsichtlich der *Struktur eines Entscheidungsbaumes* werden grundlegend binäre und n-äre Bäume unterschieden. Binäre Entscheidungsbäume besitzen genau zwei Kind-Knoten pro Nicht-Blattknoten, wohingegen n-äre Entscheidungsbäume ($n \geq 2$) beliebig viele Kind-Knoten pro Nicht-Blattknoten aufweisen. Diese Unterscheidung spielt nur bei nicht-numerischen Split-Attributen mit mehr als zwei möglichen Werten eine Rolle, da numerische Split-Attribute sowohl in binären als auch in n-ären Entscheidungsbäumen typischerweise in genau zwei disjunkte Wertebereiche für den Split aufgeteilt werden. In binären Entscheidungsbäumen wird der Wertebereich eines nicht-numerischen Split-Attributs hierbei in zwei disjunkte Teilmengen aufgeteilt. Anzumerken ist, dass aus Darstellungsgründen in Abbildungen binärer Entscheidungsbäume in dieser Arbeit bei nicht-numerischen Split-Attributen keine Teilmengen angegeben, sondern vereinfachend Gleich- und Ungleichbeziehungen verwendet werden.

Für einen konzeptionellen Vergleich binärer und n-ärer Entscheidungsbäume wird nachfolgend angenommen, dass der Wertebereich jedes Prozessattributs mehr als zwei Werte umfasst und die Höhe der Bäume beschränkt und gleich ist. Einerseits führen n-äre Entscheidungsbäume aufgrund der n-ären Aufteilung an (nicht-numerischen) Split-Attributen zu einer höheren Anzahl an

Entscheidungsregeln. Dies erhöht den Aufwand für die Modellanalyse zur Bewertung und Auswahl der Entscheidungsregeln für die Empfehlung. Andererseits sind die Entscheidungsregeln des n-ären Entscheidungsbaumes aufgrund der n-ären Aufteilung spezifischer und haben infolgedessen tendenziell eine geringere Fehlklassifikation als die Entscheidungsregeln eines binären Entscheidungsbaumes, was die Zuverlässigkeit und Genauigkeit der Empfehlung positiv beeinflusst. Jedoch beziehen sich die Entscheidungsregeln eines n-ären Entscheidungsbaumes auf eine geringere Anzahl an Prozessinstanzen, was einer erhöhten Zuverlässigkeit wiederum entgegensteht. Binäre Entscheidungsbäume ermöglichen durch die Verwendung von Teilmengenangaben bei nicht-numerischen Split-Attributen eine Verallgemeinerung und Flexibilisierung der Empfehlungen. Anstatt beispielsweise eine bestimmte Maschine und eine bestimmte Körnung der Schleifscheiben in Schritt S_3 im Praxisbeispiel zu empfehlen, wird eine Teilmenge möglicher Maschinen und möglicher Körnungen empfohlen. Dies erfordert beim Benutzer zwar entsprechendes Fachwissen zur Konkretisierung der Empfehlung, vergrößert jedoch den Handlungsspielraum und die Flexibilität. Dies ist insbesondere von Bedeutung, wenn Turbulenzen im Fertigungsprozess wie der Ausfall einer Maschine die Empfehlungsumsetzung einschränken. Folglich werden binäre Entscheidungsbäume für die Modellgenerierung verwendet.

Die *Höhe h des Entscheidungsbaumes* entspricht seiner maximalen Tiefe und determiniert die Länge der Entscheidungsregeln und damit die Anzahl der Aktionselemente in einer Empfehlung, wobei allgemein einem Baum bestehend aus einem Knoten die Höhe $h = 1$ zuzuordnen ist. Die maximale Anzahl a an Aktionselementen einer Empfehlung ist folglich $a = (h - 1)$ mit $h \geq 2$. Die Höhe des Entscheidungsbaumes hängt wiederum von der Anzahl an Prozessattributen des Schrittes S_m ab, für den die Empfehlung generiert wird. Die Anzahl an Prozessattributen variiert je nach Fertigungsprozess und Datenerfassung im Einzelfall, z.B. zwischen einer geringen Anzahl manuell beeinflussbarer Attribute wie der zu verwendenden Maschine und einer umfassenden Anzahl an konfigurierbaren Maschineneinstellungen. Um die Anzahl an Aktionselementen zu begrenzen und damit die Empfehlung und deren Umsetzung zu vereinfachen, wird die Höhe des Baumes auf einen prozessschritt- und einzelfallspezifischen Wert begrenzt. Zur Realisierung der Höhenbegrenzung, zur Vermeidung von Überanpassung an die Daten und zur Vereinfachung des Entscheidungsbaumes kommen Pruning-Methoden zum Einsatz, die in Kombination mit dem Algorithmus für die Entscheidungsbaumgenerierung im Einzelfall zu definieren sind (siehe zu Pruning-Methoden Abschnitt 2.2.6).

Die Modellgenerierung basiert summa summarum auf binären Entscheidungsbäumen mit einer begrenzten maximalen Höhe. Das abhängige Attribut stellt die Kennzahlenkategorie dar und die unabhängigen Attribute umfassen die Prozessattribute des jeweiligen Prozessschrittes, für den die Empfehlung generiert wird. Damit werden entsprechend Anforderung A_{P3} sämtliche vorhandenen operativen und prozessorientierten Daten zum Prozessschritt flexibel in die Empfehlungsgenerierung einbezogen.

6.3.3 Modellanalyse

Die Modellanalyse bezieht sich auf die Ableitung relevanter Entscheidungsregeln aus dem Entscheidungsbaum und deren Bewertung, um eine systematische Auswahl im Rahmen der Empfehlungsverarbeitung zu ermöglichen.

Entscheidungsbaum

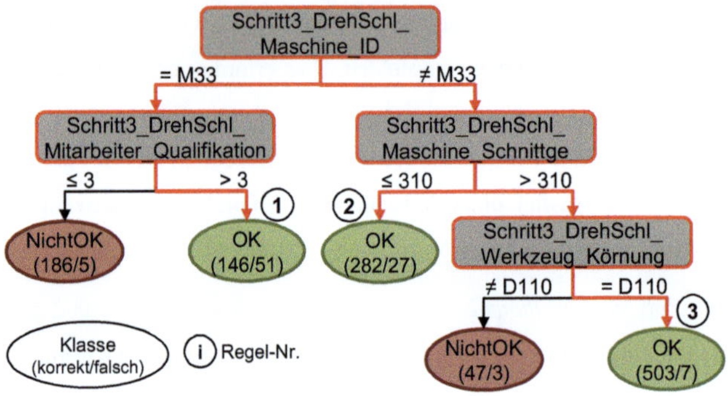

Abgeleitete Entscheidungsregeln

1) WENN Schritt3_DrehSchl_Maschine_ID = M33 UND Schritt3_DrehSchl_Mitarbeiter_Qualifikation > 3 DANN Kennzahl = OK

2) WENN Schritt3_DrehSchl_Maschine_ID ≠ M33 UND Schritt3_DrehSchl_Maschine_Schnittge ≤ 310 DANN Kennzahl = OK

3) WENN Schritt3_DrehSchl_Maschine_ID ≠ M33 UND Schritt3_DrehSchl_Maschine_Schnittge > 310 UND Schritt3_DrehSchl_Werkzeug_Körnung = D110 DANN Kennzahl = OK

Abbildung 46: Exemplarischer Entscheidungsbaum und abgeleitete Entscheidungsregeln für Prozessschritt S_3 (in Anlehnung an (Gröger et al. 2014a), © 2014 Springer Science+Business Media)

Die *Ableitung der Entscheidungsregeln* basiert auf der Traversierung des Entscheidungsbaumes. Sämtliche Pfade vom Wurzelknoten zu einem Blattknoten mit der Kennzahlenkategorie „OK" stellen für eine Empfehlung potentiell relevante Entscheidungsregeln dar, da diese Pfade Kombinationen von Prozessattributen und Wertebereichen umfassen, die eine Kennzahlenabweichung vermeiden (siehe rote Pfade und Entscheidungsregeln in Abbildung 46). Der Blattknoten repräsentiert hierbei die rechte Seite der Entscheidungsregel, die linke Seite umfasst die entsprechenden Aktionselemente. Die Entscheidungsregeln ergeben sich damit dynamisch aus dem Entscheidungsbaum, ohne dass eine vordefinierte Struktur oder eine statische Menge an Prozessattributen für die Entscheidungsregeln definiert sind. Dies ermöglicht dynamische datengetriebene Empfehlungen entsprechend Anforderung A_{P4}.

Die *Bewertung der abgeleiteten Entscheidungsregeln* basiert auf einem quantitativen kriterienorientierten Ansatz mittels einer Bewertungsfunktion b, um die Bewertung entsprechend Anforderung A_{P5} nachvollziehbar zu machen. Die Bewertungsfunktion $b(r) = p$ mit $r \in R \land 0 \leq p \leq 100$ weist jeder Entscheidungsregel r aus der Menge der zuvor abgeleiteten Entscheidungsregeln R einen Punktwert p zwischen 0 und 100 zu, wobei 100 den bestmöglichen Wert darstellt. Die Bewertungsfunktion verwendet eine Menge an quantifizierbaren Kriterien, die im Einzelfall für einen konkreten Fertigungsprozess spezifisch ergänzt werden können. Nachfolgend werden vier Basiskriterien für die Bewertung der Entscheidungsregeln dargestellt:

- Die *Fehlklassifikation* k(r) einer Entscheidungsregel bezieht sich auf die Anzahl an Prozessinstanzen, die eine Entscheidungsregel falsch klassifiziert, im Verhältnis zu sämtlichen dieser Entscheidungsregel im Entscheidungsbaum zugrunde liegenden Prozessinstanzen und stellt damit einen prozentualen Wert dar (Han et al. 2012). Die Fehlklassifikation ist ein Standardmaß zur Beurteilung der Zuverlässigkeit und Genauigkeit: Je niedriger die Fehlklassifikation ist, desto genauer und zuverlässiger ist eine Entscheidungsregel. Zusätzlich wird ein einzelfallspezifischer oberer Grenzwert für die Fehlklassifikation definiert, dessen Überschreitung zum Ausschluss der Entscheidungsregel führt, um grundsätzlich ungeeignete Entscheidungsregeln herauszufiltern. Für die Ermittlung der Fehlklassifikation sind auch erweiterte Verfahren, wie z.B. die Holdout-Methode, anwendbar, die durch eine Aufteilung der Daten in Trainings- und Testdaten eine zuverlässigere Ermittlung der Fehlklassifikation unterstützen (siehe zur Holdout-Methode und zu statistischen Maßen (Han et al. 2012)).
- Der *Support* $u(r)$ einer Entscheidungsregel bezieht sich in Anlehnung an die Assoziationsregelgenerierung auf die Anzahl der einer Entscheidungsregel zugrunde liegenden Prozessinstanzen im Verhältnis zur Gesamtanzahl an Prozessinstanzen, die dem Entscheidungsbaum gemäß der Definition der Datenbasis zugrunde liegt (Han et al. 2012). Je höher dieser prozentuale Wert ist, desto höher ist die Zuverlässigkeit der Entscheidungsregel, da sie bereits in relativ vielen Prozessinstanzen durchgeführt wurde. Darüber hinaus wird ebenfalls

ein einzelfallspezifischer unterer Grenzwert für den Support definiert, dessen Unterschreitung zum Ausschluss der Entscheidungsregel führt.

- Die *Länge* $l(r)$ einer Entscheidungsregel bezieht sich auf die Anzahl an Prozessattributen und damit Aktionselementen. Je kürzer die Entscheidungsregel, desto einfacher ist sie umzusetzen. Da der Entscheidungsbaum einen Grenzwert für die Höhe besitzt, ist die maximale Länge der Entscheidungsregeln bereits begrenzt.
- Die *Compliance* $c(r)$ einer Entscheidungsregel bezieht sich auf den Anteil an Aktionselementen einer Entscheidungsregel, die mit Vorgaben aus der Feinplanung übereinstimmen. Es geht beispielsweise darum, ob eine empfohlene Maschine bereits im Rahmen der Feinplanung vorgesehen war. Je höher die Compliance einer Entscheidungsregel ist, desto einfacher und schneller ist sie umzusetzen, da keine Änderungen im Rahmen der Feinplanung erforderlich sind. Da nicht für alle Prozessattribute, z.B. physikalische Ergebnisgrößen wie Temperaturverläufe, Werte in der Feinplanung definiert sind bzw. bei bestimmten Prozesstypen wie Geschäftsprozessen keine umfassende Feinplanung durchgeführt wird, wird kein Grenzwert für die Compliance definiert.

Diese vier Basiskriterien sind einzelfallübergreifend, unabhängig vom konkreten Prozess und der gewählten Kennzahl, anwendbar. Als ein mögliches weiteres Kriterium ist bei einer geeigneten numerischen Kennzahl, wie z.B. Durchlaufzeit, im Einzelfall ein aggregierter Wert der Kennzahl über sämtliche einer Entscheidungsregel zugrunde liegenden Prozessinstanzen denkbar. Es kann beispielsweise die durchschnittliche Durchlaufzeit der Prozessinstanzen einer Entscheidungsregel als weiteres Bewertungskriterium verwendet werden, um zusätzlich zur Kennzahlenkategorie den konkreten Wert zu berücksichtigen und die Bewertung zu verfeinern. Liegt der Kennzahlenkategorie ein nicht-numerisches Attribut, wie z.B. die Entstehung einer Störung, zugrunde, ist dies nicht möglich. Im Folgenden liegt der Fokus auf den vier Basiskriterien, da die präskriptive Fertigungsprozess-Analyse als ein allgemeines, einzelfallunabhängiges Analyseverfahren konzipiert wird.

Ausgehend von den Basiskriterien wird die Menge der abgeleiteten Entscheidungsregeln zuerst gemäß der Grenzwerte für die Fehlklassifikation und den Support gefiltert, um ungeeignete Entscheidungsregeln auszuschließen. Anschließend erfolgt die Bewertung jeder einzelnen Entscheidungsregel r durch die Bewertungsfunktion, die den Punktwert als gewichteten Durchschnitt der Kriterien wie folgt berechnet:

$$b(r) = \alpha * (1 - k(r)) + \beta * u(r) + \gamma * \left(\frac{1}{l(r)}\right) + \delta * c(r)$$

$$\text{mit } 0 \leq \alpha, \beta, \gamma, \delta \leq 100 \land \alpha + \beta + \gamma + \delta = 100$$

Je kleiner die Fehlklassifikation sowie die Länge und je größer der Support sowie die Compliance einer Entscheidungsregel sind, desto höher ist dementsprechend ihr Punktwert. Die Gewichtungsfaktoren $\alpha, \beta, \gamma, \delta$ sind hierbei einzelfallspezifisch festzulegen, wobei grundsätzlich von einer Gleichgewichtung ausgegangen wird. Tabelle 10 zeigt eine beispielhafte Bewertung von Entscheidungsregeln, die aus dem obigen Entscheidungsbaum resultieren. Darin erzielt die Entscheidungsregel 3 den höchsten Punktwert, wobei die Entscheidungsregel 1 aufgrund einer Überschreitung des exemplarischen Grenzwertes von 25% für die Fehlklassifikation ausgeschlossen wird.

Nr.	Entscheidungsregel r	Fehlklassifikation k(r)	Support u(r)	Länge l(r)	Compliance c(r)	Punktwert b(r)
1	Schritt3_DrehSchl_Maschine_ID = M33 ∧ Schritt3_DrehSchl_Mitarbeiter_Qualifikation > 3	26% (Grenzwert: ≤ 25%)	16%	2	100%	-
2	Schritt3_DrehSchl_Maschine_ID ≠ M33 ∧ Schritt3_DrehSchl_Maschine_Schnittge ≤ 310	9%	25%	2	0%	**42**
3	Schritt3_DrehSchl_Maschine_ID ≠ M33 ∧ Schritt3_DrehSchl_Maschine_Schnittge > 310 ∧ Schritt3_DrehSchl_Werkzeug_Körnung = D110	1%	41%	3	66%	**60**

Tabelle 10: Exemplarische Bewertung von Entscheidungsregeln für Prozessschritt S_3

6.3.4 Empfehlungsverarbeitung

Ausgehend von den gefilterten und bewerteten Entscheidungsregeln erfolgt abschließend die Empfehlungsverarbeitung, um eine oder mehrere Entscheidungsregeln auszuwählen und als Empfehlung aufzubereiten bzw. weiterzuverarbeiten.

Die Empfehlungsverarbeitung kann grundsätzlich manuell oder automatisch erfolgen. Die *manuelle Empfehlungsverarbeitung* bezieht sich auf die Präsentation der Empfehlung für einen Benutzer mit dem Ziel der *Entscheidungsunterstützung*. Die *automatische Empfehlungsverarbeitung* umfasst die direkte Rückführung der Empfehlung in ein prozesssteuerndes IT-System, um eine *Entscheidungsautomation* (Davenport und Harris 2005, Taylor und Raden 2007) zu erreichen. Es ist beispielsweise denkbar, die Feinplanung im MES mit Angaben aus Entscheidungsregeln während der Prozessausführung anzureichern. Dies erfordert eine weitergehende Untersuchung technischer und organisatorischer Konzepte zur Feinplanung und -steuerung (Kletti 2006, Corsten 2009), um beispielsweise die Umsetzbarkeit einer Empfehlung anhand der aktuellen Verfügbarkeit und Auslastung von Ressourcen automatisch zu beurteilen. Im Folgenden geht es um die manuelle Empfehlungsverarbeitung, da im Rahmen der AdMA-Plattform Zielgruppen aus der Fertigung, speziell Meister und Werker, als Benutzer im Fokus stehen.

Für die manuelle Empfehlungsverarbeitung wird aus der Menge der gefilterten und bewerteten Entscheidungsregeln die Entscheidungsregel mit dem höchsten Punktwert ausgewählt, um sie dem Benutzer zur präsentieren. Somit erhält der Benutzer die gemäß der präskriptiven Fertigungsprozess-Analyse am besten geeignete Empfehlung, um die vorausgesagte Kennzahlenabweichung in der laufenden Prozessinstanz zu vermeiden. In Abhängigkeit von den Prozesskenntnissen und -befugnissen des Benutzers ist es außerdem möglich, ihm Einsicht in sämtliche aus den bewerteten Entscheidungsregeln resultierenden alternativen Empfehlungen und deren Punktwerte zu gewähren, um den Entscheidungsspielraum zu erhöhen und Handlungsalternativen im Falle von Turbulenzen bereitzustellen, wenn z.B. eine empfohlene Maschine kurzfristig ausfällt. Für den Fall, dass sämtliche potentiellen Entscheidungsregeln im Rahmen der Modellanalyse herausgefiltert wurden und damit keine Entscheidungsregeln für die Empfehlungsverarbeitung verfügbar sind, wird dem Benutzer nur das Ergebnis der Laufzeitprognostik, d.h. die vorausgesagte Kennzahlenabweichung bereitgestellt.

Die Präsentation der Empfehlung kann in Textform erfolgen, indem entweder die Aktionselemente der Entscheidungsregel direkt ausgegeben oder die Namen der Prozessattribute der Aktionselemente durch Textfragmente ersetzt werden, um die Verständlichkeit zu erhöhen. Im Beispiel der Nockenwellenherstellung in Tabelle 10 kann einem Werker in Prozessschritt S_3 für das Drehen und Schleifen entsprechend der Entscheidungsregel 3 die Empfehlung *„Verwende nicht Maschine M33, setze Schnittgeschwindigkeit größer 310 und verwende Werkzeug mit Körnung D110!"* präsentiert werden, um zu vermeiden, dass am Prozessende die Nockenwelle Risse aufweist und Ausschuss darstellt. An diesem Beispiel wird deutlich, dass Empfehlungen auf der Datenbasis des Wissensrepository prozessorientierte Attribute, wie die Schnittgeschwindigkeit, mit operativen Attributen, wie der Körnung der Schleifscheiben, kombinieren können. Durch diese ganzheitliche Datenbasis entsprechend Anforderung A_{P3} werden umfassende Empfehlungen ermöglicht, die Aspekte der Prozesssubjekte, wie z.B. der Werkzeuge, miteinbeziehen.

Ob die Empfehlung schließlich umgesetzt wird und – eventuell in Kombination mit weiteren Empfehlungen für nachfolgende Schritte oder zusätzlichen Anpassungen der Prozessinstanz – zur Vermeidung der prognostizierten Kennzahlenabweichung führt, wird in den resultierenden prozessorientierten und operativen Daten zur Prozessinstanz abgebildet. Die Daten zur abgeschlossenen Prozessinstanz inklusive des tatsächlichen Kennzahlenwertes erweitern die historische Datenbasis für die präskriptive Fertigungsprozess-Analyse und werden bei der Laufzeitprognostik und der Empfehlungsgenerierung für die nächste Prozessinstanz zusätzlich miteinbezogen. Dies ermöglicht eine datengetriebene lernende Empfehlungsgenerierung auf der Basis historisch erfolgreicher Prozessausführungen entsprechend Anforderung A_{P4}.

6.4 Implementierungsaspekte

Implementierungsaspekte beziehen sich auf ausgewählte technische Aspekte zur Umsetzung der präskriptiven Fertigungsprozess-Analyse unabhängig von einer konkreten prototypischen Implementierung. Das Ziel besteht darin, technische Erfolgsfaktoren für die Umsetzung der präskriptiven Fertigungsprozess-Analyse zu identifizieren und Lösungsansätze aufzuzeigen. Hierfür werden ausgehend vom allgemeinen Data-Mining-Prozess (siehe Abschnitt 2.2.6) technische Herausforderungen abgeleitet, die von besonderer Bedeutung für die präskriptive Fertigungsprozess-Analyse sind (siehe Abbildung 47). Für eine Darstellung allgemeiner Techniken zur Umsetzung des Data-Mining-Prozesses, speziell zur Erstellung und Evaluation von Entscheidungsbäumen, sei auf (Han et al. 2012) verwiesen.

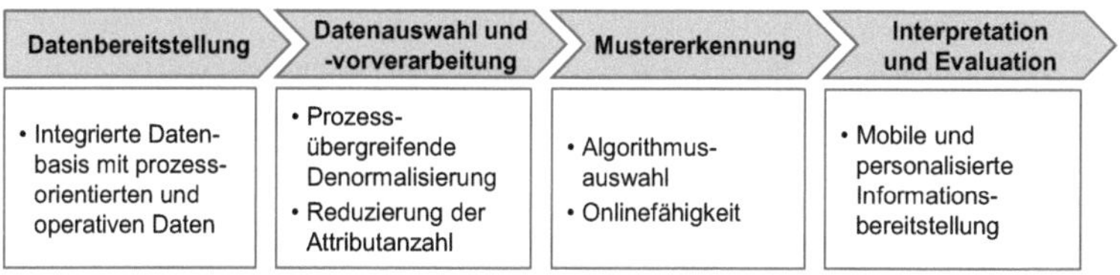

Abbildung 47: Technische Erfolgsfaktoren für die Implementierung der präskriptiven Fertigungsprozess-Analyse

Datenbereitstellung

Hinsichtlich der Datenbereitstellung für die präskriptive Fertigungsprozess-Analyse wird von einer *integrierten Datenbasis* mit prozessorientierten und operativen Daten über den gesamten Fertigungsprozess ausgegangen, wie sie durch das Wissensrepository bereitgestellt wird. Hierbei ist die Sicherstellung der Datenqualität, speziell der Konsistenz, Korrektheit, Vollständigkeit und Aktualität, von hoher Bedeutung, um valide Analyseergebnisse zu erzielen (Harrach 2010, Lieber et al. 2013a). Die erforderlichen Integrationsprozesse für die Datenbereitstellung werden, wie in Abschnitt 3.2 erläutert, in dieser Arbeit nicht weiter betrachtet.

Datenauswahl und -vorverarbeitung

Bei der Datenauswahl und -vorverarbeitung stellt die *prozessübergreifende Denormalisierung* der Daten einen wesentlichen technischen Erfolgsfaktor für die präskriptive Fertigungsprozess-

Analyse dar. Das relationale Schema des multidimensionalen Datenmodells des Wissensrepository ist generisch, d.h. analyseneutral, und damit teilweise oder vollständig normalisiert. Es finden beispielsweise Star- oder Snowflake-Schemata Anwendung. Davon ausgehend ist eine prozessübergreifende Denormalisierung der Daten erforderlich, um die in Tabelle 8 dargestellte denormalisierte Datenbasis als Eingabe für die präskriptive Fertigungsprozess-Analyse herzustellen. Es geht darum, die prozessorientierten Attribute sämtlicher Prozessschritte eines Fertigungsprozesses um die operativen Attribute sämtlicher Prozesssubjekte, z.B. Betriebsmittel, Mitarbeiter und Produkte, die im jeweiligen Prozessschritt beteiligt sind, so zu ergänzen, dass ein Tupel einer Tabelle sämtliche Attribute zu einer Prozessinstanz umfasst. Diese Denormalisierung muss hierbei generisch, d.h. unabhängig von einem konkreten Fertigungsprozess, realisiert sein, um sowohl auf unterschiedliche Fertigungsprozesse als auch im Falle einer Anpassung eines Fertigungsprozesses anwendbar zu sein. Einen Lösungsansatz für die prozessübergreifende Denormalisierung stellen dynamisch generierte SQL-Anweisungen (Kemper und Eickler 2013) dar, die ausgehend vom Prozessmodell, wie es im Wissensrepository repräsentiert ist, dynamisch eine entsprechende Sicht mit denormalisierten Daten erstellen.

Da die Menge an Prozessattributen in der denormalisierten Datenbasis je nach Fertigungsprozess sehr groß sein kann, stellt die *Reduzierung der Attributanzahl* durch eine gezielte Auswahl repräsentativer Attribute einen weiteren Erfolgsfaktor dar, um die Laufzeitprognostik und Empfehlungsgenerierung effizient durchzuführen. Hierfür sind Feature-Selection-Methoden relevant, wie sie beispielsweise in (Molina et al. 2002) dargestellt werden.

Mustererkennung

Im Rahmen der Mustererkennung geht es um die Auswahl eines geeigneten Algorithmus für die Entscheidungsbaumgenerierung und die Onlinefähigkeit, d.h. die Durchführbarkeit während der Ausführung eines Fertigungsprozesses zur Adressierung von Anforderung A_{P2}. Die *Algorithmusauswahl* für die Entscheidungsbaumgenerierung, sowohl im Rahmen der Laufzeitprognostik als auch der Empfehlungsgenerierung, hängt in erster Linie von der Datenbasis, d.h. den konkreten Prozessattributen und deren Wertebereichen ab. Diese hängen wiederum vom konkreten Fertigungsprozess und der Datenerfassung ab, die in unterschiedlichen Branchen und Unternehmen der produzierenden Industrie sehr heterogen sind. Eine konkrete Algorithmusauswahl kann infolgedessen nur im Einzelfall erfolgen. Wie in Abschnitt 2.2.6 erläutert, stellt der C4.5-Algorithmus (Quinlan 1993) als bewährter Standardalgorithmus einen geeigneten Ausgangspunkt dar. Zur Realisierung der Höhenbegrenzung und Vermeidung von Überanpassung des Entscheidungsbaumes an die Daten sind zudem Pruning-Methoden (siehe Abschnitt 2.2.6) relevant.

Die *Onlinefähigkeit* der Mustererkennung bezieht sich auf die Durchführbarkeit der Modellgenerierung während der Prozessausführung, da diese den laufzeitintensiven Teilschritt der Laufzeitprognostik und der Empfehlungsgenerierung darstellt. Das Ziel besteht darin, eine mögliche Verzögerung der Prozessausführung aufgrund der präskriptiven Fertigungsprozess-Analyse zu vermeiden. In diesem Rahmen können drei grundlegende Ausführungsstrategien für die präskriptive Fertigungsprozess-Analyse unterschieden werden: die Online-Strategie, die Offline-Strategie und die hybride Strategie (siehe Abbildung 48). Für deren Vergleich wird angenommen, dass der betrachtete Fertigungsprozess n Prozessschritte mit v Prozessattributen pro Prozessschritt und w möglichen Ausprägungen pro Attribut umfasst. Zusätzlich wird davon ausgegangen, dass die Datenauswahl und -vorverarbeitung immer während der Prozessausführung durchgeführt werden, um die aktuellsten Daten zur Verfügung zu stellen.

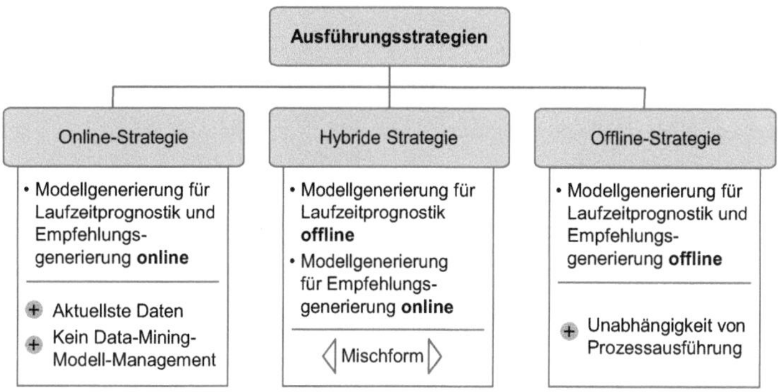

Abbildung 48: Ausführungsstrategien für die präskriptive Fertigungsprozess-Analyse

Im Rahmen der *Online-Strategie* wird die Modellgenerierung sowohl für die Laufzeitprognostik als auch die Empfehlungsgenerierung online, d.h. während der Ausführung zu optimierenden Prozessinstanz, durchgeführt. Es werden folglich die aktuellsten Daten aus der Prozessausführung für die Modellgenerierung verwendet, so dass bei der Laufzeitprognostik und der Empfehlungsgenerierung auch zeitlich kurz zurückliegende Prozessinstanzen berücksichtigt werden. Dies ist insbesondere für die Empfehlungsgenerierung relevant, da bei aktuellen Turbulenzen, wie z.B. einer kurzzeitigen Erhöhung der Ausschussmenge, kürzlich abgeschlossene Prozessinstanzen alternative Prozessausführungen zur Bewältigung der Turbulenzen beinhalten können. Ein weiterer Vorteil der Online-Strategie besteht darin, dass kein Data-Mining-Modell-Management erforderlich ist. Die generierten Data-Mining-Modelle, d.h. die erstellen Entscheidungsbäume, müssen nicht für eine Wiederverwendung gespeichert und aktualisiert werden, da sie bei Bedarf neu erstellt werden.

Bei der *Offline-Strategie* erfolgt die Modellgenerierung für die Laufzeitprognostik und die Empfehlungsgenerierung offline, d.h. unabhängig von der Ausführung der zu optimierenden Prozessinstanz im Voraus für den gesamten Fertigungsprozess und sämtliche Prozessschritte. Dies ermöglicht eine Ausführung des Fertigungsprozesses und der präskriptiven Fertigungsprozess-Analyse unabhängig von der Laufzeit der Modellgenerierung, da die Modellanwendung bei der Laufzeitprognostik und die Modellanalyse bei der Empfehlungsgenerierung auf bereits erstellte Entscheidungsbäume zurückgreifen. Dies erfordert jedoch ein sehr aufwendiges Data-Mining-Modell-Management. Für die Laufzeitprognostik sind $(n-1)$ Entscheidungsbäume zu generieren, da nach Abschluss aller Schritte S_i außer dem letzten Schritt S_n eine Prognose durchzuführen ist. Für die Empfehlungsgenerierung für einen Prozessschritt S_m mit $m = j + 1$ sind $\left(w^{v*j}\right)$ Entscheidungsbäume für jede mögliche Kombination von Attributwerten sämtlicher zuvor abgeschlossener Prozessschritte $C_j = \{S_1, \ldots, S_j\} \wedge j \in \{1, \ldots, n-1\}$ zu erstellen. Der Grund dafür ist, dass für die Empfehlungsgenerierung nur abgeschlossene Prozessinstanzen mit denselben Attributwerten wie die laufende Instanz einbezogen werden (siehe Abschnitt 6.3.1). Für den gesamten Fertigungsprozess sind folglich insgesamt $\sum_{j=1}^{n-1}(w^{v*j})$ Entscheidungsbäume für die Empfehlungsgenerierung zu erstellen. Selbst bei einem einfachen Fertigungsprozess mit 6 Prozessschritten, 4 Prozessattributen pro Schritt und 3 möglichen Ausprägungen pro Prozessattribut führt dies zu mehr als 3 Milliarden zu erstellender Data-Mining-Modelle, die gespeichert und regelmäßig aktualisiert werden müssen.

Die *hybride Strategie* stellt eine Mischform der Online- und Offline-Strategie dar. Die Modellgenerierung der Laufzeitprognostik erfolgt offline, da diese Modellgenerierung deutlich aufwendiger ist als die Modellgenerierung im Rahmen der Empfehlungsgenerierung. Der Grund dafür ist die erheblich größere Datenbasis der Laufzeitprognostik, die sämtliche Prozessattribute der bereits abgeschlossenen Prozessschritte einer Instanz zu sämtlichen abgeschlossenen Prozessinstanzen umfasst (siehe Abschnitt 6.2). Das dafür erforderliche Data-Mining-Modell-Management bezieht sich hierbei nur auf $(n-1)$ Entscheidungsbäume. Das Intervall für die regelmäßige Neuerstellung bzw. die Aktualisierung der gespeicherten Entscheidungsbäume orientiert sich an den Anforderungen an die Datenaktualität, insbesondere an der Anzahl ausgeführter Prozessinstanzen. Nach einer einzelfallabhängigen Anzahl an Prozessausführungen ist die Modellgenerierung erneut durchzuführen, um neue Daten in die Laufzeitprognostik einzubeziehen. Für diesen Zweck können Verfahren zur inkrementellen Erstellung von Entscheidungsbäumen (Kalles et al. 1996) angewendet werden, um nicht den gesamten Entscheidungsbaum unter Verwendung sämtlicher Daten neu zu erstellen. Die Modellgenerierung für die Empfehlungsgenerierung erfolgt im Rahmen der hybriden Strategie online während der Prozessausführung, um die aktuellsten Daten bei der Erstellung von Empfehlungen zu berücksichtigen und ein aufwendiges Data-Mining-Modell-Management zu vermeiden.

Die konkrete Ausführungsstrategie ist im Einzelfall in Abhängigkeit von prozessspezifischen und technischen Rahmenbedingungen auszuwählen. Hinsichtlich des Fertigungsprozesses geht es speziell um die Übergangszeit zwischen zwei Prozessschritten, insbesondere zwei Fertigungsschritten, da diese Zeit den maximalen Zeitrahmen für die Durchführung der präskriptiven Fertigungsprozess-Analyse limitiert. Der Zeitrahmen kann je nach Fertigungsprozess zwischen wenigen Sekunden, z.B. bei verketteten Maschinen, und mehreren Stunden, z.B. bei Vorliegen von Zwischenlagern, betragen. Wesentliche technische Rahmenbedingungen sind das Datenvolumen, d.h. die Menge an Prozessinstanzen und Prozessattributen, sowie der eingesetzte Algorithmus für die Entscheidungsbaumgenerierung, speziell dessen Parallelisierbarkeit. Grundsätzlich ist die Online-Strategie zu bevorzugen, sofern ein entsprechender Zeitrahmen zur Durchführung der präskriptiven Fertigungsprozess-Analyse während des Fertigungsprozesses zur Verfügung steht. Ansonsten ist die hybride Strategie umzusetzen. Die Offline-Strategie ist aufgrund des sehr aufwendigen Data-Mining-Modell-Managements nur in Sonderfällen geeignet, wenn z.B. die Datenvolumina für die Empfehlungsgenerierung eine zeitnahe Durchführung verhindern und den Fertigungsprozess verzögern.

Interpretation und Evaluation

Bei der Interpretation und Evaluation der Ergebnisse durch den Benutzer als letztem Schritt des Data-Mining-Prozesses geht es im Rahmen der präskriptiven Fertigungsprozess-Analyse um eine *mobile und personalisierte Informationsbereitstellung*, insbesondere der Handlungsempfehlung. Empfehlungen sind am Ort der Umsetzung zielgruppengerecht bereitzustellen und um umsetzungsorientierte Zusatzinformationen, z.B. Handbücher zur Konfiguration von Maschinen, zu ergänzen. Diese Aspekte beziehen sich auf den Benutzerzugriff und werden in Kapitel 7 mit der Entwicklung des mobilen Prozess-Dashboard adressiert.

6.5 Verwandte Arbeiten und Abgrenzung

Verwandte Arbeiten zur präskriptiven Fertigungsprozess-Analyse umfassen verwandte prädiktive Ansätze zur Laufzeitprognostik sowie verwandte präskriptive Ansätze zur Empfehlungsgenerierung, die nachfolgend dargestellt werden. Abschließend wird der Gesamtansatz abgegrenzt und seine Übertragbarkeit dargestellt.

Prädiktive Ansätze zur Laufzeitprognostik

Wie in Abschnitt 2.3.2 dargestellt, basieren *fertigungsspezifische prädiktive Ansätze* zur Data-Mining-basierten Prognose der Prozessleistung (Lieber et al. 2013b, Zheng et al. 2014, Öztürk et al. 2006) auf ausgewählten Prozessdaten. *Prädiktive Ansätze aus dem Geschäftsprozesskontext*, speziell (Grob et al. 2008), beziehen zusätzlich operative Daten ein, um eine ganzheitliche Datenbasis für die Data-Mining-basierte Prognose der Prozessleistung vor und während der Ausführung des Prozesses zu verwenden. Der Fokus liegt jedoch auf Geschäftsprozessen, die als Workflows umgesetzt sind (siehe Abschnitt 2.3.3).

Der in dieser Arbeit vorgestellte Ansatz zur Laufzeitprognostik als Bestandteil der präskriptiven Fertigungsprozess-Analyse basiert auf operativen und prozessorientierten Daten. Er kann dementsprechend als fertigungsspezifischer Transfer geschäftsprozessorientierter prädiktiver Ansätze mit ganzheitlicher Datenbasis betrachtet werden.

Präskriptive Ansätze zur Empfehlungsgenerierung

Als Ursprung der IT-basierten Empfehlungsgenerierung können Empfehlungssysteme (engl. recommender systems) (Ricci et al. 2011, Jannach et al. 2011) betrachtet werden. Empfehlungssysteme selektieren aus einer vorgegebenen Menge an Elementen, z.B. Produkten eines Online-Shops, eine für einen Benutzer geeignete Teilmenge und präsentieren diese als Empfehlung. Dies erfolgt typischerweise inhaltsbasiert anhand der Eigenschaften der Elemente oder kollaborativ anhand von Benutzerbewertungen. Bei der Empfehlungsgenerierung für die Prozessoptimierung geht es dagegen um Anpassungen eines Prozesses, insbesondere die Bestimmung empfehlenswerter Attributwerte für bestimmte Prozessattribute, um einen Sollwert für eine Zielgröße des Prozesses zu erreichen. Es lassen sich die folgenden fünf Gruppen existierender präskriptiver Ansätze zur Empfehlungsgenerierung für die Prozessoptimierung unterscheiden:

- *Ansätze auf der Basis von Expertensystemen* stellen modellgetriebene Ansätze dar und verwenden meist regelbasierte (engl. rule-based reasoning) und fallbasierte (engl. case-based reasoning) Konzepte, um für ausgewählte Prozessattribute, z.B. bestimmte Maschineneinstellungen, anhand der Wissensbasis des Expertensystems empfohlene Werte abzuleiten. Hierzu zählen beispielsweise die Ansätze von (Grauer et al. 2010, Ho, G. T. S. et al. 2006).

Diese Ansätze erfordern eine größtenteils manuelle Entwicklung der Wissensbasis, z.B. zur Definition der für einen Fall (engl. case) charakteristischen Attribute. Dies führt zu Empfehlungen mit einer statischen Menge an Attributen und verhindert die flexible Einbeziehung aller Daten über den gesamten Fertigungsprozess.

- *Ansätze, die künstliche neuronale Netze und genetische Algorithmen kombinieren,* fokussieren auf die Optimierung vorausgewählter Prozessattribute wie beispielsweise in (Shen et al. 2007, Hamedi et al. 2007, Vosniakos et al. 2007). Neuronale Netze werden für die Abbildung der Zusammenhänge zwischen Prozessattributen und Zielgrößen wie Produktqualität verwendet. Genetische Algorithmen dienen auf dieser Basis der Bestimmung optimaler Attributwerte, indem das neuronale Netz in der Fitnessfunktion des genetischen Algorithmus verwendet wird. Die Vorauswahl der Parameter erfolgt modellgetrieben, meist im Rahmen einer statistischen Versuchsplanung (Siebertz et al. 2010), so dass die Empfehlung eine statische Menge an Attributen umfasst. Zusätzlich müssen die resultierenden Attributwertkombinationen modellgetrieben oder durch Experten auf Umsetzbarkeit geprüft werden.
- Bei *Ansätzen auf der Basis der Patient-Rule-Induction-Methode* nach (Friedman und Fisher 1999) werden Empfehlungen für Prozessattribute mit Blick auf eine Zielgröße generiert. Dazu zählen beispielsweise die Ansätze von (Chong et al. 2007, Chong und Jun 2008, Kwak et al. 2010). Die resultierenden Empfehlungen bestehen aus Wertebereichen für jedes Attribut. Es ist jedoch aufgrund der Methode nicht gesichert, dass sämtliche Kombinationen von Werten dieser Bereiche zu einer optimalen Zielgröße führen. Zudem liegt der Fokus auf ordinalen und numerischen Attributen. Nominale Parameter, wie z.B. der einzusetzende Mitarbeiter, werden nicht betrachtet. Die Menge an Prozessattributen wird in den angeführten Ansätzen außerdem statisch vorgegeben.
- Ansätze zum *empfehlungsorientierten Process Mining* fokussieren auf die Generierung von Empfehlungen zur Auswahl des nächsten auszuführenden Schrittes einer laufenden Prozessinstanz anhand historischer Prozessdaten, um eine Zielgröße zu optimieren. Dazu zählen speziell die Ansätze (Schonenberg et al. 2008, Aalst et al. 2010, Conforti et al. 2013), die anhand einer Prognose der Zielgröße für jeden möglichen Folgeschritt des Prozesses eine Empfehlung generieren. Für die Prognose kommen hierbei Kennzahlenberechnungen oder Entscheidungsbäume zum Einsatz. Es geht folglich um statische Empfehlungen mit Blick auf den durchzuführenden Folgeschritt, ohne datengetrieben dynamische Empfehlungen für beliebige Aktionen zu generieren. Dies gilt analog für Ansätze zum *Decision Mining* (Rozinat und Aalst 2006), die auf vordefinierte Entscheidungssituationen in einem Prozess

fokussieren und beispielsweise anhand von Entscheidungsbäumen diese Entscheidungen automatisieren.

- Der *Ansatz des Deep-Business-Optimization-Rahmenwerks* (Niedermann et al. 2010, Niedermann et al. 2011b) basiert auf einem Katalog vordefinierter Optimierungsmuster für Workflows, z.B. zur Parallelisierung bisher sequenzieller Prozessschritte. Empfehlungen beziehen sich dementsprechend auf die Anwendung von Optimierungsmustern, die anhand von Prozessdaten und operativen Daten als umsetzbar erkannt wurden. Der Optimierungsmusterkatalog entspricht einer mittels Expertenwissen modellierten Wissensbasis und steht folglich einer datengetriebenen Generierung dynamischer Empfehlungen entgegen (siehe zum Deep-Business-Optimization-Rahmenwerk Abschnitt 2.3.3).

Summa summarum sind diese existierenden Ansätze nicht vollständig datengetrieben konzipiert. Es mangelt sowohl an einer flexiblen Einbeziehung sämtlicher operativer und prozessorientierter Daten über den gesamten Prozess als auch an einer dynamischen Generierung der Empfehlung, unabhängig von vordefinierten Attributen oder Aktionen.

Abgrenzung und Übertragbarkeit

Der datengetriebene Gesamtansatz der präskriptiven Fertigungsprozess-Analyse als Kombination aus datengetriebener Laufzeitprognostik und datengetriebener Empfehlungsgenerierung stellt sowohl im Geschäftsprozess- als auch im Fertigungsprozesskontext einen neuen Ansatz zur proaktiven Optimierung laufender Prozesse dar. Existierende Gesamtansätze zur proaktiven Prozessoptimierung (Konrad et al. 2013, Grob et al. 2008) fokussieren auf die prädiktive Komponente zur Laufzeitprognostik, ohne ein konkretes Konzept für die Empfehlungsgenerierung zu definieren.

Hinsichtlich existierender prädiktiver Ansätze im Fertigungskontext unterscheidet sich die Laufzeitprognostik der präskriptiven Fertigungsprozess-Analyse durch die Verwendung einer ganzheitlichen Datenbasis aus operativen und prozessorientierten Daten. Mit Blick auf existierende präskriptive Ansätze zur Empfehlungsgenerierung besteht der wesentliche Unterschied in einer Generierung dynamischer Empfehlungen ohne vordefinierte Strukturen unter flexibler Einbeziehung sämtlicher vorhandener operativer und prozessorientierter Daten. Erst dies ermöglicht einen vollständig datengetriebenen präskriptiven Ansatz.

Der Ansatz der präskriptiven Fertigungsprozess-Analyse ist unabhängig vom Prozesstyp konzipiert und folglich insbesondere auch für Geschäftsprozesse anwendbar. Voraussetzung ist lediglich eine Datenbasis, die sämtliche relevanten Prozessattribute zugeordnet zu den einzelnen

Schritten des Prozesses bereitstellt. Hierfür kann ein ganzheitliches Process Warehouse für Geschäftsprozesse, z.B. nach (Radeschütz 2011), eingesetzt werden, das operative und prozessorientierte Daten über den gesamten Prozess integriert.

6.6 Zusammenfassung und eigene Publikationen

In Kapitel 6 wurde das Konzept der präskriptiven Fertigungsprozess-Analyse vorgestellt. Es adressiert das Forschungsziel FZ_2 der Wissensextraktion durch Trend- und Mustererkennung und fokussiert auf die proaktive, empfehlungsbasierte Laufzeitoptimierung von Fertigungsprozessen entsprechend Forschungsanforderung FA_{22}. Die präskriptive Fertigungsprozess-Analyse stellt einen vollständig datengetriebenen Ansatz auf der Grundlage prozessorientierter und operativer Daten des Wissensrepository dar und ermöglicht eine datengetriebene lernende Prozesssteuerung zur Vermeidung prognostizierter Kennzahlenabweichungen einer laufenden Prozessinstanz.

Der Ansatz umfasst zwei konzeptionelle Kernkomponenten, die Laufzeitprognostik und die Empfehlungsgenerierung. Nach Abschluss eines Prozessschrittes wird die Laufzeitprognostik ausgeführt, um vorherzusagen, ob eine Abweichung der prozessbezogenen Kennzahl am Prozessende wahrscheinlich ist. Hierfür kommen Entscheidungsbäume zum Einsatz, um das Prognoseergebnis durch eine graphische Repräsentation für den Benutzer nachvollziehbar zu machen. Im Falle einer negativen Prognose, d.h. einer vorausgesagten Kennzahlenabweichung, wird die Empfehlungsgenerierung durchgeführt, die für den nachfolgenden Prozessschritt eine Handlungsempfehlung zur proaktiven Vermeidung der Kennzahlenabweichung ableitet. Empfehlungen stellen Entscheidungsregeln dar, die auf der linken Seite Aktionselemente im Sinne von Prozessattribut-Wert-Paaren kombinieren und auf der rechten Seite zur angestrebten Kennzahlenkategorie als Konklusion führen. Für die Ableitung der Entscheidungsregeln werden binäre Entscheidungsbäume eingesetzt. Die anschließende Bewertung und Auswahl der Entscheidungsregeln für die Empfehlung basiert auf einer quantitativen Bewertungsfunktion. Bei manueller Empfehlungsverarbeitung wird die am besten bewertete Entscheidungsregel einem Benutzer, z.B. einem Werker, als Handlungsempfehlung zur Entscheidungsunterstützung präsentiert. Bei automatischer Empfehlungsverarbeitung ist eine Rückführung in das prozesssteuernde IT-System, z.B. ein MES, zur Entscheidungsautomation möglich. Die Daten zu abgeschlossenen Prozessinstanzen erweitern die historische Datenbasis und werden bei der präskriptiven Fertigungsprozess-Analyse der nächsten Prozessinstanz miteinbezogen. Dies ermöglicht eine datengetriebene lernende Generierung von Empfehlungen auf der Basis historisch erfolgreicher Prozessausführungen.

Wesentliche technische Erfolgsfaktoren für die Implementierung der präskriptiven Fertigungsprozess-Analyse sind die Integration und Qualitätssicherung der zugrunde liegenden operativen und prozessorientierten Daten sowie die Sicherstellung der Onlinefähigkeit der Mustererkennung, was ggf. eine Vorabgenerierung der Data-Mining-Modelle unabhängig von der laufenden Prozessinstanz erfordert, um eine Verzögerung der Prozessausführung zu vermeiden. Die Auswahl und Parametrisierung eines konkreten Algorithmus zur Entscheidungsbaumgenerierung sind von der konkreten Datenbasis abhängig und damit im Einzelfall durchzuführen. Für die prototypische Implementierung und Evaluation der präskriptiven Fertigungsprozess-Analyse im Rahmen der AdMA-Plattform sei auf Kapitel 8 verwiesen.

Hinsichtlich verwandter Arbeiten stellt der datengetriebene Gesamtansatz der präskriptiven Fertigungsprozess-Analyse einen neuen Ansatz zur proaktiven Optimierung von Prozessen dar, da er eine flexible Einbeziehung sämtlicher operativer und prozessorientierter Daten ermöglicht und dynamische Empfehlungen generiert, die keine vordefinierte Struktur besitzen. Die präskriptive Fertigungsprozess-Analyse ist zudem auch auf Geschäftsprozesse übertragbar, da der Ansatz unabhängig vom Prozesstyp ist.

Mit Blick auf eigene Publikationen wurden die Konzeption sowie die prototypische Implementierung und Evaluation der präskriptiven Fertigungsprozess-Analyse in (Gröger et al. 2014a) veröffentlicht. Zudem wurde die Umsetzung aus Benutzersicht anhand konkreter Anwendungsszenarien für Werker und Fertigungsleiter in (Gröger und Stach 2014) publiziert. Das Gesamtkonzept der präskriptiven Fertigungsprozess-Analyse wurde im Rahmen der vorliegenden Arbeit entwickelt und in der studentischen Arbeit (Dapperheld 2013) verfeinert sowie prototypisch implementiert.

7 Mobiles Prozess-Dashboard

In diesem Kapitel wird das mobile Prozess-Dashboard als eine repräsentative Anwendung für den Benutzerzugriff der AdMA-Plattform vorgestellt. Der Schwerpunkt liegt auf einer ganzheitlichen, mobilen und personalisierten Informationsbereitstellung für Werker auf dem Shop Floor. Im Zentrum des Kapitels stehen Kernaspekte des Fachkonzepts des mobilen Prozess-Dashboard: In Abschnitt 7.1 werden ausgehend von typischen Anwendungsszenarien Anforderungen für das mobile Prozess-Dashboard abgeleitet. Abschnitt 7.2 gibt einen Überblick über die Zielgruppen und die Kontextfaktoren zur Personalisierung. Die adressierten Informationsbedarfe werden in Abschnitt 7.3 systematisiert und konzeptionelle Dashboard-Dienste definiert. Implementierungsaspekte, d.h. technische Erfolgsfaktoren zur Umsetzung des mobilen Prozess-Dashboard, sind Gegenstand des Abschnitts 7.4. Schließlich werden in Abschnitt 7.5 verwandte Arbeiten untersucht und abgegrenzt. Eine Zusammenfassung und eigene Publikationen zum mobilen Prozess-Dashboard finden sich in Abschnitt 7.6.

7.1 Einführung und Anforderungen

Dashboards bezeichnen im Business-Intelligence-Kontext im Allgemeinen leicht bedienbare, graphische Benutzeroberflächen bzw. Anwendungen für den Benutzerzugriff zur Entscheidungsunterstützung, wobei keine exakte Begriffsdefinition existiert (Adam und Pomerol 2008, Homann et al. 2014). Charakteristisch für Dashboards ist eine kompakte und personalisierte Bereitstellung analytischer Informationen, die einen schnellen Überblick über einen Sachverhalt ermöglichen (Few 2006, Homann et al. 2014). Unter einem *Prozess-Dashboard* wird in Anlehnung an (Malik 2005) ein Dashboard für die Prozessoptimierung verstanden. *Mobile Dashboards* sind Dashboards, die auf mobilen Endgeräten, wie z.B. Smartphones und Tablet-PCs, bereitgestellt werden (Homann et al. 2014).

Das *mobile Prozess-Dashboard der AdMA-Plattform* dient der mobilen und personalisierten Informationsbereitstellung für unterschiedliche Zielgruppen sowie der Einbindung des Fachwissens der Benutzer. Für eine Konkretisierung der Anforderungen an das mobile Prozess-Dashboard wurden im Rahmen des Praxisbeispiels zur Nockenwellenherstellung (siehe Abschnitt 1.2) unterschiedliche Anwendungsszenarien untersucht:

- Hinsichtlich der *Informationsbereitstellung* geht es in einem typischen Anwendungsszenario darum, einem Werker auf dem Shop Floor die präskriptiv generierte Handlungsempfehlung für seinen Prozessschritt inklusive der erforderlichen Zusatzinformationen zu deren

Umsetzung, z.B. Handbücher der entsprechenden Maschinen, bereitzustellen. Darüber hinaus sind weitere analytische Informationen, wie z.B. die relevanten Kennzahlen für den jeweiligen Prozessschritt und der Zustand der nachfolgenden Prozessschritte und Ressourcen, zu ergänzen, um eine Einschätzung der aktuellen Situation des Gesamtprozesses durch den Werker zu ermöglichen und damit die Prozesstransparenz und das Selbstmanagement zu unterstützen.

- Typische Anwendungsszenarien, die sich auf die *Einbindung des Fachwissens von Benutzern* beziehen, umfassen die Kommentierung von Analyseergebnissen sowie die Erfassung und Nutzung von Verbesserungsvorschlägen. Analyseergebnisse, wie z.B. Data-Mining-Modelle, führen zu Erkenntnissen, die von Benutzern mit Bezug zum Analyseergebnis dokumentiert werden können. Ein Fertigungsleiter kann beispielsweise eine bestimmte Maschineneinstellung als Ursache für eine Kennzahlenabweichung in einem Entscheidungsbaum identifizieren und dies als Kommentar zum Entscheidungsbaum dokumentieren. Hinsichtlich Verbesserungsvorschlägen geht es darum, diese direkt am Ort des Geschehens auf dem Shop Floor zu erfassen und zu nutzen. Beispielsweise kann eine Maschinenstörung per Foto durch einen Fertigungsleiter festgehalten und direkt ein entsprechender Verbesserungs- bzw. Problemlösungsvorschlag dokumentiert werden.

Aus diesen Anwendungsszenarien ergeben sich die folgenden wesentlichen Anforderungen für die fachliche Konzeption des mobilen Prozess-Dashboard A_{Di}:

- *Ebenenübergreifender Ansatz (A_{D1})*: Es geht in einem ebenenübergreifenden Ansatz um die gezielte Adressierung von Zielgruppen sowohl auf der Fertigungsebene als auch auf der Fertigungsleitebene, um einen personalisierten Benutzerzugriff auf unterschiedlichen Leitebenen zu unterstützen.
- *Ganzheitliches Informationsangebot (A_{D2})*: Analyseergebnisse sind um Zusatzinformationen zu ergänzen, um sämtliche Informationsbedarfe bei der Prozessausführung zu adressieren und damit Prozesstransparenz, Selbstmanagement und Wandlungsfähigkeit auf der Fertigungsebene in Anlehnung an das Stuttgarter Unternehmensmodell (Westkämper et al. 2005) zu fördern und Forschungsanforderung FA_{32} zu adressieren.
- *Multimediale Erfassungsmöglichkeiten für Fachwissen (A_{D3})*: Das personengebundene Fachwissen der Benutzer ist mit multimedialen Erfassungsmöglichkeiten, z.B. in Form von videobasierten Verbesserungsvorschlägen, zu kodifizieren, um dessen Speicherung und Wiederverwendung im Rahmen eines systematischen Wissensmanagements in der Fertigung (Berger et al. 2009) gemäß Forschungsanforderung FA_{33} zu unterstützen.

Ausgehend von diesen Anforderungen stehen im Folgenden Kernaspekte des Fachkonzeptes für das mobile Prozess-Dashboard im Vordergrund. Es geht um die konzeptionelle Definition von Zielgruppen und Personalisierungsaspekten sowie von Informationsbedarfen und Dashboard-Diensten. Außerdem werden ausgewählte Implementierungsaspekte untersucht. Für eine detaillierte Darstellung des Fachkonzepts des mobilen Prozess-Dashboard sei auf (Gröger et al. 2013a) verwiesen.

7.2 Zielgruppen und Personalisierung

Die *Zielgruppen* des mobilen Prozess-Dashboard sind Werker auf der Fertigungsebene sowie Fertigungsleiter auf der Fertigungsleitebene, um entsprechend Anforderung A_{D1} einen ebenenübergreifenden Ansatz zu realisieren. Diese Zielgruppen werden im Folgenden in Anlehnung an (Gröger 2011, Mühlendahl 2001) anhand des Aufgabengebietes, der Arbeitsorte sowie des Zeithorizonts der Optimierung kurz charakterisiert (siehe Tabelle 11; siehe zum Zeithorizont der Optimierung Abschnitt 2.1.4).

	Werker	**Fertigungsleiter**
Aufgabengebiet	Operative Durchführung von Prozessschritten	Fertigungsmanagement
Arbeitsorte	Stationär: - Mobil: Shop Floor	Stationär: Büro Mobil: Shop Floor, Dienstreisen
Zeithorizont der Optimierung	Laufzeit	Laufzeit, ex post

Tabelle 11: Charakterisierung der Zielgruppen des mobilen Prozess-Dashboard

Anzumerken ist, dass die beiden aufgeführten Zielgruppen idealtypische Benutzerrollen repräsentieren und der Veranschaulichung der Funktionalitäten des mobilen Prozess-Dashboard auf unterschiedlichen Leitebenen dienen. Im Allgemeinen stellt das mobile Prozess-Dashboard ein erweiterbares Konzept dar, so dass zusätzliche Zielgruppen, wie z.B. Meister als Hierarchieebene zwischen Fertigungsleitern und Werkern, ergänzt werden können.

- *Werker* beziehen sich auf direkt im Fertigungsprozess eingebundene Mitarbeiter, z.B. Maschinenbediener oder Monteure. Sie sind für die operative Durchführung von einem oder mehreren Prozessschritten, z.B. für Montagearbeiten, zuständig und arbeiten mobil in unterschiedlichen Arbeitsbereichen auf dem Shop Floor ohne stationären Büroarbeitsplatz. Der Zeithorizont der Optimierung umfasst schwerpunktmäßig die Laufzeit-Optimierung, z.B. zur Anpassung von Maschineneinstellungen für einen bestimmten Arbeitsauftrag.

- *Fertigungsleiter* sind für das Fertigungsmanagement auf der Fertigungsleitebene, insbesondere die Feinplanung und -steuerung von Fertigungsprozessen, zuständig. Sie nehmen folglich eine ganzheitliche Sicht auf einen Fertigungsprozess mit allen Schritten und Ressourcen ein, wobei der Zeithorizont sowohl die Laufzeit- als auch die Ex-post-Optimierung umfasst. Fertigungsleiter arbeiten einerseits stationär an Büroarbeitsplätzen, andererseits mobil auf Dienstreisen und im Rahmen von Begehungen auf dem Shop Floor, z.B. um Qualitätsprobleme vor Ort zu analysieren.

Sowohl Werker als auch Fertigungsleiter profitieren aufgrund ihrer mobilen Arbeitsweise von einer ortsunabhängigen Informationsbereitstellung mit mobilen Endgeräten durch eine Verkürzung von Wartezeiten, eine höhere Flexibilität und eine schnellere Reaktionsfähigkeit (Bracht et al. 2012). Zur Unterstützung einer zielgerichteten Informationsbereitstellung ist eine *Personalisierung* der Dienste und Inhalte für die Benutzer erforderlich (Schackmann und Schü 2001). Für die Personalisierung kann im Allgemeinen eine Vielzahl an Kontextfaktoren herangezogen werden (Weiß 2009). Die zentralen Kontextfaktoren für die Personalisierung des mobilen Prozess-Dashboard sind die Benutzerrolle sowie der Fertigungsprozess, die im Folgenden kurz beschrieben werden. Es geht dementsprechend um eine rollen- und prozessspezifische Personalisierung in Anlehnung an (Kemper et al. 2010).

- Hinsichtlich der *Benutzerrolle* werden im mobilen Prozess-Dashboard Werker und Fertigungsleiter unterschieden, um eine Adressierung der jeweiligen Zielgruppe zu ermöglichen. Die Benutzerrolle berücksichtigt dementsprechend die aufgeführten zielgruppenspezifischen Unterschiede hinsichtlich des Aufgabengebiets sowie des Zeithorizonts der Optimierung. Es geht beispielsweise darum, nur die für die jeweilige Benutzerrolle relevanten Analysedienste der AdMA-Plattform bereitzustellen, z.B. Werkern gezielt Analysedienste für die Laufzeit-Optimierung und Fertigungsleitern zusätzlich Analysedienste für die Ex-post-Optimierung anzubieten.
- Der *Fertigungsprozess* bezieht sich als Kontextfaktor auf den konkreten Fertigungsprozess, der für den Benutzer relevant ist, z.B. den Fertigungsprozess zur Nockenwellenherstellung aus Abschnitt 1.2. Das Ziel ist die Bestimmung des für den Benutzer aktuell relevanten Prozesselements gemäß des analytischen Fertigungsprozess-Metamodells (siehe Abschnitt 4.2), um eine prozessspezifische Bereitstellung von Inhalten und Diensten zu ermöglichen. Ein Beispiel ist die gezielte Bereitstellung von Kennzahlen und Handlungsempfehlungen (als

Inhalte) für einen bestimmten Prozessschritt oder für ein bestimmtes Werkzeug (als Prozesselemente), die z.B. anhand des aktuellen Ortes des Benutzers auf dem Shop Floor ermittelt werden.

Die zu personalisierenden Dienste und Inhalte des mobilen Prozess-Dashboard werden im folgenden Abschnitt anhand der Informationsbedarfe aus Benutzersicht strukturiert. Techniken zur Realisierung der Personalisierung, d.h. zur Erhebung der Kontextfaktoren, werden in Abschnitt 7.4 dargestellt. Die Einbeziehung weiterer Kontextfaktoren im mobilen Prozess-Dashboard, z.B. auf der Basis von Sensordaten des mobilen Endgeräts, wird in (Gröger und Stach 2014) diskutiert. Für eine umfassende allgemeine Modellierung von Kontextfaktoren in der Fertigung sei auf (Lucke 2014) verwiesen.

7.3 Informationsbedarfe und Dashboard-Dienste

Zur Systematisierung und Verallgemeinerung der vom mobilen Prozess-Dashboard bereitzustellenden Inhalte und Dienste wird der Informationsbedarf der Benutzer definiert. Der Informationsbedarf bezieht sich im Allgemeinen auf die Gesamtheit an erforderlichen Informationen zur Durchführung einer betrieblichen Aufgabe (Koreimann 1976). Der Informationsbedarf von Fertigungsleitern ist durch die Aufgaben des Fertigungsmanagements (siehe Abschnitt 2.1.3) definiert und wird hier nicht weiter betrachtet, da er durch MES (siehe Abschnitt 2.3.1) als etablierte Klasse von IT-Systemen für das Fertigungsmanagement umfassend adressiert wird. Als Dashboard-Dienste für Fertigungsleiter stehen im mobilen Prozess-Dashboard Analysedienste für die Ex-post- und Laufzeitoptimierung (siehe Abschnitt 3.3), insbesondere die Ursachenanalyse, die Laufzeitprognostik und die proaktive Empfehlungsgenerierung, im Vordergrund. Es geht darum, prädiktive und präskriptive Analyseverfahren in einem ebenenübergreifenden Ansatz gemäß Anforderung A_{D1} auch für die Fertigungsleitebene bereitzustellen.

Im Folgenden liegt der Fokus auf dem Informationsbedarf von Werkern als Zielgruppe auf der Fertigungsebene. Das Ziel besteht darin, durch ein ganzheitliches Informationsangebot gemäß Anforderung A_{D2} Prozesstransparenz und Selbstmanagement auf der Fertigungsebene zu unterstützen und damit in Anlehnung an das Stuttgarter Unternehmensmodell (Westkämper et al. 2005) die Wandlungsfähigkeit zu fördern.

Auf der Basis einer Literaturanalyse (Kletti 2006, Bracht et al. 2011, Malik 2005, Suzaki 1993, Mazumdar et al. 2012, Yigitbasioglu und Velcu 2012, Berger et al. 2009, Koch 2014, Schließmann 2014) sowie den in Abschnitt 7.1 aufgeführten Anwendungsszenarien aus dem Praxisbeispiel werden vier allgemeine Kategorien von Informationsbedarfen von Werkern bei der Ausführung von Fertigungsprozessen unterschieden, nämlich *Prozessstruktur und -durchführung*, *Prozessleistung*, *Prozesswissen* und *Prozesskommunikation*. Diese Informationsbedarfe definieren die vom mobilen Prozess-Dashboard bereitzustellenden Informationen für die Zielgruppe der Werker. Hierbei geht es darum, nicht nur Informationen für den jeweiligen Prozessschritt des Werkers bereitzustellen, sondern durch ergänzende prozessübergreifende Informationen die Prozesstransparenz über den gesamten Fertigungsprozess gemäß Anforderung A_{D2} zu unterstützen.

Im Folgenden werden die Informationsbedarfe abgegrenzt und die zugehörigen Dashboard-Dienste im Sinne konzeptioneller Funktionalitäten des mobilen Prozess-Dashboard aus Benutzersicht kurz aufgeführt (siehe Abbildung 49). Für eine ausführliche Darstellung der Informationsbedarfe und Dashboard-Dienste sei auf (Gröger et al. 2013a) verwiesen.

Prozessstruktur und -durchführung	**Prozessleistung**	**Prozesswissen**	**Prozess-kommunikation**
• Navigation durch das Prozessmodell • Anzeige von Arbeits- und Fertigungsaufträgen • Anzeige von Produkt- und Kundendetails	• Kennzahlen-überwachung • Laufzeitprognostik • Proaktive Empfehlungs-generierung	• Suche und Anzeige von Prozessdokumenten • Erstellung und Bearbeitung von Verbesserungs- und Problem-lösungsvorschlägen	• Nachrichtenversand und -empfang • Audio- und Videokonferenz-durchführung

Abbildung 49: Informationsbedarfe und zugehörige Dashboard-Dienste für Werker

Prozessstruktur und -durchführung

Die *Prozessstruktur* bezieht sich auf prozessmodellorientierte Informationen zur Struktur des Fertigungsprozesses aus Prozessschritten und zugeordneten Ressourcen sowie deren Verknüpfung im Rahmen des Prozessflusses, wie er beispielsweise im analytischen Fertigungsprozess-Metamodell (siehe Abschnitt 4.2) abgebildet ist. Die *Prozessdurchführung* umfasst auftragsorientierte Informationen zur jeweiligen Prozessinstanz, insbesondere Informationen zu den Arbeitsaufträgen eines Werkers für seinen Prozessschritt sowie zum Fertigungsauftrag für den gesamten Fertigungsprozess. Hinsichtlich des Fertigungsauftrages geht es je nach Art des Fertigungsprozesses neben Mengen- und Termingesichtspunkten auch um Informationen zum herzustellenden Produkt und zum Kunden. Prozessstruktur- und Prozessdurchführungsinformationen unterstützen den Werker darin, ein Verständnis für den Fertigungsprozess sowie für seine eigene Rolle im Prozess, z.B. anhand von Informationen zu vor- und nachgelagerten Prozessschritten, zu entwickeln und auf der Basis von Kunden- und Produktdetails die unternehmerische Relevanz des aktuellen Fertigungs- und Arbeitsauftrages einzuschätzen.

Die wesentlichen Dashboard-Dienste sind die *Navigation durch das Prozessmodell*, um Prozessstrukturinformationen anzuzeigen, die *Anzeige von Arbeits- und Fertigungsaufträgen* sowie die *Anzeige von Produkt- und Kundendetails*.

Prozessleistung

Die *Prozessleistung* bezieht sich auf analytische Informationen zur Effektivität und Effizienz des Fertigungsprozesses. Dies umfasst im Wesentlichen Analyseergebnisse, speziell Kennzahlen, sowie Angaben zu Störungen und Fehlern. Es geht sowohl um die Leistung des Gesamtprozesses anhand von prozessbezogenen Kennzahlen als auch um die Leistung von einzelnen Prozessschritten und Ressourcen anhand schritt- und ressourcenbezogener Kennzahlen, wobei Plan-Kennzahlen sowie Ist-Kennzahlen zu berücksichtigen sind (siehe zu Kennzahlen Abschnitt 2.1.4). Prozessleistungsinformationen unterstützen Werker folglich in der Selbsteinschätzung und Analyse ihrer Leistung anhand quantitativer Größen.

Die Dashboard-Dienste zur Prozessleistung ergeben sich aus den Analysediensten der AdMA-Plattform (siehe Abschnitt 3.3) und umfassen entsprechend des Zeithorizonts der Optimierung von Werkern sämtliche Analysedienste zur Laufzeitoptimierung. Es geht folglich um die *Kennzahlenüberwachung*, die *Laufzeitprognostik* sowie die *proaktive Empfehlungsgenerierung*. Diese Dienste umfassen hierbei Funktionen zur Kommentierung von Analyseergebnissen zur Einbindung des Fachwissens der Benutzer gemäß Anforderung AD3.

Prozesswissen

Unter dem Begriff *Prozesswissen* wird in dieser Arbeit kodifiziertes Fachwissen zur operativen Durchführung von Prozessschritten zusammengefasst. Im Gegensatz zu Prozessdurchführungsinformationen stehen beim Prozesswissen instanzübergreifende Informationen im Vordergrund. Es geht insbesondere um Prozessdokumente wie Arbeits- und Verfahrensanweisungen, Betriebsmittelhandbücher, Handlungsanleitungen und Störungskataloge. Zudem geht es um Verbesserungs- und Problemlösungsvorschläge als Teil des betrieblichen Vorschlagswesens und der Kaizen-Philosophie (Walcher 2007). Diese Informationen unterstützen Werker beim Erlernen und Verbessern ihrer Fähigkeiten zur Prozessdurchführung und fördern organisationales Lernen durch eine gezielte Wissensbereitstellung auf der Fertigungsebene gemäß (Berger et al. 2009).

Die entsprechenden Dashboard-Dienste umfassen die *Suche und Anzeige von Prozessdokumenten* sowie die *Erstellung und Bearbeitung von Verbesserungs- und Problemlösungsvorschlägen*. Anzumerken ist, dass sowohl für Prozessdokumente als auch für Verbesserungsvorschläge multimediale Formate und Erfassungsmöglichkeiten entsprechend Anforderung AD3 relevant sind. Verbesserungsvorschläge können Text-, Foto-, Audio- und Videokomponenten umfassen, um das personengebundene Fachwissen des Benutzers zu kodifizieren. Multimediale Prozessdokumente, wie z.B. Einführungsvideos für die Maschinenbedienung, unterstützen darüber hinaus beispielsweise die effiziente Einarbeitung neuer Werker. Verbesserungs- und Problemlösungsvorschläge werden hierbei allen am Fertigungsprozess beteiligten Werkern sowie dem Fertigungsleiter zur Verfügung gestellt, um eine kooperative Bearbeitung sowie eine gemeinsame Nutzung von Verbesserungs- und Problemlösungsvorschlägen zu unterstützen (siehe für weitere Details (Gröger et al. 2013a)).

Prozesskommunikation

Die *Prozesskommunikation* umfasst temporäre koordinative Informationen für den Ad-hoc-Informationsaustausch sowohl horizontal zwischen unterschiedlichen Werkern auf der Fertigungsebene als auch vertikal zwischen Fertigungsebene und Fertigungsleitebene. Es geht um die Unterstützung der Koordination und Interaktion der Prozessbeteiligten insbesondere in turbulenten Situationen, wenn z.B. unerwartet Qualitätsprobleme in einem Prozessschritt auftreten und die nachfolgenden Werker und der Fertigungsleiter ad hoc informiert werden müssen.

Die wesentlichen Dashboard-Dienste für die Prozesskommunikation umfassen den *Nachrichtenversand und -empfang* für die asynchrone Kommunikation sowie die *Audio- und Videokonferenzdurchführung* für die synchrone Kommunikation zwischen den Prozessbeteiligten. Anzumerken ist, dass Dashboard-Dienste zur Prozesskommunikation in dieser Arbeit nicht weiter betrachtet werden, da Techniken zur text-, audio- und videobasierten Kommunikation nicht im Zentrum dieser Arbeit stehen und Standardanwendungen, wie z.B. Microsoft Skype (Microsoft 2015b), zur Realisierung im Rahmen des mobilen Prozess-Dashboard eingesetzt werden können.

7.4 Implementierungsaspekte

Implementierungsaspekte beziehen sich auf ausgewählte technische Aspekte zur Umsetzung des mobilen Prozess-Dashboard unabhängig von einer konkreten prototypischen Implementierung. Das Ziel besteht darin, technische Erfolgsfaktoren für eine Realisierung des mobilen Prozess-Dashboard zu identifizieren und Lösungsansätze aufzuzeigen.

Aus der Umsetzungsperspektive stellt das mobile Prozess-Dashboard eine mobile Anwendung, d.h. eine Anwendung auf einem mobilen Endgerät dar. Ausgehend von allgemeinen technischen Herausforderungen bei der Entwicklung mobiler Anwendungen (Clevenger 2011, Euler et al. 2012, Zeidler et al. 2012), speziell im Business-Intelligence-Kontext (Bensberg 2008), lassen sich drei wesentliche technische Erfolgsfaktoren ableiten, die eine spezifische Betrachtung für das mobile Prozess-Dashboard erfordern: Es geht um die *Auswahl geeigneter mobiler Endgeräte,* wie Tablet-PCs oder Notebooks, die *Auswahl geeigneter mobiler Plattformen,* wie z.B. Google Android (Google 2015a), sowie die *Erhebung von Kontextfaktoren zur Personalisierung.* Diese Erfolgsfaktoren werden im Folgenden beschrieben und entsprechende Lösungsansätze diskutiert (siehe Abbildung 50). Für eine weitergehende Erörterung von allgemeinen technischen und organisatorischen Erfolgsfaktoren zur Implementierung mobiler Anwendungen, beispielsweise mit Blick auf Datensicherheitsaspekte, sei auf (Gröger et al. 2013b) verwiesen.

Auswahl geeigneter mobiler Endgeräte	**Auswahl geeigneter mobiler Plattformen**	**Erhebung von Kontextfaktoren zur Personalisierung**
• Smartphones • Tablet-PCs • Datenbrillen	• Google Android • Apple iOS • Microsoft Windows Phone • RIM Blackberry	• Rollenbasierte Zugriffssteuerung • Manuelle oder systemgestützte Prozessbestimmung

Abbildung 50: Technische Erfolgsfaktoren und Lösungsansätze für die Implementierung des mobilen Prozess-Dashboard

Auswahl geeigneter mobiler Endgeräte

Zur Auswahl mobiler Endgeräte für die Implementierung des mobilen Prozess-Dashboard können in Anlehnung an (Lemke und Brenner 2014) vier grundlegende Arten mobiler Endgeräte unterschieden werden:

- *Notebooks* stellen tragbare Computer mit maus- und tastaturbasierter Steuerung und klassischen Betriebssystemen stationärer PCs, wie z.B. Microsoft Windows (Microsoft 2015c), dar.
- *Smartphones* kombinieren Computer- und Handyfunktionen auf der Basis mobiler Betriebssysteme und bieten eine touchscreenbasierte Steuerung.
- *Tablet-PCs* stellen größere Ausprägungen von Smartphones ohne die Möglichkeit der direkten mobilen Telefonie dar.
- *Wearable Computer* sind direkt am Körper getragene Computer mit mobilen Betriebssystemen, die hauptsächlich sprach- und gestenbasiert gesteuert werden. In dieser Arbeit stehen *Datenbrillen* als Wearable Computer im Vordergrund, da diesen neue Potentiale für die mobile Informationsbereitstellung zugesprochen werden (Mayer und Pantförder 2014).

Anzumerken ist, dass diese Aufteilung idealtypische Gerätearten beschreibt und Sonderformen, z.B. Notebooks mit touchscreenbasierter Steuerung, hier nicht weiter betrachtet werden. Für eine detaillierte Beschreibung der Gerätearten sei auf (Lemke und Brenner 2014, Shelly und Vermaat

2012) verwiesen. Zur Eingrenzung und Auswahl geeigneter Gerätearten für das mobile Prozess-Dashboard werden im Folgenden die Rechenleistung, die Mobilität, die Eingabemöglichkeiten sowie die Sensorik der Endgeräte als wesentliche Auswahlkriterien kurz analysiert.

- Die *Rechenleistung* von Notebooks ist vergleichbar mit der von stationären PCs, da ähnliche Central Processing Units (CPUs) zum Einsatz kommen. Im Gegensatz dazu werden in Smartphones, Tablet-PCs und Datenbrillen meistens spezielle stromsparende CPUs eingesetzt, die eine geringere Rechenleistung besitzen.
- Hinsichtlich der *Mobilität* spielen die physischen Ausmaße, die Akkulaufzeit sowie die Konnektivität der Endgeräte eine wesentliche Rolle. Notebooks sind typischerweise schwerer und größer als Smartphones sowie Tablet-PCs und haben aufgrund einer höheren Rechenleistung meist eine geringere Akkulaufzeit. Zudem erfordern sie eine Unterlage, z.B. einen Schreibtisch, für eine effektive Nutzung. Im Gegensatz dazu können Smartphones und Tablet-PCs auch ohne Unterlage im Gehen oder in Bewegung genutzt werden. Datenbrillen ermöglichen durch das Einblenden relevanter Informationen in das Sichtfeld des Benutzers eine vollständige Freihandbedienung. Sämtliche Gerätearten bieten eine Konnektivität per Wireless Local Area Network (WLAN) (Laudon et al. 2010), welche den Einsatz auf dem Shop Floor ermöglicht. Smartphones, Tablet-PCs und Notebooks unterstützen zusätzlich eine Anbindung über das Mobilfunknetz.
- Die *Eingabemöglichkeiten* von Smartphones und Tablet-PCs basieren auf der touchscreenbasierten Eingabe, wohingegen Notebooks eine maus- und tastaturbasierte Eingabe bieten, die insbesondere bei der Erfassung größerer Textmengen effektiver ist. Die Eingabemöglichkeiten von Datenbrillen beschränken sich aktuell weitgehend auf die sprachbasierte Eingabe, die bei lauten Umgebungsgeräuschen noch als fehleranfällig gilt.
- Die *Sensorik* von Notebooks umfasst hauptsächlich Mikrophon und Kamera, wohingegen Smartphones, Tablet-PCs und Datenbrillen eine Vielzahl weiterer Sensoren, wie z.B. Global-Position-System-Sensoren (GPS-Sensoren), bieten.

Für die Nutzung des mobilen Prozess-Dashboard auf dem Shop Floor ist eine hohe Mobilität des Endgeräts erforderlich, so dass Smartphones, Tablet-PCs und Datenbrillen besser geeignet sind als Notebooks. Je umfangreicher die Sensorik des Endgerätes, desto mehr Kontextfaktoren lassen sich für die Personalisierung des mobilen Prozess-Dashboard systemgestützt erfassen, was ebenfalls für Smartphones, Tablet-PCs und Datenbrillen spricht. Die im Vergleich zu Notebooks reduzierte Rechenleistung dieser Gerätearten stellt kein grundsätzliches Implementierungshindernis dar, da rechenintensive Aufgaben, wie z.B. Data-Mining-Aufgaben, auf einem leistungsfähigen stationären Backend abgewickelt werden können. Da die Erfassung größerer Textmengen nicht im Fokus des mobilen Prozess-Dashboard steht, sind die Vorteile von Notebooks bei den Eingabemöglichkeiten nicht ausschlaggebend. Notebooks sind folglich für eine Implementierung des mobilen Prozess-Dashboard insgesamt weniger geeignet als Smartphones, Tablet-PCs und Datenbrillen.

Die Implementierung des mobilen Prozess-Dashboard als Anwendung für eine Datenbrille erscheint insbesondere für Werker, die im Rahmen von Montagearbeiten im Fertigungsprozess eingebunden sind, geeignet, da Datenbrillen eine vollständige Freihandbedienung ermöglichen. Im Gegensatz zu Smartphones und Tablet-PCs, die im betrieblichen Umfeld bereits umfassend eingesetzt werden und für die eine Vielzahl an mobilen Anwendungen existiert, befinden sich Datenbrillen jedoch noch in einem frühen, meist prototypischen Entwicklungsstadium (Porteck et al. 2013). Insbesondere bei lauten Umgebungsgeräuschen, wie sie z.B. auf dem Shop Floor auftreten können, ergeben sich momentan noch technische Probleme bei der sprachbasierten Steuerung von Datenbrillen. Aus diesen Gründen liegt der Fokus in dieser Arbeit auf Smartphones und Tablet-PCs als Gerätearten für die Implementierung des mobilen Prozess-Dashboard. Datenbrillen stellen jedoch in Zukunft eine weitere vielsprechende Geräteart für das mobile Prozess-Dashboard dar, insbesondere für Werker. Die weitergehende Auswahl eines Formfaktors der Endgeräte, d.h. ob Smartphone oder Tablet-PC, hängt von den Rahmenbedingungen im Einzelfall ab und wird infolgedessen hier nicht näher betrachtet.

Auswahl geeigneter mobiler Plattformen

Die Softwareumgebung auf mobilen Endgeräten wird durch die mobile Plattform definiert. Unter einer mobilen Plattform wird in dieser Arbeit in Anlehnung an (Anvaari und Jansen 2010) eine Kombination aus Betriebssystem und zugehörigen Technologien zur Anwendungsentwicklung und -distribution verstanden. Zur Eingrenzung und Auswahl geeigneter mobiler Plattformen für das mobile Prozess-Dashboard werden im Folgenden drei wesentliche Auswahlkriterien analysiert:

- Bei der *Endgeräteunterstützung* geht es darum, ob eine mobile Plattform Endgeräte mit unterschiedlichen Formfaktoren, d.h. sowohl Smartphones als auch Tablet-PCs, unterstützt, um unterschiedliche Platzanforderungen adressieren zu können. Abhängig vom Einzelfall können beispielsweise für Werker kompakte, am Arm zu tragende Smartphones geeignet sein, wohingegen Fertigungsleiter eine umfassende Informationsdarstellung auf Tablet-PCs mit großen Displays bevorzugen.

- Die *zentrale Verwaltbarkeit* einer mobilen Plattform bezieht sich darauf, dass technische Schnittstellen für das Gerätemanagement (Kersten und Klett 2012) verfügbar sind, um eine zentrale richtlinienbasierte Verwaltung der Endgeräte zu ermöglichen. Hierbei geht es insbesondere um die automatisierte Konfiguration sicherheitsrelevanter Betriebssystemparameter, z.B. für das Deaktivieren nicht benötigter Funkverbindungen, um eine sicherheitskonforme Konfiguration sämtlicher Endgeräte sicherzustellen, auf denen das mobile Prozess-Dashboard ausgeführt wird.
- Bei *Verfahren zur unternehmensinternen Anwendungsentwicklung und -distribution* geht es darum, dass die mobile Plattform Möglichkeiten bietet, mobile Anwendungen unabhängig von öffentlichen Entwicklungs- und Distributionsverfahren, speziell öffentlichen App Stores wie Google Play (Google 2015b), zu entwickeln und zu verteilen, um damit Sicherheits- und Geheimhaltungsrisiken für das mobile Prozess-Dashboard als unternehmensinterne Anwendung zu reduzieren.

Mit Blick auf mobile Plattformen für Smartphones und Tablet-PCs werden gemäß (IDC 2014) vier marktführende Plattformen unterschieden:

- *Google Android* (untersucht in Version 5.0) (Google 2015a)
- *Apple iOS* (untersucht in Version 8.2) (Apple 2015a)
- *Microsoft Windows Phone* (untersucht in Version 8.1 Update 3) (Microsoft 2015d)
- *RIM Blackberry* (untersucht in Version 10.3) (RIM 2015)

Eine Untersuchung dieser Plattformen (siehe Tabelle 12) ergibt, dass sämtliche Plattformen Verfahren zur unternehmensinternen Anwendungsentwicklung und -distribution bieten, z.B. im Rahmen des iOS Developer Enterprise Program (Apple 2015b) für Apple iOS oder Company Hubs (Microsoft 2015a) für Microsoft Windows Phone. Außerdem unterstützen alle vier Plattformen eine zentrale Verwaltbarkeit und sind mit plattformübergreifenden Gerätemanagement-Lösungen, wie z.B. AirWatch (AirWatch 2015), administrierbar. Hinsichtlich der Endgeräteunterstützung sind Google Android, Apple iOS und Microsoft Windows Phone sowohl für Smartphones als auch für Tablet-PCs konzipiert. RIM Blackberry fokussiert dagegen nur auf Smartphones. Für eine weitergehende Darstellung und einen Vergleich der einzelnen mobilen Plattformen hinsichtlich der Software-Architektur und Sicherheitskonzepten sei auf (Anvaari und Jansen 2010, Stach und Mitschang 2013) verwiesen.

	Google Android	Apple iOS	Microsoft Windows Phone	RIM Blackberry
Endgeräteunterstützung	Smartphones, Tablet-PCs	Smartphones, Tablet-PCs	Smartphones, Tablet-PCs	Smartphones
Zentrale Verwaltbarkeit	Plattformübergreifendes Gerätemanagement, z.B. mit AirWatch			
Unternehmensinterne Anwendungsentwicklung und -distribution	Direktdistribution, Google Play Private Channel	iOS Developer Enterprise Program	Company Hubs	BlackBerry Enterprise Service

Tabelle 12: Übersicht mobiler Plattformen für Smartphones und Tablet-PCs

Summa summarum erfüllen Google Android, Apple iOS und Microsoft Windows Phone die technischen Grundvoraussetzungen für eine Implementierung des mobilen Prozess-Dashboard auf Smartphones und Tablet-PCs. Auch RIM Blackberry kann eingesetzt werden, wenn der Fokus auf Smartphones als Endgeräten liegt.

Anzumerken ist, dass das mobile Prozess-Dashboard sowohl in einem *Ein-Plattform-Ansatz* für eine spezifische mobile Plattform als auch in einem *Multi-Plattform-Ansatz* für mehrere mobile Plattformen umgesetzt werden kann. Bei einer *plattformspezifischen* Realisierung im Ein-Plattform-Ansatz kann das mobile Prozess-Dashboard als native mobile Anwendung implementiert werden. Eine *plattformübergreifende* Realisierung im Multi-Plattform-Ansatz ist als mobile Web-Anwendung möglich (siehe zu nativen mobilen Anwendungen und mobilen Web-Anwendungen (Jobe 2013)). Für eine weitergehende Analyse der unterschiedlichen Arten mobiler Anwendungen zur Realisierung des mobilen Prozess-Dashboard sei auf (Exner 2013) verwiesen.

Die finale Auswahl einer oder mehrerer mobiler Plattformen hängt von den IT-technischen und betrieblichen Rahmenbedingungen im Einzelfall ab. Beispielsweise begünstigt eine bestehende Microsoft-basierte IT-Infrastruktur für stationäre PCs die Verwendung von Microsoft Windows Phone für die Implementierung des mobilen Prozess-Dashboard, um bereits vorhandene Lösungen für das Gerätemanagement und die Anwendungsentwicklung auch für mobile Anwendungen und Endgeräte zu nutzen. Da der Fokus in diesem Abschnitt auf einzelfallunabhängigen Implementierungsaspekten liegt, wird hier keine weitere Eingrenzung mobiler Plattformen vorgenommen.

Erhebung von Kontextfaktoren zur Personalisierung

Wie in Abschnitt 7.2 beschrieben, stellen die Benutzerrolle und der Fertigungsprozess die zentralen Kontextfaktoren für eine rollen- und prozessspezifische Personalisierung des mobilen Prozess-Dashboard dar. Im Folgenden geht es um Techniken zur Realisierung der Personalisierung, d.h. zur Erhebung der Kontextfaktoren, die kurz aufgeführt werden.

Zur Realisierung der *rollenspezifischen Personalisierung* sind Ansätze für die *rollenbasierte Zugriffssteuerung* (Tsolkas und Schmidt 2010) anwendbar. Jeder Benutzer ist einer oder mehreren technischen Rollen zugeordnet, wobei eine technische Rolle eine Sammlung von Berechtigungen, insbesondere Berechtigungen für den Funktions- und Datenzugriff, umfasst. Im Rahmen des mobilen Prozess-Dashboard implementiert eine technische Rolle folglich die jeweilige Benutzerrolle, so dass zwei technische Rollen, eine für Werker und eine für Fertigungsleiter, verwendet werden. Eine detailliertere Betrachtung der Rollen- und Berechtigungskonzeption für das mobile Prozess-Dashboard steht hier nicht im Vordergrund. Für eine allgemeine Darstellung der rollenbasierten Zugriffssteuerung sei auf (Tsolkas und Schmidt 2010) verwiesen.

Bei der Realisierung der *prozessspezifischen Personalisierung* geht es um die Bestimmung des Prozesselements und des zugehörigen Fertigungsprozesses gemäß des analytischen Fertigungsprozess-Metamodells (siehe Abschnitt 4.2), die für den Benutzer in seiner Situation relevant sind.

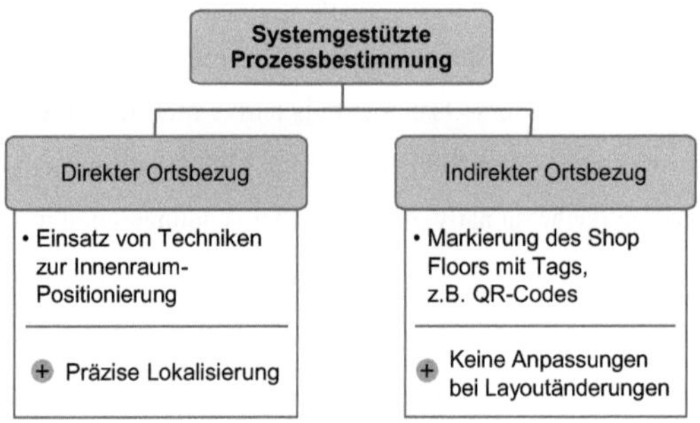

Abbildung 51: Ansätze zur systemgestützten Prozessbestimmung anhand des Ortes

Die Bestimmung kann entweder *manuell* erfolgen, indem der Benutzer das Prozesselement, z.B. die Maschine, selbst angibt, oder *systemgestützt* abgewickelt werden. Zur systemgestützten Prozessbestimmung eignet sich speziell der Ort des Benutzers auf dem Shop Floor. Befindet sich ein Werker örtlich z.B. vor einer bestimmten Maschine (als Prozesselement), können spezifische Inhalte für diese Maschine angezeigt werden. Der Ort des Benutzers kann hierbei entweder direkt oder indirekt einbezogen werden (siehe Abbildung 51).

- Bei *direktem Ortsbezug* wird der Ort des Benutzers über Techniken zur Innenraum-Positionierung (Werner 2014), wie z.B. der WLAN-Positionierung, ermittelt, um darüber das örtlich relevante Prozesselement zu ermitteln.
- Bei *indirektem Ortsbezug* sind Gegenstände und Arbeitsbereiche auf dem Shop Floor in Anlehnung an den Ansatz von (Lucke et al. 2008) mit Tags im Sinne von Markierungen,

z.B. Quick-Response-Codes (QR-Codes) oder Near-Field-Communication-Tags (NFC-Tags) (Kato et al. 2010), gekennzeichnet. Diese Tags verweisen direkt auf die entsprechenden Prozesselemente und werden vom Benutzer mit dem mobilen Endgerät erfasst, wenn er sich in der Nähe befindet.

Der direkte Ortsbezug ermöglicht eine präzise Lokalisierung des Benutzers, erfordert jedoch eine umfassende Zuordnung von Positionsangaben zu Prozesselementen, die im Falle von Layoutänderungen auf dem Shop Floor, z.B. der Umplatzierung einer Maschine, angepasst werden müssen. Beim indirekten Ortsbezug ist der Shop Floor zwar mit Tags auszustatten, eine aufwändige Ermittlung und laufende Anpassung von detaillierten Positionsangaben der einzelnen Prozesselemente ist jedoch nicht erforderlich, was die Wandlungsfähigkeit auf dem Shop Floor unterstützt. Für eine weitergehende Darstellung der systemgestützten Prozessbestimmung im Rahmen des mobilen Prozess-Dashboard sei auf (Gröger und Stach 2014) sowie die studentische Arbeit (Schneider 2013) verwiesen.

7.5 Verwandte Arbeiten und Abgrenzung

Die in diesem Abschnitt diskutierten verwandten Arbeiten beziehen sich auf eine konzeptionelle Betrachtung des mobilen Prozess-Dashboard als Ansatz zur Informationsbereitstellung in der Fertigung. Hierbei stehen Ansätze für die Informationsbereitstellung für Werker auf dem Shop Floor im Vordergrund, da dies den Schwerpunkt des mobilen Prozess-Dashboard zur Integration mit der Fertigungsebene entsprechend Forschungsziel FZ_3 bildet. Im Folgenden werden zuerst Ansätze für die stationäre Informationsbereitstellung vorgestellt, um dann auf Ansätze zur mobilen Informationsbereitstellung einzugehen und schließlich den Ansatz des mobilen Prozess-Dashboard abzugrenzen und seine Übertragbarkeit darzustellen.

Stationäre Informationsbereitstellung auf dem Shop Floor

Digitale Informationswände und Statusanzeigen (Freibichler und Stiehl 2013), die in der Lean-Production-Philosophie auch als Andon-Tafeln bezeichnet werden (Takeda 2004), sind typische Ansätze zur stationären Informationsbereitstellung auf dem Shop Floor. Sie basieren auf großen Displays, um aggregierte Informationen zum Fertigungsprozess oder einer Menge an Prozessschritten anzuzeigen. Es geht hauptsächlich um rudimentäre kennzahlenorientierte Informationen, wie z.B. die realisierte und geplante Produktionsmenge für die aktuelle Schicht, sowie Störungs- und Statusmeldungen. Diesen Ansätzen mangelt es an einer umfassenden und personalisierten Informationsbereitstellung für einzelne Werker, um z.B. für den jeweiligen Prozessschritt spezifische Kennzahlen und weitere Informationen bereitzustellen.

Stationäre Ansätze zur personalisierten Informationsbereitstellung für einzelne Werker, wie z.B. das *SAP Production Operator Dashboard* (SAP 2015c), werden zunehmend in angepassten Varianten für mobile Endgeräte zur Verfügung gestellt, so dass diese Ansätze nachfolgend gemeinsam mit weiteren Ansätzen zur mobilen Informationsbereitstellung betrachtet werden.

Mobile Informationsbereitstellung auf dem Shop Floor

Bei Ansätzen zur mobilen Informationsbereitstellung auf dem Shop Floor stehen mobile Anwendungen für Smartphones und Tablet-PCs im Vordergrund, da diese Endgeräte eine deutlich mobilere Arbeitsweise als Notebooks ermöglichen (siehe Abschnitt 7.4). Hierbei können MES-basierte und MES-unabhängige mobile Anwendungen zur Informationsbereitstellung für Werker unterschieden werden:

- *MES-basierte mobile Anwendungen,* speziell MPDV Smart MES Applications (MPDV 2015), das SAP Production Operator Dashboard (SAP 2015c) und OpsTrakker (Enhanced Information Solutions 2015), sind herstellerspezifische Anwendungen für den mobilen Benutzerzugriff auf ein konkretes MES, wie z.B. MPDV HYDRA MES (Kletti und Deisenroth 2012). Diese Anwendungen bieten für Werker typischerweise kennzahlenorientierte Informationen zum Fertigungsprozess und zum jeweiligen Prozessschritt, Informationen zu Fertigungs- und Arbeitsaufträgen sowie Details zu Arbeitsanweisungen. Es geht folglich um die kombinierte, rollenspezifische Adressierung mehrerer Informationsbedarfe, speziell Prozessleistung sowie Prozessstruktur und -durchführung. Ein weiterer Schwerpunkt dieser Anwendungen liegt auf Funktionen zur manuellen Datenerfassung durch Werker, z.B. für die Gut- und Schlechtmengenerfassung und die Eingabe von Prüfergebnissen. Eine systemgestützte prozessspezifische Personalisierung anhand des Ortes des Benutzers auf dem Shop Floor erfolgt nicht.
- Bei *MES-unabhängigen mobilen Anwendungen* steht typischerweise die isolierte Adressierung einzelner Informationsbedarfe von Werkern im Vordergrund, wobei eine Vielzahl unterschiedlicher Anwendungen existiert (Bracht et al. 2012). Das „Visualisierungssystem operative Logistik“ (Bracht et al. 2011) fokussiert auf die rollen- und prozessspezifische Bereitstellung detaillierter Informationen zur Prozessleistung für Werker in der Logistik. Die SAP ERP Quality Issue Mobile App (SAP 2015a) dient der mobilen Erfassung und Nachverfolgung von Störungen und Qualitätsproblemen und adressiert damit das Prozesswissen. Die Prozesskommunikation kann mit allgemeinen mobilen Anwendungen zur text-, audio- und videobasierten Kommunikation, wie z.B. Microsoft Skype (Microsoft 2015b), unterstützt werden.

Abgrenzung und Übertragbarkeit

Das mobile Prozess-Dashboard stellt einen neuen ganzheitlichen Ansatz zur mobilen und personalisierten Informationsbereitstellung in der Fertigung dar, wobei der Schwerpunkt auf der Informationsbereitstellung für Werker auf dem Shop Floor liegt.

Im Gegensatz zu klassischen Ansätzen der stationären Informationsbereitstellung auf der Basis digitaler Informationswände, die im Wesentlichen aggregierte Informationen zur Prozessleistung bereitstellen, geht es beim mobilen Prozess-Dashboard um die feingranulare und personalisierte Bereitstellung unterschiedlicher Informationen für einzelne Werker. Existierende Ansätze zur mobilen Informationsbereitstellung für Werker, speziell MES-basierte mobile Anwendungen, fokussieren auf ausgewählte Informationsbedarfe, meist Prozessleistung sowie Prozessstruktur und -durchführung, ohne eine ganzheitliche Adressierung sämtlicher Informationsbedarfe von Werkern zu realisieren. Zudem mangelt es diesen Ansätzen an einer systemgestützten prozessspezifischen Personalisierung durch Einbeziehung des Ortes des Benutzers auf dem Shop Floor, um damit relevante Prozesselemente, wie z.B. Maschinen und Prozessschritte, automatisch zu bestimmen.

Das mobile Prozess-Dashboard kann als ein allgemeiner Ansatz zur personalisierten Informationsbereitstellung für mobile operative Mitarbeiter in einem Prozess aufgefasst werden. Es eignet sich insbesondere für eine Übertragung auf Logistikprozesse (Vahrenkamp et al. 2012), speziell Lager-, Kommissionierungs- und Transportprozesse, auch außerhalb der Produktionslogistik, da operative Mitarbeiter in der Logistik sehr mobil arbeiten und durch umfassende prozessorientierte Informationen in ihrem Selbstmanagement unterstützt werden können.

7.6 Zusammenfassung und eigene Publikationen

In Kapitel 7 wurde das mobile Prozess-Dashboard als eine repräsentative Anwendung für den Benutzerzugriff der AdMA-Plattform vorgestellt. Es adressiert das Forschungsziel FZ_3 der Integration mit der Fertigungsebene sowohl durch eine mobile und personalisierte Informationsbereitstellung gemäß Forschungsanforderung FA_{31} als auch durch multimediale Erfassungsmöglichkeiten für das Fachwissen der Benutzer, z.B. in Form von videobasierten Verbesserungsvorschlägen und Kommentaren zu Analyseergebnissen, entsprechend Forschungsanforderung FA_{33}.

Das mobile Prozess-Dashboard realisiert einen ebenenübergreifenden Ansatz, indem sowohl Werker auf der Fertigungsebene als auch Fertigungsleiter auf der Fertigungsleitebene als Zielgruppen bzw. Benutzerrollen adressiert werden. Der Fokus liegt in dieser Arbeit speziell auf der

Zielgruppe der Werker, um die Prozesstransparenz und Informationsversorgung auf der Fertigungsebene zu fördern. Zur Personalisierung werden die Benutzerrolle und der Fertigungsprozess als zentrale Kontextfaktoren verwendet. Auf diese Weise können die Inhalte und Dienste des mobilen Prozess-Dashboard rollen- und prozessspezifisch bereitgestellt werden, um z.B. einem Werker nur die für seinen Prozessschritt relevanten Kennzahlen und Analysedienste anzubieten. Die Bestimmung des für einen Benutzer in seiner Situation relevanten Prozesselements erfolgt hierbei systemgestützt, indem der Ort des Benutzers auf dem Shop Floor einbezogen wird. Um eine ganzheitliche Informationsversorgung gemäß Forschungsanforderung FA_{32} sicherzustellen, adressiert das mobile Prozess-Dashboard sämtliche prozessorientierten Informationsbedarfe von Werkern, nämlich Prozessstruktur und -durchführung, Prozessleistung, Prozesswissen und Prozesskommunikation. Es bietet dementsprechend neben den in Abschnitt 3.3 definierten Analysediensten zusätzlich Dienste insbesondere für die multimediale Erstellung und Bearbeitung von Verbesserungsvorschlägen im Bereich Prozesswissen sowie zur text-, audio- und videobasierten Prozesskommunikation.

Zur Implementierung des mobilen Prozess-Dashboard eigenen sich speziell Smartphones und Tablet-PCs, da diese Endgeräte eine hoch mobile Nutzung und eine einfache Handhabung insbesondere für Werker auf dem Shop Floor ermöglichen. Hierbei können sämtliche marktführenden mobilen Plattformen für Smartphones und Tablet-PCs eingesetzt werden. Für Details zur prototypischen Implementierung und Evaluation des mobilen Prozess-Dashboard im Rahmen der AdMA-Plattform sei auf Kapitel 8 verwiesen.

Existierenden mobilen Anwendungen zur Informationsversorgung von Werkern mangelt es im Gegensatz zum mobilen Prozess-Dashboard an einer ganzheitlichen Adressierung sämtlicher Informationsbedarfe sowie einer systemgestützten prozessspezifischen Personalisierung durch die Einbeziehung des Ortes des Benutzers auf dem Shop Floor.

Das mobile Prozess-Dashboard unterstützt als ganzheitlicher Ansatz für die mobile und personalisierte Informationsbereitstellung die Prozesstransparenz und das Selbstmanagement auf der Fertigungsebene und fördert somit in Anlehnung an das Stuttgarter Unternehmensmodell (Westkämper et al. 2005) die Wandlungsfähigkeit.

Mit Blick auf eigene Publikationen wurde das Fachkonzept des mobilen Prozess-Dashboard in (Gröger et al. 2013a) veröffentlicht. Details zur prototypischen Implementierung, zur Einbeziehung weiterer Kontextfaktoren zur Personalisierung sowie zu Anwendungsszenarien finden sich in (Gröger und Stach 2014). Eine weitergehende allgemeine Untersuchung technischer und organisatorischer Erfolgsfaktoren für die Implementierung mobiler Anwendungen in Industrieunternehmen wurde in (Gröger et al. 2013b) publiziert und in (Hoos et al. 2014a, Hoos et al. 2014b) weiter detailliert. Das Gesamtkonzept des mobilen Prozess-Dashboard wurde im Rahmen der vorliegenden Arbeit entwickelt und in den studentischen Arbeiten (Schneider 2013, Exner 2013, Braunbeck 2014) insbesondere hinsichtlich technischer Erfolgsfaktoren und der Einbeziehung von Kontextfaktoren verfeinert sowie als Bestandteil der AdMA-Plattform prototypisch implementiert.

8 Prototypische Implementierung und Evaluation

In diesem Kapitel wird die prototypische Implementierung und die Evaluation der AdMA-Plattform dargestellt. Im Zentrum der prototypischen Implementierung in Abschnitt 8.1 steht die technische Realisierung der AdMA-Plattform. Die experimentelle Evaluation in Abschnitt 8.2 basiert auf der Anwendung des Prototyps im Praxisbeispiel der Nockenwellenherstellung, um die Machbarkeit und das Anwendungspotential der AdMA-Plattform an einem Realweltbeispiel zu demonstrieren. Die konzeptionelle und komparative Evaluation in Abschnitt 8.3 umfassen sowohl die Evaluation der Erfüllung der Forschungsziele als auch eine kriterienorientierte Bewertung und einen Vergleich der AdMA-Plattform mit verwandten Ansätzen. Eine abschließende Zusammenfassung des Kapitels ist Gegenstand des Abschnitts 8.4.

8.1 Prototypische Implementierung

Die prototypische Implementierung der AdMA-Plattform umfasst die Realisierung der drei Schichten für die *Datenbereitstellung*, die *Prozessanalyse* sowie für die *Prozessoptimierung und den Benutzerzugriff* und basiert auf einem zweistufigen Client-Server-Ansatz (Laudon et al. 2010). Die technische Architektur des Prototyps ist in Abbildung 52 dargestellt. Der Server stellt das stationäre Backend der AdMA-Plattform dar und umfasst die Datenbereitstellungs- und die Prozessanalyseschicht. Die Analysedienste der Prozessanalyseschicht können von unterschiedlichen Arten von Clients verwendet werden. Im Rahmen des Prototyps geht es um das mobile Prozess-Dashboard als mobilen Client, welcher das Frontend der AdMA-Plattform, d.h. die Schicht für die Prozessoptimierung und den Benutzerzugriff, umsetzt.

Die prototypische Implementierung der AdMA-Plattform wurde im Rahmen der studentischen Arbeiten (Vetlugin 2012, Dapperheld 2013, Exner 2013, Schneider 2013, Braunbeck 2014) durchgeführt. Im Folgenden werden die implementierten Komponenten der einzelnen Schichten überblicksartig dargestellt, wobei für weitere Details auf die studentischen Arbeiten verwiesen sei.

Hervorzuheben ist, dass der Prototyp der AdMA-Plattform *keine* einzelfallspezifische Implementierung für einen bestimmten Fertigungsprozess darstellt, sondern entsprechend Forschungsziel FZ_4 als generische Lösung realisiert ist, die für unterschiedliche Fertigungsprozesse eingesetzt werden kann. Neben der Anwendung des Prototyps für den Fertigungsprozess der Nockenwellenherstellung im Rahmen der experimentellen Evaluation wird der Einsatz des Prototyps für einen Massenfertigungsprozess zur Herstellung von Stahlfedern in (Gröger et al.

2014c, Gröger und Stach 2014) demonstriert, um damit die einzelfallübergreifende Anwendbarkeit zu unterstreichen.

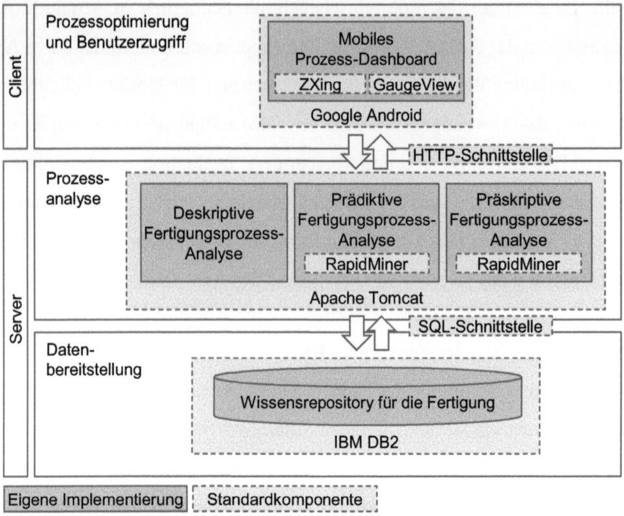

Abbildung 52: Technische Architektur des Prototyps der AdMA-Plattform

Datenbereitstellung

Die Datenbereitstellungsschicht umfasst die Implementierung des *Wissensrepository für die Fertigung*. Wie bereits in Abschnitt 3.2 erläutert, werden Integrationsprozesse zur Beladung des Wissensrepository mit Quelldaten in dieser Arbeit nicht betrachtet.

Zur Realisierung des Wissensrepository wird die in Abschnitt 4.6.2 dargestellte *relationale Basisarchitektur* verwendet, da diese eine einfache prototypische Umsetzung des Wissensrepository auf der Grundlage eines zentralen relationalen Datenbanksystems ermöglicht (siehe Abschnitt 4.6.3). Als Datenbankmanagementsystem wird *IBM DB2* (Version 10.5) (IBM 2015b) eingesetzt, da es ein etabliertes relationales Datenbankmanagementsystem für den Data-Warehouse-Kontext darstellt (Gartner 2014).

Das *multidimensionale Datenmodell* des Wissensrepository (siehe Abschnitt 4.3) wird im Prototyp in einer vereinfachten relationalen Variante in Anlehnung an ein Snowflake-Schema (Behme et al. 2013) umgesetzt. Details zu den Dimensionen und Fakten werden in Abschnitt 8.2 dargestellt.

Mit Blick auf *Artefakte* (siehe Abschnitt 4.4) werden sämtliche Artefakte des Artefakt-Modells im Prototyp entsprechend Abschnitt 4.6.1 repräsentiert und als XML- und BLOB-Objekte im relationalen Datenbanksystem gespeichert.

Die *Artefaktintegration* erfolgt, wie in Abschnitt 4.6.2 beschrieben, mittels einfacher Referenzen, die als Fremdschlüssel zwischen Tupeln des Data-Warehouse-Schemas und Tupeln, die XML- und BLOB-Objekte umfassen, realisiert sind. Der *Zugriff* auf das Wissensrepository erfolgt über die *SQL-Schnittstelle* des Datenbankmanagementsystems.

Für weitere Details zum relationalen Schema und der prototypischen Implementierung des Wissensrepository sei auf (Vetlugin 2012) verwiesen.

Prozessanalyse

Im Rahmen der Prozessanalyseschicht geht es um die Implementierung der *Analysedienste*. Diese sind im Prototyp mit *Java* (Version 7) (Oracle 2015) umgesetzt und werden als Java-Enterprise-Edition-Anwendung auf *Apache Tomcat* (Version 7.0) (Apache Software Foundation 2015) als Anwendungsserver ausgeführt. Die Analysedienste werden vom Anwendungsserver über eine *Hypertext-Transfer-Protocol-basierte (HTTP-basierte) Schnittstelle* im Sinne eines API für Clients bereitgestellt.

Im Prototyp sind sämtliche Analysedienste der AdMA-Plattform (siehe Abschnitt 3.3) für die *prädiktive und die präskriptive Fertigungsprozess-Analyse* realisiert. Es geht um die Ursachenanalyse und die Laufzeitprognostik sowie die proaktive Empfehlungsgenerierung. Für die *deskriptive Fertigungsprozess-Analyse* sind die freie Datenrecherche sowie eine einfache Variante der Kennzahlenüberwachung realisiert. Der Prototyp ist so konzipiert, dass eine Ergänzung um weitere Analysedienste, wie z.B. berichtsorientierte Dienste für die deskriptive Fertigungsprozess-Analyse, möglich ist.

Bei der Implementierung des Data-Mining-Prozesses für prädiktive und präskriptive Analysedienste geht es insbesondere um die Denormalisierung der Daten, die Umsetzung der Mustererkennung sowie den Algorithmus zur Entscheidungsbaumgenerierung.

- Die *Denormalisierung* der Daten dient der Herstellung einer denormalisierten Datenbasis über den gesamten Fertigungsprozess als Eingabe für die Mustererkennung (siehe Abschnitte 3.3, 6.4). Die Denormalisierung ist im Prototyp generisch realisiert. Ausgehend von dem im Wissensrepository repräsentierten Modell eines Fertigungsprozesses werden dynamisch SQL-Anweisungen erzeugt, die eine relationale Sicht mit denormalisierten Daten für den jeweiligen Analysedienst definieren. Für weitere Details zur Realisierung der Denormalisierung sei auf (Vetlugin 2012) verwiesen.

- Die *Umsetzung der Mustererkennung* kann entweder datenbankintern z.B. im Rahmen des SQL/MM-Standards (Melton und Eisenberg 2001) oder datenbankextern mittels Data-Mining-Tools erfolgen. Einerseits bietet die datenbankinterne Realisierung Performancevorteile, da sämtliche Daten innerhalb des Datenbanksystems verarbeitet werden. Andererseits entstehen Flexibilitätsnachteile, da nur Data-Mining-Verfahren des für die Datenhaltung eingesetzten spezifischen Datenbankmanagementsystems verwendet werden können. Um eine flexible Änderbarkeit und Erweiterbarkeit des Prototyps zu gewährleisten, erfolgt eine datenbankexterne Realisierung der Mustererkennung. Hierfür wird *RapidMiner* (Version 5.2) (RapidMiner 2015b) als Open-Source-Data-Mining-Tool verwendet und über ein API eingebunden. Für eine weitergehende Untersuchung der datenbankinternen und datenbankexternen Realisierung der Mustererkennung im Prototyp sei auf (Vetlugin 2012) verwiesen.
- Als *Algorithmus zur Entscheidungsbaumgenerierung* wird eine RapidMiner-Implementierung des *C4.5-Algorithmus* (Quinlan 1993) verwendet, da dieser einen bewährten Standardalgorithmus darstellt (siehe Abschnitt 2.2.6). Für weitere Details zur RapidMiner-Konfiguration sei auf (Vetlugin 2012, Braunbeck 2014) verwiesen.

Die Analysedienste sind anhand des Fertigungsprozesses und der Kennzahl parametrisiert und kapseln die erforderlichen Funktionen zur Datenauswahl und -vorverarbeitung sowie zur Mustererkennung, um eine Automatisierung des Data-Mining-Prozesses zu realisieren. Hierbei werden sämtliche Dimensionsattribute des Data-Warehouse-Schemas dynamisch einbezogen, damit die Analysedienste generisch, d.h. für unterschiedliche Fertigungsprozesse mit unterschiedlichen Dimensionsattributen, anwendbar sind. Für weitere Details zur prototypischen Implementierung der Analysedienste sei auf (Vetlugin 2012, Dapperheld 2013, Exner 2013) verwiesen.

Prozessoptimierung und Benutzerzugriff

Die Schicht für die Prozessoptimierung und den Benutzerzugriff umfasst die Implementierung des *mobilen Prozess-Dashboard* als mobile Anwendung.

Hinsichtlich der *Zielgruppen* adressiert der Prototyp sowohl *Werker* als auch *Fertigungsleiter*. Für Werker werden sämtliche *Dashboard-Dienste* für die *Prozessstruktur und -durchführung*, die *Prozessleistung* sowie das *Prozesswissen* bis auf die Anzeige von Arbeits- und Fertigungsaufträgen sowie von Produkt- und Kundendetails umgesetzt. Die *Prozesskommunikation* wird durch die Einbindung von Microsoft Skype (Microsoft 2015b) realisiert. Als Dashboard-Dienste für Fertigungsleiter stehen im Prototyp die Analysedienste der Ursachenanalyse, der Laufzeitprognostik und der proaktiven Empfehlungsgenerierung im Vordergrund, um prädiktive und präskriptive Analyseverfahren für die Fertigungsleitebene bereitzustellen.

Mit Blick auf *mobile Endgeräte* liegt der Fokus des Prototyps auf *Tablet-PCs*, um im Vergleich zu Smartphones größere Displays zur Informationsbereitstellung nutzen zu können. Die Anbindung an das stationäre Backend erfolgt drahtlos über ein WLAN. Als *mobile Plattform* wird *Google Android* (Version 4.2) (Google 2015a) eingesetzt, da es eine Direktdistribution mobiler Anwendungen auf das Endgerät unabhängig vom Plattformanbieter ermöglicht. Hierbei wird das mobile Prozess-Dashboard als native, d.h. plattformspezifische, Anwendung umgesetzt, um einen einfachen Sensorzugriff für die multimediale Erfassung von Verbesserungsvorschlägen zu ermöglichen. Bei der Realisierung der graphischen Benutzeroberfläche werden unterschiedliche Bibliotheken verwendet, insbesondere *GaugeView* (Version 1) (GaugeView 2015). Hervorzuheben ist, dass eine plattformübergreifende Implementierung des mobilen Prozess-Dashboard als mobile Web-Anwendung im Rahmen des Prototyps ebenfalls möglich ist.

Zur *Realisierung der Personalisierung* wird für den Kontextfaktor der Benutzerrolle eine vereinfachte *rollenbasierte Zugriffssteuerung* umgesetzt. Für den Kontextfaktor des Fertigungsprozesses erfolgt eine *systemgestützte Prozessbestimmung mit indirektem Ortsbezug* für Werker. Dieser Ansatz ermöglicht eine einfache Implementierung der systemgestützten Prozessbestimmung (siehe Abschnitt 7.4). Als Tags werden im Prototyp QR-Codes eingesetzt. Zur Realisierung der QR-Code-Erkennung wird die Bibliothek *ZXing* (Version 2.2) (ZXing 2015) verwendet. Scannt der Werker den QR-Code an seinem Arbeitsbereich auf dem Shop Floor, werden im mobilen Prozess-Dashboard der entsprechende Prozessschritt und der Fertigungsprozess eingestellt.

Für eine weitergehende Darstellung der prototypischen Implementierung des mobilen Prozess-Dashboard sei auf (Exner 2013, Schneider 2013, Braunbeck 2014) verwiesen.

8.2 Experimentelle Evaluation am Praxisbeispiel

Die experimentelle Evaluation basiert auf der Anwendung des Prototyps der AdMA-Plattform im Praxisbeispiel der Nockenwellenherstellung aus Abschnitt 1.2. Das Ziel besteht in einer datengetriebenen Optimierung des Fertigungsprozesses, um die dargestellte Qualitätsproblematik der Rissbildung an Nocken zu adressieren und den Ausschuss zu reduzieren. Zu diesem Zweck wird zuerst in Abschnitt 8.2.1 das multidimensionale Datenmodell konkretisiert. Anschließend werden repräsentative Anwendungsszenarien für Werker und Fertigungsleiter in Abschnitt 8.2.2 beschrieben. Die Machbarkeitsuntersuchung in Abschnitt 8.2.3 umfasst die Durchführung der Anwendungsszenarien mittels des Prototyps. Die Ergebnisse werden in Abschnitt 8.2.4 diskutiert und in einem Fazit zusammengefasst.

8.2.1 Datengrundlage: Konkretisierung des multidimensionalen Datenmodells

Zur Anwendung der AdMA-Plattform im Praxisbeispiel ist der Fertigungsprozess zur Nockenwellenherstellung im Wissensrepository abzubilden. Hierfür ist eine Konkretisierung des generischen multidimensionalen Datenmodells entsprechend Abschnitt 4.3.3 erforderlich, um die relevanten Dimensionen, Dimensionsattribute und Fakten für den Fertigungsprozess, wie nachfolgend beschrieben, zu definieren.

Dimensionen

Zur Identifikation der relevanten Dimensionen erfolgt eine Repräsentation des Fertigungsprozesses gemäß des analytischen Fertigungsprozess-Metamodells (siehe Abschnitt 4.2). Der in Abschnitt 1.2 dargestellte Fertigungsprozess wird in einer leicht vereinfachten Variante bestehend aus *sechs sequentiellen Fertigungsschritten* repräsentiert (siehe Tabelle 13). Die Qualitätsprüfung wird hierbei nicht als separater Prozessschritt abgebildet, da der Schritt selbst die beschriebene Qualitätsproblematik nicht beeinflusst. Da ein einfacher sequentieller Materialfluss vorliegt, wird auf eine separate Modellierung von Sequenz-Gateways verzichtet. Das *Produkt* des Fertigungsprozesses stellt die *HD-Nockenwelle* dar.

Prozessschritt / Prozesssubjekt	**Nocken härten**	**Nocken planschleifen**	**Nocken drehen und schleifen**	**Nocken auf Rohr fügen**	**Nockenwelle schleifen**	**Nockenwelle entgraten und waschen**
Maschinen	Härtemaschine	Schleifmaschine	Nockenbearbeitungsmaschine	Fügeroboter	Schleifmaschine	Reinigungs- und Entgratanlage
Werkzeuge	Induktorensatz	Schleifscheibe	Wendeschneidplatte, Schleifdorn	Greifer, Induktorensatz	Schleifscheibe	Bürste
Mitarbeiter	Werker	Werker	Werker	Werker	Werker	Werker
Material	Nocken	-	-	Rohr	-	-
Verbrauchsstoffe	Abschreckmittel	Kühlschmiermittel	-	-	Kühlschmiermittel	-

Tabelle 13: Repräsentation des Fertigungsprozesses zur Nockenwellenherstellung im Rahmen der experimentellen Evaluation

Hinsichtlich der *Betriebsmittel* werden, wie in Tabelle 13 dargestellt, die jeweiligen *Maschinen* und Fertigungshilfsmittel, speziell *Werkzeuge,* für die einzelnen Prozessschritte erfasst. Es geht beispielsweise beim Härten der Nocken um die Härtemaschine sowie den Induktorensatz. Jedem Prozessschritt ist ein *Werker* als *Mitarbeiter* für die Maschinenüberwachung zugeordnet. Als *Material* werden die *Nocken* sowie die *Rohre* modelliert. Das Antriebsrad wird nicht weiter betrachtet, da es für die dargestellte Qualitätsproblematik nicht maßgeblich ist. Mit Blick auf *Verbrauchsstoffe* werden nur die für die Qualitätsproblematik relevanten Verbrauchsstoffe ausgewählter Prozessschritte dargestellt: Es geht um das *Abschreckmittel* beim Härten der Nocken sowie das *Kühlschmiermittel* beim Planschleifen der Nocken sowie beim Schleifen der Nockenwelle.

Ausgehend von dieser Prozessrepräsentation ergeben sich für die Konkretisierung des generischen multidimensionalen Datenmodells die Dimensionen *Prozess und Produkt*, *Betriebsmittel*, *Material* sowie *Mitarbeiter* (siehe zu den Dimensionen Abschnitt 4.3.2). Verbrauchsstoffdetails werden aus Vereinfachungsgründen als Bestandteil der Betriebsmitteldimension abgebildet.

Dimensionsattribute

Die Dimensionsattribute ergeben sich im Allgemeinen aus den Quelldaten, die zu den Dimensionselementen, wie z.B. dem Dimensionselement Mitarbeiter in der Mitarbeiterdimension, im Einzelfall bereitgestellt werden. Im Rahmen des Praxisbeispiels können vom Industriepartner aus Geheimhaltungsgründen sowie aufgrund nicht freigeschalteter Maschinendatenschnittstellen keine Echtdaten als Quelldaten für den Fertigungsprozess zur Verfügung gestellt werden. Infolgedessen wird für die experimentelle Evaluation eine Sammlung von insgesamt 92 prozessspezifischen Dimensionsattributen verwendet, die im Rahmen einer Prozessuntersuchung mit Fachingenieuren des Industriepartners sowie einer ergänzenden Literaturanalyse (Westkämper und Warnecke 2010, Hagedorn 2006, Köhler und Flierl 2012), insbesondere zu den relevanten Fertigungsverfahren, erhoben wurden. Die Dimensionsattribute umfassen hierbei sowohl prozessorientierte als auch operative Attribute. Im Folgenden werden exemplarische Dimensionsattribute ausgewählter Dimensionselemente kurz dargestellt (siehe Abbildung 53).

In der *Prozess- und Produktdimension* wird zum *Produkt* beispielsweise die *Abgasnorm* des Motors aufgeführt, für den die jeweilige Variante der Nockenwelle konzipiert ist. Im Rahmen der experimentellen Evaluation geht es speziell um die HD-Nockenwelle für Heavy-Duty-Motoren. In der *Materialdimension* wird zum *Material* unter anderem der *Werkstoff* angegeben, aus dem z.B. die Rohlinge der Nocken sind. Zum *Materiallos* werden neben Lieferanten- und Transportdetails losspezifische Materialeigenschaften, wie z.B. die *Rundheit* der angelieferten Rohre, erfasst. Mit Blick auf die *Mitarbeiterdimension* werden insbesondere Details zum Qualifikationsprofil eines Mitarbeiters, wie z.B. die *Berufserfahrung*, abgebildet. Anzumerken ist, dass hierbei Aspekte des Arbeitnehmerdatenschutzes zu berücksichtigen sind (siehe dazu (Gola und Wronka 2013)).

Prozess- u. Produkt Dimension	**Material** Dimension	**Mitarbeiter** Dimension	**Betriebsmittel** Dimension	
Produkt Abgasnorm Modellvariante Hubraum ...	Material Werkstoff ... Materiallos Produktionsland Transport-unternehmen Rohr-Rundheit Rohr-Durchmesser ...	Mitarbeiter Beschäftigungs-grad Betriebs-zugehörigkeit Berufserfahrung Anzahl Weiter-bildungen ...	Maschine Hersteller Fähigkeitsindizes Gesamteinsatzzeit Zeit letzter WAV Art letzter WAV Anzahl WAV WA-Intervall ...	Werkzeug Gesamteinsatzzeit Schleifs. Körnung Schleifs. Härtegrad Schleifs. Abricht-drehzahl Schleifs. Abrichttiefe ... Betriebsmitteleinsatz ...

Dimensionselement Dimensionsattribut
WA: Wartung, WAV: Wartungsvorgang, Schleifs.: Schleifscheibe

Abbildung 53: Auszug der Dimensionsattribute für den Prozess zur Nockenwellenherstellung

Die *Betriebsmitteldimension* ist von zentraler Bedeutung für den Fertigungsprozess zur Nockenwellenherstellung und umfasst eine Vielzahl an Dimensionsattributen. Als Betriebsmittel werden *Maschinen* und *Werkzeuge* unterschieden. Zu diesen werden neben allgemeinen Stammdaten insbesondere Details zur Instandhaltungshistorie, wie die *Gesamteinsatzzeit* und die *Zeit und die Art des letzten Wartungsvorgangs* erfasst. Bei Werkzeugen geht es auch um spezifische Angaben wie die *Körnung* der Schleifscheiben sowie die *Abrichttiefe* bei der Wartung der Schleifscheiben (siehe zu Schleifscheiben (Paucksch et al. 2008)).

Die bisher aufgeführten Dimensionsattribute beschreiben Details zu den Prozesssubjekten und stellen somit operative Attribute dar. Dimensionsattribute zum *Betriebsmitteleinsatz* in der Betriebsmitteldimension repräsentieren die zentralen prozessorientierten Attribute bei der Nockenwellenherstellung. Sie sind in Abbildung 54 mit Bezug zum jeweiligen Prozessschritt dargestellt.

Beim *Härten der Nocken* geht es z.B. um die *Aufheizzeit* und die *Abschreckzeit* sowie die *Höhe* und die *Drehzahl* des Stempels, auf den die Nocken beim Härten aufgelegt werden. Zum Abschreckmittel wird außerdem der *Abschreckmittel-Gehalt*, d.h. der Anteil des verwendeten Abschreckmediums, wie z.B. Öl, an der Wasserlösung, erfasst. Zentral für das *Planschleifen der Nocken* sind die *Vorschubgeschwindigkeit* und die *Schnittgeschwindigkeit* der Schleifscheibe sowie die *Zustellung*, die auch beim *Drehen und Schleifen der Nocken* relevant sind. Attribute für das *Fügen der Nocken auf das Rohr* umfassen z.B. die *Sprühzeit* und *Haltezeit* beim Fixieren auf dem Rohr. Zudem wird der *Fügewinkel* erfasst, mit dem die Nocken auf das Rohr gefügt werden. Das *Entgraten und Waschen der Nockenwelle* wird beispielsweise durch die *Umfangsgeschwindigkeit* der Bürste beschrieben.

Härten	Nocken planschleifen	Nocken drehen und schleifen	Nocken auf Rohr fügen	Nockenwelle schleifen	Nockenwelle entgraten und waschen
Elektr. Spannung Härten Aufheizzeit Abschreckzeit Aufheizverzögerung Abschreckverzögerung Anlassdauer Elektr. Spannung Anlassen Stempelhöhe Stempeldrehzahl ASM-Gehalt	Vorschubgeschw. Schnittgeschw. Zustellung KSM-Gehalt KSM-Durchflussmenge KSM-Druck	Vorschubgeschw. (D) Schnittgeschw. (D) Zustellung (D) Vorschubgeschw. (S) Schnittgeschw. (S) Zustellung (S) Drehzahl (S)	Aufwärmzeit Elektr. Spannung Haltezeit Sprühzeit Fügewinkel	Vorschubgeschw. Schnittgeschw. Zustellung Drehzahl KSM-Gehalt KSM-Durchflussmenge KSM-Druck	Umfangsgeschw. Vorschubgeschw. Drehzahl

ASM: Abschreckmittel, KSM: Kühlschmiermittel, (D): Drehen, (S): Schleifen

Abbildung 54: Prozessorientierte Attribute zum Betriebsmitteleinsatz im jeweiligen Prozessschritt

Für eine weitergehende Beschreibung der prozessorientierten Attribute sei auf die entsprechenden Fertigungsverfahren in (Westkämper und Warnecke 2010) sowie eine allgemeine Darstellung der Nockenwellenherstellung in (Hagedorn 2006, Köhler und Flierl 2012) verwiesen.

Fakten

Im Zentrum der experimentellen Evaluation steht die ganzheitliche Optimierung des Fertigungsprozesses über sämtliche Prozessschritte und Ressourcen. Dementsprechend steht das Fakt der *Fertigungsprozessinstanz* im Vordergrund, das prozessbezogene Kennzahlen umfasst (siehe zu den Fakten des generischen multidimensionalen Datenmodells Abschnitt 4.3.1). Im Praxisbeispiel liegt eine Ein-Stück-Fertigung von Nockenwellen vor, wobei eine Nockenwelle mit Rissen Ausschuss darstellt. Weitere Ausschussursachen werden nicht betrachtet. Dementsprechend wird eine *Ausschussmenge* von 0 bzw. 1 unterschieden und als prozessbezogene Kennzahl definiert. Darüber hinaus wird die *Durchlaufzeit* des Fertigungsprozesses als Beispielkennzahl festgelegt, um die Verwendung mehrerer prozessbezogener Kennzahlen zu demonstrieren. Das Fakt der *Prozessschrittinstanz* wird im Rahmen der experimentellen Evaluation nicht näher betrachtet.

8.2.2 Anwendungsszenarien

Als Basis für die Machbarkeitsuntersuchung werden zwei repräsentative Anwendungsszenarien definiert, die den Einsatz der AdMA-Plattform zur datengetriebenen Optimierung von Fertigungsprozessen anhand des Praxisbeispiels beschreiben und die zwei zentralen Zielgruppen der AdMA-Plattform, Werker und Fertigungsleiter, adressieren. Ausgehend von der in Abschnitt 1.2 dargestellten Problemstellung im Praxisbeispiel geht es im *Anwendungsszenario 1* um die proaktive Empfehlungsgenerierung sowie die informatorische Unterstützung von Werkern. Hierbei wird von einem Werker ausgegangen, der für den Prozessschritt zum Planschleifen der Nocken verantwortlich ist, da dies ein zentraler Schritt für das Qualitätsproblem im Praxisbeispiel ist. Im *Anwendungsszenario 2* steht die Ursachenanalyse für Fertigungsleiter im Zentrum, um die Einflussfaktoren für die Qualitätsproblematik über den gesamten Fertigungsprozess zu ermitteln. Diese Szenarien werden nachfolgend anhand der wesentlichen Aktionsschritte des Benutzers mit dem mobilen Prozess-Dashboard beschrieben.

Anwendungsszenario 1:
Proaktive Empfehlungsgenerierung und informatorische Unterstützung für Werker

1. Nach der Anmeldung am mobilen Prozess-Dashboard bestimmt der Werker den für ihn relevanten Prozessschritt, das Planschleifen der Nocken, indem er den QR-Code an seinem Arbeitsbereich scannt. Der Werker erhält daraufhin einen Überblick über die Struktur des Fertigungsprozesses sowie über den aktuellen Zustand der vorausgehenden und nachfolgenden Prozessschritte, z.B. mit Blick auf aktuelle Störungen. Zudem werden die Kennzahlen für seinen Prozessschritt, wie z.B. die Durchlaufzeit, bereitgestellt.
2. Vor der Bearbeitung des nächsten Fertigungsauftrages wird der Werker durch das mobile Prozess-Dashboard prädiktiv gewarnt, dass die Qualitätsprognose negativ ist und die entsprechende Nockenwelle am Prozessende wahrscheinlich Ausschuss darstellt. Um dieser Prognose proaktiv entgegen zu wirken, wird zusätzlich eine präskriptiv generierte Handlungsempfehlung bereitgestellt. Dem Werker wird empfohlen, die Zustellung als Schleifeinstellung für diesen Fertigungsauftrag anhand eines vorgegebenen Grenzwertes anzupassen.
3. Der Werker durchsucht im mobilen Prozess-Dashboard unterschiedliche Prozessdokumente, um die erforderlichen Schritte zur Anpassung der Maschineneinstellungen ausfindig zu machen. Zudem informiert er den Werker im nachfolgenden Prozessschritt mit einer kurzen Nachricht über die Verzögerung im Prozessablauf. Anhand von Informationen aus dem bereitgestellten Maschinenhandbuch sowie weiteren Handlungsanleitungen gelingt

dem Werker die Anpassung der Zustellung. Die Nocken werden mit den angepassten Maschineneinstellungen bearbeitet und die Entstehung von Ausschuss am Prozessende wird damit vermieden.

4. Zur schnellen Wiederverwendung durch andere Mitarbeiter dokumentiert der Werker mit dem mobilen Prozess-Dashboard die einzelnen Schritte zur Anpassung der Zustellung für das Planschleifen anhand eines Fotos der Maschineneinstellungen sowie einer kurzen textuellen Beschreibung und stellt diese Informationen als Problemlösungsvorschlag zugeordnet zum entsprechenden Prozessschritt zur Verfügung. Andere Werker können den Problemlösungsvorschlag mit dem mobilen Prozess-Dashboard einsehen und weiter ergänzen.

Anwendungsszenario 2: Ursachenanalyse für Fertigungsleiter

1. Nach der Anmeldung am mobilen Prozess-Dashboard und der Auswahl des Fertigungsprozesses erhält der Fertigungsleiter einen Überblick über die prozessbezogenen Kennzahlen, insbesondere die Durchlaufzeit und die Qualität im Sinne der Ausschussmenge, sowie über den aktuellen Zustand sämtlicher Prozessschritte. Zudem werden die aktuell laufenden Fertigungsaufträge mit den zugehörigen Kennzahlenprognosen dargestellt.
2. Aufgrund der hohen durchschnittlichen Ausschussmenge führt der Fertigungsleiter mit dem mobilen Prozess-Dashboard eine kennzahlenorientierte Ursachenanalyse durch, um Einflussfaktoren über den gesamten Fertigungsprozess, d.h. über sämtliche Prozessschritte und Ressourcen, für die Qualitätsproblematik zu identifizieren. Hierfür definiert der Fertigungsleiter zuerst die Kennzahlenkategorien, wobei eine Ausschussmenge von 0 bzw. 1 als „OK“ bzw. „Ausschuss“ kategorisiert wird. Das Ergebnis der Ursachenanalyse wird anschließend als Entscheidungsbaum bereitgestellt.
3. Die vom Fertigungsleiter anhand des Entscheidungsbaums identifizierten Einflussfaktoren beziehen sich auf unterschiedliche Prozessschritte und Ressourcen. Es geht beispielsweise um die Anpassung der Zustellung beim Planschleifen der Nocken sowie um die Verwendung eines bestimmten Werkstoffes für die Rohlinge der Nocken. Im Rahmen einer Begehung des Shop Floors inspiziert der Fertigungsleiter die entsprechenden Arbeitsbereiche und hält vor Ort Rücksprache mit Fachingenieuren, denen er die Ergebnisse mit dem mobilen Prozess-Dashboard präsentiert. Diese Aktivitäten bestätigen die identifizierten Einflussfaktoren und bilden die Grundlage für eine entsprechende Prozessoptimierung.

8.2.3 Machbarkeitsuntersuchung

Die Machbarkeitsuntersuchung umfasst die Durchführung der Anwendungsszenarien mit dem Prototyp auf der in Abschnitt 8.2.1 beschriebenen Datengrundlage. Das Ziel besteht darin, die grundlegende technische Machbarkeit und das Anwendungspotential der AdMA-Plattform an einem Realweltbeispiel darzustellen. Der Schwerpunkt der Betrachtungen liegt auf den in den Anwendungsszenarien relevanten Analysediensten zur Ursachenanalyse und proaktiven Empfehlungsgenerierung. Die Analysedienste werden anhand der Analyseergebnisse sowie gemessener Laufzeiten als Leistungsindikator evaluiert.

Wie bereits erwähnt, können vom Industriepartner aus Geheimhaltungsgründen sowie aufgrund nicht freigeschalteter Maschinendatenschnittstellen keine Echtdaten als Quelldaten für die experimentelle Evaluation zur Verfügung gestellt werden. Um systematisch realistische Quelldaten zu generieren, werden nachfolgend Fehlerszenarien definiert. Davon ausgehend wird der Ansatz der Datengenerierung beschrieben und es werden die Rahmenbedingungen der Messungen dargestellt.

Fehlerszenarien

Fehlerszenarien umfassen Attribut- und Wertekombinationen der in Abschnitt 8.2.1 definierten Dimensionsattribute, die im Praxisbeispiel zu einem Qualitätsproblem, d.h. Ausschuss aufgrund von Rissen an den Nocken einer Nockenwelle, führen. Hierfür wird der Wertebereich der Attribute in einen Gut- und einen Schlechtbereich unterteilt. Der Gutbereich umfasst den Wertebereich, in dem der Wert eines Attributes variiert werden kann, ohne dass es eine Auswirkung auf die Qualitätsproblematik hat. Der Schlechtbereich umfasst sämtliche Werte außerhalb des Gutbereichs. Beispielsweise liegt der Gutbereich der Aufheizzeit beim Härten zwischen 1500 und 1600 Millisekunden. Ein Fehlerszenario umfasst eine Menge von Attributen, die zu einem Qualitätsproblem führen, wenn *sämtliche Attribute* des Fehlerszenarios im Rahmen *einer Prozessinstanz* einen *Wert aus dem Schlechtbereich* aufweisen. Fehlerszenarien definieren folglich die von den Analyseverfahren zu identifizierenden Attribut- und Wertekombinationen im Sinne von Mustern und stellen die Grundlage für die Generierung der Quelldaten dar. Anzumerken ist, dass die in dieser Arbeit verwendeten Attributwerte aus Geheimhaltungsgründen auf repräsentativen Werten für das jeweilige Fertigungsverfahren basieren, die in Zusammenarbeit mit dem Industriepartner ermittelt wurden.

Zur Systematisierung der Fehlerszenarien werden die in Tabelle 14 dargestellten Fehlerszenarienklassen FK_i mit unterschiedlicher Komplexität unterschieden. Für jede Klasse wird ein repräsentatives Fehlerszenario F_i angegeben, das auf der Basis der Prozessuntersuchung mit

Fachingenieuren des Industriepartners im Praxisbeispiel gewonnen wurde. Die einfachste Klasse an Fehlerszenarien (FK_1) umfasst *ein prozessorientiertes Attribut* aus *einem Prozessschritt*, z.B. eine zu lange Aufheizverzögerung beim Härten der Nocken. Davon ausgehend können *mehrere prozessorientierte Attribute* aus *einem Prozessschritt* in einem Szenario kombiniert werden (FK_2) sowie *zusätzlich operative Attribute*, wie z.B. die Abrichtdrehzahl der Schleifscheiben, einbezogen werden (FK_3). Bei *mehreren prozessorientierten Attributen* können diese in einem Szenario auch über *mehrere Prozessschritte* verteilt sein (FK_4). In der komplexesten Klasse an Fehlerszenarien (FK_5) werden *mehrere prozessorientierte Attribute über mehrere Prozessschritte* und *zusätzlich operative Attribute* kombiniert.

Fehlerszenarien-klasse FK_i	**Prozessorientierte Attribute**	**Betroffene Prozessschritte**	**Operative Attribute**	**Repräsentatives Fehlerszenario F_i**
FK_1	Eines	Einer	-	**F_1:** Härten (Aufheizverzögerung zu lange)
FK_2	Mehrere	Einer	-	**F_2:** Härten (Aufheizzeit zu lange ∧ Abschreckverzögerung zu kurz ∧ ASM-Gehalt zu niedrig)
FK_3	Mehrere	Einer	x	**F_3:** NWSchleifen (Zustellung zu hoch ∧ KSM-Durchflussmenge zu niedrig ∧ *Abbrichtdrehzahl zu niedrig*)
FK_4	Mehrere	Mehrere	-	**F_4:** Härten (Anlassdauer zu kurz) ∧ Planschl (Vorschubgeschw. zu hoch ∧ Schnittgeschw. zu hoch)
FK_5	Mehrere	Mehrere	x	**F_5:** Härten (*Bestimmter Werkstoff*) ∧ Planschl (Zustellung zu hoch ∧ *ZeitSeitLetzterWartung zu hoch*) ∧ Fügen (Fügewinkel außer Toleranz) ∧ NWSchleifen (Schnittgeschw. zu hoch)

Prozessschritt (Prozessorientiertes Attribut, *Operatives Attribut*)
ASM: Abschreckmittel, KSM: Kühlschmiermittel, NWSchleifen: Nockenwelle schleifen, Planschl: Nocken planschleifen

Tabelle 14: Klassen von Fehlerszenarien (FK_i) zur Machbarkeitsuntersuchung

Beispielsweise umfasst das repräsentative Fehlerszenario F_5 der Klasse FK_5 den Werkstoff der Nocken sowie die Zeit seit der letzten Wartung der Schleifmaschine beim Planschleifen als operative Attribute. Zusätzlich geht es um die Zustellung beim Planschleifen, den Fügewinkel beim Fügen der Nocken auf das Rohr sowie die Schnittgeschwindigkeit beim Schleifen der Nockenwelle als prozessorientierte Attribute aus unterschiedlichen Prozessschritten. Eine Kombination dieser Attribute mit Werten aus dem Schlechtbereich des jeweiligen Attributs in einer Prozessinstanz führt dementsprechend zu einem Qualitätsproblem.

Datengenerierung

Die Datengenerierung umfasst die Befüllung des multidimensionalen Datenmodells aus Abschnitt 8.2.1 mit konkreten Daten in unterschiedlichen Volumenstufen. Das Ziel besteht darin, für jede Klasse an Fehlerszenarien das repräsentative Fehlerszenario F_i aus Tabelle 14 in den Daten abzubilden. Es geht dementsprechend um die Generierung strukturierter Daten. Hinsichtlich unstrukturierter Daten werden für die Machbarkeitsuntersuchung ausgehend von den Anwendungsszenarien exemplarische Artefakte für das Wissensrepository, z.B. Prozessdokumente wie Maschinenhandbücher in Form von PDF-Dateien, generiert. Im Folgenden wird die Generierung strukturierter operativer und prozessorientierter Daten zusammenfassend beschrieben. Die Basis stellen Datengenerierungsansätze für das Data Mining (Eno und Thompson 2008, Tomás et al. 2014), speziell für Klassifikationsverfahren, dar. Für weitere Details sei auf die Arbeit (Braunbeck 2014) verwiesen, in deren Rahmen der Datengenerator implementiert wurde.

Bei der *Generierung operativer Daten* geht es um die Generierung einer Grundmenge an Maschinen, Werkzeugen, Mitarbeitern und Materialien für jeden Prozessschritt. Die *Generierung prozessorientierter Daten* umfasst die Generierung von Daten zum Prozessmodell sowie die Generierung von Prozessablaufdaten zu Prozessinstanzen. Für jeden Prozessschritt werden in jeder Prozessinstanz die verwendete Maschine, das eingesetzte Werkzeug, der teilnehmende Mitarbeiter und ggf. das Material ausgewählt und davon ausgehend die Attributwerte für den Betriebsmitteleinsatz definiert.

Auf diese Weise wird eine *Basismenge an Prozessinstanzen* generiert, die für sämtliche operativen und prozessorientierten Attribute der Fehlerszenarien Zufallswerte aus dem Gutbereich aufweisen und somit korrekt durchgeführte Prozessinstanzen ohne Qualitätsproblematik repräsentieren.

Zur *Abbildung eines Fehlerszenarios* F werden Prozessinstanzen zu allen Teilmengen der Menge der Attribute B_F des Fehlerszenarios, ausgenommen der leeren Menge, generiert. Jede Teilmenge definiert die Attribute, für die ein Zufallswert aus dem Schlechtbereich ausgewählt wird. Allen anderen Attributen des Fehlerszenarios werden Zufallswerte aus dem Gutbereich zugeordnet. Hinsichtlich der Kennzahl der Ausschussmenge wird allen Prozessinstanzen, die aus einer echten Teilmenge U mit $U \subset B_F$ resultieren, die Ausschussmenge 0 zugeordnet. Nur Prozessinstanzen zur Teilmenge B_F haben die Ausschussmenge 1, da nur die Kombination von Schlecht-Werten *sämtlicher* Attribute des Fehlerszenarios zum Qualitätsproblem führt. Zur Illustration dieses Ansatzes wird das Fehlerszenario F_2 aus Tabelle 14 verwendet, das die Attribute Aufheizzeit (Z), Abschreckverzögerung (V) und Abschreckmittel-Gehalt (G) umfasst, so dass $B_F = \{Z, V, G\}$ ist. Zudem wird angenommen, dass es zusätzlich die Attribute M und W gibt, die auf die ID der verwendete Maschine und des Werkzeugs verweisen. In Tabelle 15 sind die Teilmengen sowie die zugehörigen Daten zu jeder Prozessinstanz dargestellt.

Attribut-Teilmengen	Prozessinstanzen					
	Z	V	G	M	W	Ausschuss-menge
Z,V,G	1650	250	7	M1	W7	1
Z,V	1620	250	9	M2	W7	0
Z,G	1700	350	6	M2	W3	0
V,G	1550	200	7	M2	W7	0
Z	1650	310	10	M2	W3	0
V	1510	250	11	M1	W3	0
G	1550	320	7	M1	W7	0

Attributwert: Zufallswert aus Gutbereich | Zufallswert aus Schlechtbereich | Zufallswert aus Gesamtbereich

Gutbereiche: Aufheizzeit (Z): 1500-1600ms, Abschreckverzögerung (V) : 300-500ms, Abschreckmittel-Gehalt (G): 8-11%

Tabelle 15: Ansatz der Datengenerierung für ein Fehlerszenario mit den Attributen Z, V, G

Anzumerken ist, dass bei diesem Ansatz der Datengenerierung zufällig Abhängigkeiten zwischen Attributen auftreten können, die nicht im Rahmen der Fehlerszenarien definiert sind. Beispielsweise könnte das Attribut M in Tabelle 15 zufällig immer dann die Maschine M2 ausweisen, wenn die Ausschussmenge 0 ist. Diese zufälligen Abhängigkeiten repräsentieren ein Rauschen in den Daten, das auch bei der Verwendung von Echtdaten in der Fertigung typisch ist (Lieber et al. 2013a). Eine darüber hinausgehende Generierung fehlerhafter oder verrauschter Daten erfolgt nicht, da im Rahmen der Machbarkeitsuntersuchung nicht die Untersuchung der Robustheit von Data-Mining-Verfahren im Vordergrund steht.

Ausgehend von diesem Ansatz der Datengenerierung werden für die Messungen drei unterschiedliche *Volumenstufen* der Daten im Wissensrepository V_{Wi} für ein kleines (V_{W1}), ein mittleres (V_{W2}) und ein großes (V_{W3}) Datenvolumen definiert, die sich an der Anzahl ausgeführter Prozessinstanzen und damit an der Anzahl hergestellter Nockenwellen orientieren. In jeder Volumenstufe sind gemäß des Praxisbeispiels insgesamt rund 7% Prozessinstanzen enthalten, die zur Herstellung einer Nockenwelle mit Rissen und damit Ausschuss führen.

- Die *kleinste Volumenstufe (V_{W1}) mit 75.000 Prozessinstanzen* repräsentiert den Fertigungsprozess in der Hochlaufphase.
- Die *größte Volumenstufe (V_{W3}) umfasst 300.000 Prozessinstanzen* und stellt damit die Daten zur Ausbringungsmenge eines Jahres gemäß des Praxisbeispiels dar.
- Für einen Vergleich wird zusätzlich eine *mittlere Volumenstufe (V_{W2}) mit 150.000 Prozessinstanzen* verwendet.

Rahmenbedingungen der Messungen

Im Rahmen der Durchführung der Anwendungsszenarien werden die *Laufzeiten der Ursachenanalyse und der proaktiven Empfehlungsgenerierung* in den unterschiedlichen Volumenstufen V_{Wi} gemessen. Hierbei geht es nicht um eine detaillierte Performanceuntersuchung, sondern eine Darstellung der grundlegenden technischen Machbarkeit anhand der Laufzeiten als Leistungsindikator. Jedes Anwendungsszenario wird sechs Mal durchgeführt. Hierbei wird der Durchschnitt der Laufzeiten der letzten drei Messungen als Ergebnis verwendet, da von einem Gesamtsystem im eingeschwungenen Zustand mit warmen Caches ausgegangen wird, wie es im Data-Warehouse-Kontext typisch ist.

Die *RapidMiner-Konfiguration* für die Messungen umfasst insbesondere Pruning-Einstellungen für die Ursachenanalyse, die in einer Voruntersuchung auf der Basis der Arbeiten (Vetlugin 2012, Braunbeck 2014) für jede Volumenstufe der Daten bestimmt wurden. Dementsprechend sind das Pre- und Post-Pruning aktiviert und so parametrisiert, dass die Knotenanzahl des Entscheidungsbaumes unter Abgleich mit den Fehlklassifikationen der resultierenden Entscheidungsregeln möglichst gering wird. Für Details zur RapidMiner-Konfiguration sei auf (Vetlugin 2012, Braunbeck 2014) verwiesen.

Hinsichtlich der *Systemumgebung* läuft das Backend des Prototyps auf einem Rechner mit Microsoft Windows Server 2008 R2 Standard, Intel Xeon 2.0 GHz CPU, 32GB Arbeitsspeicher und Solid State Disks. Da die Analysedienste ausschließlich im Backend ausgeführt und gemessen werden, ist die Systemumgebung des Frontend für die Messungen nicht relevant.

8.2.4 Ergebnisse und Diskussion

Die Ergebnisse der Machbarkeitsuntersuchung werden im Folgenden anhand der beiden Anwendungsszenarien beschrieben, um anschließend ein Fazit zur experimentellen Evaluation abzuleiten. Eine Illustration der Durchführung der Anwendungsszenarien anhand von Bildschirmausschnitten des mobilen Prozess-Dashboard findet sich zudem in Anhang A.

Anwendungsszenario 1:
Proaktive Empfehlungsgenerierung und informatorische Unterstützung für Werker

Das Anwendungsszenario für Werker wurde mit dem Prototyp der AdMA-Plattform in sämtlichen Volumenstufen der Daten im Wissensrepository vollständig und fehlerfrei durchgeführt. Nachfolgend wird zuerst auf die proaktive Empfehlungsgenerierung und die Laufzeitmessung eingegangen, um anschließend die Verwendung des mobilen Prozess-Dashboard für die informatorische Unterstützung der Werker zu betrachten. Anzumerken ist, dass die betrachtete laufende Prozessinstanz für das Anwendungsszenario auf dem Fehlerszenario F_5 (siehe Tabelle 14) basiert, da dies die komplexeste Fehlerszenarienklasse repräsentiert.

Mit Blick auf die *proaktive Empfehlungsgenerierung* zeigt Abbildung 55 einen Bildschirmausschnitt des mobilen Prozess-Dashboard mit dem Analyseergebnis für den Prozessschritt zum Planschleifen der Nocken. Die generierte Handlungsempfehlung umfasst die Zustellung der Schleifmaschine als prozessorientiertes Attribut. Dem Werker wird folglich empfohlen, für den aufgeführten Fertigungsauftrag, d.h. die laufende Prozessinstanz, die Zustellung der Schleifmaschine auf einen Wert kleiner als 0,5 mm anzupassen. Dies stellt eine konkrete Handlungsempfehlung zur Prozessoptimierung für den Werker dar, um proaktiv die Maschineneinstellungen für den aufgeführten Fertigungsauftrag anzupassen und damit der Entstehung von Ausschuss bei dieser Nockenwelle entgegenzuwirken.

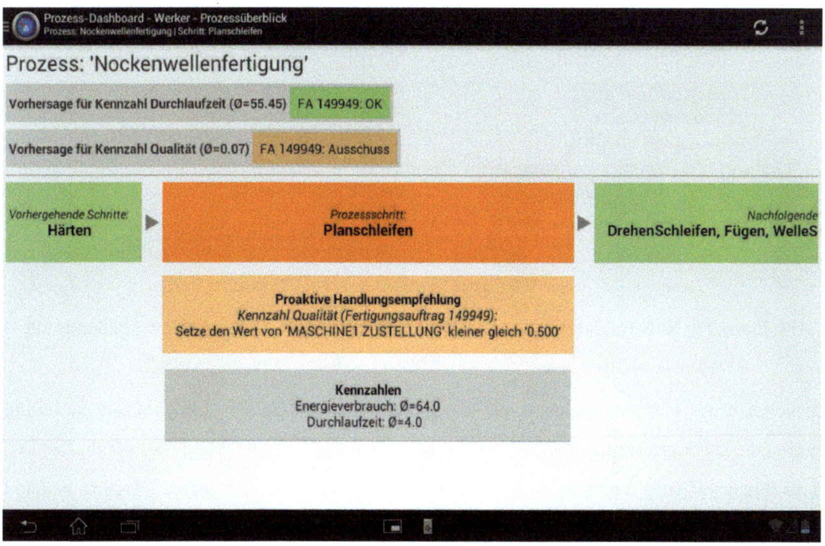

Abbildung 55: Bildschirmausschnitt des mobilen Prozess-Dashboard für Werker aus dem Prototyp

Zur Evaluation dieses Analyseergebnisses wird der für die Empfehlungsgenerierung vom Prototyp erzeugte Entscheidungsbaum in Abbildung 56 untersucht, der in allen Volumenstufen V_{Wi} die gleiche Struktur besitzt. Die Datenbasis zur Entscheidungsbaumgenerierung besteht aus sämtlichen operativen und prozessorientierten Attributen des Schrittes zum Planschleifen der Nocken, d.h. insgesamt 45 Attributen. Gemäß des Entscheidungsbaumes werden die Attribute der Zustellung und der Zeit seit der letzten Wartung der Schleifmaschine als Einflussfaktoren für das Qualitätsproblem identifiziert. Wie erwähnt, basiert die Prozessinstanz, für die die Empfehlung generiert wird, auf Daten zum Fehlerszenario F_5. Dementsprechend wurden in dieser Prozessinstanz Nocken mit einem besonderen Werkstoff verwendet. Gemäß des Fehlerszenarios sind beim darauf folgenden Planschleifen die Zustellung und die Zeit seit der letzten Wartung der Schleifmaschine die Einflussfaktoren für die Qualitätsproblematik. Der Entscheidungsbaum umfasst exakt diese Attribute, wobei die abgeleiteten Entscheidungsregeln in Abbildung 56 Werte aus dem Gutbereich dieser Attribute umfassen. Zur Bewertung der Entscheidungsregeln werden im Prototyp die Fehlklassifikation, der Support und die Länge herangezogen. Daraus ergibt sich die Entscheidungsregel 1 mit dem höchsten Punktwert für die Empfehlung. Folglich stellt die vom Prototyp generierte Handlungsempfehlung eine valide Empfehlung dar, um proaktiv das Entstehen der Qualitätsproblematik in dieser Prozessinstanz zu vermeiden bzw. ihr entgegenzuwirken.

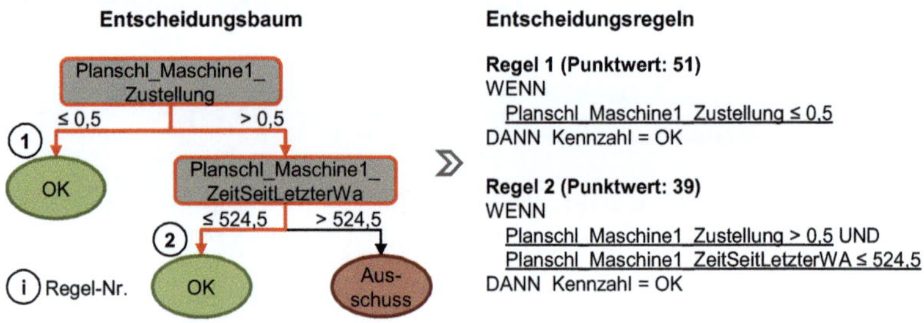

Abbildung 56: Entscheidungsbaum und Entscheidungsregeln zur Empfehlungsgenerierung im Prototyp

Hinsichtlich der Laufzeitprognostik als Komponente der proaktiven Empfehlungsgenerierung umfasst die Datengrundlage die Attribute der in der laufenden Prozessinstanz bereits abgeschlossenen Prozessschritte, d.h. insgesamt 59 Attribute zum Schritt des Härtens der Nocken. Anhand dieser unabhängigen Attribute wird dann die Ausschussmenge als abhängiges Attribut, kategorisiert in „OK“ bzw. „Ausschuss“, vorhergesagt. Die durch den Prototyp generierte Prognose für die betrachtete Prozessinstanz lautet Ausschuss. Dies ist gemäß Fehlerszenario F_5, auf dem die Prozessinstanz basiert, die korrekte zu generierende Prognose.

Anzumerken ist, dass die proaktive Empfehlungsgenerierung im Rahmen der Machbarkeitsuntersuchung auch für die restlichen Prozessschritte des Fehlerszenarios F_5, d.h. für das Fügen der

Nocken sowie das Schleifen der Nockenwelle, durchgeführt wurde. Hierbei wurden vom Prototyp ebenfalls valide Prognosen und Handlungsempfehlungen entsprechend des Fehlerszenarios generiert.

Mit Blick auf die *Laufzeiten der proaktiven Empfehlungsgenerierung* in Abbildung 57 beträgt die durchschnittliche Gesamtlaufzeit in der kleinsten Volumenstufe V_{W1} rund 1:08 Minuten. In den größeren Volumenstufe V_{W2} bzw. V_{W3} sind es 2:04 bzw. 3:52 Minuten. Hinsichtlich der Ausführungsstrategien der proaktiven Empfehlungsgenerierung (siehe Abschnitt 6.4) ermöglichen diese Laufzeiten eine Realisierung der Online-Strategie, da die Transport- und Liegezeiten zwischen den Fertigungsschritten des Prozesses im Praxisbeispiel mehr als 60 Minuten betragen, was den maximalen Zeitrahmen für die Durchführung determiniert. Die Laufzeitprognostik und die Empfehlungsgenerierung können folglich im Anwendungsszenario online, d.h. während der Ausführung der zu optimierenden Prozessinstanz, durchgeführt werden, um die aktuellsten Daten zu nutzen. Die Messergebnisse unterstreichen damit die Machbarkeit der proaktiven Empfehlungsgenerierung mittels des Prototyps der AdMA-Plattform in einem Realweltbeispiel.

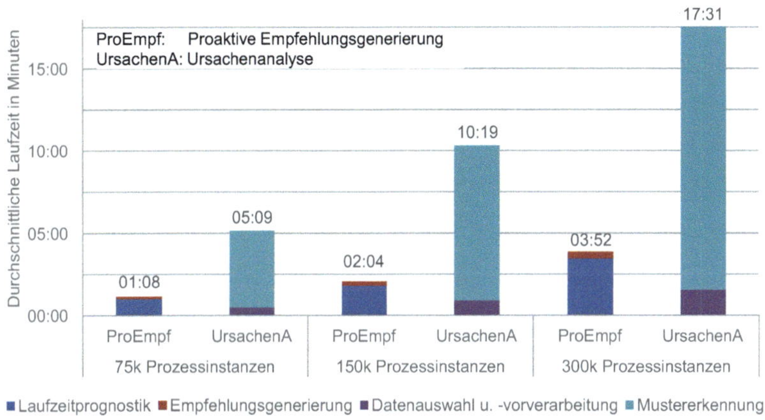

Abbildung 57: Gemessene Laufzeiten der Analysedienste in den Anwendungsszenarien

Den Hauptanteil an der Gesamtlaufzeit nimmt mit 0:59, 1:50 und 3:27 Minuten in den entsprechenden Volumenstufen V_{W1}, V_{W2} und V_{W3} die Komponente der Laufzeitprognostik ein, da hierbei sämtliche Instanzen zum Fertigungsprozess für die Entscheidungsbaumgenerierung verwendet werden. Die Komponente der Empfehlungsgenerierung basiert gemäß Abschnitt 6.3.1 dagegen nur auf Prozessinstanzen, welche dieselben Attributwerte für den abgeschlossenen Schritt zum Härten der Nocken aufweisen wie die laufende Instanz. Anzumerken ist zudem, dass bei der proaktiven Empfehlungsgenerierung für die nachfolgenden Schritte des Fertigungsprozesses, z.B. für das Fügen der Nocken, der Attributumfang der Datenbasis und damit auch die Gesamtlaufzeiten zunehmen. Im Rahmen der Machbarkeitsuntersuchung konnten die Handlungsempfehlungen für sämtliche nachfolgenden Schritte des Fehlerszenarios F_5 in allen Fällen innerhalb der Transport- und Liegezeiten zwischen den Fertigungsschritten durchgeführt werden. Weitergehende Laufzeit- und Performanceuntersuchungen stehen hier nicht im Fokus, wobei auf die Laufzeiten der Ursachenanalyse im Rahmen des zweiten Anwendungsszenarios eingegangen wird. Möglichkeiten zur Performanceoptimierung werden im Fazit zu diesem Abschnitt aufgeführt.

Hinsichtlich der *informatorischen Unterstützung der Werker* geht es um die im Anwendungsszenario relevanten Informationsbedarfe (siehe Abschnitt 7.3). In den Schritten 1 und 2 des Anwendungsszenarios stehen Informationen zur Prozessstruktur und -durchführung sowie zur Prozessleistung im Vordergrund, die mit einer Grobdarstellung des Fertigungsprozesses aus sechs sequentiellen Fertigungsschritten sowie der Einblendung von Störungen und Kennzahlen im mobilen Prozess-Dashboard vom Prototyp adressiert werden (siehe Abbildung 55). Hierbei sind die entsprechenden Analysedienste wie die proaktive Empfehlungsgenerierung ebenfalls eingebunden. In den Schritten 3 und 4 stehen Prozesswissen und Prozesskommunikation im Vordergrund. Letztere wird durch die Verwendung von Microsoft Skype für den Nachrichtenversand in Schritt 3 im Prototyp adressiert. Für das Prozesswissen werden Prozessdokumente als PDF-Dateien bereitgestellt. Zur multimedialen Erfassung des Fachwissens der Benutzer können Verbesserungs- und Problemlösungsvorschläge im Prototyp Text-, Foto- und Videokomponenten umfassen.

Folglich ist festzuhalten, dass sämtliche Informationsbedarfe, nämlich Prozessstruktur und -durchführung, Prozessleistung, Prozesswissen und Prozesskommunikation, im Anwendungsszenario relevant sind und vom Prototyp mittels des mobilen Prozess-Dashboard auf der Basis der Analysedienste und des Wissensrepository der AdMA-Plattform adressiert werden. Zudem werden die Informationen gezielt für den Prozessschritt des Planschleifens mit einem Fokus auf Werker zur Verfügung gestellt, womit eine prozess- und rollenspezifische Personalisierung mit dem Prototyp realisiert wird.

Anwendungsszenario 2: Ursachenanalyse für Fertigungsleiter

Das Anwendungsszenario für Fertigungsleiter wurde mit dem Prototyp der AdMA-Plattform in sämtlichen Volumenstufen der Daten im Wissensrepository vollständig und fehlerfrei durchgeführt. Nachfolgend wird zuerst auf das Analyseergebnis der Ursachenanalyse eingegangen, wobei exemplarisch die Volumenstufe V_{W2} betrachtet wird. Die Ergebnisse der anderen Volumenstufen V_{W1} und V_{W3} sind strukturell vergleichbar. Anschließend werden kurz die gemessenen Laufzeiten betrachtet.

Der vom Prototyp generierte Entscheidungsbaum als *Analyseergebnis der Ursachenanalyse* ist in Abbildung 58 dargestellt. Die Datenbasis für die Entscheidungsbaumgenerierung umfasst sämtliche operativen und prozessorientierten Attribute über den gesamten Fertigungsprozess, d.h. insgesamt 292 Attribute. Die durch die Nicht-Blattknoten des Entscheidungsbaumes repräsentierten Attribute stellen die identifizierten Einflussfaktoren für das Qualitätsproblem im Praxisbeispiel dar. Zudem geben sämtliche Pfade vom Wurzelknoten bis zu einem Blattknoten mit der Kennzahlenkategorie „Ausschuss“ Attribut- und Wertekombinationen bzw. Entscheidungsregeln an, die im Rahmen der Ausführung einer Prozessinstanz zu Ausschuss führen und infolgedessen zu vermeiden sind. Damit wird die Ableitung optimaler Wertebereiche für die identifizierten Einflussfaktoren, wie nachfolgend beschrieben, ermöglicht.

Es können insgesamt sechs Entscheidungsregeln P_i anhand des Entscheidungsbaumes abgeleitet werden, welche die Entstehung von Ausschuss determinieren (siehe Tabelle 16). Die Entscheidungsregel P_3 besagt beispielsweise, dass es zu Ausschuss führt, wenn in einer Prozessinstanz beim Härten der Nocken die Attribut- und Wertekombination auftritt, dass die Aufheizverzögerung kleiner oder gleich 600,5 Millisekunden, die Abschreckdauer kleiner oder gleich 689,5 Millisekunden, die Aufheizzeit größer als 1554,5 Millisekunden, der Abschreckmittel-Gehalt kleiner oder gleich 9,5% und die Abschreckverzögerung kleiner oder gleich 450,5 Millisekunden ist. Außerdem wird anhand der Entscheidungsregel P_1 deutlich, dass eine Aufheizverzögerung beim Härten der Nocken von mehr als 600,5 Millisekunden ebenfalls zu Ausschuss führt. Daraus kann für eine Prozessoptimierung abgeleitet werden, dass in einer Prozessinstanz beim Härten der Abschreckmittel-Gehalt größer als 9,5% oder die Abschreckverzögerung größer als 450,5 Millisekunden sein sollte, wenn die Aufheizzeit größer als 1554,5 Millisekunden ist, um Ausschuss zu vermeiden. Zudem sollte unabhängig davon die Aufheizverzögerung nicht größer als 600,5 Millisekunden sein.

Dementsprechend können vom Benutzer durch die kombinierte Betrachtung sämtlicher Entscheidungsregeln, die zu Ausschuss führen, Wertebereiche für die Einflussfaktoren abgeleitet werden, welche die Entstehung des Qualitätsproblems vermeiden. Dies stellt eine konkrete Unterstützung zur Prozessoptimierung dar, um die Entstehung von Ausschuss in zukünftigen Prozessausführungen zu vermeiden.

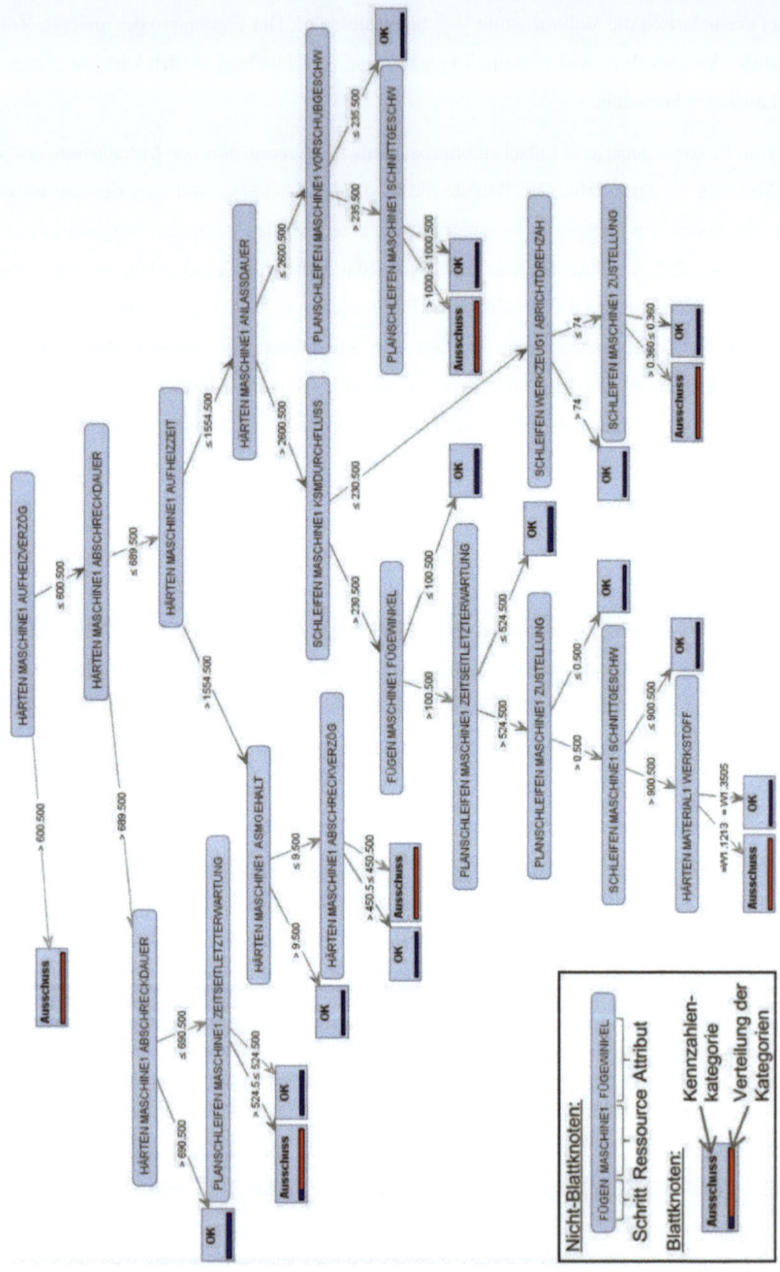

Abbildung 58: Vom Prototyp generierter Entscheidungsbaum als Ergebnis der Ursachenanalyse

Zur Evaluation dieses Analyseergebnisses ist zum einen zu prüfen, ob die Menge der gemäß des Entscheidungsbaumes identifizierten potentiellen Einflussfaktoren mit der Menge der tatsächlichen Einflussfaktoren, d.h. der Menge der Attribute sämtlicher Fehlerszenarien F_i (siehe Tabelle 14), übereinstimmt. Zum anderen ist zu prüfen, ob die Fehlerszenarien erkannt werden, d.h. die Attribut- und Wertekombinationen der Fehlerszenarien F_i in den Entscheidungsregeln P_i enthalten sind.

Fehlerszenario F_i / Entscheidungsregel P_i	F_1	F_2	F_3	F_4	F_5
P_1: Härten (Aufheizverzögerung > 600,5)	X				
P_2: Härten (Aufheizverzögerung ≤ 600,5 ∧ Abschreckdauer > 689,5 ∧ Abschreckdauer ≤ 690,5) ∧ Planschl (*ZeitSeitLetzterWartung* > 524,5)					
P_3: Härten (Aufheizverzögerung ≤ 600,5 ∧ Abschreckdauer ≤ 689,50 ∧ Aufheizzeit > 1554,5 ∧ ASM-Gehalt ≤ 9,5 ∧ Abschreckverzögerung ≤ 450,5)		X			
P_4: Härten (Aufheizverzögerung ≤ 600,5 ∧ Abschreckdauer ≤ 689,50 ∧ Aufheizzeit ≤ 1554,5 ∧ Anlassdauer ≤ 2600,5) ∧ Planschl (Vorschubgeschw. > 235,5 ∧ Schnittgeschw. > 1000)				X	
P_5: Härten (Aufheizverzögerung ≤ 600,5 ∧ Abschreckdauer ≤ 689,50 ∧ Aufheizzeit ≤ 1554,5 ∧ Anlassdauer > 2600,5) ∧ NWSchleifen (KSM-Durchflussmenge ≤ 230,5 ∧ *Abrichtdrehzahl* ≤ 74 ∧ Zustellung > 0,36)			X		
P_6: Härten (Aufheizverzögerung ≤ 600,5 ∧ Abschreckdauer ≤ 689,50 ∧ Aufheizzeit ≤ 1554,5 ∧ Anlassdauer > 2600,5) ∧ NWSchleifen (KSM-Durchflussmenge > 230,5) ∧ Fügen (Fügewinkel > 100,5) ∧ Planschl (*ZeitSeitLetzterWartung* > 524,5 ∧ Zustellung > 0,5) ∧ NWSchleifen (Schnittgeschw. > 900,5) ∧ Härten (*Werkstoff* = W1.1213)					X

Prozessschritt (Prozessorientiertes Attribut, *Operatives Attribut,* Attribut des zugeordneten Fehlerszenarios)
X: Fehlerszenario enthalten in Entscheidungsregel
ASM: Abschreckmittel, KSM: Kühlschmiermittel, NWSchleifen: Nockenwelle schleifen, Planschl: Nocken planschleifen

Tabelle 16: Abgleich der Fehlerszenarien (F_i) mit den Entscheidungsregeln (P_i)

Aus dem Entscheidungsbaum in Abbildung 58 ergeben sich anhand der durch die Nicht-Blattknoten repräsentierten Attribute insgesamt 16 potentielle Einflussfaktoren. Diese Menge stellt eine echte Obermenge der 15 tatsächlichen Einflussfaktoren dar. Die Ursachenanalyse ermöglicht folglich die Identifikation aller tatsächlichen Einflussfaktoren des Qualitätsproblems im Praxisbeispiel über den gesamten Fertigungsprozess. Hinsichtlich der Fehlerszenarien wird anhand Tabelle 16 deutlich, dass die Fehlerszenarien F_1 bis F_5 in den Entscheidungsregeln P_1 sowie P_3 bis P_6 enthalten sind. Dementsprechend ermöglicht die Ursachenanalyse die Erkennung von

Fehlerszenarien aus sämtlichen Fehlerszenarienklassen. Es wird sowohl die Erkennung von einfachen Fehlerszenarien mit einem prozessorientierten Attribut eines Prozessschrittes (Szenario F_1) als auch die Erkennung komplexer Fehlerszenarien mit mehreren prozessorientierten Attributen über mehrere Prozessschritte und zusätzlicher Berücksichtigung operativer Attribute (Szenario F_5) unterstützt.

Alles in allem ist nur die Entscheidungsregel P_2 keinem Fehlerszenario zuzuordnen und die Abschreckdauer beim Härten stellt das einzige Attribut im Entscheidungsbaum dar, das keinen tatsächlichen Einflussfaktor gemäß der Fehlerszenarien repräsentiert. Diese Abweichungen sind auf zufällig in den Daten enthaltene Abhängigkeiten im Sinne eines Rauschens zurückzuführen (siehe Abschnitt 8.2.3), das auch bei der Verwendung von Echtdaten in der Fertigung typisch ist (Lieber et al. 2013a). Eine erste Indikation aus Benutzersicht, dass es sich bei der Entscheidungsregel P_2 nicht um eine Kombination tatsächlicher Einflussfaktoren handeln könnte, liefert die Fehlklassifikation der Entscheidungsregel, die in Abbildung 58 graphisch anhand der Verteilung der Kennzahlenkategorien in den Blattknoten dargestellt ist. Die Fehlklassifikation der Entscheidungsregel P_2 ist mit 15% im Vergleich zu denen der übrigen Entscheidungsregeln, die zwischen 0% und 3% liegen, deutlich erhöht. Abgesehen davon ist anzumerken, dass eine Berücksichtigung der Entscheidungsregel P_2 im Rahmen der Prozessoptimierung zwar zur Anpassung der Abschreckdauer als vermeintlich tatsächlichem Einflussfaktor führen würde, dies aber das Qualitätsproblem nicht negativ beeinflussen würde.

Mit Blick auf die *Laufzeiten der Ursachenanalyse* in Abbildung 57 beträgt die durchschnittliche Gesamtlaufzeit in der kleinsten Volumenstufe V_{W1} rund 5:09 Minuten. In den Volumenstufen V_{W2} bzw. V_{W3} sind dies rund 10:19 bzw. 17:31 Minuten. Die im Vergleich zur proaktiven Empfehlungsgenerierung deutlich längeren Gesamtlaufzeiten resultieren aus der größeren Datenbasis für die Entscheidungsbaumgenerierung, die insgesamt 292 Attribute und sämtliche abgeschlossenen Instanzen zum Fertigungsprozess umfasst. Die Ursachenanalyse wird jedoch im Gegensatz zur proaktiven Empfehlungsgenerierung offline, also unabhängig von einer laufenden Prozessinstanz, durchgeführt. Die gemessenen Laufzeiten ermöglichen folglich die Nutzung der Ursachenanalyse in dem aufgeführten repräsentativen Anwendungsszenario für Fertigungsleiter und demonstrieren die Durchführbarkeit für einen konkreten Fertigungsprozess in einem Realweltbeispiel. Die näherungsweise lineare Steigerung der Laufzeit über die drei Volumenstufen unterstreicht zudem die grundlegende Leistungsfähigkeit des Prototyps auf der Basis des relationalen Datenbankmanagementsystems IBM DB2 und RapidMiner als Data-Mining-Tool.

Den größten Anteil an der Laufzeit hat mit rund 4:41, 9:26 und 15:58 Minuten in den entsprechenden Volumenstufen V_{W1}, V_{W2} und V_{W3} die Mustererkennung, die sich aus dem Einlesen der vorverarbeiteten Daten in RapidMiner sowie der Erstellung des Entscheidungsbaumes zusammensetzt und noch Raum für Performanceoptimierungen lässt. Die Laufzeit der Datenauswahl und -vorverarbeitung beträgt 0:29, 0:54 und 1:32 Minuten in den entsprechenden Volumenstufen V_{W1}, V_{W2} und V_{W3}. Diese Laufzeiten resultieren aus der Erstellung temporärer Tabellen zur Denormalisierung der Daten. Möglichkeiten für Performanceoptimierungen werden im folgenden Fazit beschrieben.

Anzumerken ist, dass je nach Anforderung an die Datenaktualität das Ergebnis der Ursachenanalyse in periodischen Abständen vorberechnet werden kann, um es dem Benutzer unverzüglich bereitzustellen. Hierbei können auch Verfahren zur inkrementellen Erstellung von Entscheidungsbäumen (Kalles et al. 1996) angewendet werden, um nicht den gesamten Entscheidungsbaum neu erstellen zu müssen.

Fazit zur experimentellen Evaluation

Die Machbarkeitsuntersuchung zeigt, dass die beiden repräsentativen Anwendungsszenarien für Werker und Fertigungsleiter mit dem Prototyp der AdMA-Plattform auf einer realistischen Datenbasis erfolgreich durchgeführt werden konnten:

- Im Rahmen des *Anwendungsszenarios 1 für Werker* wurde demonstriert, dass mittels der proaktiven Empfehlungsgenerierung konkrete und valide Handlungsempfehlungen für Werker im Praxisbeispiel generiert werden, um proaktiv das Entstehen der Qualitätsproblematik während der Prozessausführung zu vermeiden bzw. ihr entgegenzuwirken. Zudem wurde demonstriert, dass der Prototyp mittels des mobilen Prozess-Dashboard ein ganzheitliches Informationsangebot für Werker bereitstellt und eine rollen- und prozessspezifische Personalisierung umsetzt.
- Im *Anwendungsszenario 2 für Fertigungsleiter* wurde gezeigt, dass der Analysedienst der Ursachenanalyse eine ganzheitliche Analyse und Identifikation der Einflussfaktoren der Qualitätsproblematik über den gesamten Fertigungsprozess im Praxisbeispiel ermöglicht und damit eine valide Unterstützung zur Prozessoptimierung darstellt, um die Entstehung von Ausschuss in zukünftigen Prozessausführungen zu vermeiden.

Summa summarum ermöglicht die Anwendung der AdMA-Plattform im Praxisbeispiel sowohl datengetriebene Ursachenanalysen über den gesamten Fertigungsprozess als auch die proaktive datengetriebene Prozessoptimierung, um das Qualitätsproblem der Rissbildung zu beheben und die Ausschussmengen der Nockenwellenherstellung zu reduzieren. Im Vergleich zum bisher verfolgten managementgetriebenen Optimierungsansatz der Motoren AG erhöht der datengetriebene Ansatz der AdMA-Plattform die Effektivität und Effizienz der Prozessoptimierung erheblich. Anstatt einer manuellen heuristischen Identifikation möglicher Einflussfaktoren für die Qualitätsproblematik im Rahmen aufwändiger iterativer Fehler-Möglichkeits- und Einfluss-Analysen sowie anschließender Prozessanpassungen unterstützt die AdMA-Plattform eine systematische ganzheitliche Identifikation der Einflussfaktoren und eine gezielte Prozessanpassung.

Die Anwendung des Prototyps im Praxisbeispiel ergibt außerdem, dass der betrachtete Fertigungsprozess zur Nockenwellenherstellung organisatorische, betriebswirtschaftliche und technische Rahmenbedingungen aufweist, die einen datengetriebenen Optimierungsansatz begünstigen. Der Fertigungsprozess ist in seiner Struktur zeitlich weitgehend veränderungsstabil, er ist von hoher ökonomischer Bedeutung für den Unternehmenserfolg der Motoren AG und besitzt eine prozessübergreifende Betriebsdatenerfassung auf der Basis eines MES. Daraus ergibt sich die Fragestellung, welche allgemeinen Faktoren die Eignung von Fertigungsprozessen für die datengetriebene Optimierung bestimmen. Dies stellt einen zentralen Aspekt zukünftiger Arbeiten dar und wird in Abschnitt 9.2 aufgegriffen.

Das Praxisbeispiel stellt ein repräsentatives Realweltbeispiel für einen hochautomatisierten Fertigungsprozess dar, wie er typisch für die Massen- und Großserienfertigung ist. Die erfolgreiche Machbarkeitsuntersuchung anhand repräsentativer Anwendungsszenarien im Praxisbeispiel unterstreicht folglich das allgemeine Anwendungspotential und den Nutzen der AdMA-Plattform zur datengetriebenen Optimierung von Massen- und Serienfertigungsprozessen.

Hinsichtlich der prototypischen Implementierung ist anzumerken, dass der Fokus des Prototyps auf der technischen Machbarkeit des Gesamtansatzes der AdMA-Plattform und nicht der Performanceoptimierung liegt. Die Laufzeitmessungen im Rahmen der Machbarkeitsuntersuchung haben gezeigt, dass eine Performanceoptimierung der Entscheidungsbaumgenerierung Potentiale für Leistungssteigerungen bietet. Hierfür können, mit zunehmendem Implementierungsaufwand, drei wesentliche technische Ansätze verfolgt werden:

- Da die verwendete Implementierung des C4.5-Algorithmus in RapidMiner nicht parallelisiert ist, stellt die Verwendung einer *parallelisierten Implementierungsvariante* zur Verwendung mehrerer CPU-Kerne einen ersten Schritt zur Performanceoptimierung im Rahmen des bestehenden Prototyps dar. Hierfür können Plugins, wie z.B. die Parallel Processing Extension (RapidMiner 2015a), in RapidMiner integriert werden.

- Ein weiterer Ansatz ist die *datenbankinterne Realisierung der Mustererkennung*, um die Leistungsfähigkeit des Datenbanksystems für Analysen zu nutzen. Dies kann beispielsweise auf der Basis des SQL/MM-Standards (Melton und Eisenberg 2001) erfolgen und mit IBM DB2 im Rahmen des bestehenden Prototyps umgesetzt werden.
- Die *massiv parallele und verteilte Realisierung der Mustererkennung*, z.B. orientiert am MapReduce-Datenverarbeitungsmodell (Dean und Ghemawat 2008), stellt einen umfassenden Ansatz zur Performanceoptimierung dar (Wu et al. 2014). Hierfür können beispielsweise technische Rahmenwerke mit Hadoop-basierten Implementierungen von Data-Mining-Verfahren, wie Ricardo (Das et al. 2010) und Radoop (Prekopcsak et al. 2011), verwendet werden. Dies erfordert eine umfassende Überarbeitung des Prototyps, da eine verteilte Datenbereitstellung für die Mustererkennung zu realisieren ist.

8.3 Konzeptionelle und komparative Evaluation

Im Rahmen der konzeptionellen Evaluation der AdMA-Plattform in Abschnitt 8.3.1 wird die Erfüllung der in dieser Arbeit verfolgten Forschungsziele (siehe Abschnitt 1.4) evaluiert. Die komparative Evaluation in Abschnitt 8.3.2 umfasst eine kriterienorientierte Bewertung und einen Vergleich der AdMA-Plattform mit existierenden fertigungsspezifischen Business-Intelligence-Anwendungen.

8.3.1 Konzeptionelle Evaluation: Erfüllung der Forschungsziele

Um zu evaluieren, ob die Forschungsziele FZ_i erfüllt werden, ist die Erfüllung der davon abgeleiteten Forschungsanforderungen FA_{ij} zu untersuchen (siehe zu Forschungszielen und -anforderungen Abschnitt 1.4). Hierfür werden im Folgenden die in dieser Arbeit erzielten Ergebnisse, d.h. die Forschungsbeiträge FB_i (siehe Abschnitt 1.5), mit Blick auf die Forschungsanforderungen analysiert. Hervorzuheben ist, dass sämtliche Forschungsbeiträge sowohl auf konzeptioneller Ebene erbracht als auch prototypisch umgesetzt sowie publiziert wurden und deren Anwendbarkeit im Rahmen der experimentellen Evaluation anhand des Praxisbeispiels demonstriert wurde. Tabelle 17 gibt einen Überblick über die Forschungsziele und Forschungsanforderungen sowie die ihnen zugeordneten Forschungsbeiträge.

Das Wissensrepository für die Fertigung (FB_1) (siehe Kapitel 4) adressiert das *Forschungsziel einer ganzheitlichen Datenbasis (FZ_1)*. Hierbei dient das zugrundeliegende multidimensionale Datenmodell (FB_{11}) der Integration prozessorientierter und operativer Daten über den gesamten Fertigungsprozess (siehe Abschnitte 4.2, 4.3), so dass Forschungsanforderung FA_{11} erfüllt ist.

Die prozessorientierte Artefaktintegration (FB_{12}) definiert ein Konzept für die flexible Verknüpfung von Artefakten, d.h. von (unstrukturierten) Dokumenten sowie von Analyseergebnissen, mit Daten des multidimensionalen Datenmodells (siehe Abschnitte 4.4, 4.5). Dieses Konzept wird im Rahmen der linkbasierten Architektur (FB_{13}) mithilfe informationsintensiver Links technisch umgesetzt (siehe Kapitel 5). Auf diese Weise ermöglicht das Wissensrepository die Integration strukturierter und unstrukturierter Daten zu einem Fertigungsprozess und unterstützt die prozessorientierte Verwaltung von aus den Daten gewonnenen Analyseergebnissen. Damit sind die Forschungsanforderungen FA_{12} und FA_{13} ebenfalls erfüllt. Ausgehend von den erfüllten Forschungsanforderungen FA_{11}, FA_{12} und FA_{13} ist somit die Erfüllung von Forschungsziel FZ_1 nachgewiesen.

Forschungsziel (FZ_i)	Forschungsanforderungen (FA_{ij})	Forschungsbeiträge (FB_i)
FZ_1: Ganzheitliche Datenbasis ✔	• FA_{11}: Integration operativer und prozessorientierter Daten • FA_{12}: Integration unstrukturierter Daten • FA_{13}: Integration von Analyseergebnissen	**FB_1: Wissensrepository für die Fertigung** • FB_{11}: Generisches multidimensionales Datenmodell • FB_{12}: Prozessorientierte Artefaktintegration • FB_{13}: Linkbasierte Architektur
FZ_2: Datengetriebene Wissensextraktion durch Trend- und Mustererkennung ✔	• FA_{21}: Prädiktive Analyseverfahren • FA_{22}: Präskriptive Analyseverfahren	**FB_2: Prädiktive und präskriptive Fertigungsprozess-Analyse** • FB_{21}: Ursachenanalyse • FB_{22}: Laufzeitprognostik • FB_{23}: Proaktive Empfehlungsgenerierung
FZ_3: Integration mit der Fertigungsebene ✔	• FA_{31}: Mobile und personalisierte Informationsbereitstellung • FA_{32}: Ganzheitliches Informationsangebot • FA_{33}: Kodifizierung des Fachwissens	**FB_3: Mobiles Prozess-Dashboard** • FB_{31}: Personalisierungskonzept • FB_{32}: Informationsbedarfe • FB_{33}: Dashboard-Dienste
FZ_4: Integrierte, generische Plattform ✔	• FA_{41}: Integration aller Komponenten zur datengetriebenen Optimierung • FA_{42}: Einzelfallunabhängiger Ansatz	**FB_4: Advanced-Manufacturing-Analytics-Plattform** • FB_{41}: Integrierte Gesamtarchitektur • FB_{42}: Generische Komponenten

✔ Forschungsziel erfüllt

Tabelle 17: Forschungsziele, Forschungsanforderungen und zugeordnete Forschungsbeiträge

Die prädiktive und die präskriptive Fertigungsprozess-Analyse (FB_2) (siehe Kapitel 3, 6) adressieren das *Forschungsziel der datengetriebenen Wissensextraktion durch Trend- und Mustererkennung (FZ_2)*. Die Data-Mining-basierten Analysedienste der Ursachenanalyse (FB_{21}) bzw. der Laufzeitprognostik (FB_{22}) ermöglichen eine datengetriebene Identifikation der Ursachen von Störungen und Kennzahlenabweichungen eines Fertigungsprozesses bzw. deren Vorhersage während der Prozessausführung (siehe Abschnitte 3.3, 6.2). Damit werden prädiktive Analyseverfahren realisiert, wodurch die Forschungsanforderung FA_{21} erfüllt ist. Im Zentrum der proaktiven Empfehlungsgenerierung (FB_{23}) steht die proaktive datengetriebene Generierung von Handlungsempfehlungen zur Vermeidung einer prognostizierten Kennzahlenabweichung (siehe Kapitel 6). Dies stellt ein präskriptives Analyseverfahren zur Laufzeitoptimierung dar, das Forschungsanforderung FA_{22} erfüllt. Durch die Erfüllung der Forschungsanforderungen FA_{21} und FA_{22} wird Forschungsziel FZ_2 erfüllt.

Das mobile Prozess-Dashboard (FB_3) (siehe Kapitel 7) adressiert das *Forschungsziel der Integration mit der Fertigungsebene (FZ_3)*. Im Rahmen des Personalisierungskonzepts (FB_{31}) werden Kontextfaktoren für eine personalisierte Informationsbereitstellung für Werker und Fertigungsleiter als Zielgruppen definiert (siehe Abschnitt 7.2). Zudem wird die Implementierung für mobile Endgeräte, insbesondere Smartphones und Tablet-PCs, dargestellt (siehe Abschnitt 7.4). Damit ist die Forschungsanforderung FA_{31} für eine mobile und personalisierte Informationsbereitstellung erfüllt. Die Informationsbedarfe (FB_{32}) beziehen sich auf allgemeine Kategorien von Informationsbedarfen von Werkern bei der Ausführung von Fertigungsprozessen, nämlich Prozessstruktur und -durchführung, Prozessleistung, Prozesswissen und Prozesskommunikation (siehe Abschnitt 7.3). Sie definieren ein ganzheitliches Informationsangebot auf der Fertigungsebene, so dass Forschungsanforderung FA_{32} erfüllt ist. Dashboard-Dienste (FB_{33}) beschreiben konzeptionelle Funktionalitäten des mobilen Prozess-Dashboard aus Benutzersicht und umfassen Dienste für sämtliche Informationsbedarfe (siehe Abschnitt 7.3). Der Dienst zur Erstellung und Bearbeitung von Verbesserungs- und Problemlösungsvorschlägen ermöglicht die multimediale Erfassung des Fachwissens der Benutzer, z.B. in Form videobasierter Problemlösungsvorschläge. Zudem kann das Fachwissen der Benutzer in Form von Kommentaren zu Analyseergebnissen erfasst werden, so dass die Forschungsanforderung FA_{33} zur Kodifizierung personengebundenen Fachwissens erfüllt ist. Durch die Erfüllung der Forschungsanforderungen FA_{31}, FA_{32} und FA_{33} wird somit Forschungsziel FZ_3 erfüllt.

Die AdMA-Plattform (FB_4) (siehe Kapitel 3) als Gesamtansatz adressiert das *Forschungsziel einer integrierten, generischen Plattform (FZ_4)*. Die konzeptionelle Architektur der AdMA-Plattform (FB_{41}) umfasst drei integrierte Schichten zur Datenbereitstellung, Analyse und Optimierung (siehe Abschnitt 3.1) und integriert damit sämtliche Komponenten zur datengetriebenen Optimierung in einer Plattform, so dass Forschungsanforderung FA_{41} erfüllt ist. Die Architektur und die Komponenten sämtlicher Schichten sind generisch, unabhängig von einem konkreten Fertigungsprozess im Einzelfall konzipiert (FB_{42}) (siehe Abschnitte 3.1 bis 3.4). Den Ausgangspunkt bildet die generische Struktur des multidimensionalen Datenmodells des Wissensrepository, das für unterschiedliche Typen von Fertigungsprozessen, nämlich für Einzel-, Serien- und Massenfertigungsprozesse, allgemein anwendbar ist (siehe Abschnitt 4.2.3). Die darauf aufbauenden Analysedienste beziehen sämtliche Dimensionsattribute des multidimensionalen Datenmodells dynamisch ein und sind damit generisch, d.h. für unterschiedliche Fertigungsprozesse mit unterschiedlichen Dimensionsattributen, anwendbar. Das mobile Prozess-Dashboard und die zugrundeliegenden Informationsbedarfe und Dashboard-Dienste sind ebenfalls unabhängig von einem konkreten Fertigungsprozess konzipiert und nutzen die generischen Analysedienste. Daraus resultiert die einzelfallunabhängige Anwendbarkeit der AdMA-Plattform, die durch die Anwendung des Prototyps sowohl für den Fertigungsprozess zur Nockenwellenherstellung als auch für einen weiteren Fertigungsprozess zur Herstellung von Stahlfedern (siehe (Gröger et al. 2014c, Gröger und Stach 2014)) bereits erfolgreich erprobt wurde. Somit ist, neben der Forschungsanforderung FA_{41}, auch die Forschungsanforderung FA_{42} erfüllt und die Erfüllung des Forschungsziel FZ_4 ist dementsprechend nachgewiesen.

Summa summarum werden durch die erzielten Forschungsbeiträge sämtliche Forschungsanforderungen erfüllt, woraus die Erfüllung aller in dieser Arbeit verfolgten Forschungsziele resultiert.

8.3.2 Komparative Evaluation: Bewertung und Vergleich

Zur komparativen Evaluation werden im Folgenden Kriterien definiert, um anschließend anhand dieser Kriterien eine qualitative Bewertung und einen Vergleich der AdMA-Plattform mit ausgewählten fertigungsspezifischen Business-Intelligence-Anwendungen vorzunehmen.

Kriterien und Ausprägungen

Die Kriterien K_i orientieren sich am Zyklus der analytischen Datenverarbeitung und dienen allgemein der technischen Bewertung fertigungsspezifischer Business-Intelligence-Anwendungen in Anlehnung an Reifegradmodelle aus dem Business-Intelligence-Kontext (Rajterič 2010). Für jede Phase des Zyklus wird ein zentrales Kriterium definiert. Zusätzlich werden als phasenübergreifende Kriterien die Generizität des Gesamtansatzes sowie die Wissensmanagementunterstützung betrachtet. Die Ausprägungen der insgesamt fünf Kriterien umfassen jeweils vier Stufen mit zunehmendem Reifegrad (siehe Tabelle 18) und werden nachfolgend kurz beschrieben.

Ausprägungen / Kriterien	Stufe 1	Stufe 2	Stufe 3	Stufe 4
Datenbasis (K_1)	Prozessorientierte Daten einzelner Prozessschritte	Prozessorientierte Daten zum gesamten Prozess	Prozessorientierte und operative Daten	Prozessorientierte, operative und unstrukturierte Daten
Analyse-funktionalitäten (K_2)	Deskriptiv mit einer Datenart*	Prädiktiv mit einer Datenart*	Präskriptiv mit einer Datenart*	Prädiktiv/präskriptiv mit beiden Datenarten*
Operationalisierung der Analyse-ergebnisse (K_3)	Entscheidungs-unterstützung für Unternehmensleitebene	Entscheidungs-unterstützung für Fertigungsleitebene	Entscheidungs-unterstützung für Fertigungsleitebene und Fertigungsebene	Prozessintegrierte Entscheidungsautomation
Wissens-management-unterstützung (K_4)	Verwendung von Analyseergebnissen ohne dauerhafte Speicherung	Isolierte Speicherung von Analyseergebnissen	Verknüpfung von Analyseergebnissen mit Quelldaten/ Prozesselementen	Verknüpfung von Analyse-ergebnissen und Rück-kopplung mit Benutzern
Generizität des Gesamtansatzes (K_5)	Einzelfallspezifisch für eine analytische Fragestellung eines Prozesses	Einzelfallspezifisch für unterschiedliche Frage-stellungen eines Prozesses	Generisches Rahmenwerk mit einzelfallspezifischer Implementierung	Generisches Rahmenwerk mit generischer Implementierung

*Datenart: strukturierte Daten, unstrukturierte Daten

Tabelle 18: Kriterien und Ausprägungen zur komparativen Evaluation

Die *Datenbasis (K_1)* bezieht sich auf den Datenumfang in der Phase der Datenbereitstellung in Anlehnung an (Niedermann und Schwarz 2011). Es können prozessorientierte Daten zu einzelnen Prozessschritten (K_1: Stufe 1) oder zum gesamten Fertigungsprozess (K_1: Stufe 2) betrachtet werden. Zusätzlich können operative Daten einbezogen werden (K_1: Stufe 3). Ergänzend zu diesen strukturierten Daten können in der höchsten Stufe außerdem unstrukturierte Daten integriert werden (K_1: Stufe 4). Anzumerken ist, dass es bei der Einbeziehung operativer und unstrukturierter Daten um eine ganzheitliche Integration über den gesamten Fertigungsprozess geht.

Analysefunktionalitäten (K_2) bilden den Kern der Analysephase. Hierbei steht die funktionale Mächtigkeit der Analyseverfahren im Vordergrund, wobei Verfahren zur datengetriebenen – nicht modellgetriebenen – Optimierung betrachtet werden. Es werden mit steigendem Reifegrad deskriptive (K_2: Stufe 1), prädiktive (K_2: Stufe 2) und präskriptive (K_2: Stufe 3) Verfahren unterschieden (Lustig et al. 2010), die ausschließlich mit einer Datenart, d.h. entweder mit strukturierten oder mit unstrukturierten Daten, arbeiten. Werden bei prädiktiven oder präskriptiven Verfahren strukturierte und unstrukturierte Daten kombiniert und ganzheitlich analysiert, stellt dies die höchste Stufe bei Analysefunktionalitäten dar (K_2: Stufe 4).

Die *Operationalisierung der Analyseergebnisse (K_3)* bezieht sich im Rahmen der Optimierungsphase auf die Bereitstellung und Operationalisierung der Analyseergebnisse, um eine möglichst prozessnahe Optimierung und kurze Regelkreise in der Fertigung in Anlehnung an (Kletti und Schumacher 2011) zu unterstützen. Die erste Stufe bildet die Bereitstellung der Analyseergebnisse zur Entscheidungsunterstützung für die Unternehmensleitebene, z.B. für Data-Mining-Experten (K_3: Stufe 1). Eine erste Operationalisierung besteht in der gezielten Aufbereitung der Analyseergebnisse zur Entscheidungsunterstützung für Zielgruppen auf der Fertigungsleitebene, insbesondere für Fertigungsleiter (K_3: Stufe 2). Dies ermöglicht eine direkte Anwendung von Analyseergebnissen im Rahmen des Fertigungsmanagements. Die zusätzliche Einbindung von Zielgruppen auf der Fertigungsebene, insbesondere von Werkern, unterstützt die prozessnahe Anwendung der Analyseergebnisse auf der operativen Ebene (K_3: Stufe 3). Die höchste Stufe der Operationalisierung besteht in der automatischen prozessintegrierten Anwendung der Analyseergebnisse im Rahmen einer Entscheidungsautomation (Davenport und Harris 2005), z.B. durch die direkte Integration von Analyseergebnissen in die Feinplanungs- und -steuerungsfunktionen von MES (K_3: Stufe 4).

Die *Wissensmanagementunterstützung (K_4)* bezieht sich auf die Speicherung und Verwaltung von Analyseergebnissen in Anlehnung an (Kemper et al. 2010). Die erste Stufe bildet die Verwendung erzeugter Analyseergebnisse ohne eine dauerhafte Speicherung (K_4: Stufe 1). Davon ausgehend können Analyseergebnisse isoliert gespeichert (K_4: Stufe 2) oder mit den zugrundeliegenden Quelldaten oder Prozesselementen verknüpft bzw. integriert werden (K_4: Stufe 3). Die Verknüpfung ermöglicht eine umfassende Wiederverwendung und Kombination von Analyseergebnissen, z.B. durch Bezug zu Prozesselementen, und dient damit einer effektiven Unterstützung des Wissensmanagements. Die verknüpfte Speicherung von Analyseergebnissen, ergänzt um die Rückkopplung der Analyseergebnisse mit den Benutzern, stellt die höchste Stufe der Wissensmanagementunterstützung dar (K_4: Stufe 4). Die Rückkopplung bezieht sich auf die Einbindung des Fachwissens der Benutzer zu den Analyseergebnissen, z.B. durch eine Kommentierung von Analyseergebnissen.

Bei der *Generizität des Gesamtansatzes (K_5)* im Sinne der Allgemeingültigkeit und Übertragbarkeit stellen Ansätze, die für eine bestimmte analytische Fragestellung für einen bestimmten Fertigungsprozess, z.B. die Ursachenanalyse eines bestimmten Qualitätsproblems, entwickelt sind, die erste Stufe dar (K_5: Stufe 1). Davon ausgehend können Ansätze unterschieden werden, die flexibel für unterschiedliche Fragestellungen, z.B. Ursachenanalysen für unterschiedliche Kennzahlen, für einen bestimmten Fertigungsprozess anwendbar sind (K_5: Stufe 2). Ansätze, die auf einem generischen, d.h. einzelfallunabhängigen, konzeptionellen Rahmenwerk mit verallgemeinerten Anwendungsfällen und zugehörigen Analysefunktionalitäten sowie Datenstrukturen basieren, sind für unterschiedliche Fertigungsprozesse anwendbar. Hierbei kann die Implementierung entweder einzelfallspezifisch erfolgen (K_5: Stufe 3) oder auf einem generischen Ansatz basieren, der eine Wiederverwendung in unterschiedlichen Einzelfällen ermöglicht und damit die höchste Stufe der Generizität darstellt (K_5: Stufe 4). Anzumerken ist, dass es bei einer generischen Implementierung nicht ausschließlich um die Verwendung generischer Business-Intelligence-Tools wie IBM Cognos (IBM 2015a) geht, um damit die Realisierung im Einzelfall umzusetzen. Dies entspricht einer einzelfallspezifischen Implementierung. Vielmehr ist die Implementierung der im Rahmenwerk definierten Analysefunktionalitäten und Datenstrukturen so auszugestalten, dass sie in unterschiedlichen Einzelfällen, ggf. mit einem Customizing, direkt anwendbar ist.

Bewertung und Vergleich

Für den Vergleich mit der AdMA-Plattform werden ausgehend von der Voruntersuchung verwandter Arbeiten in Abschnitt 2.3 ausgewählte repräsentative Business-Intelligence-Anwendungen für die Fertigung herangezogen. Als ein repräsentatives MES wird *HYDRA MES* von MPDV (Kletti und Deisenroth 2012) betrachtet, da es ein am Markt etabliertes MES-Produkt mit umfassendem Funktionsumfang darstellt (Mussbach-Winter et al. 2013) und detaillierte Produktinformationen zur Bewertung verfügbar sind. Hinsichtlich existierender fertigungsspezifischer Data-Mining-Ansätze werden die *Fraunhofer ProDaMi-Suite* (Bernard 2011) sowie der *PDP-Miner* (Zheng et al. 2014) als repräsentative Data-Mining-Ansätze für die datengetriebene Optimierung von Fertigungsprozessen ausgewählt. Diese beiden Ansätze stellen gemäß der Voruntersuchung in Abschnitt 2.3.2 die fortschrittlichsten Data-Mining-Ansätze, insbesondere hinsichtlich Datenbasis, Übertragbarkeit und Verwaltung von Analyseergebnissen, für die datengetriebene Optimierung dar, weswegen die restlichen Ansätze der Voruntersuchung für den Vergleich nicht weiter betrachtet werden. Die rudimentären präskriptiven Data-Mining-Ansätze in Abschnitt 6.5 werden ebenfalls nicht einbezogen, da diese, wie bereits erläutert, nicht vollständig datengetrieben konzipiert sind. Die Ergebnisse der Bewertung und des Vergleichs werden in Tabelle 19 dargestellt und im Folgenden zusammengefasst.

Die Bewertung der AdMA-Plattform ergibt sich aus der im vorigen Abschnitt beschriebenen Erfüllung der Forschungsziele. Das Wissensrepository der AdMA-Plattform integriert prozessorientierte und operative Daten über den gesamten Fertigungsprozess und unterstützt zusätzlich die Integration unstrukturierter Daten in der Form von Content (K_1: Stufe 4). Die in dieser Arbeit entwickelten Analysedienste der AdMA-Plattform realisieren prädiktive und präskriptive Analyseverfahren mit strukturierten Daten (K_2: Stufe 3). Zur Erreichung der höchsten Stufe bei Analysefunktionalitäten ist die ganzheitliche Analyse strukturierter und unstrukturierter Daten erforderlich. Dies ist auf der Basis der generischen Architektur der AdMA-Plattform und der

Datenbasis des Wissensrepository im Rahmen zukünftiger Erweiterungen möglich. Zur Operationalisierung der Analyseergebnisse werden diese im Rahmen der AdMA-Plattform mit dem mobilen Prozess-Dashboard ebenenübergreifend für Fertigungsleiter und Werker zur Entscheidungsunterstützung bereitgestellt (K_3: Stufe 3). Hinsichtlich der Wissensmanagementunterstützung unterstützt die AdMA-Plattform eine systematische Speicherung und Integration der Analyseergebnisse mit den zugrundeliegenden Daten im Wissensrepository sowie die Rückkopplung mit den Benutzern, z.B. in der Form von Kommentaren zu Analyseergebnissen (K_4: Stufe 4). Die AdMA-Plattform basiert auf einer generischen, einzelfallunabhängigen Architektur im Sinne eines generischen konzeptionellen Rahmenwerkes auf der Grundlage des generischen multidimensionalen Datenmodells des Wissensrepository, darauf aufbauenden generischen Analysediensten sowie dem mobilen Prozess-Dashboard als generischer Benutzerschnittstelle. Zudem ist die Implementierung der AdMA-Plattform so ausgestaltet, dass sie durch eine Konkretisierung des multidimensionalen Datenmodells für unterschiedliche Fertigungsprozesse anwendbar ist (K_5: Stufe 4).

	AdMA-Plattform	HYDRA MES	ProDaMi-Suite	PDP-Miner
Datenbasis (K_1)	●	◑	◔	◔
Analysefunktionalitäten (K_2)	◕	◔	◑	◑
Operationalisierung der Analyseergebnisse (K_3)	◕	◕	◑	◔
Wissensmanagement-unterstützung (K_4)	●	◑	◔	●
Generizität des Gesamtansatzes (K_5)	●	●	◕	◑

Ausprägungen: ◔ Stufe 1 ◑ Stufe 2 ◕ Stufe 3 ● Stufe 4

Tabelle 19: Bewertung und Vergleich der AdMA-Plattform mit existierenden Ansätzen

Im Gegensatz zur AdMA-Plattform mangelt es der Datenbasis von HYDRA MES an einer umfassenden Integration operativer und unstrukturierter Daten (K_1: Stufe 2). Die ProDaMi-Suite und der PDP-Miner verwenden hauptsächlich ausgewählte prozessorientierte Daten einzelner Prozessschritte (K_1: Stufe 1). Die Analysefunktionalitäten der beiden Data-Mining-Ansätze dienen prädiktiv der Ursachenanalyse und Prognostik auf der Basis strukturierter Daten (K_2: Stufe 2), wohingegen HYDRA MES nur deskriptive Verfahren verwendet (K_2: Stufe 1). HYDRA MES ermöglicht im Gegensatz zu den beiden Data-Mining-Ansätzen die gezielte Kennzahlenbereitstellung für Werker auf der Fertigungsebene (K_3: Stufe 3). Hinsichtlich der

Wissensmanagementunterstützung mangelt es der ProDaMi-Suite an einer Speicherung der Data-Mining-Modelle (K_4: Stufe 1), wohingegen der PDP-Miner eine umfassende Unterstützung ähnlich der AdMA-Plattform bietet (K_4: Stufe 4). Als Standardsoftware für das Fertigungsmanagement ist HYDRA MES ebenso wie die AdMA-Plattform generisch (K_5: Stufe 4), wohingegen der PDP-Miner einen einzelfallspezifischen Ansatz darstellt (K_5: Stufe 2).

Summa summarum stellen die ganzheitliche Datenbasis und das Data-Mining-basierte präskriptive Analyseverfahren der AdMA-Plattform im Vergleich mit existierenden repräsentativen Business-Intelligence-Anwendungen für die Fertigung grundlegende Neuerungen dar. Darüber hinaus bietet die AdMA-Plattform im Gegensatz zu existierenden Data-Mining-Ansätzen in der Fertigung eine höhere Generizität und ermöglicht die Entscheidungsunterstützung für die Fertigungsebene ähnlich wie MES. Zukünftige Erweiterungspotentiale sind insbesondere die ganzheitliche Analyse strukturierter und unstrukturierter Daten sowie die Entscheidungsautomation.

8.4 Zusammenfassung

In Kapitel 8 wurden die prototypische Implementierung und die Evaluation der AdMA-Plattform dargestellt. Die technische Architektur des Prototyps basiert auf einem zweistufigen Client-Server-Ansatz, wobei das mobile Prozess-Dashboard als mobiler Client die Schicht für die Prozessoptimierung und den Benutzerzugriff realisiert. Der Server stellt das stationäre Backend dar und umfasst die Komponenten zur Datenbereitstellung und Prozessanalyse. Die Implementierung des Wissensrepository basiert auf IBM DB2. Zur Umsetzung der prädiktiven und präskriptiven Fertigungsprozess-Analyse wird RapidMiner als Data-Mining-Tool eingebunden. Das mobile Prozess-Dashboard wird als mobile Anwendung für Tablet-PCs mit Google Android realisiert. Der Prototyp stellt hierbei eine generische Lösung dar und kann für unterschiedliche Fertigungsprozesse eingesetzt werden.

Die experimentelle Evaluation basiert auf der Anwendung des Prototyps im Praxisbeispiel der Nockenwellenherstellung, für das eine realistische Datenbasis im Rahmen der Konkretisierung des generischen multidimensionalen Datenmodells des Wissensrepository definiert wurde. Im Zuge einer Machbarkeitsuntersuchung wurden zwei repräsentative Anwendungsszenarien, eines für Werker und eines für Fertigungsleiter, definiert und mit dem Prototyp erfolgreich durchgeführt. Im Szenario für Werker wurde demonstriert, dass mittels der proaktiven Empfehlungsgenerierung konkrete und valide Handlungsempfehlungen für Werker im Praxisbeispiel generiert werden. Im Szenario für Fertigungsleiter wurde gezeigt, dass der Analysedienst der Ursachenanalyse eine ganzheitliche Analyse und Identifikation der Einflussfaktoren der Qualitätsproblematik über den gesamten Fertigungsprozess im Praxisbeispiel ermöglicht. Die experimentelle Evaluation unterstreicht damit anhand eines repräsentativen Realweltbeispiels das allgemeine Anwendungspotential und den Nutzen der AdMA-Plattform zur datengetriebenen Optimierung, speziell von Massen- und Serienfertigungsprozessen. Die durchgeführten Laufzeitmessungen machen darüber hinaus deutlich, dass der Prototyp Potentiale für eine Performanceoptimierung der Entscheidungsbaumgenerierung bietet. Hierfür können insbesondere Ansätze zur datenbankinternen Realisierung der Entscheidungsbaumgenerierung sowie massiv parallele und verteilte Ansätze, z.B. auf der Basis des MapReduce-Datenverarbeitungsmodells, verfolgt werden.

Im Rahmen der konzeptionellen Evaluation wurde die Erfüllung der Forschungsziele dieser Arbeit ausgehend von den erzielten Forschungsbeiträgen untersucht. Die zentralen Forschungsbeiträge FB_i dieser Arbeit umfassen die Konzeption und prototypische Implementierung des Wissensrepository für die Fertigung (FB_1), der prädiktiven und präskriptiven Fertigungsprozess-Analyse (FB_2) sowie des mobilen Prozess-Dashboard (FB_3). Dazu kommt der Gesamtansatz der AdMA-Plattform in Form einer integrierten Architektur mit generischen Komponenten (FB_4). Im Rahmen der konzeptionellen Evaluation wurde gezeigt, dass sämtliche Forschungsanforderungen durch diese Forschungsbeiträge erfüllt werden, womit die Erfüllung der vier Forschungsziele FZ_i – die Entwicklung einer ganzheitlichen Datenbasis (FZ_1), die datengetriebene Wissensextraktion durch Trend- und Mustererkennung (FZ_2), die Integration mit der Fertigungsebene (FZ_3) sowie die Entwicklung einer integrierten und generischen Plattform (FZ_4) – nachgewiesen wurde.

Die komparative Evaluation umfasst die kriterienorientierte Bewertung und den Vergleich der AdMA-Plattform mit ausgewählten repräsentativen Business-Intelligence-Anwendungen für die Fertigung. Das Ergebnis des Vergleichs zeigt, dass die ganzheitliche Datenbasis und das Data-Mining-basierte präskriptive Analyseverfahren der AdMA-Plattform zentrale Neuerungen darstellen. Außerdem bietet die AdMA-Plattform im Gegensatz zu existierenden Data-Mining-Ansätzen eine höhere Generizität und ermöglicht die Entscheidungsunterstützung für die Fertigungsebene ähnlich wie MES. Zentrale Erweiterungspotentiale der AdMA-Plattform bestehen in der ganzheitlichen Analyse strukturierter und unstrukturierter Daten sowie der Entscheidungsautomation zur automatischen prozessintegrierten Anwendung der Analyseergebnisse.

9 Fazit und Ausblick

Dieses Kapitel umfasst in Abschnitt 9.1 das Fazit dieser Arbeit und gibt in Abschnitt 9.2 einen Ausblick auf zukünftige Arbeiten.

9.1 Fazit

Im Zentrum dieser Arbeit stand die Entwicklung und Erprobung der AdMA-Plattform als eine integrierte, generische Business-Intelligence-Plattform für die datengetriebene Optimierung von Fertigungsprozessen. Auf der Basis einer fundierten Schwachstellenanalyse existierender Business-Intelligence-Anwendungen sowie der Untersuchung eines Praxisbeispiels in Kooperation mit einem Industriepartner wurden vier zentrale technische Herausforderungen für die datengetriebene Optimierung von Fertigungsprozessen abgeleitet, welche die Grundlage für diese Arbeit darstellen. Die Herausforderungen umfassen die *Heterogenität der optimierungsrelevanten Daten*, weitgehend *deskriptive und reaktive Analysen*, eine *Fokussierung auf die Fertigungsleitebene und die Unternehmensleitebene* sowie ein starker *Einzelfallbezug bei der Realisierung*. Die in dieser Arbeit erzielten Ergebnisse bzw. Forschungsbeiträge werden nachfolgend zusammengefasst und die Adressierung der Herausforderungen dargestellt:

- Das *Wissensrepository für die Fertigung* (Gröger et al. 2012c, Gröger et al. 2014b, Gröger et al. 2014c) ermöglicht die Integration strukturierter und unstrukturierter Daten zu einem Fertigungsprozess und unterstützt die prozessorientierte Verwaltung von Wissen im Sinne von aus den Daten gewonnenen Analyseergebnissen. Es basiert auf einem generischen multidimensionalen Datenmodell und realisiert eine prozessorientierte Verknüpfung von (unstrukturierten) Dokumenten und Analyseergebnissen, um eine ganzheitliche Datenbasis über sämtliche Ressourcen und Schritte eines Fertigungsprozesses für die datengetriebene Prozessoptimierung bereitzustellen. Damit wird die Herausforderung der Heterogenität der Daten adressiert. Die entwickelte linkbasierte Architektur für das Wissensrepository stellt darüber hinaus einen allgemeinen Ansatz zur flexiblen Ad-hoc-Integration von strukturierten Daten eines Data Warehouse mit unstrukturierten Daten dar, wofür informationsintensive Links verwendet werden.
- Die *prädiktive und präskriptive Fertigungsprozess-Analyse* (Gröger et al. 2012a, Gröger et al. 2014a) umfassen Data-Mining-basierte Analysedienste, die auf der Basis des Wissensrepository sowohl datengetriebene Ursachenanalysen und Prognosen über den gesamten Fertigungsprozess als auch die datengetriebene Generierung konkreter Handlungsempfehlungen während der Prozessausführung ermöglichen. Den Kern dieser Ansätze bildet die Klassifikation mittels Entscheidungsbäumen, die aufgrund ihrer graphischen Repräsentation

eine einfache Interpretation unterstützen. Speziell die entwickelten Analysedienste der Laufzeitprognostik und der proaktiven Empfehlungsgenerierung unterstützen eine proaktive Prozessoptimierung und adressieren damit die Herausforderung rein deskriptiver und reaktiver Analysen.

- Das *mobile Prozess-Dashboard* (Gröger et al. 2013a, Gröger et al. 2013b, Gröger und Stach 2014) stellt eine Anwendung für den Benutzerzugriff dar und ermöglicht die mobile und personalisierte Informationsbereitstellung für Werker und Fertigungsleiter. Der Schwerpunkt liegt auf einer ganzheitlichen Informationsversorgung von Werkern, denen, ausgehend von einer Informationsbedarfsanalyse, Informationen in den Kategorien Prozessstruktur und -durchführung, Prozessleistung, Prozesswissen sowie Prozesskommunikation zur Verfügung gestellt werden. Hierbei werden zum einen analytische Informationen zur Prozessleistung um Zusatzinformationen ergänzt. Zum anderen wird die multimediale Erfassung des Fachwissens von Benutzern, z.B. in Form von videobasierten Problemlösungsvorschlägen von Werkern, unterstützt. Dies ermöglicht eine Integration mit der Fertigungsebene und adressiert folglich die Herausforderung der Fokussierung auf die Fertigungsleitebene und die Unternehmensleitebene.
- Die *AdMA-Plattform als Gesamtansatz* (Gröger et al. 2012b, Gröger und Stach 2014) basiert architekturell auf den Schichten der Datenbereitstellung, der Prozessanalyse sowie der Prozessoptimierung inklusive des Benutzerzugriffs. Sie integriert damit sämtliche Komponenten zur datengetriebenen Optimierung, insbesondere das Wissensrepository, die Analysedienste sowie das mobile Prozess-Dashboard. Die Architektur und die Komponenten sind generisch konzipiert, sodass die AdMA-Plattform einzelfallübergreifend für unterschiedliche Typen von Fertigungsprozessen anwendbar ist. Damit wird die Herausforderung des Einzelfallbezugs bei der Realisierung adressiert.

Die Forschungsbeiträge adressieren folglich sämtliche aufgeführten Herausforderungen und wurden sowohl auf konzeptioneller Ebene erbracht als auch prototypisch umgesetzt, evaluiert und publiziert. Dementsprechend stellt die AdMA-Plattform einen möglichen Lösungsansatz dar, der die aufgeführten Herausforderungen erfolgreich bewältigt.

Die experimentelle Evaluation am Praxisbeispiel der Nockenwellenherstellung zeigt, dass die AdMA-Plattform sowohl die datengetriebene Identifikation der Einflussfaktoren der Qualitätsproblematik über den gesamten Fertigungsprozess als auch die datengetriebene Generierung konkreter Handlungsempfehlungen zur proaktiven Vermeidung der Qualitätsproblematik während der Prozessausführung ermöglicht. Dies stellt eine valide Unterstützung für die kontinuierliche Prozessoptimierung dar. Anstatt einer manuellen heuristischen Identifikation möglicher Einflussfaktoren im Rahmen aufwändiger iterativer Fehler-Möglichkeits- und Einfluss-Analysen sowie anschließender Prozessanpassungen unterstützt die AdMA-Plattform eine systematische ganzheitliche Identifikation der Einflussfaktoren sowie eine gezielte Prozessanpassung. Hierbei werden sämtliche Schritte und Ressourcen des Fertigungsprozesses in die Analysen miteinbezogen, um eine ganzheitliche Prozessoptimierung zu realisieren. Damit können die Effektivität und die Effizienz der Prozessoptimierung durch die Anwendung der AdMA-Plattform deutlich gesteigert werden. Die experimentelle Evaluation unterstreicht somit anhand eines repräsentativen Realweltbeispiels das allgemeine Anwendungspotential und den Nutzen der AdMA-Plattform zur datengetriebenen Prozessoptimierung von Massen- und Serienfertigungsprozessen.

Anzumerken ist, dass die datengetriebene Prozessoptimierung kein Substitut für management- und modellgetriebene Ansätze darstellt, sondern als Komplement zu betrachten ist. Zum einen sind nicht für jedes Optimierungsvorhaben Quelldaten in ausreichender Menge und Qualität für einen datengetriebenen Ansatz vorhanden. Diese können jedoch mit modellgetriebenen Ansätzen, wie z.B. Simulationen im Rahmen der Prozessplanung, generiert werden. Zum anderen erfordert die sinnvolle Auswahl vorhandener Quelldaten, z.B. im Rahmen der Konkretisierung des multidimensionalen Datenmodells des Wissensrepository, die systematische Einbindung des Erfahrungswissens von Fachingenieuren des Prozesses, wie es für managementgetriebene Ansätze typisch ist.

Im Vergleich mit existierenden Data-Mining-Ansätzen für die Fertigung stellen die ganzheitliche Datenbasis des Wissensrepository sowie das Data-Mining-basierte Verfahren zur präskriptiven Fertigungsprozess-Analyse der AdMA-Plattform zentrale Neuerungen dar. Erst die Integration operativer und prozessorientierter Daten über sämtliche Schritte und Ressourcen des Fertigungsprozesses ermöglicht das Erkennen prozessübergreifender Muster und Zusammenhänge. Davon ausgehend dient die präskriptive Ableitung konkreter Empfehlungen der zielorientierten Gewinnung handlungsrelevanter Erkenntnisse, womit im Gegensatz zu prädiktiven Ansätzen direkt die eigentliche Optimierung, d.h. die Ableitung konkreter Verbesserungsmaßnahmen, unterstützt wird. Hinzu kommen im Vergleich mit existierenden Data-Mining-Ansätzen die Generizität der AdMA-Plattform, die eine einzelfallübergreifende Anwendbarkeit sicherstellt, sowie die Integration mit der Fertigungsebene zur Entscheidungsunterstützung und Einbindung von Werkern. Zukünftige Erweiterungspotentiale der AdMA-Plattform bestehen in der ergänzenden Analyse unstrukturierter Daten sowie der Entscheidungsautomation zur automatischen prozessintegrierten Anwendung der Analyseergebnisse.

Summa summarum ermöglicht die AdMA-Plattform mit ihren prädiktiven und präskriptiven Analyseverfahren sowie einer gezielten Informationsbereitstellung auf der Grundlage einer ganzheitlichen Datenbasis die systematische Nutzung der enormen Datenmengen in der Fertigung zur Prozessoptimierung und bietet damit neue Potentiale zur Erhaltung und Steigerung der Wettbewerbsfähigkeit von Industrieunternehmen. Darüber hinaus unterstützt die AdMA-Plattform in Anlehnung an das Stuttgarter Unternehmensmodell (Westkämper et al. 2005) die Wandlungsfähigkeit insbesondere durch die datengetriebene Prognose von Turbulenzen und die proaktive Ableitung von Gegenmaßnahmen sowie eine ganzheitliche Informationsbereitstellung für Werker.

9.2 Ausblick

Zukünftige Arbeiten zur AdMA-Plattform ergeben sich sowohl aus technischen Erweiterungen als auch aus methodischen Aspekten sowie aus einer Übertragung der Konzepte der AdMA-Plattform. Dementsprechend werden nachfolgend die *ganzheitliche Analyse strukturierter und unstrukturierter Daten*, die Entwicklung einer *Methode zur Prozessselektion und -bewertung für die datengetriebene Optimierung* sowie die *Übertragung auf weitere Anwendungsbereiche* als zentrale zukünftige Arbeiten vorgestellt und abschließend zusammengefasst.

Ganzheitliche Analyse strukturierter und unstrukturierter Daten

Die in dieser Arbeit entwickelten Analysedienste zur prädiktiven und präskriptiven Fertigungsprozess-Analyse basieren auf der Analyse strukturierter Daten. Eine Vielzahl an Informationen zum Fertigungsprozess liegt zusätzlich in Form von unstrukturierten Daten, z.B. in Schichtprotokollen, Fotos und Fehlerberichten vor (Kemper et al. 2013). Diese werden im Rahmen der AdMA-Plattform bereits durch das Wissensrepository für die Fertigung bereitgestellt. Eine Erweiterung der Analysedienste zur ganzheitlichen Analyse strukturierter und unstrukturierter Daten ermöglicht die Erkennung neuer Zusammenhänge zur Unterstützung der Prozessoptimierung. Im Vordergrund steht hierbei insbesondere die Analyse unstrukturierter Daten in der Form von natürlichsprachlichem Text mithilfe von Textanalyse-Ansätzen zur maschinellen Sprachverarbeitung (Feldman und Sanger 2007, Manning und Schütze 1999). Es geht beispielsweise um eine ganzheitliche Ursachenanalyse eines Qualitätsproblems, in die zusätzlich zur Data-Mining-basierten Analyse strukturierter Daten die Analyse von Fehlerberichten von Werkern und Meistern zu diesem Prozess einbezogen wird. Auch eine Einbeziehung von Textdaten aus den der Fertigung nachgelagerten After-Sales-Bereichen ist denkbar, z.B. zur Korrelation von Kundenbeschwerden mit der Prozessleistung in der Fertigung.

Existierende Textanalyse-Ansätze im Fertigungskontext fokussieren auf die isolierte einzelfallspezifische Analyse von Textdaten, z.B. zur inhaltlichen Klassifikation bestimmter Textdokumente (siehe zu existierenden Textanalyse-Ansätzen (Kassner et al. 2014)). Die Realisierung ganzheitlicher Analysedienste im Rahmen der AdMA-Plattform umfasst folglich zum einen die Entwicklung *generischer Textanalyse-Ansätze für den Fertigungskontext*, wobei es insbesondere um die Entwicklung fertigungsspezifischer Sprachressourcen, wie z.B. Wortlisten und Ontologien, geht. Zum anderen sind Konzepte und Techniken zu entwickeln, die *Analyseansätze für strukturierte Daten, insbesondere Data-Mining-Ansätze, mit Textanalyse-Ansätzen systematisch kombinieren*. Beispielsweise können im Rahmen einer ganzheitlichen Ursachenanalyse die einzelnen Knoten des Entscheidungsbaumes den Ausgangspunkt für eine vorkonfigurierte Named-Entity-Recognition-Analyse darstellen, um weitere Zusammenhänge zu den im Entscheidungsbaum repräsentierten Entitäten aus Textdokumenten zu extrahieren.

Für eine weitergehende Darstellung einer Business-Intelligence-Plattform zur ganzheitlichen Analyse strukturierter und unstrukturierter Daten auf der Basis der AdMA-Plattform sei auf (Kassner et al. 2014) verwiesen.

Methode zur Prozessselektion und -bewertung für die datengetriebene Optimierung

Im Rahmen der experimentellen Evaluation der AdMA-Plattform wurde deutlich, dass der betrachtete Fertigungsprozess zur Nockenwellenherstellung organisatorische, technische und betriebswirtschaftliche Rahmenbedingungen aufweist, die eine Anwendung der AdMA-Plattform begünstigen. Daraus resultiert die Fragestellung, welche allgemeinen Rahmenbedingungen und Kriterien die Eignung von Fertigungsprozessen für eine datengetriebene Optimierung determinieren. Zur Adressierung dieser Fragestellung kann eine Methode zur Prozessselektion und -bewertung entwickelt werden, die eine systematische Auswahl geeigneter Fertigungsprozesse für die datengetriebene Optimierung ermöglicht und damit die gezielte Anwendung der AdMA-Plattform unterstützt.

Zur Entwicklung der Methode können existierende Selektions- und Bewertungsverfahren für Geschäftsprozesse (Grob et al. 2008, Schmelzer und Sesselmann 2008) auf den Fertigungskontext übertragen und auf der Basis von Klassifikationsmodellen von Fertigungsprozessen (Louis 2009, Gröger 2011) angepasst werden. In Anlehnung an das Selektionsverfahren von (Grob et al. 2008) können die folgenden grundlegenden Schritte einer Methode identifiziert werden, für die konkrete Bewertungskriterien zu entwickeln sind:

1. Im Rahmen der *Prozessvorauswahl* ist die grundlegende Eignung des Fertigungsprozesses insbesondere anhand des Strukturiertheitsgrades, der ökonomischen Relevanz für das Unternehmen sowie der vorhandenen IT-Infrastruktur für die Betriebsdatenerfassung zu beurteilen.
2. Die *Untersuchung der Datengrundlage* dient der Identifikation sämtlicher zu einem Fertigungsprozess vorhandenen Datenquellen mit strukturierten und unstrukturierten Daten sowie der Untersuchung der Datenqualität. Davon ausgehend ist die technische Integrierbarkeit der Daten zu prüfen. Es ist insbesondere festzustellen, ob Schlüsselbeziehungen zwischen operativen und prozessorientierten Daten hergestellt werden können.
3. Die *Potentialbewertung* bezieht sich schließlich auf eine betriebswirtschaftliche Kosten-Nutzen-Abschätzung für einen vorausgewählten Fertigungsprozess mit valider Datengrundlage. Es ist zu ermitteln, ob die Optimierungspotentiale des Fertigungsprozesses potentiell den Aufwand für die Umsetzung und den Betrieb des IT-Systems für die datengetriebene Optimierung übersteigen.

Übertragung auf weitere Anwendungsbereiche

Die Übertragung der Konzepte der AdMA-Plattform, insbesondere zur präskriptiven Prozessanalyse und Empfehlungsgenerierung, ermöglicht die datengetriebene Optimierung von Prozessen in weiteren Anwendungsbereichen, z.B. über den gesamten Produktlebenszyklus. Neben der bereits aufgeführten Übertragung auf *Geschäftsprozesse*, die im Wesentlichen ein Geschäftsprozessmetamodell zur Anpassung des Wissensrepository erfordert (siehe Abschnitt 4.7), stellt der Electronic-Health-Kontext (Trill 2008) einen interessanten Anwendungsbereich außerhalb des Fertigungsumfeldes dar. Die Nutzung mobiler Endgeräte zur Gesundheitsdatenerfassung durch Patienten im Rahmen von Gesundheitsdatenmanagementsystemen, wie z.B. des ECHO-Systems (Bitsaki et al. 2014), führt zu umfassenden Datenmengen, die eine datengetriebene Optimierung *ärztlicher Behandlungsprozesse* ermöglichen. Das Ziel besteht darin, datengetrieben konkrete Behandlungsempfehlungen für einen Patienten mit einem bestimmten Gesundheitszustand abzuleiten. Hierfür kann der Ansatz der Empfehlungsgenerierung der AdMA-Plattform aus Abschnitt 6.3 übertragen und angewendet werden. Dies wird nachfolgend kurz erläutert.

Der betrachtete Prozess umfasst die Behandlung eines Patienten durch einen Arzt, wobei die einzelnen Behandlungsmaßnahmen, z.B. die Verschreibung bestimmter Medikamente, die Prozessschritte darstellen. Hierbei werden die Daten zu Behandlungsmaßnahmen und zum Gesundheitszustand des Patienten gespeichert und historisiert. Die Behandlung eines konkreten Patienten stellt folglich eine Prozessinstanz dar. Die zu optimierende Kennzahl repräsentiert den

Gesundheitszustand. Anzumerken ist, dass ärztliche Behandlungsprozesse im Gegensatz zu Fertigungsprozessen typischerweise nicht auf einem exakt vordefinierten Prozessmodell basieren und sich die nächste Behandlungsmaßnahme, d.h. der nächste Prozessschritt, ad hoc aus dem aktuellen Gesundheitszustand des Patienten ergibt. Die Datenbasis für die Generierung einer Empfehlung für die nächste Behandlungsmaßnahme umfasst folglich sämtliche Daten zu sämtlichen Behandlungsmaßnahmen von Patienten mit ähnlichem Gesundheitszustand und Krankheitsverlauf wie der betrachtete Patient. Diese Patienten können beispielsweise mittels eines Data-Mining-Verfahrens zur Gruppenbildung ermittelt werden. Davon ausgehend ist eine Behandlungsmaßnahme abzuleiten, für die ein möglichst günstiger Gesundheitszustand prognostiziert wird. Die Behandlungsmaßnahme kann hierbei als linke Seite, der Gesundheitszustand als rechte Seite einer Entscheidungsregel aufgefasst werden, was die Basis für die Modellgenerierung und -analyse im Rahmen der Empfehlungsgenerierung darstellt. Der zuständige Arzt erhält somit im Rahmen einer Entscheidungsunterstützung eine datengetriebene Empfehlung für die nächste Behandlungsmaßnahme des Patienten.

Zusammenfassung

Wie in diesem Abschnitt gezeigt, kann die AdMA-Plattform im Rahmen zukünftiger Arbeiten sowohl technisch als auch methodisch erweitert und ergänzt werden. Die ganzheitliche Analyse strukturierter und unstrukturierter Daten sowie eine Methode zur Prozessselektion und -bewertung verbessern die Funktionsmächtigkeit und Anwendbarkeit. Darüber hinaus unterstreicht die dargestellte Übertragung der AdMA-Plattform auf weitere Anwendungsbereiche den generischen Charakter der in dieser Arbeit entwickelten Konzepte und illustriert das Anwendungspotential der datengetriebenen Optimierung auch außerhalb des Fertigungsumfeldes, z.B. im Electronic-Health-Kontext.

Anhang

Anhang A: Durchführung der Anwendungsszenarien mit dem mobilen Prozess-Dashboard

Nachfolgend wird die Durchführung der in Abschnitt 8.2.2 aufgeführten Anwendungsszenarien anhand von Bildschirmausschnitten des mobilen Prozess-Dashboard illustriert.

Anwendungsszenario 1: Proaktive Empfehlungsgenerierung und informatorische Unterstützung für Werker

1. Nach der Anmeldung am mobilen Prozess-Dashboard bestimmt der Werker den für ihn relevanten Prozessschritt, das Planschleifen der Nocken, indem er den QR-Code an seinem Arbeitsbereich scannt (siehe Abbildung 59). Der Werker erhält daraufhin einen Überblick über die Struktur des Fertigungsprozesses sowie über den aktuellen Zustand der vorausgehenden und nachfolgenden Prozessschritte, z.B. mit Blick auf aktuelle Störungen. Zudem werden die Kennzahlen für seinen Prozessschritt, wie z.B. die Durchlaufzeit, bereitgestellt (siehe Abbildung 60).

Abbildung 59: Bildschirmausschnitt des mobilen Prozess-Dashboard zum Scannen des QR-Codes

2. Vor der Bearbeitung des nächsten Fertigungsauftrages wird der Werker durch das mobile Prozess-Dashboard prädiktiv gewarnt, dass die Qualitätsprognose negativ ist und die entsprechende Nockenwelle am Prozessende wahrscheinlich Ausschuss darstellt. Um dieser Prognose proaktiv entgegen zu wirken, wird zusätzlich eine präskriptiv generierte Hand-

lungsempfehlung bereitgestellt. Dem Werker wird empfohlen, die Zustellung als Schleifeinstellung für diesen Fertigungsauftrag anhand eines vorgegebenen Grenzwertes anzupassen (siehe Abbildung 60).

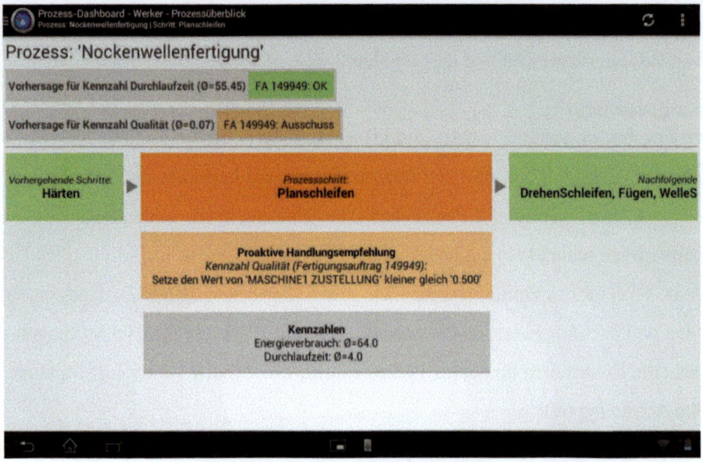

Abbildung 60: Bildschirmausschnitt des mobilen Prozess-Dashboard mit Prozessüberblick und Handlungsempfehlung für Werker

3. Der Werker durchsucht im mobilen Prozess-Dashboard unterschiedliche Prozessdokumente, um die erforderlichen Schritte zur Anpassung der Maschineneinstellungen ausfindig zu machen (siehe Abbildung 61). Zudem informiert er den Werker im nachfolgenden Prozessschritt mit einer kurzen Nachricht über die Verzögerung im Prozessablauf. Anhand von Informationen aus dem bereitgestellten Maschinenhandbuch sowie weiteren Handlungsanleitungen gelingt dem Werker die Anpassung der Zustellung. Die Nocken werden mit den angepassten Maschineneinstellungen bearbeitet und die Entstehung von Ausschuss am Prozessende wird damit vermieden.
4. Zur schnellen Wiederverwendung durch andere Mitarbeiter dokumentiert der Werker mit dem mobilen Prozess-Dashboard die einzelnen Schritte zur Anpassung der Zustellung für das Planschleifen anhand eines Fotos der Maschineneinstellungen sowie einer kurzen textuellen Beschreibung und stellt diese Informationen als Problemlösungsvorschlag zugeordnet zum entsprechenden Prozessschritt zur Verfügung (siehe Abbildung 62). Andere Werker können den Problemlösungsvorschlag mit dem mobilen Prozess-Dashboard einsehen und weiter ergänzen.

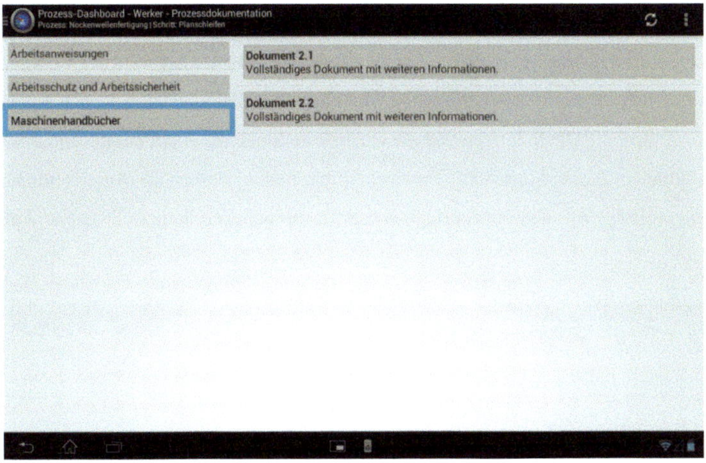

Abbildung 61: Bildschirmausschnitt des mobilen Prozess-Dashboard zur Suche von Prozessdokumenten für Werker

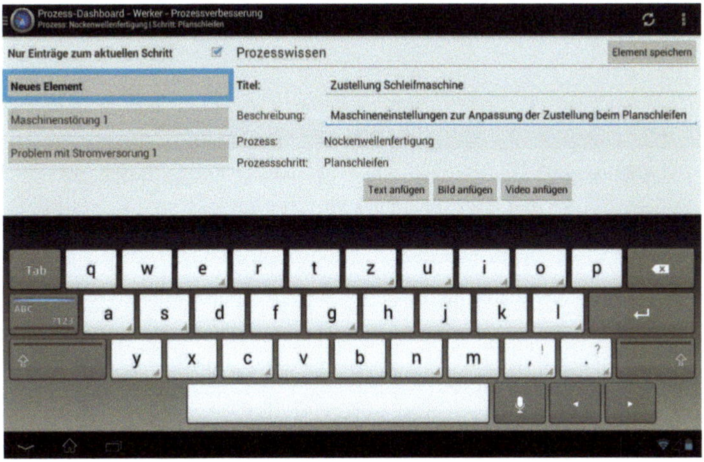

Abbildung 62: Bildschirmausschnitt des mobilen Prozess-Dashboard zur Erstellung eines Problemlösungsvorschlages durch Werker

Anwendungsszenario 2: Ursachenanalyse für Fertigungsleiter

1. Nach der Anmeldung am mobilen Prozess-Dashboard und der Auswahl des Fertigungsprozesses erhält der Fertigungsleiter einen Überblick über die prozessbezogenen Kennzahlen, insbesondere die Durchlaufzeit und die Qualität im Sinne der Ausschussmenge, sowie über den aktuellen Zustand sämtlicher Prozessschritte. Zudem werden die aktuell laufenden Fertigungsaufträge mit den zugehörigen Kennzahlenprognosen dargestellt (siehe Abbildung 63).

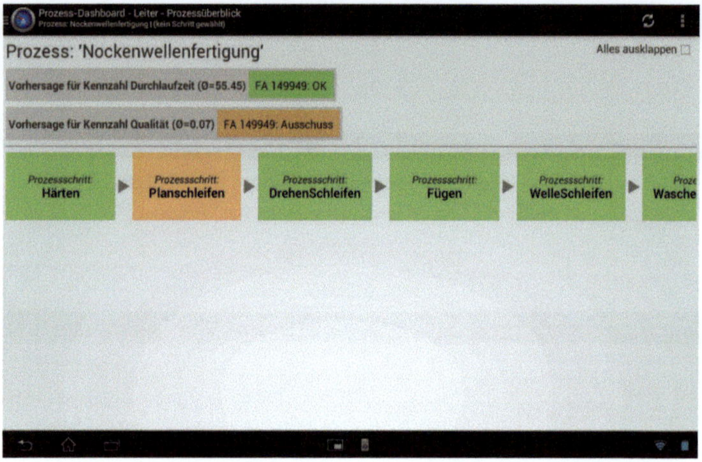

Abbildung 63: Bildschirmausschnitt des mobilen Prozess-Dashboard mit Prozessüberblick für Fertigungsleiter

2. Aufgrund der hohen durchschnittlichen Ausschussmenge führt der Fertigungsleiter mit dem mobilen Prozess-Dashboard eine kennzahlenorientierte Ursachenanalyse durch, um Einflussfaktoren über den gesamten Fertigungsprozess, d.h. über sämtliche Prozessschritte und Ressourcen, für die Qualitätsproblematik zu identifizieren. Hierfür definiert der Fertigungsleiter zuerst die Kennzahlenkategorien, wobei eine Ausschussmenge von 0 bzw. 1 als „OK“ bzw. „Ausschuss“ kategorisiert wird. Das Ergebnis der Ursachenanalyse wird anschließend als Entscheidungsbaum bereitgestellt (siehe Abbildung 64 und Abbildung 65).
3. Die vom Fertigungsleiter anhand des Entscheidungsbaums identifizierten Einflussfaktoren beziehen sich auf unterschiedliche Prozessschritte und Ressourcen. Es geht beispielsweise um die Anpassung der Zustellung beim Planschleifen der Nocken sowie um die Verwendung eines bestimmten Werkstoffes für die Rohlinge der Nocken (siehe Abbildung 65). Im Rahmen einer Begehung des Shop Floors inspiziert der Fertigungsleiter die entsprechenden

Arbeitsbereiche und hält vor Ort Rücksprache mit Fachingenieuren, denen er die Ergebnisse mit dem mobilen Prozess-Dashboard präsentiert. Diese Aktivitäten bestätigen die identifizierten Einflussfaktoren und bilden die Grundlage für eine entsprechende Prozessoptimierung.

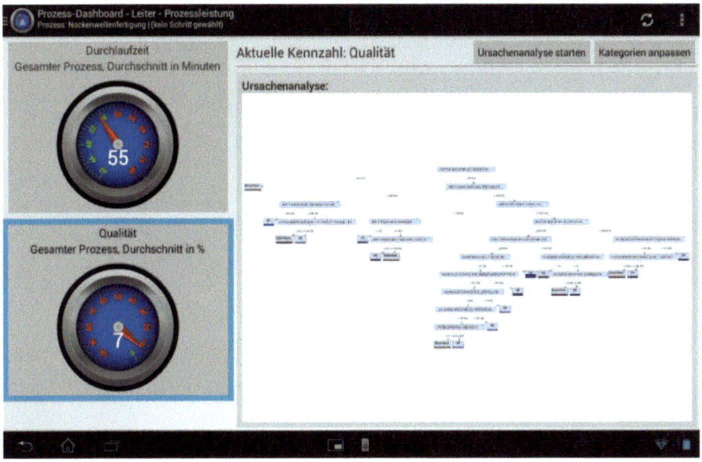

Abbildung 64: Bildschirmausschnitt des mobilen Prozess-Dashboard mit Entscheidungsbaum als Ergebnis der Ursachenanalyse für Fertigungsleiter

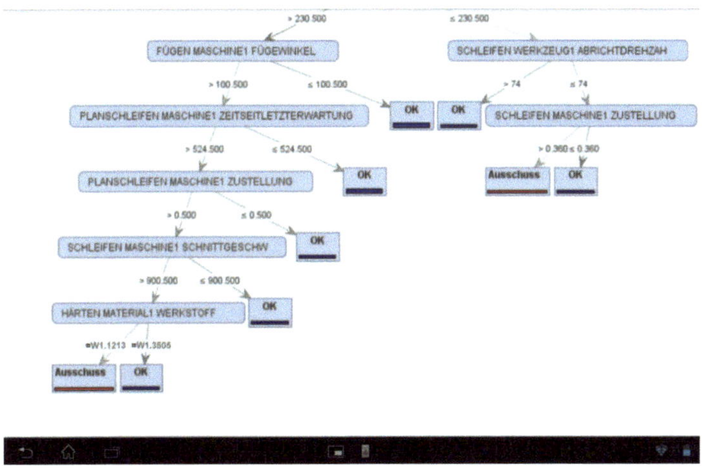

Abbildung 65: Bildschirmausschnitt des mobilen Prozess-Dashboard mit Teil des Entscheidungsbaumes als Ergebnis der Ursachenanalyse für Fertigungsleiter

Literaturverzeichnis

Aalst, W. v. d. (2011): Process mining. Discovery, conformance and enhancement of business processes. Heidelberg: Springer.

Aalst, W. v. d.; Pesic, M.; Song, M. (2010): Beyond Process Mining: From the Past to Present and Future. In: Proceedings of the International Conference on Advanced Information Systems Engineering (CAiSE) 2010. Berlin: Springer, S. 38–52.

Aalst, W. v. d.; Schonenberg, H.; Song, M. (2011): Time prediction based on process mining. In: Information Systems 36 (2), S. 450–475.

Aalst, W. v. d.; Weijters, A. (2004): Process Mining: A Research Agenda. In: Computers in Industry 53 (3), S. 231–244.

Aalst, W. v. d.; Weijters, A.; Maruster, L. (2004): Workflow mining: Discovering process models from event logs. In: IEEE Transactions on Knowledge and Data Engineering 16 (9), S. 1128–1142.

Abelló, A.; Darmont, J.; Etcheverry, L.; Golfarelli, M.; Mazón, J.-N; Naumann, F.; Pedersen, T. B.; Rizzi, S.; Trujillo, J.; Vassiliadis, P.; Vossen, G. (2013): Fusion Cubes: Towards Self-Service Business Intelligence. In: International Journal of Data Warehousing and Mining 9 (2), S. 66–88.

Adam, F.; Pomerol, J.-C (2008): Developing practial decision support tools using dashboards. In: F. Burstein und C. W. Holsapple (Hg.): Handbook on decision support systems 2. Variations. Berlin: Springer, S. 151–174.

Aggarwal, C. C.; Wang, H. (2010): Graph data management and mining: a survey of algorithms and applications. In: C. C. Aggarwal und H. Wang (Hg.): Managing and mining graph data. New York: Springer, S. 13–68.

AirWatch (2015): AirWatch Mobile Device Management. Online unter http://www.air-watch.com/solutions/mobile-device-management.

Albrecht, J.; Bauer, A.; Lehner, W.; Teschke, M.; Pieringer, R. (2013a): Einsatz materialisierter Sichten. In: A. Bauer und H. Günzel (Hg.): Data-Warehouse-Systeme. Architektur, Entwicklung, Anwendung. 4. Aufl. Heidelberg: dpunkt, S. 322–332.

Albrecht, J.; Behme, W.; Görlich, O.; Scholz, A.; Pieringer, R. (2013b): Partitionierung. In: A. Bauer und H. Günzel (Hg.): Data-Warehouse-Systeme. Architektur, Entwicklung, Anwendung. 4. Aufl. Heidelberg: dpunkt, S. 314–319.

Albrecht, J.; Blaschka, M.; Sapia, C.; Stock, S. (2013c): Konzeptuelle Modellierung. In: A. Bauer und H. Günzel (Hg.): Data-Warehouse-Systeme. Architektur, Entwicklung, Anwendung. 4. Aufl. Heidelberg: dpunkt, S. 201–214.

Albrecht, J.; Findeisen, D.; Furtado, P.; Frietsch, H.; Winter, D. (2013d): Multidimensionale Speicherung. In: A. Bauer und H. Günzel (Hg.): Data-Warehouse-Systeme. Architektur, Entwicklung, Anwendung. 4. Aufl. Heidelberg: dpunkt, S. 265–284.

Aldinger, L.; Kapp, R.; Westkämper, E. (2007): Echtzeitfähiges Fabrik-Cockpit-System. In: Werkstattstechnik 97 (5), S. 358–362.

Alfresco Software (2015): Alfresco CMS. Online unter http://www.alfresco.com.

Angles, R. (2012): A Comparison of Current Graph Database Models. In: Proceedings of the IEEE International Conference on Data Engineering Workshops (ICDEW) 2012. Los Alamitos: IEEE Computer Society, S. 171–177.

Angles, R.; Gutierrez, C. (2008): Survey of graph database models. In: ACM Computing Surveys 40 (1), S. 1–39.

Anvaari, M.; Jansen, S. (2010): Evaluating architectural openness in mobile software platforms. In: Proceedings of the Fourth European Conference on Software Architecture (ECSA) 2010. New York: ACM, S. 85–92.

Apache Software Foundation (2015): Apache Tomcat. Online unter http://tomcat.apache.org/.

Apple (2015a): iOS. Online unter http://www.apple.com/de/ios/.

Apple (2015b): iOS Developer Enterprise Program. Online unter http://developer.apple.com/programs/ios/enterprise/.

Autewo (2015): Nockenwelle Auslass. Online unter http://shop.autewo.de/-NEU-ORIGINAL!-Audi-VW-A4-B5-A6-4B-Passat-1-8l-125PS-Nockenwelle-Auslass-058109022C/a47613736_u341/.

Baars, H.; Kemper, H.-G. (2008): Management Support with Structured and Unstructured Data - An Integrated Business Intelligence Framework. In: Information Systems Management 25 (2), S. 132–148.

Banks, J.; Carson, J. S.; Nelson, B. L.; Nicol, D. M. (2010): Discrete-event system simulation. 5. Aufl. Upper Saddle River: Prentice Hall.

Basshuysen, R. v.; Schäfer, F. (Hg.) (2015): Handbuch Verbrennungsmotor. Grundlagen, Komponenten, Systeme, Perspektiven. 7. Aufl. Wiesbaden: Springer Vieweg.

Bastos, P.; Lopes, I.; Pires, L. (2012): A Maintenance Prediction System using Data Mining Techniques. In: Proceedings of the World Congress on Engineering 2012 Vol III, WCE 2012, 4 – 6 July, 2012, London, U.K. International Association of Engineers (IAENG). Hong Kong: Newswood, S. 1448–1453.

Bauer, A.; Günzel, H. (2013): Begriffliche Einordnung. In: A. Bauer und H. Günzel (Hg.): Data-Warehouse-Systeme. Architektur, Entwicklung, Anwendung. 4. Aufl. Heidelberg: dpunkt, S. 6–11.

Bauer, A.; Günzel, H.; Totok, A.; Vaduva, A.; Zeh, T. (2013): Aspekte einer Referenzarchitektur. In: A. Bauer und H. Günzel (Hg.): Data-Warehouse-Systeme. Architektur, Entwicklung, Anwendung. 4. Aufl. Heidelberg: dpunkt, S. 37–42.

Bauernhansl, T.; Diegner, B.; Diemer, J.; Dümmler, M.; Eckert, C.; Herfs, W.; Heyn, H.; Hilger, C.; Hompel, M. t.; Kalhoff, J.; Kubach, U.; Liggesmeyer, P.; Loewen, U.; Neben, W.; Quetschlich, M.; Steffens, E.-J.; Stiedl, T.; Spaeth, B. (2014): Industrie 4.0. Whitepaper FuE-Themen der Plattform Industrie 4.0.

Becker, M.; Chamoni, P. (2008): Ein modellbasierter, integrierter Ansatz zur Gestaltung und Nutzung eines Process Warehouse. In: M. Bichler, T. Hess, H. Krcmar, U. Lechner, F. Matthes, A. Picot et al. (Hg.): Multikonferenz Wirtschaftsinformatik 2008. Berlin: Gito, S. 155–166.

Becker, Torsten (2008): Prozesse in Produktion und Supply Chain optimieren. 2. Aufl. Berlin: Springer.

Behme, W.; Blaschka, M.; Günzel, H.; Sapia, C.; Stock, S.; Lehner, W. (2013): Relationale Speicherung. In: A. Bauer und H. Günzel (Hg.): Data-Warehouse-Systeme. Architektur, Entwicklung, Anwendung. 4. Aufl. Heidelberg: dpunkt, S. 242–265.

Bensberg, F. (2008): Mobile Business Intelligence. Besonderheiten, Potentiale und prozessorientierte Gestaltung. In: H. H. Bauer, T. Dirks und M. D. Bryant (Hg.): Erfolgsfaktoren des Mobile-Marketing. Strategien, Konzepte und Instrumente. Berlin: Springer, S. 71–87.

Berger, S.; Mangold, C.; Meyer, S.; Westkämper, E.; Zahn, E. (2009): Wissen im Kontext der Wandlungsfähigkeit. In: E. Westkämper und E. Zahn (Hg.): Wandlungsfähige Produktionsunternehmen. Das Stuttgarter Unternehmensmodell. Berlin: Springer, S. 186–201.

Berkau, C. (1998): Instrumente der Datenverarbeitung für das effiziente Prozesscontrolling. In: Kostenrechungspraxis (Sonderheft 2), S. 27–32.

Bernard, T. (2011): Datenbestände optimal nutzen – Entscheidungsunterstützung im Produktionsumfeld mit Data-Mining-Werkzeugen. In: K. Müller (Hg.): Prozesstechnik & Automation: P&A Kompendium 2011-2012. München: publish-industry, S. 115–117.

Berners-Lee, T.; Fielding, R.; Masinter, L. (2005): Uniform Resource Identifier (URI): Generic Syntax. Request for Comments: 3986.

Bernstein, P. A.; Dayal, U. (1994): An Overview of Repository Technology. In: Proceedings of the 20th International Conference on Very Large Data Bases (VLDB) 1994. San Francisco: Morgan Kaufmann, S. 705–713.

Bernstein, P. A.; Madhavan, J.; Rahm, E. (2011): Generic schema matching, ten years later. In: Proceedings of the VLDB Endowment 4 (11), S. 695–701.

Bertsche, B.; Lechner, G. (2004): Zuverlässigkeit im Fahrzeug- und Maschinenbau. Ermittlung von Bauteil- und System-Zuverlässigkeiten. 3. Aufl. Berlin: Springer.

Bissantz, N.; Hagedorn J.; Mertens, P. (2000): Data Mining. In: H. Mucksch und W. Behme (Hg.): Das Data Warehouse-Konzept. 4. Aufl. Wiesbaden: Gabler, S. 377–407.

Bitsaki, M.; Koutras, C.; Koutras, G.; Leymann, F.; Mitschang, B.; Nikolaou, C.; Siafakas, N.; Strauch, S.; Tzanakis, N.; Wieland, M. (2014): An Integrated mHealth Solution for Enhancing Patients' Health Online. In: Proceedings of the 6th European Conference of the International Federation for Medical and Biological Engineering (IFMBE) 2015. Cham: Springer, S. 695–698.

Bizer, C.; Heath, T.; Berners-Lee, T. (2009): Linked Data - The Story So Far. In: International Journal on Semantic Web and Information Systems 5 (3), S. 1–22.

Bodendorf, F. (2006): Daten- und Wissensmanagement. 2. Aufl. Berlin: Springer.

Bonifati, A.; Casati, F.; Dayal, U.; Shan, M.-C. (2001): Warehousing Workflow Data: Challenges and Opportunities. In: Proceedings of the 27th International Conference on Very Large Data Bases (VLDB) 2001. San Francisco: Morgan Kaufmann, S. 649–652.

Bose, R. (2009): Advanced analytics: opportunities and challenges. In: Industrial Management & Data Systems 109 (2), S. 155–172.

Bracht, U.; Brosch, P.; Sontag, T. (2012): Mobile Anwendungen im Rahmen der Digitalen Fabrik. In: Werkstattstechnik 102 (3), S. 98–102.

Bracht, U.; Hackenberg, W.; Bierwirth, T. (2011): Monitoringansatz für die operative CKD-Logistik. In: Werkstattstechnik 101 (3), S. 122–127.

Braunbeck, M. (2014): Realisierung eines Anwendungsszenarios für Data Mining in der Produktion. Bachelorarbeit Nr. 126, Universität Stuttgart. Stuttgart.

Buzacott, J. A.; Corsten, H.; Gössinger, R.; Schneider, H. M. (2013): Production planning and control. Basics and concepts. München: Oldenbourg.

Casati, F.; Castellanos, M.; Umeshwar, D.; Salazar, N. (2007): A Generic solution for Warehousing Business Process Data. In: C. Koch, J. Gehrke, M. N. Garofalakis, D. Srivastava, K. Aberer, A. Deshpande et al. (Hg.): Proceedings of the 33rd International Conference on Very Large Data Bases (VLDB) 2007. New York: ACM, S. 1128–1137.

Castellanos, M.; Casati, F.; Dayal, U.; Shan, M.-C. (2004): A Comprehensive and Automated Approach to Intelligent Business Processes Execution Analysis. In: Distributed and Parallel Databases 16 (3), S. 239–273.

Cattell, R. (2011): Scalable SQL and NoSQL data stores. In: ACM SIGMOD Record 39 (4), S. 12–27.

Chakaravarthy, V. T.; Gupta, H.; Roy, P.; Mohania, M. (2006): Efficiently Linking Text Documents w ith Relevant Structured Information. In: Proceedings of the 32nd International Conference on Very Large Data Bases (VLDB) 2006. New York: ACM, S. 667–678.

Chamoni, P. (2007): XBRL and Business Intelligence – From Business Reporting to Advanced Analytics. In: R. Debreceny, C. Felden und M. Piechocki (Hg.): New Dimensions of Business Reporting and XBRL. Wiesbaden: DUV, S. 177–189.

Chamoni, P.; Gluchowski, P. (2013): Analytische Informationssysteme - Einordnung und Überblick. In: P. Chamoni und P. Gluchowski (Hg.): Analytische Informationssysteme. Business-Intelligence-Technologien und -Anwendungen. 4. Aufl. Berlin: Springer, S. 3–16.

Chen, H.; Chiang, R.H.L; Storey, V.C (2012): Business Intelligence and Analytics: From Big Data to Big Impact. In: MIS Quarterly 36 (4), S. 1–24.

Chen, K.-Y.; Wu, T.-C. (2005): Data warehouse design for manufacturing execution systems. In: Proceedings of the IEEE International Conference on Mechatronics 2005. Piscataway: IEEE, S. 751–756.

Chen, P. P.-S. (1976): The entity-relationship model - Toward a unified view of data. In: ACM Transactions on Database Systems 1 (1), S. 9–36.

Chien, C. F.; Wang, W. C.; Cheng, J. C. (2007): Data mining for yield enhancement in semiconductor manufacturing and an empirical study. In: Expert Systems with Applications 33 (1), S. 192–198.

Chong, I.-G.; Albin, S. L.; Jun, C.-H. (2007): A data mining approach to process optimization without an explicit quality function. In: IIE Transactions 39 (8), S. 795–804.

Chong, I.-G.; Jun, C.-H. (2008): Flexible patient rule induction method for optimizing process variables in discrete type. In: Expert Systems with Applications 34 (4), S. 3014–3020.

Choudhary, A. K.; Harding, J. A.; Tiwari, M. K. (2009): Data mining in manufacturing: a review based on the kind of knowledge. In: Journal of Intelligent Manufacturing 20 (5), S. 501–521.

Clevenger, N. C. (2011): iPad in the enterprise. Developing and deploying business applications. Indianapolis: Wiley.

Codd, E. F. (1970): A relational model of data for large shared data banks. In: Communications of the ACM 13 (6), S. 377–387.

Cody, W. F.; Kreulen, J. T.; Krishna, V.; Spangler, W. S. (2002): The Integration of Business Intelligence and Knowledge Management. In: IBM Systems Journal 41 (4), S. 697–713.

Cohen, J.; Dolan, B.; Dunlap, M.; Hellerstein, J. M.; Welton, C. (2009): MAD skills: new analysis practices for big data. In: Proceedings of the VLDB Endowment 2 (2), S. 1481–1492.

Conforti, R.; Leoni, M.; Rosa, M.; Aalst, W. v. d. (2013): Supporting Risk-Informed Decisions during Business Process Execution. In: Proceedings of the 25th International Conference on Advanced Information Systems Engineering (CAiSE) 2013. Berlin: Springer, S. 116–132.

Corsten, H. (2009): Produktionswirtschaft. Einführung in das industrielle Produktionsmanagement. 12. Aufl. München: Oldenbourg.

Critical Manufacturing (2015): cmNavigo MES. Online unter http://www.criticalmanufacturing.com/en/cmnavigo-mes/overview.

Dangelmaier, W. (2001): Fertigungsplanung. Planung von Aufbau und Ablauf der Fertigung. 2. Aufl. Berlin: Springer.

Dapperheld, M. (2013): Entwicklung analysebasierter Optimierungsmuster zur Verbesserung von Fertigungsprozessen. Masterarbeit Nr. 3417, Universität Stuttgart. Stuttgart.

Darmont, J.; Boussaid, O. (2006): Processing and managing complex data for decision support. Hershey: Idea Group.

Das, S.; Sismanis, Y.; Beyer, K. S.; Gemulla, R.; Haas, P. J.; McPherson, J. (2010): Ricardo: Integrating R and Hadoop. In: Proceedings of the ACM SIGMOD International Conference on Management of Data (SIGMOD) 2010. New York: ACM, S. 987–998.

Dassault Systems (2015): DELMIA Manufacturing Operations Management. Online unter http://www.3ds.com/de/produkte-und-services/delmia/funktionsumfang/manufacturing-operations-management/.

Data Mining Group (2013): PMML 4.1 Standard. Online unter http://www.dmg.org/v4-1/GeneralStructure.html.

Davenport, T. H.; Harris, J. G. (2005): Automated decision making comes of age. In: MIT Sloan Management Review 46 (4), S. 83–89.

Davenport, T. H.; Prusak, L. (2000): Working knowledge. How organizations manage what they know. Boston: Harvard Business School Press.

Dean, J.; Ghemawat, S. (2008): MapReduce: simplified data processing on large clusters. In: Communications of the ACM 51 (1), S. 107–113.

Deka, G. C. (2014): Big data predictive and prescriptive analytics. In: P. Raj und G. C. Deka (Hg.): Handbook of research on cloud infrastructures for big data analytics. Hershey: Information Science Reference, S. 370–391.

ISO 19005 (2012): Document Management – Electronic document file format for long term preservation – Part 1: Use of PDF 1.4 (PDF/A-1). International Organization for Standardization (ISO).

Dominguez-Sal, D.; Urbón-Bayes, P.; Giménez-Vañó, A.; Gómez-Villamor, S.; Martínez-Bazán, N.; Larriba-Pey, J. L. (2010): Survey of Graph Database Performance on the HPC Scalable Graph Analysis Benchmark. In: H. T. Shen, Pei, J.Özsu, M. T., L. Zou, J. Lu, T.-W. Ling, G. Yu et al. (Hg.): Web-Age Information Management. WAIM 2010 International Workshops: IWGD 2010, XMLDM 2010, WCMT 2010, Jiuzhaigou Valley, China, July 15-17, 2010, Revised Selected Papers. Berlin: Springer, S. 37–48.

Dong, X. L.; Halevy, A. (2005): A Platform for Personal Information Management and Integration. In: Proceedings of the Second biennial Conference on Innovative Data Systems Research (CIDR) 2005, S. 119–130.

Duda, J.; Pobożniak, J. (2010): Concurrent Development of Products, Processes and Manufacturing Systems in PLM Environments. In: Proceedings of the 17th ISPE International Conference on Concurrent Engineering 2010. London: Springer, S. 43–50.

Dyckhoff, H.; Spengler, T. (2010): Produktionswirtschaft. Eine Einführung. 3. Aufl. Berlin: Springer.

Eberius, J.; Thiele, M.; Braunschweig, K.; Lehner, W. (2012): DrillBeyond: Enabling Business Analysts to Explore the Web of Open Data. In: Proceedings of the VLDB Endowment 5 (12), S. 1978–1981.

Edlich, S.; Friedland, A.; Hampe, J.; Brauer, B.; Brückner, M. (2011): NoSQL. Einstieg in die Welt nichtrelationaler Web-2.0-Datenbanken. 2. Aufl. München: Hanser.

Eicker, S. (2001): Ein Überblick über die Umsetzung des Data-Warehouse-Konzepts aus technischer Sicht. In: R. Schütte, T. Rotthowe und R. Holten (Hg.): Data Warehouse Managementhandbuch. Konzepte, Realisierungen, Erfahrungen. Berlin: Springer, S. 65–79.

Eigner, M.; Stelzer, R. (2009): Product Lifecycle Management. Ein Leitfaden für Product Development und Life Cycle Management. Berlin: Springer.

Engelfried, J. (2011): Nachhaltiges Umweltmanagement. 2. Aufl. München.

Enhanced Information Solutions (2015): OpsTrakker. Online unter http://www.eisincorporated.com/wireless-solution.html.

Eno, J.; Thompson, C. W. (2008): Generating Synthetic Data to Match Data Mining Patterns. In: IEEE Internet Computing 12 (3), S. 78–82.

ISA-95 (2000): Enterprise-Control System Integration. International Society of Automation (ISA).

Epker, J. (2014): Lastkraftwagen und Technik. 2. Aufl. Wettringen: Epjos.

Erdmann, J. (2000): Integriertes Prozeßmanagement. Ein multidimensionaler Ansatz für das Management von Prozessen in Unternehmen. Norderstedt: Libri Books on Demand.

Erlach, Klaus (2010): Wertstromdesign. Der Weg zur schlanken Fabrik. 2. Aufl. Heidelberg: Springer.

Euler, M.; Hacke, M.; Hartherz, C.; Steiner, S.; Verclas, S. (2012): Herausforderungen bei der Mobilisierung von Business Applikationen und erste Lösungsansätze. In: S. Verclas und C. Linnhoff-Popien (Hg.): Smart Mobile Apps. Mit Business-Apps ins Zeitalter mobiler Geschäftsprozesse. Berlin: Springer, S. 107–121.

Evans, J. R.; Lindner, C. H. (2012): Business Analytics: The Next Frontier for Decision Sciences. In: Decision Line 43 (2), S. 4–6.

Exner, D. (2013): Entwicklung eines mobilen Prozess-Dashboards für die Fertigung. Diplomarbeit Nr. 3412, Universität Stuttgart. Stuttgart.

Fayyad, U.; Piatetsky-Shapiro, G.; Smyth, P. (1996): From data mining to knowledge discovery in databases. In: AI Magazine 17 (3), S. 37–54.

Feldman, R.; Sanger, J. (2007): The text mining handbook. Advanced approaches in analyzing unstructured data. New York: Cambridge University Press.

Feng, C. X. J.; Kusiak, A. (2006): Data mining applications in engineering design, manufacturing and logistics. In: International Journal of Production Research 44 (14), S. 2689–2694.

DIN 8580 (2003): Fertigungsverfahren - Begriffe, Einteilung. Deutsches Institut für Normung (DIN).

Few, S. (2006): Information dashboard design. Sebastopol: O'Reilly.

Fischer, U.; Stokic, D.; Beckmann, T. (2000): Management of Corporate Knowledge for Process Improvement in Manufacturing Companies. In: B. Stanford-Smith und P. T. Kidd (Hg.): E-business: Key Issues, Applications and Technologies. Amsterdam: IOS Press, S. 721–727.

Freibichler, W.; Stiehl, A. (2013): Praxishandbuch Operative Wertsteigerung. Wie Top-Entscheider Potenziale zur Optimierung erkennen und nutzen. Berlin: Springer Gabler.

Freire, J.; Koop, D.; Santos, E.; Silva, C. (2008): Provenance for Computational Tasks: A Survey. In: Computing in Science & Engineering 10 (3), S. 11–21.

Frey-Luxemburger, M. (2014): Wissensmanagement - Grundlagen und praktische Anwendung. Eine Einführung in das IT-gestützte Management der Ressource Wissen. Wiesbaden: Vieweg.

Friedman, J.; Fisher, N. (1999): Bump hunting in high-dimensional data. In: Statistics and Computing 9 (2), S. 123–143.

Frisch, M.; Hinrichs, H.; Quix, C.; Stock, S. (2013): Transformationsphase. In: A. Bauer und H. Günzel (Hg.): Data-Warehouse-Systeme. Architektur, Entwicklung, Anwendung. 4. Aufl. Heidelberg: dpunkt, S. 94–110.

Gabriel, R.; Gluchowski, P.; Pastwa, A. (2009): Datawarehouse und Data Mining. Witten: W3L.

Gadatsch, Andreas (2012): Grundkurs Geschäftsprozess-Management. Methoden und Werkzeuge für die IT-Praxis: eine Einführung für Studenten und Praktiker. 7. Aufl. Wiesbaden: Vieweg+Teubner.

Gartner (2014): Magic Quadrant for Data Warehouse Database Management Systems 2014.

GaugeView (2015): GaugeView. Android library for drawing gauges on Canvas. Online unter http://github.com/CodeAndMagic/GaugeView.

Gausemeier, Jürgen; Plass, Christoph (2014): Zukunftsorientierte Unternehmensgestaltung. Strategien, Geschäftsprozesse und IT-Systeme für die Produktion von morgen. 2. Aufl. München: Hanser.

Ghielmini, G.; Pedrazzoli, P.; Rovere, D.; Terkaj, W.; Boër, C. R.; Maso, G. d.; Milella, F.; Sacco, M. (2013): Virtual Factory Manager for semantic data handling. In: CIRP Journal of Manufacturing Science and Technology 6 (4), S. 281–291.

Giarratano, J. C.; Riley, G. (2005): Expert systems. Principles and programming. 4. Aufl. Boston: Thomson Course Technology.

Gienke, H. (2007): Kennzahlensysteme. In: Helmuth Gienke und R. Kämpf (Hg.): Handbuch Produktion. Innovatives Produktionsmanagement: Organisation, Konzepte, Controlling. München: Hanser, S. 787–813.

Giovannini, A.; Aubry, A.; Panetto, H.; Dassisti, M.; Haouzi, El H. (2012): Knowledge-Based System for Manufacturing Sustainability. In: T. Borangiu, A. Dolgui, I. Dumitrache und F. G. Filip (Hg.): Proceedings of the 14th IFAC Symposium on Information Control Problems in Manufacturing (INCOM) 2012, S. 1333–1338.

Gluchowski, P.; Kemper, H.-G.; Seufert, A. (2009): Innovative Prozess-Steuerung. Was ist neu an Operational BI? In: BI-Spektrum 4 (1), S. 8–12.

Goble, C.; Stevens, R. (2008): State of the nation in data integration for bioinformatics. In: Journal of Biomedical Informatics 41 (5), S. 687–693.

Gola, P.; Wronka, G. (2013): Handbuch zum Arbeitnehmerdatenschutz. Rechtsfragen und Handlungshilfen. 6. Aufl. Heidelberg: Datakontext.

Golfarelli, M.; Lechtenbörger, J.; Rizzi, S.; Vossen, G. (2006): Schema versioning in data warehouses: Enabling cross-version querying via schema augmentation. In: Data & Knowledge Engineering 59 (2), S. 435–459.

Gómez, J. M.; Rautenstrauch, C.; Cissek, P. (2009): Einführung in Business Intelligence mit SAP NetWeaver 7.0. Berlin: Springer.

Google (2015a): Android. Online unter http://www.android.com/.

Google (2015b): Play Store. Online unter http://play.google.com/store.

Grauer, M.; Karadgi, S.; Müller, U.; Metz, D.; Schäfer, W. (2010): Proactive Control of Manufacturing Processes Using Historical Data. In: Proceedings of the 14th International Conference on Knowledge-Based and Intelligent Information and Engineering Systems (KES) 2010. Berlin: Springer, S. 399–408.

Grigori, D.; Casati, F.; Castellanos, M.; Dayal, U.; Sayal, M. Shan M. (2004): Business Process Intelligence. In: Computers in Industry 53 (3), S. 321–343.

Grob, H. L.; Bensberg, F.; Coners, A. (2008): Rule-based Control of Business Processes - A Process Mining Approach. In: Wirtschaftsinformatik 50 (4), S. 268–281.

Gröger, C. (2011): Konzeption und prototypische Umsetzung einer Referenzarchitektur für Manufacturing Analytics. Masterarbeit Nr. 3262, Universität Stuttgart. Stuttgart.

Gröger, C.; Hillmann, H.; Hahn, F.; Mitschang, B.; Westkämper, E. (2013a): The Operational Process Dashboard for Manufacturing. In: Procedia CIRP 7, S. 205–210.

Gröger, C.; Niedermann, F.; Mitschang, B. (2012a): Data Mining-driven Manufacturing Process Optimization. In: Proceedings of the World Congress on Engineering 2012 Vol III (WCE), 4-6 July, 2012, London, U.K. International Association of Engineers (IAENG). Hong Kong: Newswood, S. 1475–1481.

Gröger, C.; Niedermann, F.; Schwarz, H.; Mitschang, B. (2012b): Supporting Manufacturing Design by Analytics. Continuous Collaborative Process Improvement enabled by the Advanced Manufacturing Analytics Platform. In: Proceedings of the 16th IEEE International Conference on Computer Supported Cooperative Work in Design (CSCWD), May 23-25, 2012, Wuhan, China. Los Alamitos: IEEE, S. 793–799.

Gröger, C.; Schlaudraff, J.; Niedermann, F.; Mitschang, B. (2012c): Warehousing Manufacturing Data. A Holistic Process Warehouse for Advanced Manufacturing Analytics. In: Proceedings of the 14th International Conference on Data Warehousing and Knowledge Discovery (DaWaK), Vienna, Austria, 03-06 September, 2012. Berlin: Springer, S. 142–155.

Gröger, C.; Schwarz, H.; Mitschang, B. (2014a): Prescriptive Analytics for Recommendation-based Business Process Optimization. In: Proceedings of the 17th International Conference on Business Information Systems (BIS), Larnaca, Cyprus, 21-23 May, 2014. Cham: Springer, S. 25–37.

Gröger, C.; Schwarz, H.; Mitschang, B. (2014b): The Deep Data Warehouse. Link-based Integration and Enrichment of Warehouse Data and Unstructured Content. In: Proceedings of the 18th IEEE International Enterprise Distributed Object Computing Conference (EDOC), 01-05 September, 2014, Ulm, Germany. Los Alamitos: IEEE, S. 210–217.

Gröger, C.; Schwarz, H.; Mitschang, B. (2014c): The Manufacturing Knowledge Repository. Consolidating Knowledge to Enable Holistic Process Knowledge Management in Manufacturing. In: Proceedings of the 16th International Conference on Enterprise Information Systems (ICEIS), 27-30 April, 2014, Lisbon, Portugal: SciTePress, S. 39–51.

Gröger, C.; Silcher, S.; Westkämper, E.; Mitschang, B. (2013b): Leveraging Apps in Manufacturing. A Framework for App Technology in the Enterprise. In: Procedia CIRP 7, S. 664–669.

Gröger, C.; Stach, C. (2014): The Mobile Manufacturing Dashboard. In: Proceedings of the IEEE International Conference on Pervasive Computing and Communications Workshops (PerCom Workshops), 24-28 March, 2014, Budapest, Hungary. Piscataway: IEEE, S. 138–140.

Gruber, T. R. (1993): A translation approach to portable ontology specifications. In: Knowledge Acquisition 5 (2), S. 199–220.

Grundig, C.-G. (2009): Fabrikplanung. Planungssystematik - Methoden - Anwendungen. 3. Aufl. München: Hanser.

Guardus (2015): Guardus MES. Online unter http://www.guardus-mes.de.

Gutenberg, E. (1979): Grundlagen der Betriebswirtschaftslehre. Bd 1: Die Produktion. 23. Aufl. Berlin: Springer.

Hagedorn, M. (2006): Herstellung von Verbundbauteilen durch Einwalzen. Verfahrensentwicklung und experimentelle Grundlagen. Essen: Vulkan.

Hamedi, M.; Shariatpanahi, M.; Mansourzadeh, A. (2007): Optimizing spot welding parameters in a sheet metal assembly by neural networks and genetic algorithm. In: Journal of Engineering Manufacture 221 (7), S. 1175–1184.

Hammer, Michael; Champy, J. (2003): Business reengineering. Die Radikalkur für das Unternehmen. 7. Aufl. Frankfurt: Campus Verlag.

Han, J.; Kamber, M.; Pei, J. (2012): Data Mining. Concepts and Techniques. 3. Aufl. Waltham: Morgan Kaufmann.

Harding, J. A.; Shahbaz, M.; Srinivas; Kusiak, A. (2006): Data Mining in Manufacturing: A Review. In: Journal of Manufacturing Science and Engineering 128 (4), S. 969–976.

Harrach, H. (2010): Risiko-Assessments für Datenqualität. Konzept und Realisierung. Wiesbaden: Vieweg+Teubner.

Hevner, A. R.; March, S. T.; Park, J.; Ram, S. (2004): Design Science in Information Systems Research. In: MIS Quarterly 28 (1).

Hinrichs, H. (2013): Extraktionsphase. In: A. Bauer und H. Günzel (Hg.): Data-Warehouse-Systeme. Architektur, Entwicklung, Anwendung. 4. Aufl. Heidelberg: dpunkt, S. 93–94.

Hippner, H.; Wilde, K.D (2001): Der Prozess des Data Mining im Marketing. In: H. Hippner, Küsters U., Meyer M. und K.D Wilde (Hg.): Handbuch Data Mining im Marketing. Knowledge Discovery in Marketing Databases. Wiesbaden: Vieweg.

Ho, G. T. S.; Lau, H. C. W.; Lee, C. K. M.; Ip, A. W. H.; Pun, K. F. (2006): An intelligent production workflow mining system for continual quality enhancement. In: International Journal of Advanced Manufacturing Technology 28 (7-8), S. 792–809.

Hoffmann, H.; Lechner, M.; Schneider, F.; Lettmann, M.; Kirschner, R. (2015): Nockenwelle. In: R. v. Basshuysen und F. Schäfer (Hg.): Handbuch Verbrennungsmotor. Grundlagen, Komponenten, Systeme, Perspektiven. 7. Aufl. Wiesbaden: Springer Vieweg, S. 246–258.

Holzschuher, F.; Peinl, R. (2013): Performance of graph query languages: comparison of cypher, gremlin and native access in Neo4j. In: Proceedings of the Joint EDBT/ICDT Workshops 2013. New York: ACM, S. 195–204.

Homann, M.; Banova, V.; Oelbermann, P.; Wittges, H.; Krcmar, H. (2014): Towards user interface components for dashboard applications on smartphones. In: Proceedings of the 5th International Conference on Mobile Computing, Applications, and Services (MobiCASE), revised and selected papers, 2013. Cham: Springer, S. 19–32.

Hood, N. (2014): Entwicklung und Bewertung eines relationalen Link Stores. Diplomarbeit Nr. 3645, Universität Stuttgart. Stuttgart.

Hoos, E.; Gröger, C.; Kramer, S.; Mitschang, B. (2014a): Improving Business Processes through Mobile Apps. An Analysis Framework to Identify Value-added App Usage Scenarios. In: Proceedings of the 16th International Conference on Enterprise Information Systems (ICEIS), 27-30 April, 2014, Lisbon, Portugal: SciTePress, S. 71–82.

Hoos, E.; Gröger, C.; Mitschang, B. (2014b): Mobile Apps in Engineering: A Process-Driven Analysis of Business Potentials and Technical Challenges. In: Proceedings of the 9th CIRP Conference on Intelligent Computation in Manufacturing Engineering (CIRP ICME) 2014: Elsevier.

Huet, G.; Fortin, C.; McSorley, G.; Toche, B. (2011): The management of manufacturing processes using complementary information structures. In: Proceedings of the 18th International Conference on Engineering Design (ICED) 2011, S. 183–191.

IBM (2015a): Cognos. Online unter http://www-01.ibm.com/software/analytics/cognos/.

IBM (2015b): DB2 Database Software. Online unter http://www-01.ibm.com/software/data/db2/.

IDC (2014): Worldwide Quarterly Mobile Phone Tracker Q4 2014.

Inmon, W. H. (2005): Building the Data Warehouse. 4. Aufl. Indianapolis: Wiley.

Inmon, W. H.; Nesavich, A. (2008): Tapping into unstructured data. Integrating unstructured data and textual analytics into business intelligence. Boston: Prentice Hall.

DIN EN 62264 (2008): Integration von Unternehmensführungs- und Leitsystemen. Deutsches Institut für Normung (DIN).

Jannach, D.; Zanker, M.; Felfernig, A.; Friedrich, G. (2011): Recommender systems. An introduction. New York: Cambridge University Press.

Jeschke, K. (1997): Grundlagen und Prinzipien zur Null-Fehler-Produktion. In: E. Westkämper (Hg.): Null-Fehler-Produktion in Prozeßketten. Maßnahmen zur Fehlervermeidung und -kompensation. Berlin: Springer, S. 9–27.

Jobe, W. (2013): Native Apps Vs. Mobile Web Apps. In: International Journal of Interactive Mobile Technologies 7 (4), S. 27–32.

Jossen, C.; Quix, C.; Staudt, M.; Vaduva, A.; Vetterli, T. (2013a): Metadaten und Metamodelle beim Data Warehousing. In: A. Bauer und H. Günzel (Hg.): Data-Warehouse-Systeme. Architektur, Entwicklung, Anwendung. 4. Aufl. Heidelberg: dpunkt, S. 339–343.

Jossen, C.; Quix, C.; Staudt, M.; Vaduva, A.; Vetterli, T. (2013b): Metadatenmanagement. In: A. Bauer und H. Günzel (Hg.): Data-Warehouse-Systeme. Architektur, Entwicklung, Anwendung. 4. Aufl. Heidelberg: dpunkt, S. 343–345.

Jürgens, M.; Markl, V.; Pieringer, R.; Ramsak, F. (2013): Indexstrukturen. In: A. Bauer und H. Günzel (Hg.): Data-Warehouse-Systeme. Architektur, Entwicklung, Anwendung. 4. Aufl. Heidelberg: dpunkt, S. 301–314.

Kalles; D.; Morris, T. (1996): Efficient Incremental Induction of Decision Trees. In: Machine Learning 24 (3), S. 231–242.

Kämpf, R. (2007): Zentrale Aufgabenstellungen des Produktionsmanagements. In: Helmuth Gienke und R. Kämpf (Hg.): Handbuch Produktion. Innovatives Produktionsmanagement: Organisation, Konzepte, Controlling. München: Hanser, S. 25–33.

Kampffmeyer, U. (2007): ECM - Enterprise Content Management. Hamburg: Project Consult.

Kassner, L.; Gröger, C.; Mitschang, B.; Westkämper, E. (2014): Product Life Cycle Analytics - Next Generation Data Analytics on Structured and Unstructured Data. In: Proceedings of the 9th CIRP Conference on Intelligent Computation in Manufacturing Engineering (CIRP ICME) 2014: Elsevier.

Kato, H.; Tan, K. T.; Chai, D. (2010): Barcodes for mobile devices. New York: Cambridge University Press.

Keith, S.; Kaser, O.; Lemire, D. (2005): Analyzing Large Collections of Electronic Text Using OLAP. In: Proceedings of the 29th Conference of the Atlantic Provinces Council on the Sciences (APICS) 2005. Wolville, S. 1–10.

Kemper, A.; Eickler, A. (2013): Datenbanksysteme. Eine Einführung. 9. Aufl. München: Oldenbourg.

Kemper, H.-G.; Baars, H.; Lasi, H. (2013): An Integrated Business Intelligence Framework. Closing the Gap Between IT Support for Management and for Production. In: P. Rausch, A. F. Sheta und A. Ayesh (Hg.): Business Intelligence and Performance Management. Theory, Systems and Industrial Applications. London: Springer, S. 13–26.

Kemper, H.-G.; Baars, H.; Mehanna, W. (2010): Business Intelligence – Grundlagen und praktische Anwendungen. Eine Einführung in die IT-basierte Managementunterstützung. 3. Aufl. Wiesbaden: Vieweg+Teubner.

Kern, C. (2006): Anwendung von RFID-systemen. Berlin: Springer.

Kern, W. (1992): Industrielle Produktionswirtschaft. 5. Aufl. Stuttgart: Schäffer-Poeschel.

Kersten, H.; Klett, G. (2012): Mobile Device Management. Heidelberg: mitp.

Kiener, S.; Maier-Scheubeck, N.; Obermaier, R.; Weiß, M. (2009): Produktions-Management: Grundlagen der Produktionsplanung und -steuerung. 9. Aufl. München: Oldenbourg.

Kimball, R.; Ross, M. (2013): The data warehouse toolkit. The definitve guide to dimensional modeling. 3. Aufl. Indianapolis: Wiley.

Kiritsis, D. (1995): A review of knowledge-based expert systems for process planning. Methods and problems. In: International Journal of Advanced Manufacturing Technology 10 (4), S. 240–262.

Kletti, J. (2006): MES - Manufacturing Execution System. Moderne Informationstechnologie zur Prozessfahigkeit der Wertschöpfung. Berlin: Springer.

Kletti, J.; Deisenroth, R. (2012): MES-Kompendium. Ein Leitfaden am Beispiel von HYDRA. Berlin: Springer Vieweg.

Kletti, Jürgen; Brauckmann, O. (2004): Manufacturing Scorecard. Prozesse effizienter gestalten, mehr Kundennähe erreichen - mit vielen Praxisbeispielen. 1. Aufl. Wiesbaden: Gabler.

Kletti, Jürgen; Schumacher, Jochen (2011): Die perfekte Produktion. Manufacturing Excellence durch Short Interval Technology (SIT). Berlin: Springer.

Koch, M. T. (2014): Entwicklung eines Informationsversorgungskonzepts als Basis unternehmensspezifischer Business-Intelligence-Lösungen industrieller Unternehmen. Lohmar: Eul.

Koch, M. T.; Baars, H.; Lasi, H.; Kemper, H.-G. (2010): Manufacturing Execution Systems and Business Intelligence for Production Environments. In: Proceedings of the 16th Americas Conference on Information Systems (AMCIS) 2010, S. Paper 436.

Köhler, E.; Flierl, R. (2012): Verbrennungsmotoren. Motormechanik, Berechnung und Auslegung des Hubkolbenmotors. 6. Aufl. Wiesbaden: Vieweg+Teubner.

Köksal, G.; Batmaz, I.; Testik, M. C. (2011): A review of data mining applications for quality improvement in manufacturing industry. In: Expert Systems with Applications 38 (10), S. 13448–13467.

Konrad, B.; Lieber, D.; Deuse, J. (2013): Striving for Zero Defect Production: Intelligent Manufacturing Control Through Data Mining in Continuous Rolling Mill Processes. In: Proceedings of the CIRP Sponsored Conference on Robust Manufacturing Control (RoMaC) 2012. Berlin: Springer, S. 215–229.

Koreimann, D. S. (1976): Methoden der Informationsbedarfsanalyse. Berlin: De Gruyter.

Krcmar, H. (2010): Informationsmanagement. 5. Aufl. Berlin: Springer.

Kurgan, L. A.; Musilek, P. (2006): A survey of Knowledge Discovery and Data Mining process models. In: Knowledge Engineering Review 21 (01), S. 1–14.

Kusiak, A. (2006): Data mining: manufacturing and service applications. In: International Journal of Production Research 44 (18), S. 4175–4191.

Kwak, D.-S.; Kim, K.-J.; Lee, M.-S. (2010): Multistage PRIM: patient rule induction method for optimisation of a multistage manufacturing process. In: International Journal of Production Research 48 (12), S. 3461–3473.

Laudon, K. C.; Laudon, J. P.; Schoder, D. (2010): Wirtschaftsinformatik. Eine Einführung. 2. Aufl. München: Pearson Studium.

Lehmann, F. H.; Grzegorski, A. (2008): Anlaufmanagement in der Nutzfahrzeugindustrie am Beispiel Daimler Trucks. In: G. Schuh, W. Stölzle und F. Straube (Hg.): Anlaufmanagement in der Automobilindustrie erfolgreich umsetzen. Berlin: Springer, S. 81–90.

Lemke, C.; Brenner, W. (2014): Einführung in die Wirtschaftsinformatik. Band 1: Verstehen des digitalen Zeitalters. Berlin: Springer Gabler.

Leymann, Frank; Roller, Dieter (2000): Production Workflow. Concepts and techniques. New Jersey: Prentice Hall.

Li, X.-L.; Liu, B. (2015): Rulse-based classification. In: C. C. Aggarwal (Hg.): Data Classification. Algorithms and Applications. Boca Raton: Chapman&Hall/CRC Press, S. 121–156.

Liao, S.-H. (2005): Expert system methodologies and applications - a decade review from 1995 to 2004. In: Expert Systems with Applications 28 (1), S. 93–103.

Liao, T. W. (2008): Enterprise Data Mining: A Review and Research Directions. In: T. W. Liao und E. Triantaphyllou (Hg.): Recent Advances in Data Mining of Enterprise Data: Algorithms and Applications: World Scientific, S. 1–109.

Lieber, D.; Erohin, O.; Deuse, J. (2013a): Wissensentdeckung im industriellen Kontext. Herausforderungen und Anwendungsbeispiele. In: Zeitschrift für wirtschaftlichen Fabrikbetrieb 108 (6).

Lieber, D.; Stolpe, M.; Konrad, B.; Deuse, J.; Morik, K. (2013b): Quality Prediction in Interlinked Manufacturing Processes based on Supervised & Unsupervised Machine Learning. In: Procedia CIRP 7, S. 193–198.

Linner, S.; Geyer, M. (2003): Human Aspects in Manufacturing Process Management. In: G. Zuelch, S. Stowasser und H. S. Jagdev (Hg.): Human Aspects in Production Management. Aachen: Shaker, S. 37–43.

List, B.; Schiefer, J.; Tjoa, A. M.; Quirchmayr, G. (2001): Multdidimensional Business Process Analysis with the Process Warehouse. In: W. Abramowicz und J. Zurada (Hg.): Knowledge Discovery for Business Information Systems. New York: Kluwer Academic Publishers, S. 211–227.

Loh, S.G.v. (2009): Evidenzbasiertes Wissensmanagement. Wiesbaden: Gabler.

Loos, P. (1998): Integriertes Prozeßmanagement direkter und indirekter Bereiche durch Workflow-Management. In: Industrie Management 14 (2), S. 13–18.

Louis, Philipp (2009): Manufacturing Execution Systems. Grundlagen und Auswahl. Wiesbaden: Gabler.

Lucke, D. (2014): Ad hoc Informationsbeschaffung unter Einsatz kontextbezogener Systeme in der variantenreichen Serienfertigung. Stuttgart: Fraunhofer.

Lucke, D.; Westkämper, E.; Eissele, M.; Ertl, T.; Siemoneit, O. (2008): Privacy-preserving self-localization techniques in next generation manufacturing. An interdisciplinary view on the vision and implementation of smart factories. In: Proceedings of the 10th International Conference on Control, Automation, Robotics and Vision (ICARCV) 2008: IEEE, S. 1183–1188.

Luján-Mora, S.; Trujillo, J.; Song, I.-L. (2002): Multidimensional Modeling with UML Package Diagrams. In: S. Spaccapietra, S. T. March und Y. Kambayashi (Hg.): Proceedings of 21st International Conference on Conceptual Modeling (ER) 2002. Berlin: Springer, S. 199–213.

Lustig, I.; Dietrich, B.; Johnson, C.; Dziekan, C. (2010): The Analytics Journey. An IBM view of the structured data analysis landscape: descriptive, predictive and prescriptive analytics. In: Analytics Ausgabe Nov/Dez 2010, S. 11–18.

Malik, S. (2005): Enterprise dashboards. Design and best practices for IT. Hoboken: Wiley.

Mangold, C. (2007a): A survey and classification of semantic search approaches. In: International Journal of Metadata, Semantics and Ontologies 2 (1), S. 23–34.

Mangold, C. (2007b): Konzepte und Realisierung einer kontextbasierten Intranet-Suchmaschine. Dissertation. Universität Stuttgart, Stuttgart.

Mangold, C.; Schwarz, H.; Mitschang, B. (2006): Symbiosis in the Intranet: How Document Retrieval Benefits from Database Information. In: Proceedings of the 13th International Conference on Management of Data (COMAD) 2006. New Delhi: Tata McGraw-Hill Publishing, S. 201–204.

Manning, C. D.; Schütze, H. (1999): Foundations of statistical natural language processing. Cambridge: MIT Press.

VDI 5600 (2007): Manufacturing Execution Systems (MES). Verein Deutscher Ingenieure (VDI).

VDMA 66412-1 (2009): Manufacturing Execution Systems (MES). Kennzahlen. Verband Deutscher Maschinen- und Anlagenbau (VDMA).

Marjanovic, O. (2007): The Next Stage of Operational Business Intelligence: Creating New Challenges for Business Process Management. In: Proceedings of the 40th Annual Hawaii International Conference on System Sciences (HICSS) 2007. Washington: IEEE, S. 215c.

Mayer, F.; Pantförder, D. (2014): Unterstützung des Menschen in Cyber-Physical-Production-Systems. In: T. Bauernhansl, M. t. Hompel und B. Vogel-Heuser (Hg.): Industrie 4.0 in Produktion, Automatisierung und Logistik. Anwendung, Technologien, Migration. Wiesbaden: Springer Vieweg, S. 481–492.

Mazumdar, S.; Varga, A.; Lanfranchi, V.; Petrelli, D.; Ciravegna, F. (2012): A Knowledge Dashboard for Manufacturing Industries. In: R. García-Castro, D. Fensel und G. Antoniou (Hg.): The Semantic Web: ESWC 2011 Workshops. ESWC 2011 Workshops, Heraklion, Greece, May 29-30, 2011, Revised Selected Papers. Berlin, Heidelberg: Springer, S. 112–124.

McCabe, M. C.; Lee, J.; Chowdhury, A.; Grossman, D.; Frieder, O. (2000): On the design and evaluation of a multi-dimensional approach to information retrieval. In: Proceedings of the 23rd international ACM SIGIR conference on Research and development in information retrieval (SIGIR) 2000. New York: ACM, S. 363–365.

Melton, J.; Eisenberg, A. (2001): SQL Multimedia and Application Packages (SQL/MM). In: ACM SIGMOD Record 30 (4), S. 97–102.

MESA (2013): Business To Manufacturing Markup Language (B2MML). Version 6.0. March 2013. Hg. v. Manufacturing Execution Systems Association (MESA). Chandler.

Meyer, H.; Fuchs, F.; Thiel, K. (2009): Manufacturing Execution Systems. Optimal design, planning, and deployment. New York: McGraw-Hill.

Microsoft (2015a): Company app distribution for Windows Phone. Online unter http://msdn.microsoft.com/library/windows/apps/jj206943%28v=vs.105%29.aspx.

Microsoft (2015b): Skype. Online unter http://www.skype.com.

Microsoft (2015c): Windows. Online unter http://windows.microsoft.com.

Microsoft (2015d): Windows Phone. Online unter http://www.windowsphone.com.

Molina, L. C.; Belanche, L.; Nebot, A. (2002): Feature selection algorithms: a survey and experimental evaluation. In: Proceedings of the IEEE International Conference on Data Mining (ICDM) 2002: IEEE, S. 306–313.

Monauni, M.; Foschiani, S. (2013): Agility in Production Networks - Classification, Design and Configuration. In: Proceedings of the 22nd International Conference on Production Research (ICPR) 2013.

Mothe, J.; Chrisment, C.; Dousset, B.; Alaux, J. (2003): DocCube: Multi-dimensional visualisation and exploration of large document sets. In: Journal of the American Society for Information Science and Technology 54 (7), S. 650–659.

MPDV (2015): Smart MES Applications. Online unter http://www.mpdv.de/produkte-loesungen/mobile-loesungen-fuer-hydra.html.

Muehlen, M. z. (2001): Process-driven Management Information Systems - Combining Data Warehouses and Workflow Technology. In: B. Gavish (Hg.): Proceedings of the Fourth International Conference on Electronic Commerce Research (ICECR) 2001, S. 550–566.

Muehlen, M. z. (2004): Workflow-based Process Controlling. Foundation, Design and Application of Workflow-driven Process Information Systems. Berlin: Logos.

Muehlen, M. z.; Shapiro, R. (2010): Business Process Analytics. In: J. Vom Brocke und M. Rosemann (Hg.): Handbook on Business Process Management 2. Strategic Alignment, Governance, People and Culture. Berlin: Springer, S. 137–158.

Mühlendahl, C. v. (2001): Strukturmodelle und Informationssysteme für Qualitätsregelkreise in Industrieunternehmen. Renningen-Malmsheim: Expert.

Mussbach-Winter, U.; Wochinger, T.; Kipp, R. (2013): Marktspiegel Business Software. MES - Fertigungssteuerung 2013/2014. 4. Aufl. Stuttgart.

Neo4j (2015): Neo4j Database. Online unter http://www.neo4j.org/.

Niedermann, F.; Maier, B.; Radeschütz, S.; Schwarz, H.; Mitschang, B. (2011a): Automated Process Decision Making Based on Integrated Source Data. In: Proceedings of the 14th International Conference on Business Information Systems (BIS) 2011. Berlin: Springer, S. 160–171.

Niedermann, F.; Radeschütz, S.; Mitschang, B. (2010): Deep Business Optimization: A Platform for Automated Process Optimization. In: INFORMATIK 2010 - Business Process and Service Science - Proceedings of ISSS and BPSC 2010. Bonn: Gesellschaft für Informatik, S. 168–180.

Niedermann, F.; Radeschütz, S.; Mitschang, B. (2011b): Business Process Optimization Using Formalized Optimization Patterns. In: W. Abramowicz (Hg.): Proceedings of the 14th International Conference on Business Information Systems (BIS) 2011. Berlin: Springer, S. 123–135.

Niedermann, F.; Schwarz, H. (2011): Deep Business Optimization: Making Business Process Optimization Theory Work in Practice. In: Proceedings of the 12 th International Conference on Business Process Modeling, Development and Support (BPMDS) 2011. Berlin: Springer, S. 88–102.

Niedermann, F.; Schwarz, H.; Mitschang, B. (2011c): Managing Insights - A Repository for Process Analytics, Optimization and Decision Support. In: Proceedings of the International Conference on Knowledge Management and Information Sharing (KMIS) 2011. Paris: SciTePress, S. 424–429.

Noy, N. F. (2004): Semantic Integration: A Survey Of Ontology-Based Approaches. In: ACM SIGMOD Record 33 (4), S. 65–70.

OASIS (2007): Web Services Business Process Execution Language Version 2.0. Online unter http://docs.oasis-open.org/wsbpel/2.0/wsbpel-v2.0.html.

OASIS (2012): Content Management Interoperability Services (CMIS) Version 1.1. Online unter http://docs.oasis-open.org/cmis/CMIS/v1.1/cs01/CMIS-v1.1-cs01.html.

Oestereich, B. (2012): Analyse und Design mit der UML 2.5. Objektorientierte Softwareentwicklung. 10. Aufl. München: Oldenbourg.

Olafsson, S.; Li, X. (2010): Learning effective new single machine dispatching rules from optimal scheduling data. In: International Journal of Production Economics 128 (1), S. 118–126.

OMG (2008): Business Process Definition Metamodel (BPDM) 1.0. Online unter http://www.omg.org/spec/BPDM/1.0/.

OMG (2010): Business Process Model and Notation (BPMN) 2.0. Online unter http://www.omg.org/spec/BPMN/2.0/.

Oracle (2015): Java. Online unter http://www.java.com.

Ordonez, C.; Zhao, K. (2011): Evaluating association rules and decision trees to predict multiple target attributes. In: Intelligent Data Analysis Journal 15 (2), S. 173–192.

Österle, H.; Becker, J.; Frank, U.; Hess, T.; Karagiannis, D.; Krcmar, H.; Loos, P.; Mertens, P.; Oberweis, A.; Sinz, E. (2010): Memorandum zur gestaltungsorientierten Wirtschaftsinformatik. In: Zeitschrift für betriebswirtschaftliche Forschung 62 (6), S. 664–672.

Öztürk, A.; Kayalıgil, S.; Özdemirel, N. E. (2006): Manufacturing lead time estimation using data mining. In: European Journal of Operational Research 173 (2), S. 683–700.

Pang, B.; Lee, L. (2008): Opinion mining and sentiment analysis. In: Foundations and Trends in Information Retrieval 2 (1-2), S. 1–135.

Paucksch, E.; Holsten, S.; Linß, M.; Tikal, F. (2008): Zerspantechnik. Prozesse, Werkzeuge, Technologien. 12. Aufl. Wiesbaden: Vieweg+Teubner.

Pendse, N.; Creeth, R. (1995): The OLAP Report. Succeeding with on-line analytical processing. Volume 1. o.O.: Business Intelligence.

Petersohn, H. (2005): Data Mining: Verfahren, Prozesse, Anwendungsarchitektur. München: Oldenbourg.

Pham, D. T.; Afify, A. A. (2005): Machine-learning techniques and their applications in manufacturing. In: Journal of Engineering Manufacture 219 (5), S. 395–412.

Piro, A.; Gebauer, M. (2008): Definition von Datenarten zur konsistenten Kommunikation im Unternehmen. In: K. Hildebrand, M. Gebauer, H. Hinsichts und M. Mielke (Hg.): Daten- und Informationsqualität. Auf dem Weg zur Information Excellence. Wiesbaden: Vieweg+Teubner, S. 143–156.

Polczynski, M.; Kochanski, A. (2010): Knowledge Discovery and Analysis in Manufacturing. In: Quality Engineering 22 (3), S. 169–181.

Poole, J.; Chang, D.; Tolbert, D.; Mellor, D. (2003): Common warehouse metamodel. Developer's guide. New York: Wiley.

Porteck, S.; Sokolov, D.; Zota, V. (2013): Glass durchschaut. Googles Datenbrille im Test: Nerd-Spielzeug oder mobile Zukunft? In: c't Magazin für Computertechnik (13), S. 62–68.

Pötter, T.; Folmer, J.; Vogel-Heuser, B. (2014): Enabling Industrie 4.0 – Chancen und Nutzen für die Prozessindustrie. In: T. Bauernhansl, M. t. Hompel und B. Vogel-Heuser (Hg.): Industrie 4.0 in Produktion, Automatisierung und Logistik. Anwendung, Technologien, Migration. Wiesbaden: Springer Vieweg, S. 159–171.

Prekopcsak, Z.; Makrai, G.; Henk, T.; Gaspar-Papanek, C. (2011): Radoop: Analyzing big data with rapidminer and hadoop. In: Proceedings of the 2nd RapidMiner Community Meeting and Conference (RCOMM) 2011. Aachen: Shaker, S. 865–874.

Probst, G.; Raub, S.; Romhardt, K. (2012): Wissen managen. Wie Unternehmen ihre wertvollste Ressource optimal nutzen. 7. Aufl. Wiesbaden: Gabler.

Pyzdek, T.; Keller, P. A. (2010): The Six Sigma handbook. A complete guide for green belts, black belts, and managers at all levels. 3. Aufl. New York: McGraw-Hill.

Quinlan, R. (1993): C4.5: Programs for Machine Learning. San Mateo: Morgan Kaufmann.

Quix, C. (2013): Ladephase. In: A. Bauer und H. Günzel (Hg.): Data-Warehouse-Systeme. Architektur, Entwicklung, Anwendung. 4. Aufl. Heidelberg: dpunkt, S. 110–113.

Radeschütz, S. (2011): Business Impact Analysis. Konzept und Realisierung einer ganzheitlichen Geschäftsanalyse. Dissertation. Universität Stuttgart, Stuttgart.

Radeschütz, S.; Mitschang, B. (2008): An Annotation Approach for the Matching of Process Variables and Operational Business Data Models. In: F. C. Harris (Hg.): Proceedings of the 21st International Conference on Computer Applications in Industry and Engineering (CAINE) 2008. Honolulu: ISCA, S. 144–149.

Radeschütz, S.; Mitschang, B.; Leymann, F. (2008): Matching of Process Data and Operational Data for a Deep Business Analysis. In: Proceedings of the 4th International Conference on Interoperability for Enterprise Software and Applications (IESA) 2008. Berlin: Springer, S. 171–182.

Rahm, E.; Thor, A.; Aumueller, D.; Do, H.H; Golovin, N.; Kirsten, T. (2005): iFuice - Information Fusion utilizing Instance Correspondences and Peer Mappings. In: Proceedings 8th Intl. Workshop on the Web and Databases (WebDB), 2005, S. 7–12.

Rajterič, I. H. (2010): Overview of Business Intelligence Maturity Models. In: Journal of Contemporary Management Issues 15 (1), S. 47–67.

RapidMiner (2015a): Parallel Processing Extension. Online unter http://marketplace.rapidminer.com/UpdateServer/faces/product_details.xhtml;jsessionid=5CAEC9338C45CCD9B0EF9BF4698B7767?productId=rmx_parallel.

RapidMiner (2015b): RapidMiner Data Mining. Online unter http://www.rapidminer.com.

Rehäuser, J.; Krcmar, H. (1996): Wissensmanagement im Unternehmen. In: G. Schreyögg und P. Conrad (Hg.): Managementforschung 6: Wissensmanagement. Berlin: De Gruyter, S. 1–40.

Reichmann, Thomas (2006): Controlling mit Kennzahlen und Management-Tools. 7. Aufl. München: Vahlen.

Rentzmann, R.; Hippner, H.; Hesse, F.; Wilde, K. D. (2011): IT-Unterstützung durch CRM-Systeme. In: H. Hippner, B. Hubrich und K. D. Wilde (Hg.): Grundlagen des CRM. Strategie, Geschäftsprozesse und IT-Unterstützung. 3. Aufl. Wiesbaden: Gabler, S. 129–156.

Ricci, F.; Lior, R.; Shapira, B.; Kantor, P. B. (Hg.) (2011): Recommender systems handbook. New York: Springer.

RIM (2015): Blackberry. Online unter http://de.blackberry.com/.

Robinson, I.; Webber, J.; Efrem, E. (2013): Graph databases. Sebastopol: O'Reilly.

Rodriguez, M. A.; Neubauer, P. (2010): Constructions from dots and lines. In: Bulletin of the American Society for Information Science and Technology 36 (6), S. 35–41.

Rosemann, M.; Uthmann, C. v. (1997): Workflowmanagement in der industriellen Produktion. In: Zeitschrift für wirtschaftlichen Fabrikbetrieb 92 (7-8), S. 351–354.

Rothlauf, J. (2010): Total-Quality-Management in Theorie und Praxis. 3. Aufl. München: Oldenbourg.

Rozinat, A.; Aalst, W. v. d. (2006): Decision Mining in ProM. In: Proceedings of the 4th International Conference on Business Process Management (BPM) 2006. Berlin: Springer, S. 420–425.

Russom, P. (2007): BI search and text analytics. TDWI best practices report Q2 2007.

Sadoyan, H.; Zakarian, A.; Mohanty, P. (2006): Data mining algorithm for manufacturing process control. In: International Journal of Advanced Manufacturing Technology 28 (3-4), S. 342–350.

SAP (2015a): ERP Quality Issue Mobile App. Online unter http://www.sap.com/germany/solution/lob/r-and-d/software/erp-quality-reporting-app/index.html.

SAP (2015b): Manufacturing Integration and Intelligence. Online unter http://www.sap.com/germany/solutions/business-suite/scm/manufacturing-intelligence-software/featuresfunctions/index.epx.

SAP (2015c): Production Operator Dashboard (POD). Online unter http://help.sap.com/saphelp_me150/helpdata/de/f0/ed7949addc48a192227e49e44e71e3/content.htm?frameset=/de/f0/ed7949addc48a192227e49e44e71e3/frameset.htm.

Schackmann, J.; Schü, J. (2001): Personalisierte Portale. In: Wirtschaftsinformatik 43 (6), S. 623–625.

Scheer, A.-W.; Boczanski, M.; Muth, M.; Schmitz, W.G; Segelbacher, U. (2005): Prozessorientiertes Product Lifecycle Management. Berlin: Springer.

Scheer, A.-W.; Jost, W. (2005): Von der Prozessdokumentation zum Corporate Performance Management. In: A.-W. Scheer, W. Jost, H. Heß und A. Kronz (Hg.): Corporate Performance Management. ARIS in der Praxis. Berlin: Springer, S. 1–6.

Schiefer, J.; Jeng, J.-j.; Kapoor, S.; Chowdhary, P. (2004): Process Information Factory: A Data Management Approach for Enhancing Business Process Intelligence. In: Proceedings of the IEEE International Conference on E-Commerce Technology (CEC) 2004. Washington: IEEE, S. 162–169.

Schlaudraff, J. (2011): Konzeption und Implementierung einer integrierten Datenschicht für Produktionsprozessdaten. Masterarbeit Nr. 3263, Universität Stuttgart. Stuttgart.

Schließmann, A. (2014): iProduction, die Mensch-Maschine-Kommunikation in der Smart Factory. In: T. Bauernhansl, M. t. Hompel und B. Vogel-Heuser (Hg.): Industrie 4.0 in Produktion, Automatisierung und Logistik. Anwendung, Technologien, Migration. Wiesbaden: Springer Vieweg, S. 451–491.

Schmelzer, H. J.; Sesselmann, Wolfgang (2008): Geschäftsprozessmanagement in der Praxis. Kunden zufrieden stellen - Produktivität steigern - Wert erhöhen. 6. Aufl. München: Hanser.

Schneider, A. (2013): Kontextbezogene Informationsbereitstellung in der Fabrik. Bachelorarbeit Nr. 73, Universität Stuttgart. Stuttgart.

Schonenberg, H.; Weber, B.; Dongen, B. v.; Aalst, W. v. d. (2008): Supporting Flexible Processes Through Recommendations Based on History. In: Proceedings of the International Conference on Business Process Management (BPM) 2008. Berlin: Springer, S. 51–66.

Schöning, H.; Dorchain, M. (2014): Data Mining und Analyse. In: T. Bauernhansl, M. t. Hompel und B. Vogel-Heuser (Hg.): Industrie 4.0 in Produktion, Automatisierung und Logistik. Anwendung, Technologien, Migration. Wiesbaden: Springer Vieweg, S. 543–554.

Schulz, G. (2004): Regelungstechnik 1. Lineare und Nichtlineare Regelung, Rechnergestützter Reglerentwurf. 2. Aufl. München: Oldenbourg.

Shelly, G. B.; Vermaat, M. E. (2012): Enhanced Discovering Computers. Complete 2012. Boston: Course Technology.

Shen, C.; Wang, L.; Li, Q. (2007): Optimization of injection molding process parameters using combination of artificial neural network and genetic algorithm method. In: Journal of Materials Processing Technology 183 (2-3), S. 412–418.

Sheth, A. P.; Larson, J. A. (1990): Federated database systems for managing distributed, heterogeneous, and autonomous databases. In: ACM Computing Surveys 22 (3), S. 183–236.

Siebertz, K.; Bebber, D. T. v.; Hochkirchen, T. (2010): Statistische Versuchsplanung. Design of Experiments (DOE). Heidelberg: Springer.

Siemens (2015): SIMATIC IT MES. Online unter http://w3.siemens.com/mcms/mes/de/mes_suites/pages/mes-suites.aspx.

Silberschatz, A.; Korth, H. F.; Sudarshan, S. (1996): Data models. In: ACM Computing Surveys 28 (1), S. 105–108.

Silverston, L. (2001): The data model resource book. Volume 2. A Library of Universal Data Models by Industry Types. New York: Wiley.

Stach, C.; Mitschang, B. (2013): Privacy Management for Mobile Platforms - A Review of Concepts and Approaches. In: Proceedings of the 14th IEEE International Conference on Mobile Data Management (MDM) 2013: IEEE, S. 305–313.

ISO 10303-238 (2007): Standard for the Exchange of Product model data. International Organization for Standardization (ISO).

Stark, J. (2011): Product lifecycle management. 21st century paradigm for product realisation. 2. Aufl. London: Springer.

Stelzer, D. (2014): Wissen. In: K. Kurbel, J. Becker, N. Gronau, E. Sinz und L. Suhl (Hg.): Enzyklopädie der Wirtschaftsinformatik. 8. Aufl. München: Oldenbourg.

Steven, M. (2007): Handbuch Produktion: Theorie-Management-Logistik-Controlling. Stuttgart: Kohlhammer.

Stuhlmüller, P. (2013): Integration strukturierter und unstrukturierter Daten zur Prozessoptimierung. Masterarbeit Nr. 3490, Universität Stuttgart. Stuttgart.

Sukumaran, S.; Sureka, A. (2006): Integrating Structured and Unstructured Data Using Text Tagging and Annotation. In: Business Intelligence Journal 11 (2), S. 8–17.

Suzaki, K. (1993): The new shop floor management. Empowering people for continuous improvement. New York: Free Press.

Takeda, H. (2004): Das synchrone Produktionssystem. Just-in-time für das ganze Unternehmen. 4. Aufl. München: Redline Wirtschaft.

Taylor, J.; Raden, N. (2007): Smart (enough) systems. How to deliver competitive advantage by automating the decisions hidden in your business. Upper Saddle River: Prentice Hall.

Terkaj, W.; Pedrielli, G.; Sacco, M. (2012): Virtual Factory Data Model. In: D. Anastasiou, L. Ramos, S. Krima und Y.-J Chen (Hg.): Proceedings of the Second International Workshop on Ontology and Semantic Web for Manufacturing (OSEMA) 2012. Aachen: CEUR Workshop Proceedings, S. 29–43.

Tomás, J. T.; Spolaôr, N.; Cherman, E. A.; Monard, M. C. (2014): A Framework to Generate Synthetic Multi-label Datasets. In: Electronic Notes in Theoretical Computer Science 302, S. 155–176.

Totok, A. (2013): Konzeptuelle Modellierung der Basisdatenbank. In: A. Bauer und H. Günzel (Hg.): Data-Warehouse-Systeme. Architektur, Entwicklung, Anwendung. 4. Aufl. Heidelberg: dpunkt, S. 191–198.

Trill, R. (2008): eHealth. In: R. Trill (Hg.): Praxisbuch eHealth. Von der Idee zur Umsetzung. Stuttgart: Kohlhammer, S. 52–63.

Tsolkas, A.; Schmidt, K. (2010): Rollen und Berechtigungskonzepte. Ansätze für das Identity- und Access Management im Unternehmen. Wiesbaden: Vieweg+Teubner.

Vahrenkamp, R. (2008): Produktionsmanagement. 6. Aufl. München: Oldenbourg.

Vahrenkamp, R.; Kotzab, H.; Siepermann, C. (2012): Logistik. Management und Strategien. 7. Aufl. München: Oldenbourg.

Vajna, S.; Weber, C.; Bley, H.; Zeman, K. (2009): CAx für Ingenieure. Eine praxisbezogene Einführung. 2. Aufl. Berlin: Springer.

Vassiliadis, P.; Simitsis, A. (2009): Near Real Time ETL. In: S. Kozielski und R. Wrembel (Hg.): New trends in data warehousing and data analysis. New York: Springer, S. 19–49.

Vetlugin, A. (2012): Ein Process Insight Repository zur Unterstützung der Prozessoptimierung. Masterarbeit Nr. 3402, Universität Stuttgart. Stuttgart.

Vosniakos, G.-C.; Maroulis, T.; Pantelis, D. (2007): A method for optimizing process parameters in layer-based rapid prototyping. In: Journal of Engineering Manufacture 221 (8), S. 1329–1340.

W3C (2010): XQuery 1.0: An XML Query Language (Second Edition). W3C Recommendation 14 December 2010. Online unter http://www.w3.org/TR/xquery/.

W3C (2014): RDF 1.1 Concepts and Abstract Syntax. W3C Recommendation. Online unter http://www.w3.org/TR/2014/REC-rdf11-concepts-20140225/.

Wache, H.; Vögele, T.; Visser, U.; Stuckenschmidt, H.; Schuster, G.; Neumann, H.; Hübner, S. (2001): Ontology-based integration of information - a survey of existing approaches. In: Proceedings of the International Joint Conference on Artificial Intelligence (JCAI) 2001, Workshops, S. 108–117.

Walcher, D. (2007): Der Ideenwettbewerb als Methode der aktiven Kundenintegration. Theorie, empirische Analyse und Implikationen für den Innovationsprozess. Wiesbaden: Deutscher Universitäts-Verlag.

Wallentowitz, H.; Freialdenhoven, A.; Olschewski, I. (2009): Strategien in der Automobilindustrie. Technologietrends und Marktentwicklungen. Wiesbaden: Vieweg+Teubner.

Wang, K. (2007): Applying data mining to manufacturing: the nature and implications. In: Journal of Intelligent Manufacturing 18, S. 487–495.

Wang, K.; Tong, S.; Eynard, B. (2007): Review on Application Data Mining in Product Design and Manufacturing. In: J. Lei, J. Yu und S. Zhou (Hg.): Proceedings of the Fourth International Conference on Fuzzy Systems and Knowledge Discovery (FSKD) 2007. Los Alamitos: IEEE, S. 613–618.

Wauer, M.; Meinecke, J.; Schuster, D.; Konzag, A.; Aleksy, M.; Riedel, T. (2011): Semantic Federation of Product Information from Structured and Unstructured Sources. In: International Journal of Business Data Communications and Networking 7 (2), S. 69–97.

Weckenmann, A.; Werner, T. (2014): Messen und Prüfen. In: T. Pfeifer und R. Schmitt (Hg.): Masing Handbuch Qualitätsmanagement. 6. Aufl. München: Hanser, S. 624–665.

Weiß, D. (2009): Kontext-abhängige Personalisierung multimedialer Inhalte auf mobilen Endgeräten. Dissertation. Ludwig-Maximilians-Universität München, München.

Werner, M. (2014): Indoor location-based services. Prerequisites and foundations. Cham: Springer.

Weske, M.; Aalst, W. v. d.; Verbeek, H.M.W. (2004): Advances in business process management. In: Data & Knowledge Engineering 50 (1), S. 1–8.

Westkämper, E. (2006): Einführung in die Organisation der Produktion. Berlin: Springer.

Westkämper, E. (2009): Turbulentes Umfeld von Unternehmen. In: E. Westkämper und E. Zahn (Hg.): Wandlungsfähige Produktionsunternehmen. Das Stuttgarter Unternehmensmodell. Berlin: Springer, S. 7–23.

Westkämper, E. (2013a): Definition und Entwicklung der digitalen Produktion. In: E. Westkämper, D. Spath, C. Constantinescu und J. Lentes (Hg.): Digitale Produktion. Berlin: Springer Vieweg, S. 47–49.

Westkämper, E. (2013b): Deindustrialisierung der Wirtschaft in den Industrieregionen. In: E. Westkämper, D. Spath, C. Constantinescu und J. Lentes (Hg.): Digitale Produktion. Berlin: Springer Vieweg, S. 3–5.

Westkämper, E.; Hummel, V.; Rönnecke, T. (2005): The Stuttgart enterprise model. Integrated engineering of strategic & operational functions. In: Proceedings of the 11th Annual International Conference on Industry, Engineering, and Management Systems (IEMS) 2005. Stanislaus: California State University Press, S. 379–384.

Westkämper, E.; Warnecke, H.-J. (2010): Einführung in die Fertigungstechnik. 8. Aufl. Wiesbaden: Vieweg+Teubner.

Westkämper, E.; Zahn, E. (Hg.) (2009): Wandlungsfähige Produktionsunternehmen. Das Stuttgarter Unternehmensmodell. Berlin: Springer.

WfMC (2008): Business Process Analytics Format (BPAF) - Draft Specification 2.0, Document Number WFMC-TC-1025. Online unter http://www.wfmc.org/standards/bpaf.

Wieland, M. (2013): Methoden zur Modellierung und Ausführung kontextbezogener Workflows in Produktionsumgebungen. Dissertation. Universität Stuttgart, Stuttgart.

Wiendahl, H.-H. (2004): Manufacturing Execution Systems zur Fertigungsunterstützung. In: Verein Deutscher Ingenieure (Hg.): Integriertes Fertigungsmanagement mit Manufacturing Execution System (MES). Mehrwert oder nur ein neues Schlagwort? Düsseldorf: VDI-Verlag, S. 1–12.

Wojcik, W.; Gromaszek, K. (2011): Data Mining Industrial Applications. In: K. Funatsu und K. Hasegawa (Hg.): Knowledge-Oriented Applications in Data Mining. Rijeka: InTech, S. 431–442.

Womack, J. P.; Daniel T. Jones; Roos, D. (1990): The machine that changed the world: the story of lean production -- Toyota's secret weapon in the global car wars that is revolutionizing world industry. New York: Simon & Schuster.

Wu, X.; Zhu, X.; Wu, G.-Q.; Ding, W. (2014): Data mining with big data. In: IEEE Transactions on Knowledge and Data Engineering 26 (1), S. 97–107.

Yan, Z.; Dijkman, R.; Grefen, P. (2012): Business process model repositories – Framework and survey. In: Information and Software Technology 54 (4), S. 380–395.

Yigitbasioglu, O. M.; Velcu, O. (2012): A review of dashboards in performance management: Implications for design and research. In: International Journal of Accounting Information Systems 13 (1), S. 41–59.

Zäpfel, G. (2000a): Strategisches Produktions-Management. 2. Aufl. München: Oldenbourg.

Zäpfel, G. (2000b): Taktisches Produktions-Management. 2. Aufl. München: Oldenbourg.

Zäpfel, G. (2001): Grundzüge des Produktions- und Logistikmanagement. 2. Aufl. München: Oldenbourg.

Zeidler, A.; Eckl, R.; Trumler, W.; Franz, M. (2012): Mobile Apps für industrielle Anwendungen am Beispiel von Siemens. In: S. Verclas und C. Linnhoff-Popien (Hg.): Smart Mobile Apps. Mit Business-Apps ins Zeitalter mobiler Geschäftsprozesse. Berlin: Springer, S. 61–80.

Zheng, L.; Zeng, C.; Li, L.; Jiang, Y.; Xue, W.; Li, J.; Shen, C.; Zhou, W.; Li, H.; Tang, L.; Li, T.; Duan, B.; Lei, M.; Wang, P. (2014): Applying data mining techniques to address critical process optimization needs in advanced manufacturing. In: Proceedings of the 20th ACM international conference on Knowledge discovery and data mining (SIGKDD) 2014. New York: ACM, S. 1739–1748.

Zimmermann, W.; Stache, U. (2001): Operations-Research. Quantitative Methoden zur Entscheidungsvorbereitung. 10. Aufl. München: Oldenbourg.

Zor, S.; Görlach, K.; Leymann, F. (2010): Using BPMN for Modeling Manufacturing Processes. In: Proceedings of the 43th CIRP International Conference on Manufacturing Systems (ICMS) 2010. Wien: Neuer Wissenschaftlicher Verlag, S. 515–522.

Zor, S.; Leymann, F.; Schumm, D. (2011): A Proposal of BPMN Extensions for the Manufacturing Domain. In: Proceedings of the 44th CIRP Conference on Manufacturing Systems (ICMS 2011); Madison, Wisconsin, June 1-3, 2011, S. 1–6.

ZXing (2015): ZXing. Multi-format barcode image processing library. Online unter http://github.com/zxing/.

Sämtliche Internetreferenzen in dieser Arbeit wurden zuletzt am 21.05.2015 geprüft.

EINZELSCHRIFTEN

Niclas Rüffer
The Allocation of Innovation Promotion Programs – An Empirical Analysis
Lohmar – Köln 2015 • 316 S. • € 62,- (D) • ISBN 978-3-8441-0405-9

Heidi Hoffmann
Krisenmanagement in Wirtschaftsunternehmen – Eine empirische Untersuchung zur Übertragbarkeit der Erkenntnisse der High-Reliability-Forschung
Lohmar – Köln 2015 • 188 S. • € 48,- (D) • ISBN 978-3-8441-0408-0

David Thomas
Gestaltung effizienter BI-Prozesse in informationsintensiven Dienstleistungsunternehmen – Ein informationslogistischer Ansatz zur Auswahl einer effizienten Prozessvariante
Lohmar – Köln 2015 • 468 S. • € 69,- (D) • ISBN 978-3-8441-0410-3

Christoph Siepermann
Logistikkostenrechnung auf Basis von Prozeßteilkosten – Konzeption und Fallbeispiel
2., vollständig überarbeitete und erweiterte Auflage
Lohmar – Köln 2015 • 92 S. • € 38,- (D) • ISBN 978-3-8441-0412-7

Meike Knop
Urlaub im Kloster – Eine empirische Analyse der Übernachtungs- und Kursangebote deutscher Klöster
Lohmar – Köln 2015 • 424 S. • € 67,- (D) • ISBN 978-3-8441-0413-4

Frank-Benjamin Heim
Erfolgsfaktoren für Internal Corporate Venturing in Großunternehmen – Eine empirische Analyse
Lohmar – Köln 2015 • 444 S. • € 68,- (D) • ISBN 978-3-8441-0419-6

Christoph Gröger
Advanced Manufacturing Analytics – Datengetriebene Optimierung von Fertigungsprozessen
Lohmar – Köln 2015 • 312 S. • € 62,- (D) • ISBN 978-3-8441-0420-2